高等职业教育“十三五”系列规划教材

商务办公自动化

宋　敏　曹立平　主编

電子工業出版社
Publishing House of Electronics Industry
北京 • BEIJING

内 容 简 介

本书为高职高专院校财经类商务办公自动化课程教材，重点介绍了计算机基础知识、计算机的个性设置、电子文档编辑、电子表格处理、演示文稿制作和计算机网络技术等内容。本书基于项目引领，以任务驱动的教学模式编写，每个项目安排了大量的练习，书中大部分项目都是从企事业单位的经典案例中提取出来并经过精心设计的。本书对体系结构进行了重新调整，淡化了理论知识讲解，把相关理论知识融入任务里，配合与实际应用紧密结合的技能训练，方便学生在课后操作练习。

本书适合作为高职高专学生教材，也可供相关从业人员学习使用。

图书在版编目（CIP）数据

商务办公自动化/宋敏，曹立平主编. 一北京：电子工业出版社，2019.2
ISBN 978-7-121-35101-3

Ⅰ. ①商… Ⅱ. ①宋… ②曹… Ⅲ. ①办公自动化－应用软件－高等职业教育－教材
Ⅳ. ①TP317.1

中国版本图书馆 CIP 数据核字（2018）第 218282 号

策划编辑：张云怡
责任编辑：张云怡　　特约编辑：尹杰康
印　　刷：北京七彩京通数码快印有限公司
装　　订：北京七彩京通数码快印有限公司
出版发行：电子工业出版社
　　　　　北京市海淀区万寿路 173 信箱　邮编 100036
开　　本：787×1 092　1/16　印张：18　字数：461 千字
版　　次：2019 年 2 月第 1 版
印　　次：2019 年 2 月第 1 次印刷
定　　价：49.80 元

凡所购买电子工业出版社图书有缺损问题，请向购买书店调换。若书店售缺，请与本社发行部联系，联系及邮购电话：（010）88254888，88258888。

质量投诉请发邮件至 zlts@phei.com.cn，盗版侵权举报请发邮件至 dbqq@phei.com.cn。

本书咨询联系方式：（010）88254573，zyy@phei.com.cn。

前　　言

随着科技的进步与发展，以计算机技术、网络技术和微电子技术为主要特征的现代信息技术已经广泛应用于社会生产和生活的各个领域，掌握计算机和网络应用已经成为每个人的基本技能要求。计算机相关知识与技术是当今高职学生学习现代科学的基础，同时也是进入现代职场所必须具备的重要技能与手段之一。因此，我们针对高职院校非计算机专业的学生编写了本书，旨在使学生掌握计算机基础知识，培养学生应用计算机解决问题的能力，提高学生的计算机应用水平。

商务办公自动化课程具有自身的特点，有着极强的实践性，必须通过实际上机练习，以加深对办公软件基本操作的理解和掌握。本书以项目引领、任务驱动的模式编写，每个项目安排了大量的练习，从而帮助学生尽快熟悉办公软件的基本操作。

在编写过程中，编者对全书的体系结构进行了梳理，淡化理论知识的讲解，把应该掌握的相关理论知识融入任务，在任务实施过程中给出详细的操作步骤，并对规律性或常规性的操作进行归纳，通过与实际应用紧密结合的技能训练，方便学生课后练习。

本书由六个项目组成，分别为计算机基础知识、计算机的个性设置、电子文档编辑、电子表格处理、演示文稿制作和计算机网络技术。通过对本书的学习，学生可以掌握计算机应用的基本技能，包括组装计算机硬件、安装 Windows 10 操作系统、处理常见的计算机硬件故障等；能以 Office 2010 办公软件为工具，熟练地将有关内容以电子文档、电子表格、演示文稿等形式清晰地表达出来，并能设计出丰富多彩的作品；能在网络应用环境下，完成 Internet 的接入和安装，使用 IE 浏览器完成网上信息检索和文件下载等任务，并能对检索到的信息进行加工、处理。

本书是长期从事商务办公自动化教学与实践的一线教师经验的归纳、整理与总结。书中大部分项目都是从企事业单位的经典案例中提取出来并经过编者精心设计的，同时融入了计算机应用领域最新发展技术而形成的，是对从学科教育到职业教育、从学科体系到能力体系两个转变的有益尝试。

本书由宋敏、曹立平担任主编。其中曹立平编写项目 1、项目 2、项目 6，宋敏编写项目 3、项目 4、项目 5，全书由宋敏统稿。

由于计算机科学技术和网络技术发展迅速，加之编者水平有限、编写时间仓促，书中难免存在不妥和疏漏之处，恳请读者批评指正。

编　者

目　录

目录

项目 1　计算机基础知识

项目描述

随着计算机技术的迅速发展，计算机已成为人们生活中不可缺少的一个重要部分。然而，大多数人都热衷于应用软件的使用，对于计算机的发展历史和特点了解的并不是很多。要想得心应手使用计算机，必须了解和掌握计算机的一般常识。

项目分析

要想真正掌握计算机的基础知识，就必须熟悉计算机的产生、发展、分类和应用，不仅会使用计算机处理各项工作，更要科学、有效的使用计算机提高工作效率，这才是学习计算机知识的真正目的。

任务分解

✧ 任务 1.1　认识计算机

✧ 任务 1.2　计算机系统组成

任务 1.1　认识计算机

任务介绍

王鹏是一名高中毕业生，在报考大学的时候，选择了计算机专业，主要是因为自己喜欢软件知识，但并不知道计算机的发展和历史，甚至不知道计算机的硬件组成，为了使自己的大学生活更有意义，他决定利用假期好好补充计算机的一些基本知识，使自己的计算机专业课程更快地步入轨道。

为了完成掌握计算机基本知识的任务，他决定从了解计算机的产生、发展开始。

相关知识

一、计算机的产生

世界上第一台电子数字计算机诞生于 1946 年，取名为 ENIAC（埃尼阿克）。ENIAC 是英文 Electronic Numerical Integrator and Calculator（电子数字积分计算机）的缩写。这台计算机主要是为了解决弹道计算问题而研制的，由美国宾夕法尼亚大学莫尔电气工程学院的 J.W.Mauchly（莫奇莱）和 J.P.Eckert（埃克特）主持研制。ENIAC 计算机使用了 18 000 多个电子管，10 000 多个电容器，7 000 多个电阻，1 500 多个继电器，耗电 150 千瓦，重量达到 30 吨，占地面积为 170 平方米。它的加法速度为每秒 5 000 次。ENIAC 不能存储程序，只能存 20 个字长为 10 位的十进制数。ENIAC 计算机的问世，宣告了电子计算机时代的到来。

1946 年，约翰·冯·诺依曼撰写了一份《关于电子计算机逻辑结构初探》的报告。该报告首先提出了“存储程序”的全新概念，奠定了存储程序式计算机的理论基础，确立了现代计算机的基本结构，称为“冯·诺依曼”体系结构。这份报告是人类计算机发展史上的一个里程碑。根据冯·诺依曼提出的改进方案，科学家们研制出人类第一台具有存储程序功能的计算机——EDVAC。EDVAC 计算机由运算器、控制器、存储器、输入设备和输出设备 5 个部分组成。它使用二进制进行运算操作。指令和数据存储到计算机中，计算机按事先存入的程序自动执行指令。

EDVAC 计算机的问世，使冯·诺依曼提出的存储程序的思想和结构设计方案成为现实。时至今日，现代的电子计算机仍然被称为“冯·诺依曼”计算机。

二、计算机的发展阶段

从 1946 年美国成功研制世界上第一台电子数字计算机至今，按计算机所采用的电子器件来划分，计算机的发展经历了以下四个阶段。

（1）第一阶段大约为 1946 年至 1957 年，为电子管计算机时代，计算机应用的主要逻辑元件是电子管。电子管计算机的体积十分庞大，成本很高，可靠性低，运算速度慢。第一代计算机的运算速度一般为每秒几千次至几万次。软件方面仅仅初步确定了程序设计的概念，但尚无系统软件可言。软件主要使用机器语言，使用者必须用二进制编码的机器语言来编写程序。其应用领域仅限于军事和科学计算。

（2）第二阶段大约为 1958 年至 1964 年，为晶体管计算机时代，计算机应用的主要逻辑元件是晶体管。晶体管计算机的体积减小，重量减轻，成本降低，容量扩大，功能增强，可靠性大大提高。主存储器采用磁芯存储器，外存储器开始使用磁盘，并提供了较多的外部设备。它的运算速度提高到每秒几万次至几十万次。使用者能够使用接近于自然语言的高级程序设计语言方便地编写程序。应用领域也扩大到数据处理、事务管理和工业控制等方面。

（3）第三阶段大约为 1965 年至 1970 年，为集成电路计算机时代，计算机应用的主要逻辑元件是集成电路。计算机的体积大大缩小，成本进一步降低，耗电量更为节省，可靠性更高，功能更加强大。其运算速度已达到每秒几十万次至几百万次，内存容量大幅度增加。在软件方面，出现了多种高级语言，并开始使用操作系统。操作系统使得计算机的管理和使用更加方便。此时，计算机已广泛用于科学计算、文字处理、自动控制与信息管理等方面。

（4）第四阶段从 1971 年起到现在，为大规模和超大规模集成电路计算机时代，计算机的存储容量、运算速度和功能都有了极大提高，提供的硬件和软件更加丰富和完善。在这个阶段，计算机向巨型和微型两极发展，出现了微型计算机。微型计算机的出现使计算机的应用进入了突飞猛进的发展时期。特别是微型计算机与多媒体技术的结合，将计算机的生产和应用推向了新的高潮。

从计算机的工作原理来看，以上四代计算机都是基于冯·诺依曼提出的“存储程序”原理，所以通常将基于这一原理的计算机称为“冯·诺依曼型”计算机。表 1-1 所示是计算机发展四个阶段的归纳汇总。

表 1-1 计算机发展的四个阶段

代际划分	起止年份	电子元器件	数据处理方式	运算速度	应用领域
第一代	1946 年～1957 年	电子管	汇编语言、代码程序	几千～几万次/秒	国防及高科技
第二代	1958 年～1964 年	晶体管	高级程序设计语言	几万～几十万次/秒	工程设计、数据计算
第三代	1965 年～1970 年	中小规模集成电路	结构化、模块化程序设计，实时处理	几十万～几百万次/秒	工业控制、数据处理
第四代	1971 年至今	大规模、超大规模集成电路	分时、实时数据处理，计算机网络	上亿次/秒	工业、生活等各方面

三、微型计算机的发展

微型计算机诞生于 20 世纪 70 年代。人们通常把微型计算机叫作 PC（Personal Computer）机或个人计算机。微型计算机的体积小，安装和使用十分方便。一台微型计算机的逻辑结构同样遵循冯•诺依曼体系结构，由运算器、控制器、存储器、输入设备和输出设备五部分组成。其中运算器和控制器（CPU）被集成在一个芯片上，合称为微处理器（MPU）。微处理器（MPU）的性能决定微型计算机的性能。微型计算机就是以 MPU 为核心，再配上存储器、接口电路等芯片构成的。世界上生产微处理器的公司主要有 Intel、AMD、IBM 等。

Intel 公司微处理器的发展历程如下：

第一代（1971 年～1973 年）：4 位和 8 位低档微型计算机。

第二代（1974 年～1977 年）：8 位中高档微型计算机。

第三代（1978 年～1984 年）：16 位微型计算机。

第四代（1985 年～1992 年）：32 位微型计算机。

第五代（1993 年～1999 年）：超级 32 位微型计算机。

第六代（2000 年以后）：64 位微型计算机。

随着电子技术的发展，微处理器的集成度越来越高，运行速度成倍增长。微处理器的发展使微型计算机高度微型化、快速化、大容量化和低成本化。

四、计算机的发展趋势

未来的计算机将朝巨型化、微型化、网络化与智能化的方向发展。

（1）巨型化是指运算速度更快、存储容量更大、功能更强的超大型计算机。巨型机的运算速度可达每秒百亿次、千亿次甚至更高，其海量存储能力可以轻而易举地存储一个大型图书馆的全部信息。

（2）微型化是指计算机更加小巧、廉价，软件更加丰富，功能更加强大。随着超大规模集成电路的进一步发展，个人计算机（PC 机）将更加微型化。膝上型、书本型、笔记本型、掌上型、手表型等微型化个人电脑将不断涌现，推动计算机的普及和应用。

（3）网络化是指将不同区域、不同种类的计算机连接起来，实现信息共享，使人们更加方便地进行信息交流。现代计算机的网络技术应用，已引发了信息产业的又一次革命。

（4）智能化是建立在现代科学基础上的综合性很强的边缘学科。它是指通过让计算机模仿人的感觉、行为、思维过程的复杂机理，使计算机不仅具有计算、加工、处理等能力，还能够像人一样可以“看”“说”“听”“想”“做”，具有思维与推理、学习与证明的能力。未来的智能型计算机将会代替人类某些方面的脑力劳动。

现在，大多数计算机仍然是“冯·诺依曼型”计算机。人们正试图突破冯·诺依曼设计思想，也取得了一些进展，如数据流计算机、智能计算机等，此类计算机统称“非冯·诺依曼型”计算机。

五、计算机的特点

计算机能进行高速运算，具有超强的记忆（存储）功能和灵敏准确的判断能力。计算机具有以下基本特点：

（1）运算速度快——计算机的运算速度是计算机性能的重要指标之一。通常，计算机以每秒完成基本加法指令的数目表示计算机的运行速度。

（2）计算精度高——计算机内部采取二进制数字进行运算，可以满足各种计算精度的要求。例如，利用计算机可以计算出精确到小数点后200万位的π值。

（3）记忆能力强——计算机能把大量数据、程序存入存储器，进行处理和计算，并把结果保存起来。一般计算器只能存放少量数据，而计算机却能存储大量的数据和信息。随着计算机的广泛应用，计算机存储器的存储容量也越来越大。

（4）具有逻辑判断能力——由于计算机能够存储程序，一旦向计算机发出指令，它就能自动快速地按指定的步骤完成任务。

（5）具有自动控制能力——随着大规模和超大规模集成电路的发展，计算机的可靠性也大大提高，计算机连续无故障的运行时间可以达几个月，甚至几年。

六、计算机的分类

计算机的种类很多，可按照计算机的规模以及用途等不同的角度进行分类。我国计算机界根据计算机的运算速度、存储容量、指令系统的规模等综合性能指标将计算机划分为巨型机、大型机、小型机、微型机、服务器及工作站。

（1）按照计算机的规模进行分类。

① 巨型计算机——巨型机是当今体积最大，运行速度最高，功能最强，价格最贵的计算机。其运行速度达到每秒10亿以上浮点运算，价格200～2000万美元之间。巨型机可以被许多人同时访问。它对尖端科学、战略武器、气象预报、社会经济现象模拟等新科技领域的研究都具有极为重要的意义。世界上只有少数公司可以生产巨型计算机。如美国的克雷公司生产的Cray-3，我国自行研制的银河II号10亿次机和曙光25亿次机都是巨型计算机。

② 大型主机——其运算速度可以达到每秒几千万次浮点运算。大型主机系统强大的功能足以支持远程终端多用户同时使用。

③ 小型计算机——其运算速度为每秒几百万次浮点运算。与大型主机一样，小型计算机支持多用户。

④ 微型计算机——简称“微机”，以大规模集成电路芯片制作的微处理器为 CPU 的个人计算机。按性能和外形大小，可分为台式计算机、笔记本电脑和掌上电脑。

⑤ 工作站——是一种功能强大的台式计算机。常用于图形处理或局域网服务器。工作站与微机的区别较小，一般工作站比微机有更多的接口、更快的速度、更大的外存。有人将工作站称为超级微机。

（2）按照计算机的用途进行分类。

① 通用计算机——具有广泛的用途和使用范围，可以应用于科学计算、数据处理和过程控制等。

② 专用计算机——适用于某一特殊的应用领域，如智能仪表、生产过程控制、军事装备的自动控制等。

技能训练

（1）计算机发展可以划分哪几个阶段，每个阶段具有哪些特征？

（2）作为一名在校大学生，拥有一台什么样的计算机是适合自己的？

任务 1.2　计算机系统组成

任务介绍

王鹏同学在掌握了计算机的产生和发展后，决定购买一台适合自己的计算机。周围许多人在购买计算机时，一味地追求品牌和价格，甚至购买价格非常昂贵的计算机，有许多功能都是闲置的。王鹏决定通过自己对计算机系统组成的了解，购买一台适合大学期间使用的计算机。

为了完成这个任务，他决定认真学习老师讲授的计算机系统组成内容。

相关知识

一、计算机系统的基本组成

如图 1-1 所示，一个完整的计算机系统是由硬件系统和软件系统两大部分组成的。

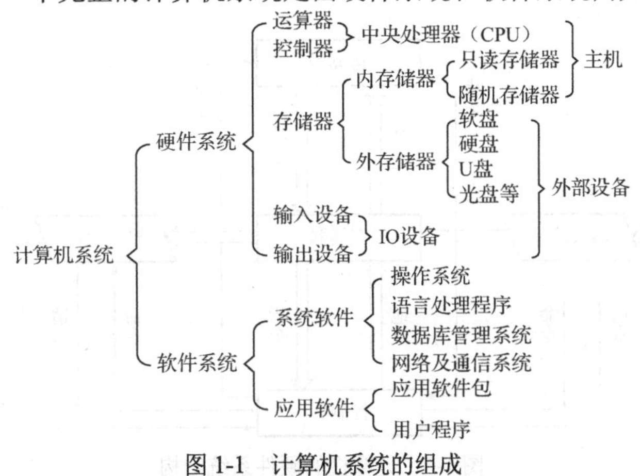

图 1-1　计算机系统的组成

计算机硬件是指系统中可触摸到的设备实体，即构成计算机的有形的物理设备，是计算机工作的基础，像冯·诺依曼计算机中提到的五大组成部件就都是硬件。硬件按照特定的方式组成硬件系统，协调工作。

计算机软件是指在硬件设备上运行的各种程序和文档。如果计算机不配置任何软件，计算机硬件就无法发挥作用。只有硬件没有软件的计算机称为“裸机”。硬件与软件的关系是相互配合，共同完成工作任务。

二、计算机系统的层次关系

计算机系统中的硬件系统和软件系统是按照一定的层次关系进行组织的。硬件处于最内层，然后是软件系统中的操作系统。操作系统是系统软件中的核心。它把用户和计算机硬件系统隔离开来，用户对计算机的操作一律转化为对系统软件的操作，所有其他软件（包括系统软件与应用软件）都必须在操作计算的支持和服务下才能运行。操作系统外是其他系统软件，最外层为用户程序。各层完成各层的任务，层间定义接口。这种层次关系为软件的开发、扩充和使用提供了强有力的保障。计算机系统的层次结构如图 1-2 所示。

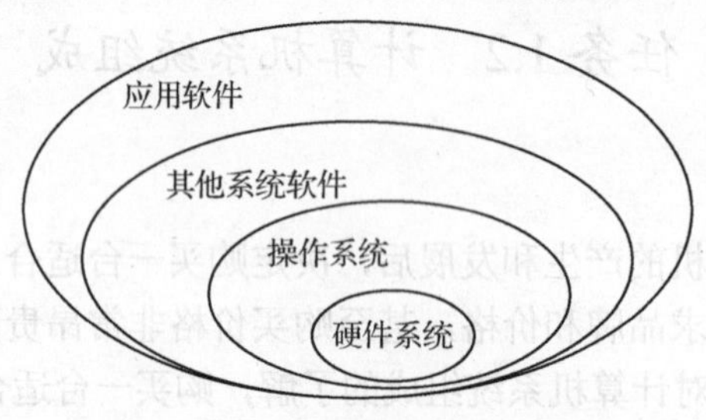

图 1-2　计算机系统的层次结构

三、计算机的硬件系统

（1）硬件系统结构。

一个计算机系统的硬件逻辑是由运算器、控制器、存储器、输入设备和输出设备五大部分组成的，如图 1-3 所示。

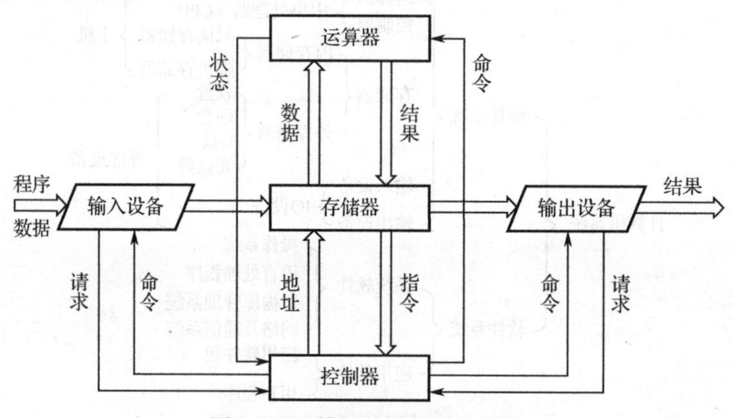

图 1-3　计算机的硬件系统结构

从图 1-3 可以看出，用计算机来加工处理数据，首先通过输入设备将编制好的程序和需要的数据输入计算机，存放在存储器中，然后由控制器对程序的指令进行解释执行，以此来调动运算器（AU 或 ALU 即算术逻辑运算部件）对相应的数据进行所要求的算术或逻辑运算，处理的中间结果和最终结果仍送回存储器中，这些结果又可通过输出设备输出。在整个处理过程中，由控制器控制各部件协调统一工作。

（2）硬件系统结构的特点。

① 计算机由运算器、存储器、控制器、输入设备和输出设备五大部件组成。

② 指令和数据均用二进制码表示。

③ 指令在存储器中按顺序存放。

（3）中央处理器。

中央处理器（CPU）是计算机的核心，主要由控制器、运算器组成，计算机以 CPU 为中心，输入和输出设备与存储器之间的数据传输和处理都通过 CPU 控制执行的。微型计算机的中央处理器又称为“微处理器”。

CPU 是英文 Central Processing Unit（中央处理器）的缩写，CPU 品质的高低通常决定了一台计算机的档次。

① 运算器。运算器又称算术逻辑部件（Arithmetic Logic Unit，ALU）。运算器是进行算术运算和逻辑运算的部件。算术运算是按照算术规则进行的运算，如加、减、乘、除等。逻辑运算是指非算术的运算，如与、或、非等。各种复杂的运算往往被分解成一系列算术与逻辑运算，然后由运算器去执行。

② 控制器。控制器（Control Unit，CU）是计算机的神经中枢和指挥中心，它的功能是产生各种信号，控制计算机的各个功能部件协调一致的工作，保证计算机按照预先规定的目标和步骤有条不紊地进行操作和处理。

③ CPU 的性能指标。

a．时钟频率。时钟频率又称主频，它是衡量 CPU 运行速度的重要指标，单位是 Hz。

b．字长。字长是指 CPU 一次可以直接处理的二进制数码的位数。字长是计算机存储、传送、处理数据的信息单位，用计算机一次操作（数据存储、传送和运算）的二进制位最大长度来描述，如 8 位、16 位等。字长是计算机性能的重要指标。字长越长，在相同时间内就能传送更多的信息，从而使计算机运算速度更快；字长越长，计算机就有更大的寻址空间，从而使计算机的内存储器容量更大；字长越长，计算机系统支持的指令数量越多，功能就越强。不同档次的计算机字长不同。计算机的字长是在设计机器时规定的。

c．集成度。集成度是指 CPU 芯片上集成的晶体管的密度。

世界上生产 CPU 芯片的公司主要有 Intel、AMD 和 VIA 等。Intel 公司是目前世界上最大的 CPU 芯片制造商。2000 年 11 月 20 日，Intel 的 Pentium4 研发成功，时钟频率从 1.3G 开始。2001 年，AMD 也产生新的微处理器 Athlon XP，与 Pentium4 不相上下。在 Pentium Ⅲ时代，Intel 公司研制了面向高端服务器的 64 位处理器——安腾（Itanium），采用 64 位总路线结构，大大提高了处理器性能。但是 Itanium 处理器不兼容 32 位处理器指令，以至于它要运行 32 位程序必须通过软件的支持。AMD 公司在 2003 年也研制出可兼容 32 位指令的 64 位处理器 Opteron，它在高性能处理器领域倍受欢迎，同时 AMD 公司还研制出 64 位的移动处理器 Athlon

64-M。Intel 公司的 Pentium 系列产品外形和双核处理器如图 1-4 所示。AMD 公司的产品主要有 Duron、AthlonXP 和 Athlon64。

图 1-4 Intel 生产的 PentiumⅢ、Pentium 4 芯片和双核处理器

（4）存储器。存储器是计算机的记忆和存储部件，用于存储数据和程序。存储器分为内存储器和外存储器。

① 内存储器。内存储器简称“内存”（又称“主存”），通常安装在主板上。内存与运算器和控制器直接相连，能与 CPU 直接交换信息，存取速度极快。内存分为随机存储器（RAM）和只读存储器（ROM）两部分。

为了提高速度并扩大容量，内存必须以独立的封装形式出现，这就是“内存条”。内存条外形如图 1-5 所示。衡量内存条性能最主要的指标包括内存速度和内存容量。其中单条内存容量一般为 512MB、1GB、2GB、4GB……

图 1-5 DDR400 内存条外形图

② 外存储器。微型计算机中常用的外存储器有硬盘、光盘、优盘、移动硬盘等。

a. 硬磁盘存储器。硬盘存储容量大，比软盘存取速度快，是微型计算机中最重要的一种外部存储器。硬盘中存放系统文件、用户的应用程序及数据。

硬盘主要的技术参数包括单碟容量、转速、接口类型等。目前常见的硬盘产品中，单碟容量可达 500GB、1TB 和 8TB，硬盘外形如图 1-6 所示。

图 1-6 硬盘外形图

b. 光盘存储器。光盘存储器主要包括光盘、光盘驱动器（CD-ROM）、光盘控制器。

- 光盘。光盘（Optical Disk）是一种利用激光技术存储信息的装置。目前常用于计算机系统的光盘有三类：只读型光盘、一次写入型光盘和可抹型（可擦写型）光盘。

● 光盘驱动器。

* CD-ROM 驱动器：对于不同类型的光盘盘片，所使用的读写驱动器也有所不同。普通 CD-ROM 盘片，一般采用 CD-ROM 驱动器来读取其中存储的数据。CD-ROM 驱动器只能从光盘上读取信息，不能写入，要将信息写入光盘，需使用光盘刻录机（CD Writer）。CD-ROM 驱动器的主要性能指标包括速度和数据传输率等。其中速度常见的为 40X、50X。光盘和 CD-ROM 光盘驱动器外形如图 1-7 所示。
* DVD-ROM 驱动器：要读取 DVD 盘片中存储的信息，则要求使用 DVD-ROM 驱动器，这是因为其存储介质与数据的存储格式与 CD 盘片不一样。现在使用数字化视频光盘（DVD）作为大容量存储器的也越来越多，其外形和 CD-ROM 类似。DVD 驱动器外形如图 1-8 所示。DVD-ROM 存储容量大于 CD-ROM 若干倍，其容量可达 4.7GB～17GB。目前已有双倍存储密度的 DVD 光盘面世，其容量为普通 DVD 盘片存储容量的 2 倍左右。

图 1-7 光盘和 CD-ROM 光盘驱动器外形图

图 1-8 DVD 驱动器外形图

● 刻录机。刻录机能方便地将计算机中的资料制作成光盘，以利于保存，特别是可以将 DV 的视频图像刻录到光盘上，以便在 VCD 或 DVD 上播放。刻录机分为 CD 刻录机和 DVD 刻录机。目前市面上的 CD 刻录机只有一种类型，不存在规格兼容性问题。CD 刻录机又分为 CD-R 和 CD-RW 两种规格。DVD 刻录机的规格尚未统一，常见的有 DVD-RAM、DVD-RW、DVD+RW 三种规格。刻录机外形与 CD-ROM 和 DVD-ROM 驱动器一样。

● 优盘。优盘（也称“U 盘”）是一种基于 USB 接口的无须驱动器的微型高容量移动存储设备，它以闪存作为存储介质（故也可称为“闪存盘”），通过 USB 接口与主机进行数据传输。优盘可用于存储任何格式数据文件，可在计算机之间方便地交换数据，它是目前流行的一种外形小巧、携带方便、能移动使用的移动存储产品。采用 USB 接口，可与主机进行热拔插操作。接口类型包括 USB1.1 和 USB2.0 两种。USB2.0 的传输速度快于 USB1.1。使用优盘需要安装其专用的驱动程序。

③ 存储器的主要性能指标。

计算机中数据和信息常用单位有位、字节和字长。

a．位（bit）。位是计算机中最小的数据单位。它是二进制的一个数位，简称“位”。一个二进制位可表示两种状态（0 或 1）。两个二进制位可表示 4 种状态（00、01、10、11）。n 个二进制位可表示 $2n$ 种状态。

b．字节（Byte）。字节是表示存储空间大小最基本的容量单位，也被认为是计算机中最小的信息单位。8 个二进制位为一个字节。除了用字节为单位表示存储容量外，通常还用到 kB（千字节）、MB（兆字节）、GB（千兆字节，或吉字节）、TB（千千兆字节）等单位来表示存储器（内存、硬盘、软盘等）的存储容量或文件的大小。所谓存储容量指的是存储器中能够包含的字节数。

c. 存储容量之间存在下列换算关系：

1B=8bits；1kB=1024B；1MB=1024kB；1GB=1024MB；1TB=1024GB

（5）输入/输出设备。

① 输入设备。输入设备负责将外面的信息送入计算机中。微机中常用的输入设备包括键盘、鼠标、触摸屏、麦克风、光笔、扫描仪和数码相机等。

② 输出设备。输出设备将计算机中的数据信息传送到外部介质上。显示器、打印机、音箱、绘图仪等都属于输出设备。

四、计算机的软件系统

一般来讲，计算机软件由系统软件和应用软件组成。软件是用户与硬件之间的接口界面，用户主要通过软件与计算机进行交流。计算机系统层次关系如图 1-9 所示。

图 1-9　计算机系统层次关系图

（1）系统软件。系统软件是计算机系统中最靠近硬件层次的软件。系统软件中最重要的一种软件是操作系统。它负责控制和管理计算机系统的各种硬件和软件资源，合理地组织计算机系统的工作流程，提供用户与操作系统之间的软件接口。目前较为流行的操作系统有 Windows 系列、UNIX、Linux、OS/2 系统、Netware 等。

（2）支撑软件。各种接口软件、软件开发工具、数据库管理系统。

（3）应用软件。应用软件是指利用计算机和系统软件为解决各种实际问题而编制的程序。常见的应用软件有科学计算程序、图形与图像处理软件、自动控制程序、情报检索系统、工资管理程序、人事管理程序、财务管理程序以及计算机辅助设计与制造、辅助教学软件等。

（4）计算机语言。计算机语言有机器语言、汇编语言、高级语言、面向对象语言等。

技能训练

（1）简述计算机硬件系统中五大组成部分的基本功能。

（2）简述 RAM、ROM 的含义及其区别。

（3）简述计算机的工作原理。

（4）简述操作系统的功能。

任务实施

1. 装机前的准备工作

（1）工具准备：尖嘴钳、散热膏、十字螺丝刀、平口螺丝刀。

（2）材料准备：准备好装机所用的配件，包括 CPU、主板、内存、显卡、硬盘、光驱、机箱电源、键盘鼠标、显示器和各种数据线、电源线等。

2. 拆卸机箱

拧下机箱后面的 4 颗固定螺丝，然后用手扣住机箱侧面板的凹处往外拉就可以打开机箱的侧面板。打开机箱侧面板后可看到机箱的内部结构，包括光驱固定架、硬盘固定架、电源固定架、机箱底板、机箱与主板间的连线等。主机箱外观图如图 1-10 所示。

图 1-10　主机箱外观图

3. 安装电源

目前的市场上有相当一部分机箱厂商是搭配了电源出售的，也就是说已经将电源安装在了机箱的相应位置，但也有机箱和电源是分离的。主机电源一般安装在主机箱的上端靠后的预留位置上。打开电源包装盒，取出电源，将电源安装到机箱内的预留位置，用螺丝刀拧紧螺丝，将电源固定在主机机箱内。

4. 将 CPU 安装在主板上

把主板 CPU 插座旁边的杠杆抬起，把 CPU 的针脚与插座针脚一一对应，一般处理器的一个角或几个角是少针的；主板的 CPU 插槽上也有相对应的“缺口”；放好 CPU 后，检查 CPU 是否完全平稳插入插座，然后将杠杆复位，锁紧 CPU。CPU 外观图如图 1-11 所示。

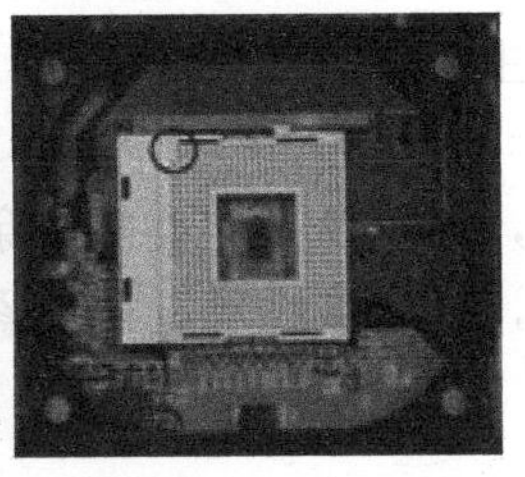
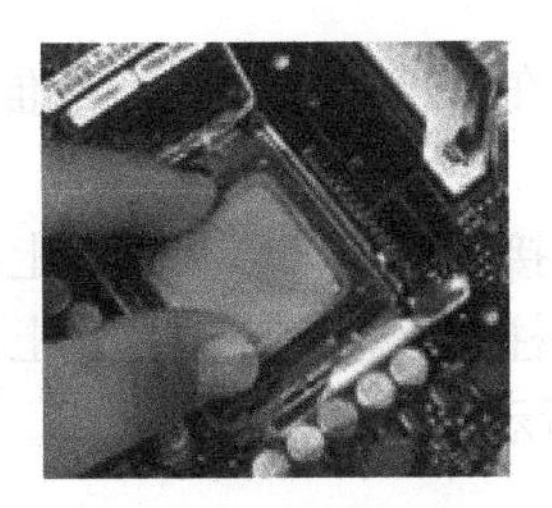

图 1-11　CPU 外观图

5. 安装 CPU 散热器

为达到更好的散热效果，可以将 CPU 核心表面涂抹一些散热硅脂或者散热硅胶。将卡具的一端固定在 CPU 插座侧边的塑料卡子上，再放平散热片，使其能完全贴附在 CPU 核心表面上，然后再按下卡具的固定锁，使其放在 CPU 插座另一端的塑料卡子上即可（不同的风扇安装方法可能不同，要认真观察），将风扇电源线插入主板标明的 CPU-FAN 插座。CPU 风扇外观图如图 1-12 所示。

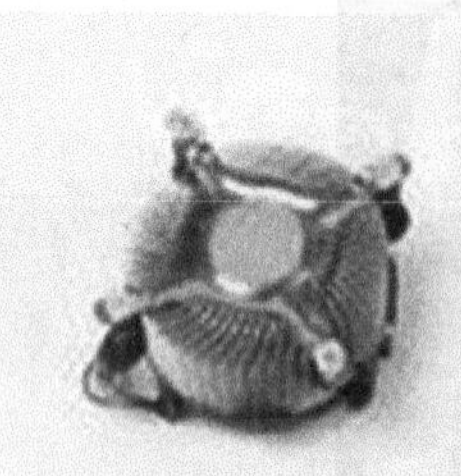

图 1-12　CPU 风扇外观图

6. 内存的安装

最好将内存条插在离 CPU 最近的内存插槽中，可以提高内存的读写速度。拨开内存插槽两边的卡槽，对照内存金手指的缺口与插槽上的突起确认内存的插入方向；将内存条垂直放入插槽，双手拇指均匀施力，将内存条压入插槽中，此时内存插槽两边的卡槽会自动往内卡住内存条，当内存条确实安插到底后，卡槽卡入内存条上的卡勾中。内存条插槽外观如图 1-13 所示。

图 1-13　内存条插槽外观图

7. 主板的安装

将主板悬在机箱底板上方，对准主板和底板的固定孔，确定哪几个孔需要铜柱螺丝或塑胶固定柱。

将主板直接平行朝上压在底板上，使每个固定柱都能穿过主板的固定孔扣住，然后将细螺丝拧到与铜柱螺丝相对应的孔位上，切忌将螺丝拧得过紧，以防止主板变形。主板安装工具如图 1-14 所示。

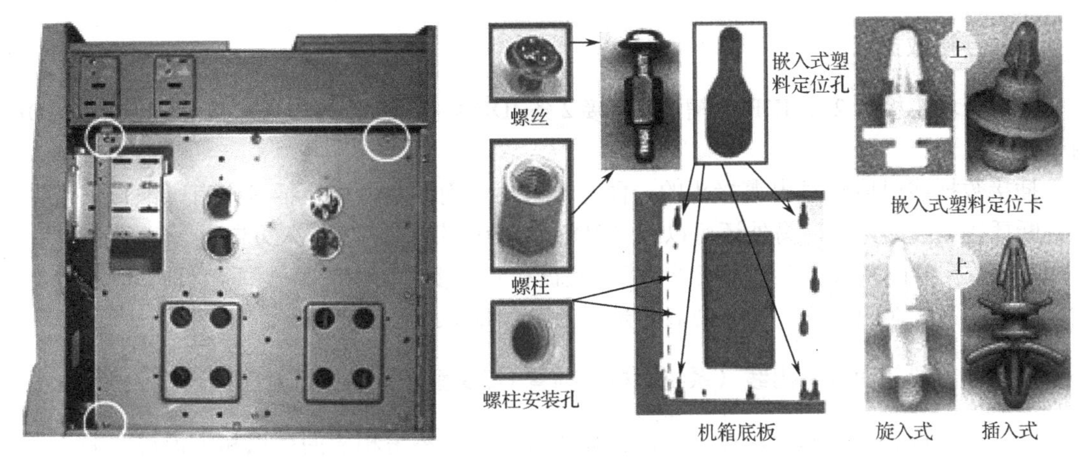

图 1-14 安装工具外观图

8．安装光驱、硬盘等驱动器

将硬盘专用的螺丝都轻轻拧上去，调整硬盘的位置，使它靠近机箱前面板，拧紧螺丝将光驱从机箱前面放入并固定，注意光驱前面要与机箱前面板平齐。

9．安装显卡、声卡、网卡等板卡

现在有很多主板集成了显卡、声卡、网卡的功能，如果对集成的板卡性能不满意，可以按需安装新的板卡，并在 BIOS 中设置屏蔽该集成的设备。

（1）安装显卡。先确定 AGP/PCI-E 显卡插槽的位置，根据 AGP/PCI-E 插槽的位置拆除机箱背后相应的挡片。将插槽末尾的白色塑料卡扳下，将显卡对准插槽用力插到底，将卡子拨起固定位置长，最后用螺丝固定。

（2）安装声卡/网卡。找到白色 PCI 插槽，把声卡/网卡插到底，最后用螺丝固定。

10．连接电源线

连接 20 芯主板电源线的方法是：将电源插头插入主板电源插座中，连接 P4 电源 4 芯电源线，为光驱插上 D 形电源插头，为硬盘接上 D 形电源接头。电源线插槽外观如图 1-15 所示。

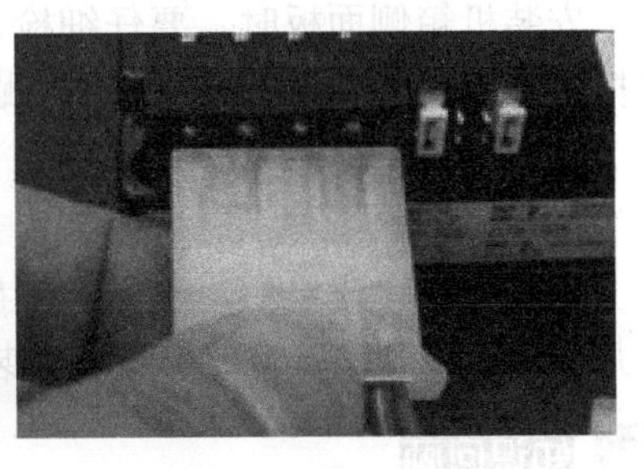

图 1-15 电源线插槽外观图

11．连接数据线

一般一块主板有 2 个 IDE 插槽，可连接 2 条 IDE 数据线，其中 IDE1 用于连接硬盘，IDE2 用于连接光驱。

插接数据线时应注意电缆接头的一面有一突出，而硬盘、光驱插槽中有一缺口，可以以此判断插接电缆的方向，另外还可以通过 IDE 数据线判断电缆的插入方向。

IDE 数据线的 1 线（红线或花线）应与硬盘和光驱接口插座的第一脚（目前多为靠近电源插座的一侧）相对应，第一脚在硬盘和光驱上均有标识。

12．连接机箱面板引出线（系统面板、前置 USB 面板、前置音频面板）

因各种主板有其不同的连接方法，具体连接方法请参考相应的标识和主板说明书。各种引出线外观如图 1-16 所示。

图 1-16　各种引出线外观图

13．整理内部连线

当机箱内部的设备安装好后，各种各样的线混在一起，显得很凌乱，且不便维护，也不利于散热，因此需要整理一下机箱内部的连线。

14．安装机箱侧面板

安装机箱侧面板时，要仔细检查各部分的连接情况，最好先加电试一下，确保无误后，再把机箱的两个侧面板装上，并用螺丝固定。

15．连接外部设备

主机安装完成以后，还需把键盘、鼠标、显示器、音箱等外设同主机连接起来。通过以上几个简单步骤，一台计算机就组装完成了。

知识回顾

该项目主要学习了计算机的分类、微型计算机的硬件组成等内容。要求掌握计算机的硬件系统和软件系统的相关知识。

技能训练

（1）在网上或到当地的科技城询价，填写电脑配置清单。

电脑配置清单

配　置	品 牌 型 号	参 考 价 格
CPU		
主板		
内存		
硬盘		
显卡		
显示器		
光驱		
机箱		
电源		
鼠标		
音箱		
摄像头		
耳机		
合计		
配置说明：		

（2）利用旧电脑，进行一次拆装，并写出操作步骤。

项目2 计算机的个性设置

项目描述

随着计算机在人们日常工作生活中的广泛使用，每个人对计算机的要求也不尽相同，这就要求人们能够根据自己的工作和学习情况对计算机进行具体设置，使其发挥最大效用，使自己的工作和学习更加顺利。

项目分析

要想最大程度地发挥计算机的作用，就要正确掌握计算机的操作系统、文件的管理，以及键盘的正确使用，只有熟练掌握这些内容才能使计算机操作事半功倍。

任务分解

- ✧ 任务 2.1　Windows10 操作系统
- ✧ 任务 2.2　系统的个性化设置
- ✧ 任务 2.3　文件管理
- ✧ 任务 2.4　键盘操作与文字录入

任务 2.1　操作系统

任务介绍

王鹏安装完成 Windows10 操作系统后，需要了解一下系统界面的各项功能，例如桌面的组件、窗口、常见组件的功能及其正确的使用方法。

相关知识

操作系统（Operating System，OS）是管理和控制计算机硬件与软件资源的计算机程序，是直接运行在“裸机”上的最基本的系统软件，任何其他软件都必须在操作系统的支持下才能运行。

操作系统是用户和计算机的接口，同时也是计算机硬件和其他软件的接口。操作系统的功能包括管理计算机系统的硬件、软件及数据资源，控制程序运行，改善人机界面，为其他应用软件提供支持，让计算机系统所有资源最大限度地发挥作用，提供各种形式的用户界面，使用户有一个好的工作环境，为其他软件的开发提供必要的服务和相应的接口等。

操作系统管理着计算机硬件资源，同时按照应用程序的资源请求，分配资源，如划分 CPU 时间、内存空间的开辟、调用打印机等。

Windows 10 是微软公司最新推出的新一代跨平台及设备应用的操作系统，涵盖 PC、平板电脑、手机、XBOX 和服务器端等。

一、操作系统的发展历史

从1946年诞生第一台电子计算机以来，每代计算机的进化都以减少成本、缩小体积、降低功耗、增大容量和提高性能为目标，随着计算机硬件的发展，同时也加速了操作系统（简称OS）的形成和发展。

（1）早期的操作系统。

最初的计算机并没有操作系统，人们通过各种操作按钮来控制计算机，后来出现了汇编语言，操作人员通过有孔的纸带将程序输入计算机进行编译。这些将语言内置的计算机只能由操作人员自己编写程序来运行，不利于设备、程序的共用。为了解决这种问题，就出现了操作系统，这样就很好实现了程序的共用以及对计算机硬件资源的管理。

随着计算技术和大规模集成电路的发展，微型计算机迅速发展起来。从20世纪70年代中期开始出现了计算机操作系统。1976年，美国DIGITAL RESEARCH软件公司研制出8位的CP/M操作系统。这个系统允许用户通过控制台的键盘对系统进行控制和管理，其主要功能是对文件信息进行管理，以实现硬盘文件或其他设备文件的自动存取。此后出现的一些8位操作系统多采用CP/M结构。

（2）DOS操作系统。

计算机操作系统的发展经历了两个阶段。第一个阶段为单用户、单任务的操作系统，继CP/M操作系统之后，还出现了C-DOS、M-DOS、TRS-DOS、S-DOS和MS-DOS等磁盘操作系统。

其中值得一提的是MS-DOS，它是在IBM-PC及其兼容机上运行的操作系统，它起源于SCP86-DOS，是1980年基于8086微处理器而设计的单用户操作系统。后来，微软公司获得了该操作系统的专利权，配备在IBM-PC上，并命名为PC-DOS。1981年，微软的MS-DOS 1.0与IBM的PC面世，这是第一个实际应用的16位操作系统。微型计算机进入一个新的纪元。1987年，微软发布MS-DOS 3.3，是非常成熟可靠的DOS版本，微软取得个人操作系统的霸主地位。

从1981年问世至今，DOS经历了7次大的版本升级，从1.0版到现在的7.0版，不断地改进和完善。但是，DOS系统的单用户、单任务、字符界面和16位的大格局没有变化，因此它对于内存的管理也局限在640KB范围内。

（3）操作系统新时代。

计算机操作系统发展的第二个阶段是多用户多道作业和分时系统。其典型代表有UNIX、XENIX、OS/2以及Windows等操作系统。分时的多用户、多任务、树形结构的文件系统以及重定向和管道是UNIX的三大特点。

OS/2采用图形界面，它本身是一个32位系统，不仅可以处理32位OS/2系统的应用软件，而且可以运行16位DOS和Windows软件。它将多任务管理、图形窗口管理、通信管理和数据库管理融为一体。

Windows是Microsoft公司在1985年11月发布的第一代窗口式多任务系统，它使PC开始进入所谓的图形用户界面时代。Windows 1.x是一个具有多窗口及多任务功能的版本，但由于当时的硬件平台为PC/XT，速度很慢，所以Windows 1.x并未十分流行。1987年底，Microsoft公司又推出了MS-Windows 2.x，它具有窗口重叠功能，窗口大小也可以调整，并可把扩展内存和扩充内存作为磁盘高速缓存，从而提高了整台计算机的性能，此外它还提供了众多的应用程序。

1990年，Microsoft公司推出了Windows 3.0，它的功能进一步加强，具有强大的内存管理，且提供了数量相当多的Windows应用软件，因此成为386、486微机新的操作系统标准。随后，Windows 3.1发布，而且推出了相应的中文版。3.1版较之3.0版增加了一些新的功能，受到用户欢迎，是当时最流行的Windows版本。1995年，Microsoft公司推出了Windows 95。在此之前的Windows都是由DOS引导的，也就是说，它们还不是一个完全独立的系统，而Windows 95是一个完全独立的系统，并在很多方面做了进一步的改进，还集成了网络功能和即插即用功能，是一个全新的32位操作系统。1998年，Microsoft公司推出了Windows 95的改进版Windows 98。Windows 98的最大特点就是把微软公司的Internet浏览器技术整合到了Windows 95里面，使得访问Internet资源就像访问本地硬盘一样方便，从而更好地满足了人们越来越多的访问Internet资源的需要。Windows 98已经成为目前实际使用的主流操作系统。

从微软公司1985年推出Windows 1.0以来，Windows系统从最初运行在DOS下的Windows 3.x到现在风靡全球的Windows 9x/Me/2000/NT/XP，几乎成为操作系统的代名词。

（4）今日情况。

大型机与嵌入式系统使用多样化的操作系统。在服务器方面，Linux、UNIX和Windows Server占据了大部分市场份额。在超级计算机方面，Linux取代UNIX成为第一大操作系统，截至2012年6月，世界超级计算机500强排名中基于Linux的超级计算机占据了462个席位，比例高达92%。随着智能手机的发展，Android和iOS已经成为目前最流行的两大手机操作系统。

二、典型的操作系统

（1）UNIX。

UNIX是一个强大的多用户、多任务操作系统，支持多种处理器架构，按照操作系统的分类，属于分时操作系统。UNIX最早由Ken Thompson和Dennis Ritchie于1969年在美国AT&T公司的贝尔实验室开发。UNIX和类UNIX家族树如图2-1所示。

（2）Linux。

Linux是UNIX的一种克隆系统，它诞生于1991年的10月5日，以后借助于Internet，并通过全世界各地计算机爱好者的共同努力，已成为今天世界上使用最多的一种UNIX类操作系统，并且使用人数还在迅猛增长。

Linux有各类发行版，通常有GNU/Linux，如Debian（及其衍生系统Ubuntu、Linux Mint）、Fedora、openSUSE等。Linux发行版作为个人计算机操作系统或服务器操作系统，在服务器上已成为主流的操作系统。Linux在嵌入式方面也得到广泛应用，基于Linux内核的Android操作系统已经成为当今全球最流行的智能手机操作系统，Ubuntu桌面，如图2-2所示。

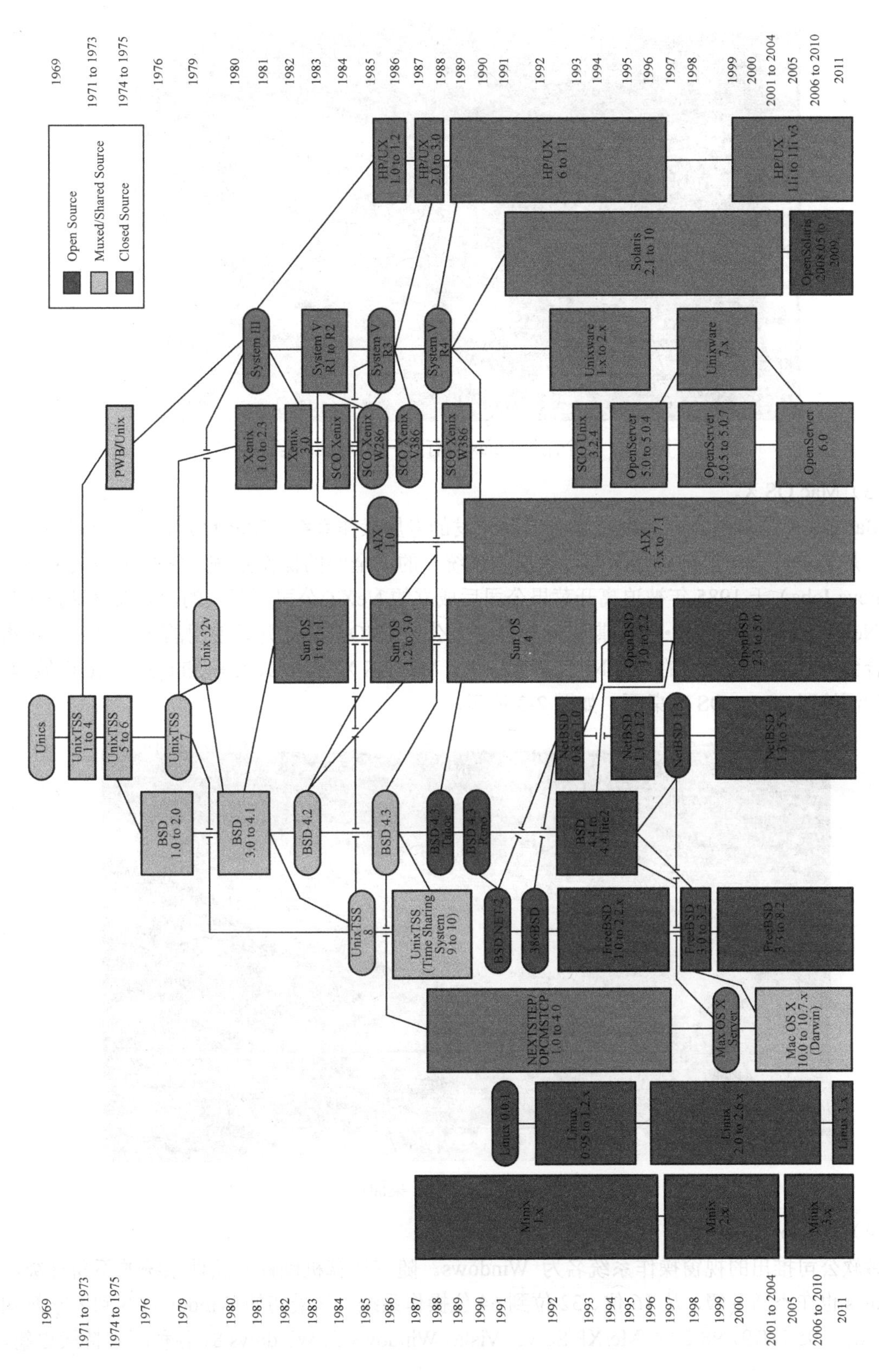

图2-1 UNIX和类UNIX家族树

图 2-2　一个流行 Linux 发行版——Ubuntu 桌面

（3）Mac OS X。

Mac OS X 是苹果公司为 Mac 系列产品开发的专属操作系统。Mac OS X 是基于 UNIX 系统的，是全世界第一个采用“面向对象操作系统”的、全面的操作系统。它是史蒂夫·乔布斯（Steve Jobs）于 1985 年被迫离开苹果公司后成立的 NeXT 公司所开发的。后来苹果公司收购了 NeXT 公司。史蒂夫·乔布斯重新担任苹果公司 CEO，Mac 开始使用的 Mac OS 系统得以整合到 NeXT 公司开发的 OPENSTEP 系统上。Mac OS X 采用 C、C++和 Objective-C 编程，采用闭源编码。Mac OS X 桌面，如图 2-3 所示。

图 2-3　Mac OS X 桌面

（4）Windows。

微软公司推出的视窗操作系统名为 Windows。随着计算机硬件和软件系统的不断升级，Windows 也在不断升级，从 16 位、32 位到 64 位操作系统，从最初的 Windows1.0 到大家熟知的 Windows95/NT/97/98/2000/Me/XP/Server/Vista、Windows 7、Windows 8，各种版本持续更新，微软公司一直在尽力于 Windows 的开发和完善。Windows 8 Metro 桌面如图 2-4 所示。

图 2-4　Windows 8 Metro

（5）iOS。

iOS 是由苹果公司开发的手持设备操作系统。苹果公司最早于 2007 年 1 月 9 日的 Macworld 大会上公布这个系统，最初是设计给 iPhone 使用的，后来陆续套用到 iPod Touch、iPad 以及 Apple TV 等产品上。iOS 与 Mac OS X 一样，也是以 DarWin 为基础的，因此同样属于类 UNIX 的商业操作系统。原本这个系统名为 iPhone OS，直到 2010 年 6 月 7 日，WWDC 大会上宣布改名为 iOS。截至 2011 年 11 月，Canalys 的数据显示，iOS 已经占据了全球智能手机系统市场份额的 30%，在美国的市场占有率为 43%。iOS 6 用户界面如图 2-5 所示。

（6）Android。

Android 是一种基于 Linux 的自由及开放源代码的操作系统，由 Google 公司和开放手机联盟领导及开发，主要使用于移动设备，如智能手机和平板电脑。Android 最初由 Andy Rubin 开发，主要支持手机。2005 年 8 月由 Google 公司收购注资。2007 年 11 月，Google 与 84 家硬件制造商、软件开发商及电信营运商组建开放手机联盟共同研发改良 Android。随后 Google 公司以 Apache 开源许可证的授权方式，发布了 Android 的源代码。第一部 Android 智能手机发布于 2008 年 10 月。Android 逐渐扩展到平板电脑及其他领域上，如电视、数码相机、游戏机等。2011 年第一季度，Android 在全球的市场份额首次超过塞班系统，跃居全球第一。2013 年的第四季度，Android 平台手机的全球市场份额已经达到 78.1%，全世界采用这款系统的设备数量已经达到 10 亿台。Android 4.2 用户界面如图 2-6 所示。

（7）Chrome OS。

Chrome OS 是由谷歌公司开发的一款基于 Linux 的操作系统，发展出与互联网紧密结合的云操作系统，工作时运行 Web 应用程序。谷歌公司在 2009 年 7 月 7 日发布该操作系统，并在 2009 年 11 月 19 日以“Chromium OS”之名推出相应的开源项目，并将 Chromium OS 代码开源。与开源的 Chromium OS 不同的是，已编译好的 Chrome OS 只能用在与谷歌公司的合作制造商生产的特定硬件上。

Chrome OS 同时支持 Intel x86 以及 ARM 处理器，软件结构极其简单，可以理解为在 Linux 的内核上运行一个使用新的窗口系统的 Chrome 浏览器。对于开发人员来说，Web 就是平台，所有现有的 Web 应用可以完美地在 Chrome OS 中运行，开发者也可以用不同的开发语言为其开发新的 Web 应用。Chrome OS 桌面如图 2-7 所示。

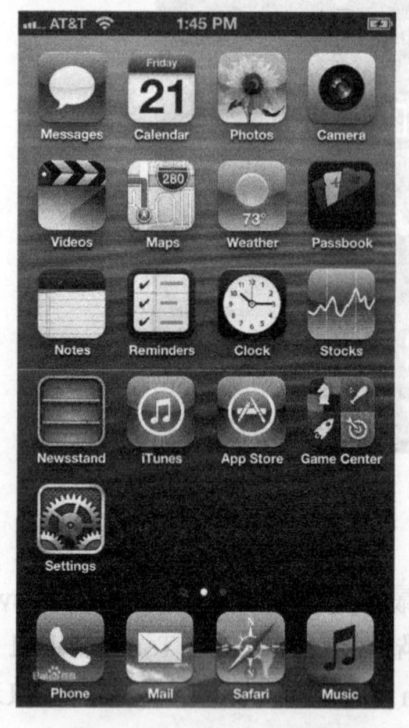

图 2-5　iOS 6 用户界面

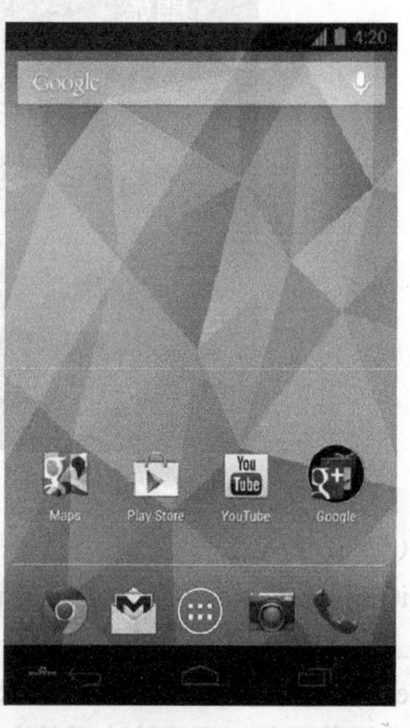

图 2-6　Android 4.2 用户界面

图 2-7　Chrome OS 桌面

任务 2.2　系统的个性化设置

任务介绍

王鹏现在使用的计算机，是全新升级的 Windows 10 系统，与以前老版的系统有很大不同。他想知道这台计算机中都有哪些文件和软件，于是就打开了“计算机”窗口，开始查看各磁盘下有些什么文件，以便日后进行分类管理。后来王鹏双击了桌面上的几个图标进行运行，还通过“开始”菜单启动了几个软件，这时王鹏准备切换到之前的浏览窗口继续查看其中的文件，发现之前打开的窗口界面怎么也找不到了，该怎么办呢？

本任务要求王鹏认识桌面、窗口和“开始”菜单，掌握窗口的基本操作、熟悉对话框各组成部分的操作，同时掌握利用“开始”菜单启动程序的方法。

相关知识

一、认识 Windows10 桌面组件

尽管 Windows10 是一个操控十分人性化的操作系统，对于初学者，仍需要花费一些时间去了解桌面组件、窗口的使用方法，才能灵活操控它进行娱乐和工作。

进入 Windows 10 后，用户首先看到的是桌面，如图 2-8 所示。桌面的组成元素主要包括桌面背景、桌面图标和任务栏等。本节主要介绍 Windows 10 的桌面组成。

图 2-8 Windows 10 桌面

（1）桌面背景。

桌面背景可以是个人收集的数字图片、Windows 提供的图片、纯色或者带有颜色框架的图片，也可以显示幻灯片图片。

Windows 10 自带了很多漂亮的背景图片，用户可以从中选择自己喜欢的图片作为桌面背景。除此之外，用户还可以把自己收藏的精美图片设置为背景。

（2）桌面图标。

Windows 10 操作中，所有文件、文件夹和应用程序等都由相应的图标表示。桌面图标一般由文字和图片组成，文字说明图标的名称或者功能，图片是它的标识符。新安装的系统桌面中只有一个“回收站”图标。

用户双击桌面上的图标，可以快速打开相应的文件、文件夹或者应用程序，如双击桌面上“回收站”的图标，即可打开“回收站”窗口，如图 2-9 所示。

（3）任务栏。

“任务栏”是位于桌面最底部的长条，如图 2-10 所示，显示系统正在运行的程序、当前时

间等，主要由“开始”按钮、搜索栏、任务视图、快速启动区、系统图标显示区和“显示桌面”按钮组成。和以前的操作系统相比，Windows 10 的任务栏设计得更加人性化，使用更加方便，功能和灵活性更强大。用户按“Alt+Tab”组合键可以在的窗口之间进行切换操作。

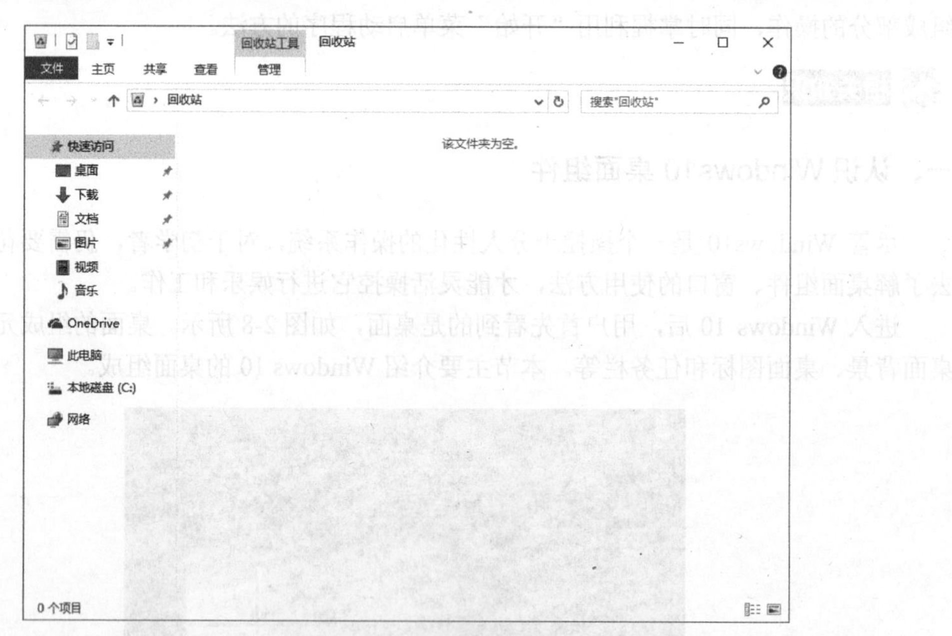

图 2-9 “回收站”窗口

图 2-10 任务栏

（4）通知区域。

默认情况下，通知区域位于任务栏的右侧，如图 2-11 所示。它包含一些程序图标，这些程序图标提供有关电子邮件、更新、网络连接等事项的状态和通知。安装新程序时，可以将此程序的图标添加到通知区域。

图 2-11 通知区域

新计算机在通知区域经常已有一些图标，而且某些安装程序在安装过程中会自动将图标添加到通知区域。用户可以更改出现在通知区域中的图标和通知，对于某些特殊程序（称为“系统图标”），还可以选择是否显示它们。

用户可以通过将图标拖动到所需的位置来更改图标在通知区域中的顺序以及隐藏图标的顺序。

（5）“开始”按钮。

单击桌面左下角的“开始”按钮田或按下 Windows 徽标键，即可打开“开始”菜单，左侧依次为用户账户头像、常用的应用程序列表及快捷键，右侧为“开始”屏幕。

（6）搜索框。

Windows 10 中，搜索框和 Cortana 高度集成，在搜索框中输入关键词或打开“开始”菜单输入关键词，即可搜索相关的桌面程序、网页、资料等。

二、窗口及常见组件

窗口是屏幕上与一个应用程序相对应的矩形区域，是用户与产生该窗口的应用程序之间的可视化界面。当用户开始运行一个应用程序时，应用程序就创建并显示一个窗口；当用户操作窗口中的对象时，程序会做出相应的反应。用户通过关闭一个窗口来终止一个程序的运行，通过选择相应的应用程序窗口来选择相应的应用程序。

如图 2-12 所示是“此电脑”窗口，由标题栏、快速访问、工具栏、菜单栏、地址栏、控制按钮区、搜索框导航窗格、内容窗口和状态栏等部分组成。

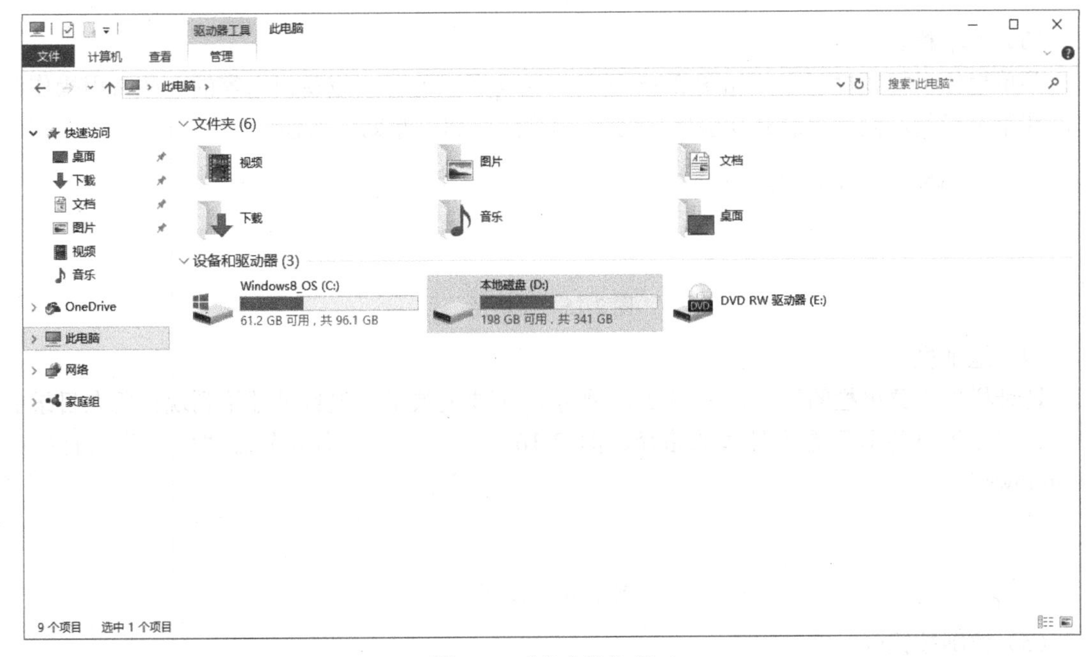

图 2-12 “此电脑”窗口

（1）标题栏。

标题栏位于窗口的最上方，如图 2-13 所示，显示了当前的目录位置。标题栏右侧分别为“最小化”“最大化/还原”“关闭”3 个按钮，单击相应的按钮可以执行相应的窗口操作。

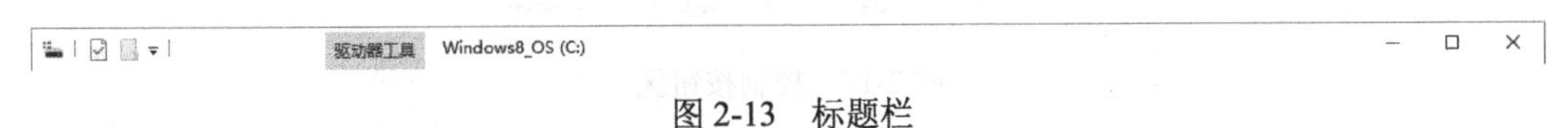

图 2-13 标题栏

（2）快速访问工具栏。

快速访问工具栏位于标题栏的左侧，显示了当前窗口图标和“查看属性”“新建文件夹”

“自定义快速访问工具栏”3 个按钮，如图 2-14（a）所示。

单击“自定义快速访问工具栏”按钮 ，弹出下拉列表，用户可以勾选列表中的功能选项，将其添加到快速访问工具栏中，如图 2-14（b）所示

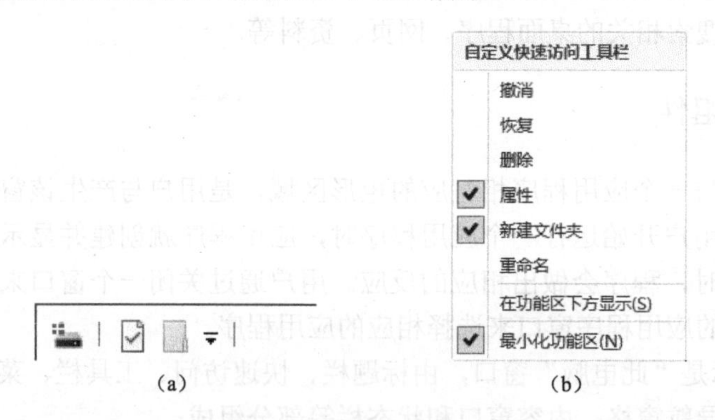

（a）　　（b）

图 2-14　快速访问工具

（3）菜单栏。

菜单栏位于标题栏下方，如图 2-15 所示，包含了当前窗口或窗口内容的一些常用操作菜单。在菜单栏的右侧为“展开功能区/最小化功能区”和“帮助”按钮。

图 2-15　菜单栏

（4）地址栏。

地址栏位于菜单栏的下方，如图 2-16 所示，主要反映了从根目录开始到现在所在目录的路径，单击地址栏即可看到具体的路径。图 2-16 即表示当前路径位置在“C 盘”文件夹的“Windows”目录下。

图 2-16　地址栏

（5）控制按钮区。

控制按钮区位于地址栏的左侧，如图 2-17 所示，主要用于返回、前进、上移到前一个目录位置。单击 按钮，打开下拉菜单，可以查看最近访问的位置信息，单击下拉菜单中的位置信息，可以实现快速进入该位置目录。

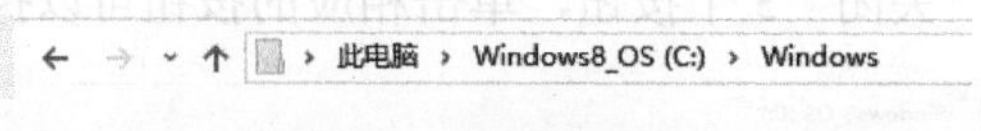

图 2-17　控制按钮区

（6）搜索框。

搜索框位于地址栏的右侧，如图 2-16 右侧所示。通过在搜索框中输入要查看信息的关键字，可以快速查找当前目录中的相关文件、文件夹。

（7）导航窗格。

导航窗格位于控制按钮区下方，如图 2-18 所示。显示了计算机中包含的具体位置，如“快速访问”“OneDrive”“此电脑”“网络”等，用户可以通过导航窗格快速访问相应的目录。另外，用户也可以通过导航窗格中的“展开”按钮 › 和“收缩”按钮 ⌄ 显示或隐藏详细的子目录。

图 2-18　导航窗格

（8）内容窗口。

内容窗口位于导航窗格右侧，是显示当前目录的内容区域，也叫工作区域。

（9）状态栏。

状态栏位于导航窗格下方，如图 2-19 所示，会显示当前目录文件中的项目数量，也会根据用户选择的内容，显示所选文件或文件夹的数量、容量等属性信息。

7 个项目

图 2-19　状态栏

（10）视图按钮。

视图按钮位于状态栏右侧，如图 2-19 右侧所示，包含了“在窗口中显示每一项的相关信息”和“使用大缩略图显示项”两个按钮，用户可以单击选择视图方式。

三、文件及文件夹

计算机是以文件（file）的形式组织和存储数据的。简单地说，计算机文件就是用户赋予了名字并存储在磁盘上的信息的有序集合。

（1）文件概述。

文件是数据在计算机中的组织形式，不管是程序、文章、声音、视频，还是图像，最终都以文件形式存储在计算机的存储介质（如硬盘、光盘、U 盘等）上。

所谓文件就是在逻辑上具有完整意义的信息集合，它有一个名字以供识别，称为文件名。

① 文件名。

Windows 中的任何文件都是用图标和文件名来标识的，文件名由主文件名和扩展名两部分组成，中间由“.”分隔，如图 2-20 所示。

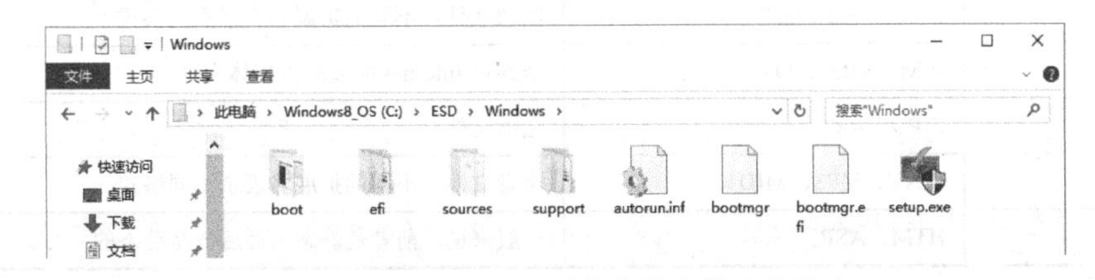

图 2-20　Windows 10 系统中的文件和文件夹

一般来说，主文件名应该用具有意义的词汇或者是数字命名，即顾名思义，以便用户识别。例如，图 2-20 中有个文件，文件名为“setup.exe”。

② 文件名的命名规则。

Windows 系统中的文件名是不区分大小写的。

文件名中可以使用的字符包括汉字字符、26 个大小写英文字母、10 个阿拉伯数字 0~9 和一些特殊字符。

文件名中不能使用以下任何字符：<> / \ | : " * ?。

文件名的长度取决于文件的完整路径的长度（如 C:\Program Files\文件名.txt）。Windows 将单个路径的最大长度限制为 255 个字符。这就是为什么将文件名非常长的文件复制到路径比原来更长的位置时，偶尔会出现错误的原因。

文件扩展名是一组字符，这组字符可帮助 Windows 获知文件中包含什么类型的信息以及应该用什么程序打开该文件。之所以称其为扩展名，是因为它出现在文件名的最后，并在它前面有一个句点。在文件名“myfile.txt”中，“txt”便是扩展名。该扩展名可让 Windows 获知此文件是一个文本文件，可以使用与该扩展名关联的程序（如写字板或记事本）打开此文件。

需要说明的是，大多数情况下我们不需要自己去添加文件的扩展名，系统会自动识别并添加，但我们必须记住，虽然只取了主文件名，但一个文件完整的名称应为“文件名.扩展名”。

通常情况下，不应对文件扩展名进行更改，因为更改后可能无法打开或编辑文件。但有时更改文件扩展名却非常有好处。例如，你需要将文本文件（.txt 文件）更改为 HTML 文件（.htm 文件）以便在 Web 浏览器中进行查看。

Windows 会隐藏文件扩展名以使文件名更易于阅读，但是可以选择显示扩展名。

③ 文件类型。

在绝大多数操作系统中，文件的扩展名表示文件的类型。不同类型文件的处理方式是不同的。在不同的操作系统中，表示文件类型的扩展名并不相同。常见的文件扩展名及其意义如表 2-1 所示。

表 2-1 文件扩展名及其意义

文件类型	扩展名	含义
可执行程序	EXE、COM	可执行程序文件
源程序文件	C、CPP、BAS、ASM	程序设计语言的源程序文件
目标文件	OBJ	源程序文件经编译后生成的目标文件
文档文件	DOCX、XLSX、PPTX	Word、Excel、PowerPoint 创建的文档
图像文件	BMP、JPG、GIF	图像文件，不同的扩展名表示不同格式
流媒体文件	WM、VRM、QT	能通过 Internet 播放的流媒体文件
压缩文件	ZIP、RAR	压缩文件
音频文件	WAV、MP3、MID	声音文件，不同的扩展名表示不同格式
网页文件	HTM、ASP	一般来说，前者是静态的而后者是动态的

一个文件可以有或没有扩展名。对于打开文件操作，没有扩展名的文件需要选择程序去打开，有扩展名的文件会自动用设置好的程序（如有）去尝试打开。文件扩展名是一个常规

文件的构成部分，但一个文件并不一定需要扩展名。

文件扩展名可以人为设定，扩展名为“TXT”的文件有可能是一张图片，同样，扩展名为“MP3”的文件可能是一个视频。

（2）文件夹（目录）结构。

在计算机中，往往面临对大量文件的管理。

操作系统怎样实现文件的按名存取？如何查找外存（如磁盘、光盘等）中的指定文件？如何有效管理用户文件和系统文件？

文件夹便是实现这些管理的有效方法。文件系统的基本功能之一就是负责文件夹（目录）的建立、维护、共享和检索，要求编排的文件夹便于查找、防止冲突，文件夹的检索要求方便迅速。操作系统为了管理和控制系统中的全部文件，为每个文件都设立了一个文件控制块（File Control Block，FCB），用于存放文件的标识、定位、说明和控制等信息。

常见的是多级文件夹结构，如图 2-21 所示，它看起来好像一棵倒立的树，因此被称为树形文件夹结构。这棵树的根称为根文件夹（也叫根目录），从根向下，每个节点是一个文件夹（目录），文件夹内既可以有下级子文件夹，也可以存放具体的文件。

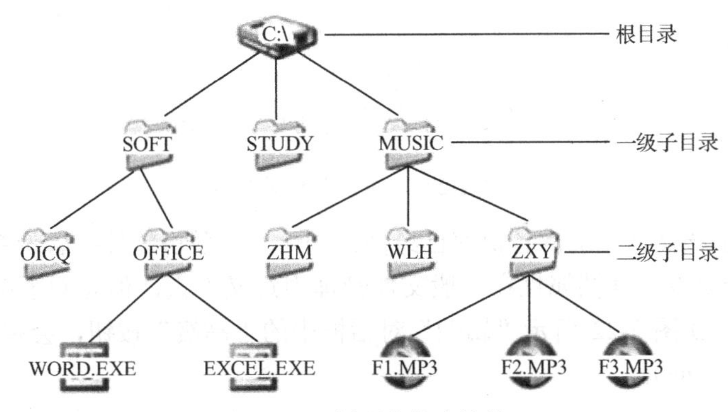

图 2-21　树形文件夹结构

当用户要访问某个文件时，必须指出从根文件夹到该文件节点所经过的所有各级子文件夹的路径，各级文件夹名之间用“\”分隔，这就是“绝对路径”。如图 2-21 所示，文件“F2.MP3”的绝对路径表示为“C:\MUSIC\ZXY\F2.MP3”。如果文件夹树比较深，从根文件夹逐级向下查找文件的方法就太麻烦，因而引入“当前文件夹”的概念，即用户当前所在树形结构中的位置称为“当前文件夹”，当用户需要访问某个文件时，只需给出从当前文件夹到该文件的所在文件夹的相对路径即可。例如，图 2-21 中的 OFFICE 为当前文件夹，则访问文件 WORD.EXE 的方法就可表示为“WORD.EXE”，因为 WORD.EXE 就在当前文件夹下，这比使用绝对路径的表示方法要简单得多。

（3）文件属性。

文件除了文件名外，还有文件大小、占用空间等，这些信息称为文件属性。右击文件或者文件夹，弹出如图 2-22 所示的“属性”对话框，包括以下属性。

① 只读：表示该文件不能被修改。

② 隐藏：表示该文件在系统中是隐藏的，在默认情况下用户不能看见这些文件。

图 2-22 “属性”对话框

③ 存档：表示该文件在上次备份前已经修改过，一些备份软件在备份系统后会把这些文件默认的设为存档属性。存档属性在一般文件管理中意义不大，但是对于频繁的文件批量管理很有帮助。(单击如图 2-22 所示“属性”对话框中的“高级”按钮，会弹出如图 2-23 所示的“高级属性”对话框)。

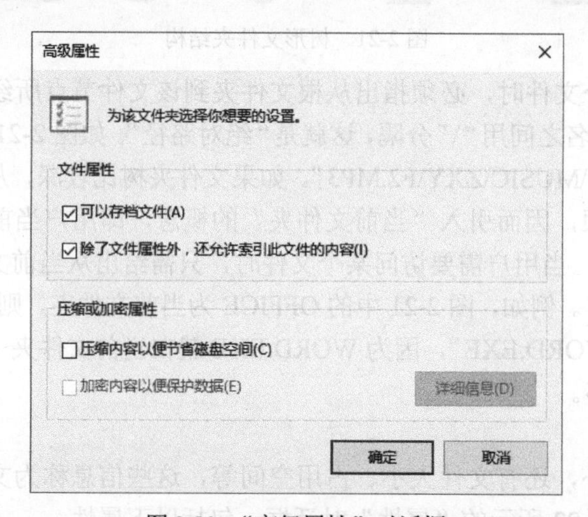

图 2-23 “高级属性”对话框

只读的意思是只可以读取，不能修改，删除时会提示是否删除只读文件，在有重要的文件不允许误操作时一般选择此项。

存档是指每次打开该文件时，它会自动存档用以控制掉电或者误操作而带来的损失，选择此项后即可实现该功能，注意该功能只对文件有效。

（4）新建文件。

通常可通过启动应用程序来新建文档。例如，在应用程序的新文档中写入数据，然后保存在磁盘上。也可以不启动应用程序，直接建立新文档。在桌面上或者某个文件夹中右击，在弹出的快捷菜单中选择“新建”命令，在出现的文档类型列表中，选择一种类型即可，如图 2-24 所示。每创建一个新文档，系统都会自动地给它一个默认的名字。

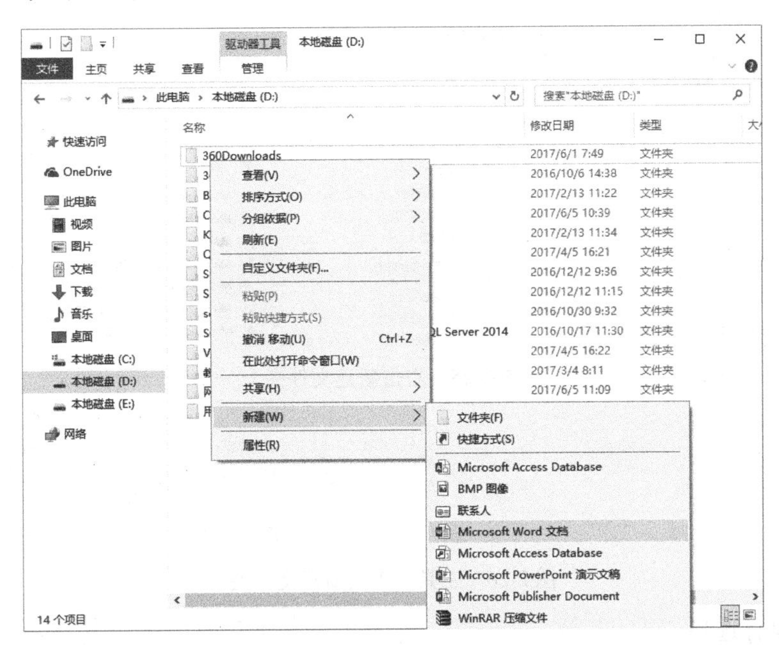

图 2-24 创建 Microsoft Word 文档

当使用上述方式创建新文档时，Windows 10 并不自动启动它的应用程序。要想编辑该文档，可以双击该文档，启动相应的应用程序进行具体的编辑。

（5）新建文件夹。

使用下列方法可以新建一个文件夹。

① 右击新建文件夹。

确定要新建文件夹的位置后，右击，在弹出的快捷菜单中选择“开始/新建文件夹”命令，Windows 10 就会在选定位置增加一个名为“新建文件夹”的文件夹。可以在文本框内重新命名该文件夹，如图 2-25 所示。

② 工具栏工具新建。

单击驱动器工具上的“主页”→“新建文件夹”工具栏，如图 2-26 所示。Windows 10 就会在选定位置增加一个名为“新建文件夹”的文件夹。可以在文本框内重新命名该文件夹。

（6）选择文件或文件夹。

在对文件或文件夹操作之前，必须先选择它们，可以单击一个文件或文件夹实现选择。如果要选择多个对象，可以采取下面的方法之一。

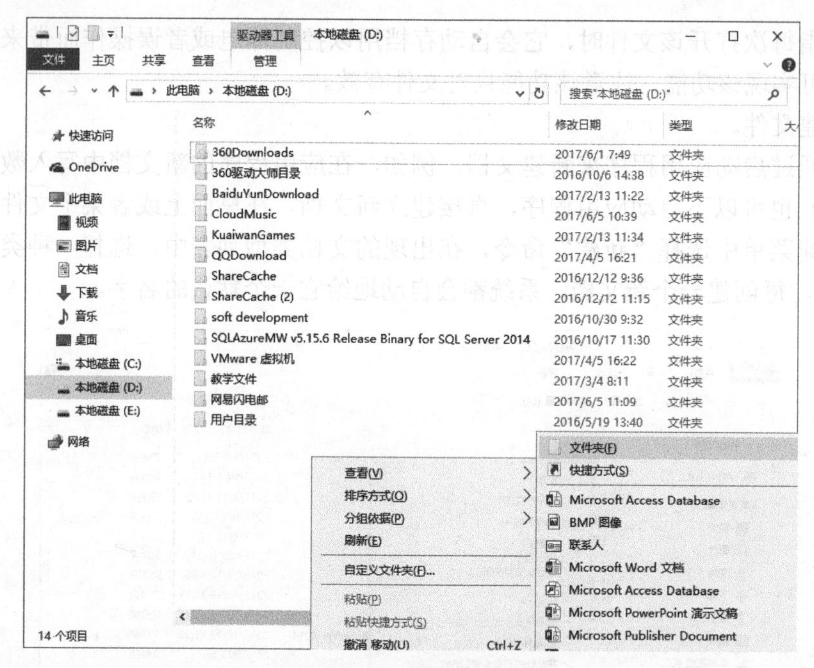

图 2-25　右击新建文件夹

图 2-26　工具栏工具新建文件夹

① 使用鼠标选择。

在选择对象时，先按住“Ctrl”键，然后逐一选择文件或文件夹。

如果所要选择的对象是连续的，则先选中第一个对象，然后按住“Shift”键，再单击最后一个对象。

如果要选择某个文件夹下面的所有文件，先使该文件夹成为当前文件夹，然后执行“编辑/全部选定”菜单命令。

② 使用键盘选择。

如果选择的文件不连续，则先选择一个文件，然后按住“Ctrl”键，移动方向键到需要选定的对象上，按空格键选择。

如果选择的文件是连续的，则先选定第一个文件，按住“Shift”键，然后移动方向键选定最后一个文件。

如果要选择某个文件夹下面的所有文件，则先使该文件夹成为当前文件夹，然后按“Ctrl+A”组合键。

（7）复制与移动文件和文件夹。

复制与移动文件或文件夹的方法有以下几种。

① 鼠标拖动。

在同一驱动器内进行移动操作时，可直接将文件和文件夹图标拖到目标位置。若是复制操作，则在拖动过程中按住“Ctrl”键。不同驱动器间进行移动操作时，拖动过程中需按住“Shift”键。而复制操作时，可直接将对象拖到目标位置。

② 利用快捷菜单。

右击需要移动的文件或文件夹对象，从快捷菜单中选择“剪切”或“复制”命令（执行“剪切”命令后，图标将变暗），然后在目标位置处右击，从快捷菜单中选择“粘贴”命令。

③ 利用快捷键。

选定文件或文件夹后，按“Ctrl+X”组合键，执行剪切；按“Ctrl+C”组合键，执行复制。然后选定目标位置，按“Ctrl+V”组合键，执行粘贴。

④ 利用窗口工具栏的“主页”→“移动到”或“复制到”工具。

选定要复制或移动的对象，从图 2-27 所示的任务列表中选择“复制到”或“移动到”工具，并在随后出现的对话框中选定一个目标位置。

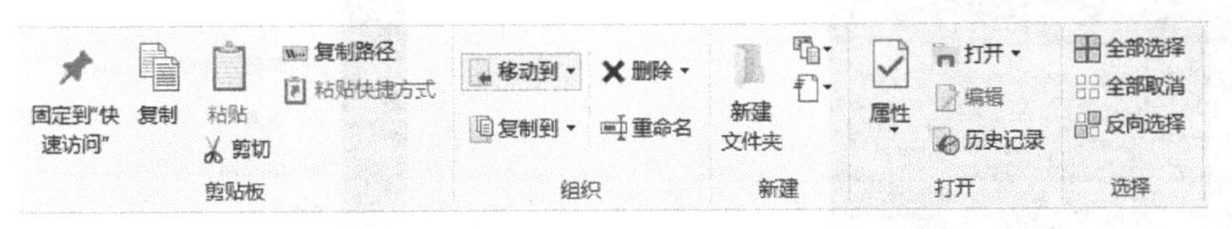

图 2-27 复制到文件夹

注意复制与移动的区别：复制是新建一个副本，以前的文件（夹）不变，另外多了一个相同的文件（夹）；而移动是将原有的文件（夹）移动到另一个地方，以前的地方再没有这个文件（夹）了。

（8）删除与恢复文件或文件夹。

选定要删除的对象，然后按“Del 键”，或者右击要删除的对象，从弹出的快捷菜单中选择“删除”命令，默认情况下，都是将对象送入“回收站”。

如果需要恢复已经送入“回收站”的文件或文件夹，则可以打开回收站，右击某个对象，从弹出的快捷菜单中选择“还原”命令，可将该对象恢复到原来的位置。

若要将文件或文件夹真正从磁盘上删除，则可以在“回收站”中右击某个对象，从快捷菜单中选择“删除”命令；选择“文件”菜单中的“清空回收站”命令，将删除“回收站”中的所有对象；选定对象后，按“Shift+Del”组合键，可以直接从硬盘中删除该对象而不送入“回收站”。

（9）搜索文件和文件夹。

文件和文件夹多了，时间长了，都不知道放到哪里了，想找的时候无从下手，这是非常头痛的问题。

在 Windows 10 众多新功能中，Cortana 无疑是其中最耀眼的一个。其实，Cortana 是微软公司专门打造的人工智能机器人。

Windows 10 任务栏中集成了 Cortana 搜索，如图 2-28 所示，可用来查找存储在计算机上的文件资源。操作方法：在搜索框中键入关键词，如“QQ”后，可自动开始搜索，搜索结果会即时显示在搜索框上方的“开始”菜单中，并会按照项目种类进行分门别类（应用、文档、网页），如图 2-29 所示。

Cortana 可以执行下列操作：根据时间、地点或人脉设置提醒；跟踪包裹、运动队、兴趣和航班；发送电子邮件和短信；管理日历，使你了解最新日程；创建和管理列表；闲聊和玩游戏；查找事实、文件、地点和信息；打开系统中的任一应用程序。

如图 2-29 所示，当我们利用 Cortana 对关键词“QQ”进行搜索后，会给出“最佳匹配”为桌面应用。

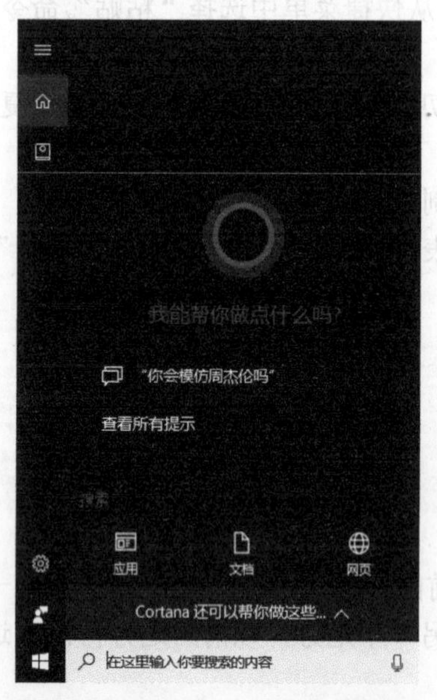

图 2-28　利用“Cortana”进行搜索

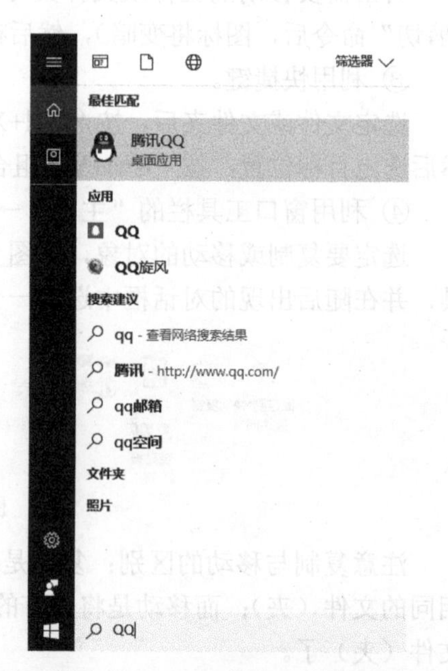

图 2-29　利用“Cortana”搜索对关键词“QQ”

任务实施

1. 窗口操作

Windows 10 是一个多任务、多线程的操作系统，同一时间桌面可能有两个甚至多个窗口同时呈现，为了查看不同内容，用户经常需要移动、缩放以及排列、关闭窗口。

（1）移动窗口。

移动窗口的标题栏，即可移动整个窗口。

（2）缩放窗口。

用户将鼠标移动到窗口的边框，当指针呈现双箭头形状时，拖动鼠标即可放大或缩小窗口。

除了手动拖动缩放之外，用户还可以单击窗口右上角的“最大化”按钮，快速将窗口扩大至整个屏幕；单击“最小化”按钮，将窗口快速缩小至任务栏中。

（3）排列窗口。

可以采用以下三种方式之一排列打开的窗口：

- 层叠，在一个按扇形展开的堆栈中放置窗口，使这些窗口标题显现出来。
- 堆叠，在一个或多个垂直堆栈中放置窗口，这要看打开窗口的数量而定。

● 并排，将每个窗口（已打开，但未最大化）放置在桌面上，以便能够同时看到所有窗口。

若要排列打开的窗口，请右键单击任务栏的空白区域，然后单击“层叠窗口”“堆叠显示窗口”或“并排显示窗口”。

✦提示

如果使用的是单个显示器显示，还可以通过 Snap 功能将两个窗口并排显示。将窗口的标题栏拖动到屏幕的左侧或右侧，直到出现扩展窗口的边框，然后释放鼠标以扩展该窗口。对另一个窗口重复执行此过程，以并排显示这两个窗口。（如果您正在使用多个监视器，窗口将会对齐到所有监视器显示的完整区域的最左边或最右边。）

2. 使用小工具

Windows 10 中包含称为“小工具”的小程序，这些小程序可以提供即时信息以及可轻松访问常用工具的途径。例如，您可以使用小工具显示图片幻灯片、查看不断更新的标题或查找联系人。

桌面小工具可以保留信息和工具，供您随时使用。例如，可以在打开程序的旁边显示新闻标题。这样，如果您要在工作时跟踪发生的新闻事件，则无须停止当前工作就可以切换到新闻网站。

您可以使用“源标题”小工具显示所选源中最近的新闻标题。而且不必停止处理文档，因为标题始终可见。如果您看到感兴趣的标题，则可以单击该标题，Web 浏览器就会直接打开其内容。

为了解如何使用小工具，我们将查看以下三个小工具：时钟、幻灯片和源标题。

（1）时钟是如何工作的？

右键单击“时钟”时，将会显示可对该小工具进行的操作列表，其中包括关闭“时钟”、将其保持在打开窗口的前端和更改“时钟”的选项（如名称、时区和外观），如图 2-30 所示。

✦提示

如果指向时钟小工具，则在其右上角附近会出现“关闭”按钮和“选项”按钮，如图 2-31 所示。

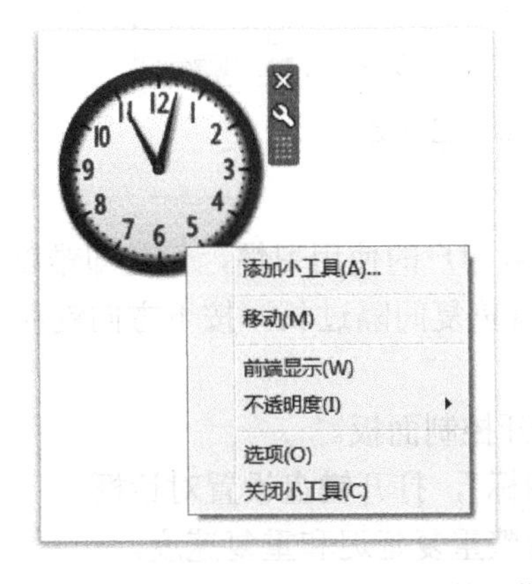

图 2-30　右键单击小工具以查看可对其进行的操作的列表

①关闭　　②选项

图 2-31　时钟及选项

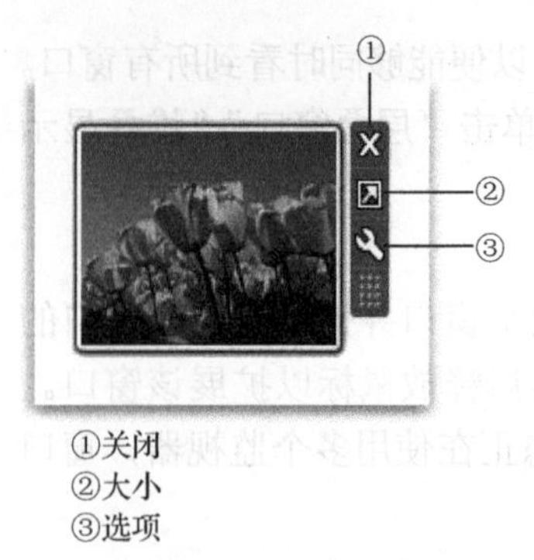

图 2-32　幻灯片及选项

（2）幻灯片是如何工作的？

接下来尝试将指针放在幻灯片小工具上，它会在您的计算机上显示连续的图片幻灯片。

右键单击幻灯片并单击“选项”，可以选择幻灯片中显示的图片、控制幻灯片的放映速度以及更改图片之间的过渡效果。还可以右键单击幻灯片并指向“大小”以更改小工具的大小，如图 2-32 所示。

✦提示

当您指向幻灯片时，“关闭”“大小”和“选项”按钮将出现在小工具的右上角附近。

3. 调整键盘鼠标

每个用户都有不同的使用偏好，有的用户习惯使用左手握鼠标，有的用户喜欢鼠标移动时速度快一些，而有的用户却喜欢移动速度偏慢一些。在这一节中，将介绍调整键盘鼠标的方法，使之更符合自己的使用习惯。

（1）调整鼠标适合左手使用。

Windows 10 默认鼠标为右手使用，习惯使用左手的用户操控鼠标时会觉得比价别扭。遇到这种情况，可以参考以下操作，调整鼠标以适合左手使用。如图 2-33 所示，设置切换左右键，让鼠标更适合左手握持。

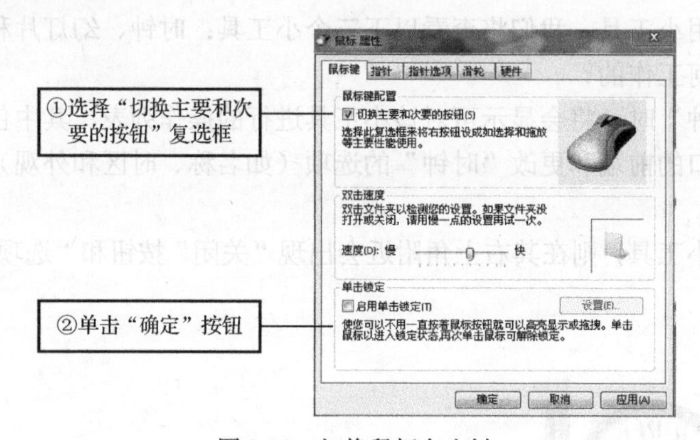

图 2-33　切换鼠标左右键

（2）让键盘适应使用习惯。

Windows 10 默认的键盘响应速度符合大多数用户的使用习惯，但是却难以满足一些用户的使用需求，例如文书处理人员通常会觉得键盘重复间隔过长，按下方向键移动光标，需要等一秒钟，这时可以参考以下操作进行调整。

① 单击按钮，选择“控制面板”选项，打开控制面板。

② 如图 2-34 所示，设置查看方式为“大图标”，打开键盘设置对话框。

③ 根据个人实际需求，如图 2-35 所示，调整重复延迟和重复速度。

图 2-34　控制面板界面

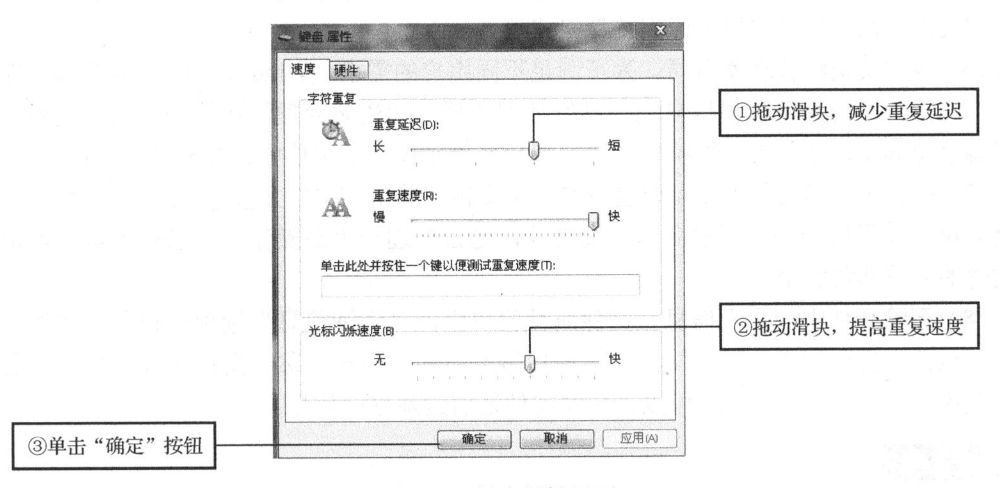

图 2-35　键盘属性界面

技能训练

技能训练题一：调整鼠标移动及双击速度，写出操作流程。

技能训练题二：打开多个窗口，进行窗口层叠设置。

任务 2.3　文 件 管 理

任务介绍

在 Windows10 操作系统中，我们要操作文件，就要掌握文件管理技巧、通过库管理文件、使用磁盘配额、文件搜索与索引、程序与系统模块的安装与设置等操作。

完成该任务，需要了解计算机操作系统中对文件管理的相关知识。

相关知识

Windows 10在文件管理方面提供了众多个性化设置，用户可以随意隐藏/显示指定的文件、自定义文件的打开方式、隐藏/显示文件扩展名等。下面将介绍一些常用的文件管理技巧。

（1）隐藏/显示文件。对于重要或隐私文件，可以将其隐藏起来，需要使用这些文件时再显示。要注意的是，隐藏并不能阻止其他用户访问，对于重要的数据，建议使用 EFS 加密。

（2）显示复选框以方便单手多选文件。如果要同时选择同一目录下的多个对象，可以在按下 Ctrl 键的同时单击各个对象，这种方法虽然简单，但需要双手来完成操作。如果用户想单手操作，可以通过设置将文件的复选框显示出来，然后逐一选择文件。

（3）在资源管理器上显示传统菜单。默认情况下，Windows 10 资源管理器的菜单处于隐藏状态，只有按下 Alt 键后，菜单栏才会显示出来。

（4）修改文件的默认打开方式。应用程序在安装时常常会修改文件默认的打开方式，修改后的文件关联可能会令用户感到不习惯。例如，以往双击 MP3 音乐文件，就会自动调用 Windows Media Player 播放，现在却变成了使用新安装的影片播放软件。

（5）显示文件的扩展名。文件名称是由文件的主名称和扩展名称共同组成的，主名称用于标识文件，而扩展名称用于标识文件格式。

（6）自定义资源管理器布局。为了满足不同用户的需求，Windows 10 资源管理器提供了多种布局方式，用户可以根据自己的喜好搭配选择，让资源管理器更符合个人的使用习惯，在资源管理器窗口中单击“组织”按钮，然后在“布局”子菜单中选择要显示的窗格。

（7）批量重命名文件。如果要重命名一个文件，单击该文件并按下 F2 键，然后输入新文件名即可。如果以一定规则重命名一批文件，是否要逐一手动操作呢？当然不是，批量重命名文件的方法非常实用。

（8）删除文件中的个人信息。文件属性窗口中的“详细信息”选项卡记录了文件的详细信息，包括文件创建者、最后修改者、最后修改日期、公司名称、文件属性、文件位置等，为了避免这些信息外泄，用户可以再传输文件之前删除这些信息。

任务实施

1. 隐藏/显示文件

（1）在要隐藏的文件或文件夹上单击鼠标右键，选择“属性”。

（2）在“属性”对话框中勾选“隐藏”复选框，单击“确定”按钮，如图 2-36 所示。

（3）需要显示隐藏的文件或文件夹时，打开 Windows 10 资源管理器，单击“组织”按钮，在其下拉菜单中选择“文件夹和搜索选项”。

（4）如图 2-37 所示，出现“文件夹选项”对话框后，单击“查看”选项卡，选择“显示隐藏的文件、文件夹和驱动器”单选按钮，单击“确认”按钮，即可显示被隐藏的文件或文件夹。

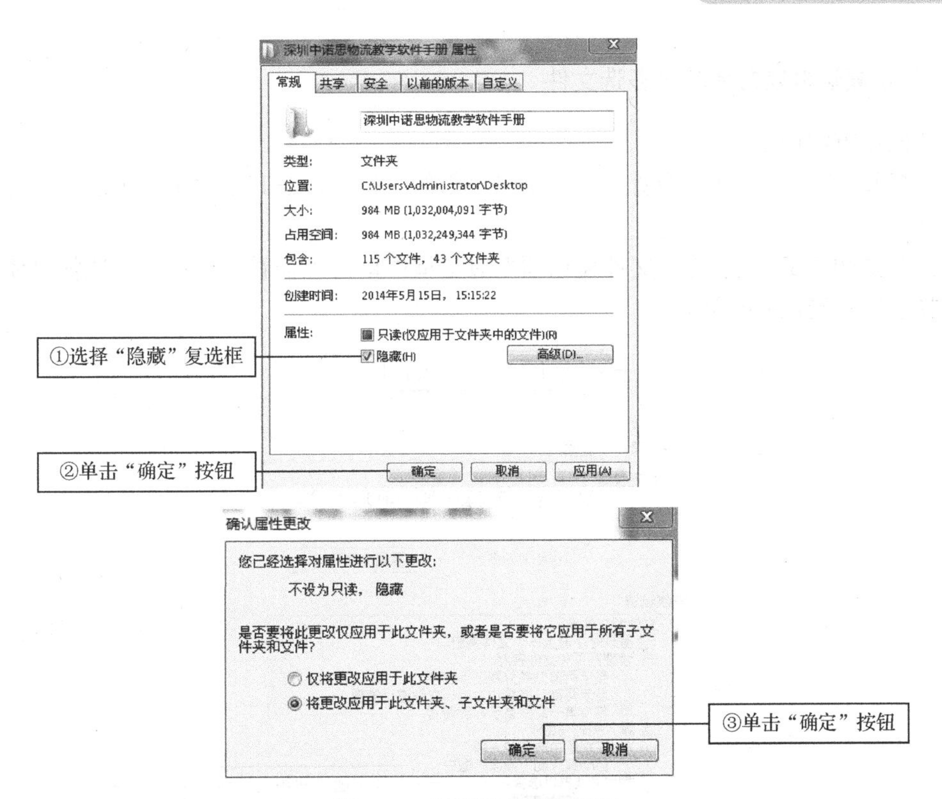

图 2-36 设置隐藏属性界面

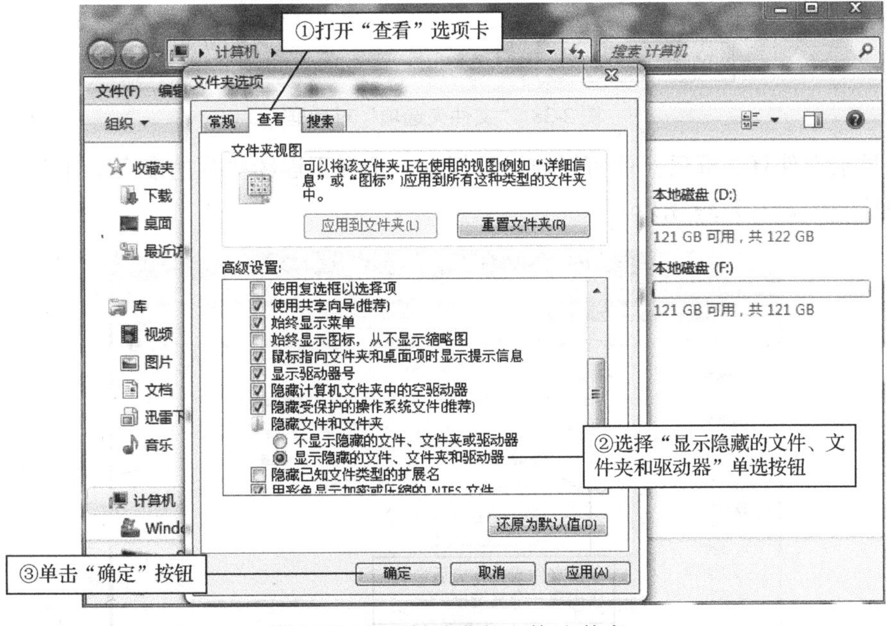

图 2-37 显示被隐藏的文件/文件夹

2．显示复选框以方便单手多选文件

具体操作方法如下：

（1）打开 Windows 10 资源管理器，单击“组织”按钮，在其下拉菜单中选择“文件夹和搜索选项”。

（2）在如图 2-38 所示的“文件夹选项”对话框中单击“查看”选项卡，选择“使用复选框以选择项”复选框并确认。

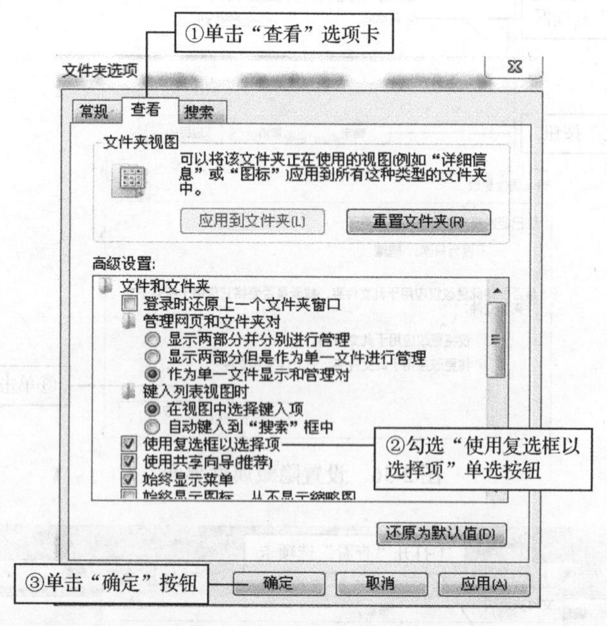

图 2-38　“文件夹选项”对话框

（3）显示文件复选框后，就可以通过鼠标逐一选择不连续排列的多个文件，而不需要使用 Ctrl 键辅助，如图 2-39 所示。

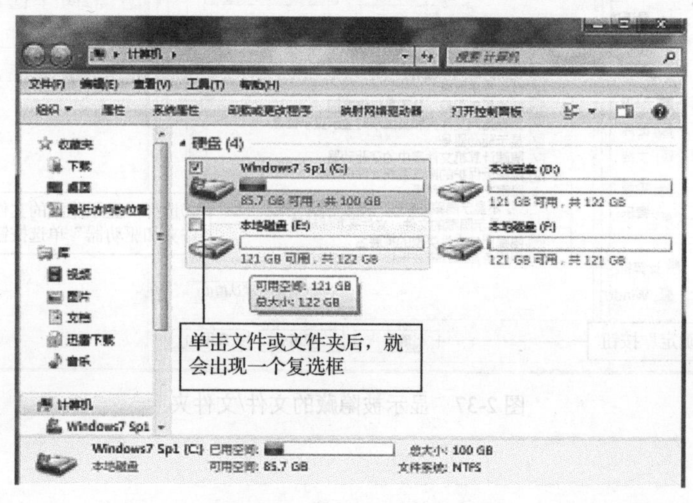

图 2-39　显示文件复选框

3. 批量重命名文件

（1）打开保存文件的目录后，选择需要重命名的所有文件。

（2）在选择的文件上单击鼠标右键，选择“重命名”选项，然后输入文件名的前缀名称，所有文件将按照“前缀名+编号”的方式批量重命名。例如，输入文件名“学校”后，所有文件的名称将变为“学校（1）”“学校（2）”“学校（3）”……如图 2-40 所示。

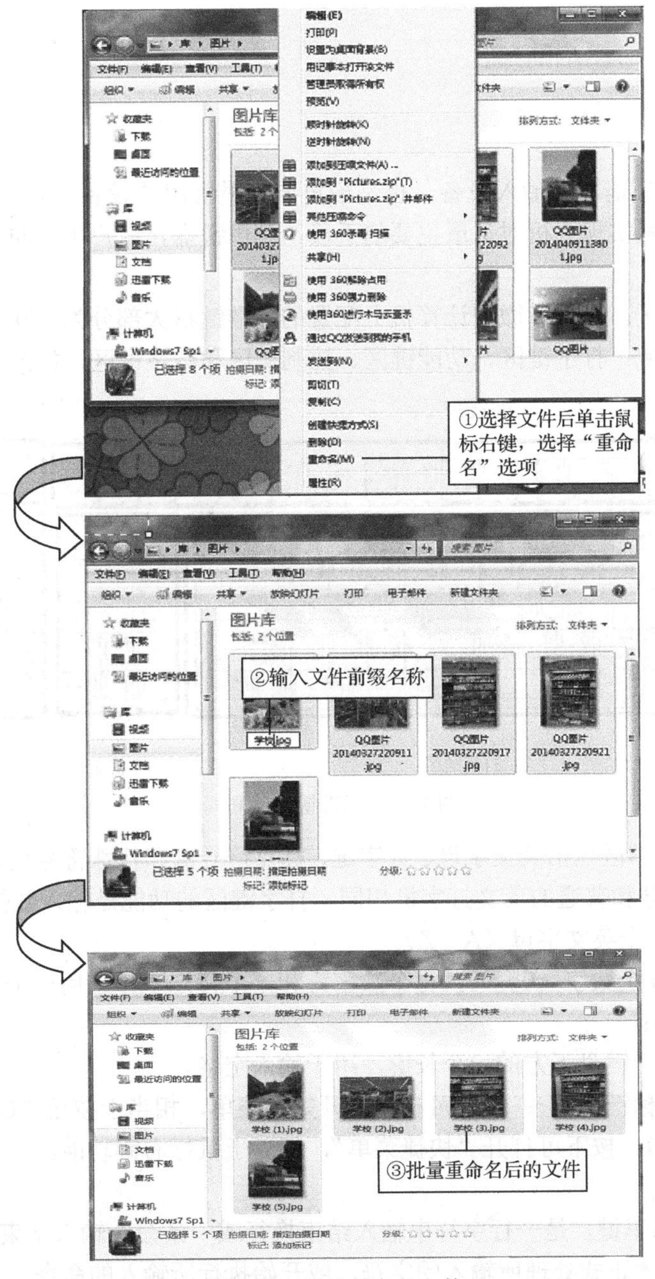

图 2-40　批量重命名文件

任务2.4 键盘操作与文字录入

任务介绍

文档的编辑、电子表格的编辑及幻灯片的设计都离不开键盘的操作与汉字的输入，本节的任务是学会键盘操作基本技能和汉字输入的基本技巧。

相关知识

一、键盘操作

键盘是计算机最基本的输入设备，也是最重要和最常用的设备。它在操作系统中被定义为标准输入设备，是实现人机对话最主要的手段，利用键盘，用户可以向计算机中输入程序、指令、数据等。

（1）键盘的分区。目前，微型计算机上配置的标准键盘大部分为101键或104键，其键面可划分为四个区域：打字键区、功能键区、控制键区和数字键区，如图2-41所示。

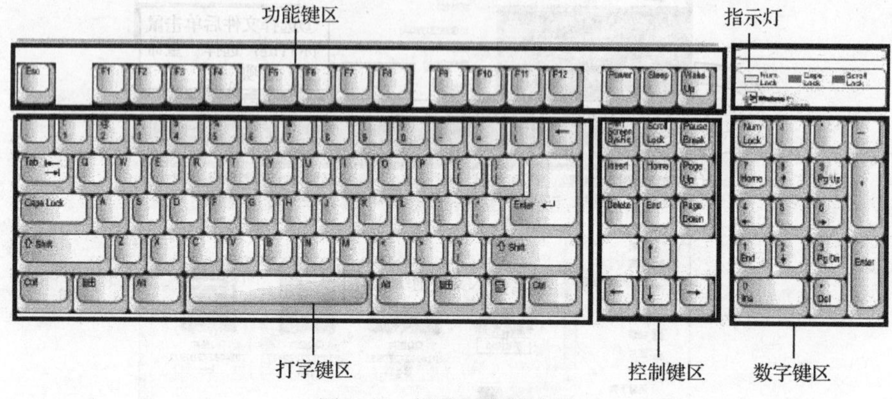

图2-41 标准键盘的布局

① 打字键区。本区包括英文字母、数字键、标点符号键和特殊符号键，还有一些专用键，这些键的排列大部分和普通的英文打字机相同。打字键区的功能是输入数据、字符。

a．字母键：26个英文字母（A～Z）。

b．数字键：10个数字（0～9），每个数字键和一个特殊字符共用一个键。

c．特殊符号键：

- 空格键：位于键盘下方的一个长键，用于输入空格。
- Windows图标键（田）：单击可打开“开始”菜单，相当于按钮“Ctrl+Esc”组合键。
- 文本键（▤）：按下可打开“快捷菜单”，相当于鼠标右键功能。

d．专用键：

- Enter键：回车键，是一行字符串输入结束换行或一条命令输入结束的标志。按回车键后，计算机才正式处理所输入的字符，或开始执行所输入的命令。

- Esc 键：是 Escape 的缩写，其功能由操作系统或应用程序定义。但在多数情况下均将<Esc>键定义为退出键，即在运行应用软件时，按此键一次，将返回到上一步状态。
- Tab 键：制表键，每按一次，光标向右移动一个制表位（制表位长度由软件定义）。
- Caps Lock 键：英文字母大小写转换键，它是一个开关键。计算机启动后，按字母键输入的是小写字母。单击此键，位于键盘右上方的指示灯亮，输入的字母为大写字母。再单击此键，指示灯熄灭，输入的字母变回小写字母。
- Shift 键：上档键。键盘上有些键面上有上下两个字符，亦称双字符键。当单独按这些键时，则输入下方的字符。若先按住 Shift 键不放手，再去按双字符键，则输入上方的字符。
- Backspace 键或"←"键：退格键。按此键一次，就会删除光标左边的一个字符，同时光标左移一格。常用此键删除错误的字符。
- Num Lock 键：数字锁定键，是开关键，控制小键盘区的双字符键输入。按下此键，Num Lock 键指示灯亮，小键盘区上的双字符键为输入上方数字字符状态；再按此键，指示灯熄灭，为输入小键盘区双字符键的下方功能符状态。
- Ctrl 键：控制键。它不能单独使用，总是和其他键组合使用。具体的功能由操作系统或应用软件来定义。
- Alt 键：切换键。它不能单独使用，需要和其他键组合使用。

② 功能键区。此区域包括功能键和专用键。

a．功能键：包括 F1 到 F12 共 12 个键，其功能随操作系统或应用程序的不同而不同，如在 Windows 10 系统中按"F1"键表示进入系统帮助窗口。

b．专用键：

- Print/Screen 键：屏幕打印键。当需要打印显示在屏幕上的全部信息时，在打印机连通状态下，放好打印纸，按下此键，就可实现屏幕打印。
- Pause/Break 键：暂停中断键。当程序运行时，按下此键，可暂停当前程序的运行，按下其他任意键，程序可继续运行。中断功能要和 Ctrl 键组合使用。

③ 控制键区。此区域有 6 个专用键和 4 个光标移动键。下面主要介绍各键在文档编辑中的使用，亦称编辑键，其他场合的使用在此不做介绍。

a．专用键。

Delete 键：删除键。按下此键，可以删除光标之后的字符。

Insert 键：插入键。按下此键，可以在光标之前插入字符。

Home 键：将光标移到行首。不论光标在本行何处，按下此键，光标立即跳到行首。

End 键：将光标移到行末。不论光标在本行何处，按下此键，光标即跳到行末。

Page UP 键：上翻页键。若文稿内容较长，超出一屏时，按下此键，可把后面的文稿内容上翻一页。

Page Down 键：下翻页键。若文稿内容较长，按下此键，可将文稿下翻一页。

b．方向键。

"↑"：光标上移键。按下此键，光标上移一行。

"↓"：光标下移键。按下此键，光标下移一行。

“←”：光标左移键。按下此键，光标左移一列。

“→”：光标右移键。按下此键，光标右移一列。

④ 数字键区。亦称小键盘，在键盘右侧，由数字键、光标移动键及一些编辑键组成，专门用于快速输入大批数据，以及在编辑过程快速移动光标。另外，还有具有提示功能的指示灯区，位于键盘的右上角。

（2）手指的分工。

计算机键盘上的字键位置是按照各字母在文字中出现的机会多少来排列的。在 26 个字母中，选出了用得比较多的 7 个字母键及 1 个字符键作为基准键（如图 2-42 所示），即 A、S、D、F 和 J、K、L、“;”。其中，A、S、D、F 是左手的小指、无名指、中指及食指的原位字键；J、K、L“;”是右手的食指、中指、无名指、小指的原位字键。

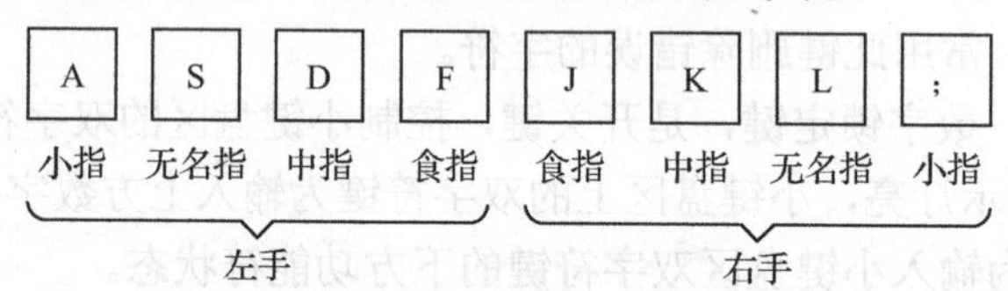

图 2-42　基本键位示意图

基准键是作为左右手指常住的位置，在打其他字符键时，都是根据基本键的键位来定位的。在打字过程中，每个手指只能打指法所规定的字符键，切勿击打规定以外的其他字符键。

手指除打它的原位字键外，还打它的范围线所包括的字键，这种字键称为范围键，如图 2-43 所示。例如，左手小指打 Z、A、Q、1 和左边的三个字键，无名指打 X、S、W、2，中指打 C、D、E、3，食指打 V、F、R、4 和 B、G、T、5，依次类推。

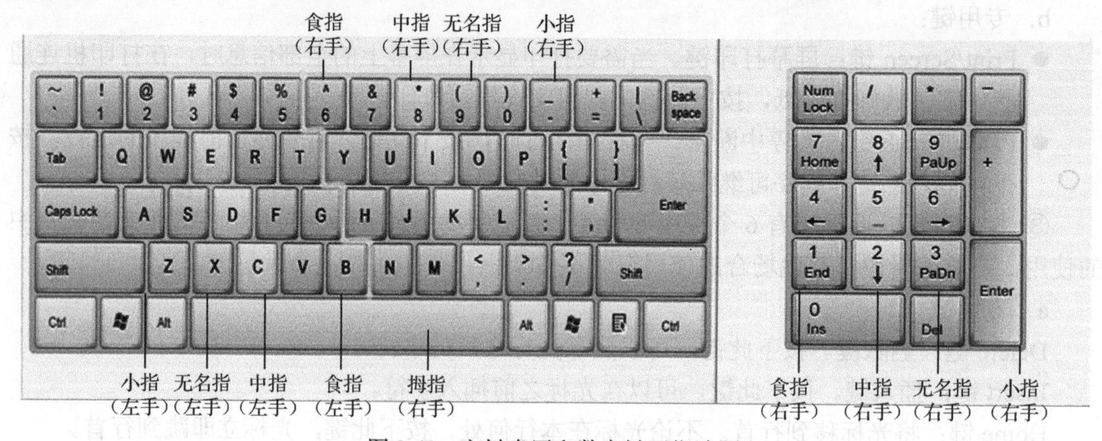

图 2-43　主键盘区和数字键区指法图

二、汉字输入

（1）全拼输入方法。全拼是指规范的汉语拼音，输入全拼和书写汉语拼音的过程完全一致。在书写时，如超过系统允许的字符个数，则响铃警告。基本输入规则如下：

① “’”隔音符号，如，xi’an（西安）。

目前，使用全拼输入法作为主要输入法的人不多，但作为一种辅助输入还是有它的利用价值的。

② 查偏旁部首。在文本编辑过程中有时需要输入汉字的偏旁部首，虽然用五笔输入法就能做到，但毕竟不经常输入偏旁部首，因此有时不一定能立即打出想要的偏旁部首，而且系统中碰巧没有安装五笔输入法又该怎么办呢？首先选择全拼输入法，接着输入“pianpang”（其实输入“pianp”就已经够了），这时你会发现一些汉字的偏旁部首出现了！如图 2-44 所示，如果需要的偏旁不在其中，可以按“+”或“-”号键前后翻页即可，总共有 41 个偏旁部首，非常方便。

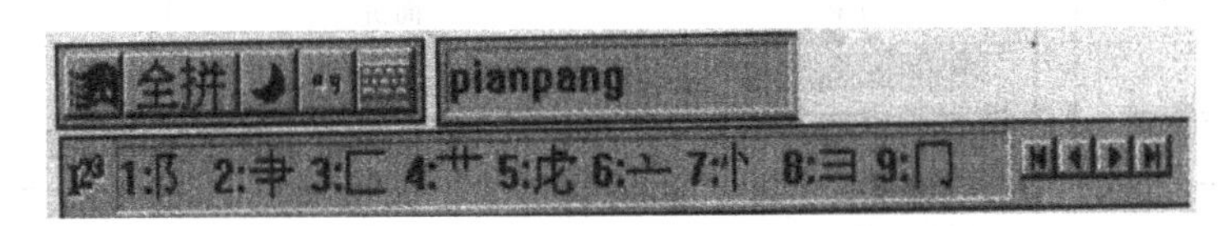

图 2-44 查偏旁部首

③“智能”查询。用“？”键可以实现“智能”查询，操作过程是：在输入合法的任何外码后，键入“？”，系统会在重码选择区显示以这个外码开始编码的汉字或符号程序。“？”代表一位编码，多位查询可键入多个“？”。例如，输入“基金”时，不知道“金”字是“jin”还是“yin”，则输入“ji？in”即可，如图 2-45 所示。

图 2-45 “智能”查询

（2）智能 ABC 输入法。智能 ABC 输入法（又称“标准输入法”）是音与形结合的输入法，由北京大学的朱守涛先生发明。它既可按字、词输入拼音，也可以输入笔形代码，或者二者结合，而不需要输入方式切换。这样，一个单字可有数种输入方式，而多词输入组合方式就更多了。它简单易学、快速灵活，受到用户的青睐。

① 输入编码规则。

a．在智能 ABC 输入状态下，智能 ABC 的外码窗允许输入字串长达 40 个字符。在输入过程中，可以使用光标移动键进行插入、删除、取消等操作。第一键只允许 26 个英文字母（大写、小写均可），以空格或者标点结束。

b．特殊用键。空格，标点符号——将以词为单位转换输入字串。回车键——将以字为单位转换输入信息。退格键——用于逐个删除输入信息或者变换结果，此键是人为干预分词、构词过程。

c．单字的输入。在标准输入状态下，直接逐个输入汉字的小写拼音字母，即可输入汉字，也叫全拼输入。全拼输入是按规范的汉语拼音输入，输入过程和书写汉语拼音的过程完全一致。

例如，在标准方式下输入“窗”，可直接输入“chuang+空格”。

d．词组的输入。智能 ABC 的基本词库约有 6 万个词条，利用词组输入可以提高输入速度，减少重码。在标准输入状态下，可以使用全拼输入、简拼输入、混拼输入、笔形输入以及音型混合输入。

简拼输入是汉语拼音的简化形式，是取各个音节的第一个字母组成，对于包含 zh、ch、sh 的音节，也可以取前两个字母组成，就是取声母。

混拼输入是两个音节以上的词语，有的音节全拼，有的音节简拼。隔音符号在混拼时起到了重要作用。混拼是全方位、开放式的拼音输入方式。

词组的输入方法举例如表 2-2 所示。

表 2-2 词组的输入方法

词组	全拼	简拼	混拼
计算机	jisuanji	jsj	jisj
培训	peixun	px	peix

② 智能 ABC 输入法使用技巧。

智能 ABC 提供阿拉伯数字和中文大小写数字的转换能力。输入“i0～i9”转换为小写中文数字“零、壹、贰……玖”。

任务实施

在安装 Windows 10 的过程中，系统已经自带了一部分中文输入法，一般包括微软拼音、智能 ABC、全拼、郑码输入法等。在这些输入法中，有些输入法是用户用不到的，也有的是系统在默认情况下没有加载的，这时候就需要添加或删除一些输入法。添加输入法的操作方法如下：

（1）双击“控制面板”中的“日期、时间、语言和区域设置”，打开“区域和语言选项”对话框，如图 2-46 所示。

（2）单击“语言”标签，打开“语言”选项卡，单击“文字服务和输入语言”选项组中的“详细信息”按钮，打开“文字服务和输入语言”对话框如图 2-47 所示。

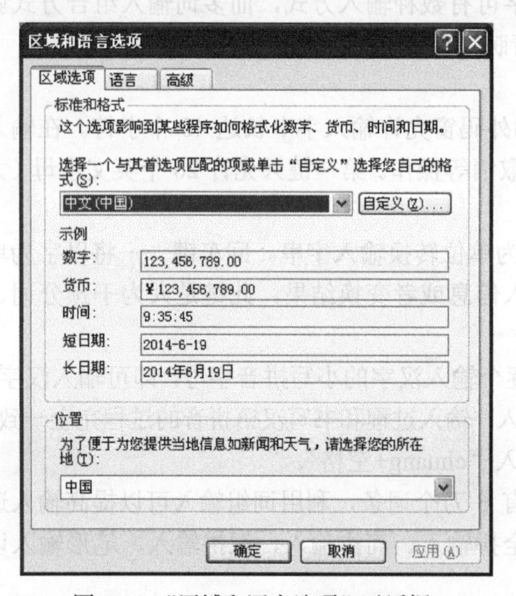

图 2-46 “区域和语言选项”对话框

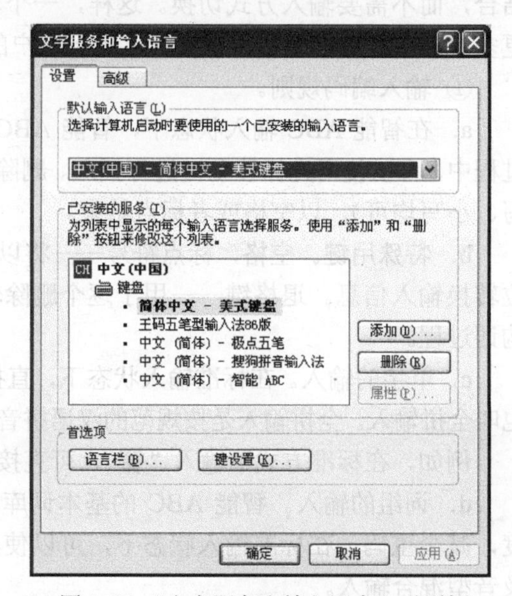

图 2-47 “文字服务和输入语言”对话框

（3）在“设置”选项卡的“已安装的服务”选项组中，单击“添加”按钮，弹出“添加输入语言”对话框，如图 2-48 所示。

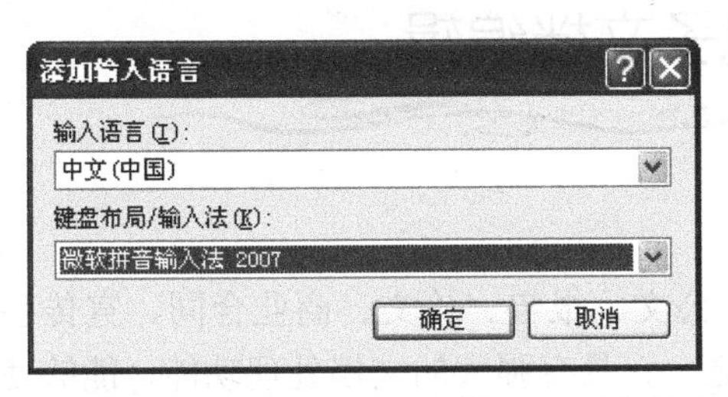

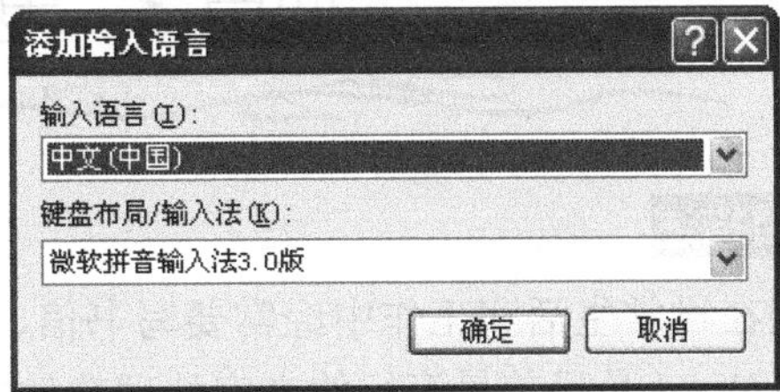

图 2-48　“添加输入语言”对话框

（4）在“输入语言”下拉列表框中选择要添加的输入语言，在“键盘布局/输入法”下拉列表框中，“选择要添加”的输入法。

（5）单击“确定”按钮，所安装的输入法就出现在“键盘布局/输入法”列表框中，再单击“应用”或“确定”按钮，所安装的输入法即可使用。

删除输入法的方法很简单，在“文字服务和输入语言”对话框的“设置”选项卡中，选择要删除的输入法后，单击“删除”按钮即可。

提示：有的输入法安装是一个独立的程序或与某个安装程序一起安装的，如五笔输入法等。

知识回顾

本项目主要学习了计算机的分类、微型计算机的硬件组成、Windows10 操作系统的安装及操作方法。要求掌握计算机的硬件系统和软件系统的相关知识，学会安装 Windows10 操作系统，并掌握 Windows10 操作系统的使用方法。

拓展训练

（1）设置个性化桌面。

（2）安装一种自己喜欢的输入法。

项目3　电子文档编辑

项目描述

人们在日常生活和工作中经常要写书信、公文、报告、论文、商业合同、宣传手册等，Microsoft Word 是目前最流行的文字处理软件之一，具有强大的文档处理功能，能够使用户在极短的时间内创建出既美观又专业的各类文档。

项目分析

Word 2010 中文版是 Office 2010 办公自动化套装软件中的一个重要组成部分，是 Microsoft 公司推出的一款优秀的文字处理软件，具有强大的文档处理功能，供用户在新的界面中创建文档并设置格式，从而帮助用户制作具有专业水准的电子文档。其丰富的审阅、批注和比较功能有助于快速收集和管理来自同事的反馈信息。Word 2010 主要用于日常办公、文字处理；在书信、公文、报告、论文、商业合同、表格制作和广告设计等方面帮助用户更迅速、更轻松地创建外观精美的电子文档。

任务分解

- ✧ 任务1　认识 Word 2010
- ✧ 任务2　制作企业公文
- ✧ 任务3　制作公司营销策划方案
- ✧ 任务4　制作新员工入职登记表
- ✧ 任务5　批量制作商务邀请函
- ✧ 任务6　制作中文书法字帖

任务3.1　认识 Word 2010

任务介绍

王鹏是新毕业的大学生，到新单位报到之后，看到同事们经常使用 Word 设计制作电子文档。王鹏觉得自己对文字处理软件还不够熟练，决定系统学习 Word 知识，使自己设计制作的文档既符合办公要求又不失个性。他决定从 Word 的基本使用方法开始学起，然后通过大量的练习来达到灵活应用的目的，最后设计出有特色的文档。

相关知识

一、认识全新的 Word 2010 功能区

Microsoft Word 从 Word 2007 升级到 Word 2010，其最显著的变化就是使用“文件”按钮

代替了 Office 按钮。另外，Word 2010 取消了传统的菜单操作方式，而代之以各种功能区。在 Word 2010 窗口上方看起来像菜单的名称，其实是功能区的名称，当单击这些名称时并不会打开菜单，而是切换到与之相对应的功能区面板。每个功能区根据功能的不同又分为若干个组，每个功能区的功能描述如下。

1．“开始”功能区

“开始”功能区中包括“剪贴板”“字体”“段落”“样式”“编辑”五个组，对应 Word 2003 中“编辑”和“段落”菜单的部分命令。该功能区主要用于帮助用户对文档进行文字和格式设置，是用户最常用的功能区，如图 3-1 所示。

图 3-1 “开始”功能区

2．“插入”功能区

“插入”功能区包括“页”“表格”“插图”“链接”“页眉和页脚”“文本”“符号”“特殊符号”几个组，对应 Word 2003 中“插入”菜单的部分命令，主要用于在文档中插入各种元素，如图 3-2 所示。

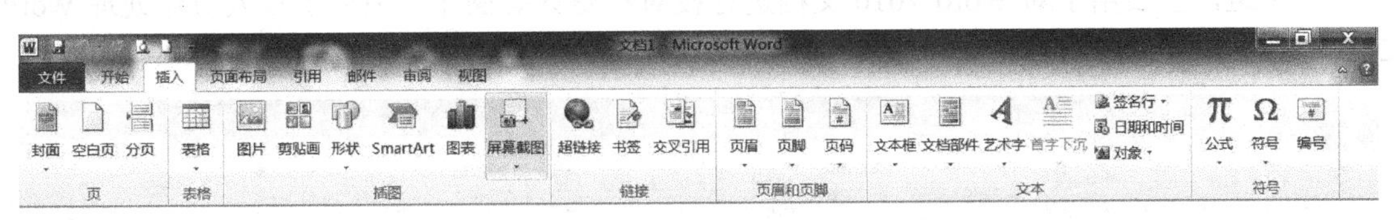

图 3-2 “插入”功能区

3．“页面布局”功能区

“页面布局”功能区包括“主题”“页面设置”“稿纸”“页面背景”“段落”“排列”几个组，对应 Word 2003 的“页面设置”菜单命令和“段落”菜单中的部分命令，用于帮助用户设置 Word 2010 文档页面样式，如图 3-3 所示。

图 3-3 “页面布局”功能区

4．“引用”功能区

“引用”功能区包括“目录”“脚注”“引文与书目”“题注”“索引”“引文目录”几个组，

用于实现在 Word 2010 文档中插入目录等比较高级的功能，如图 3-4 所示。

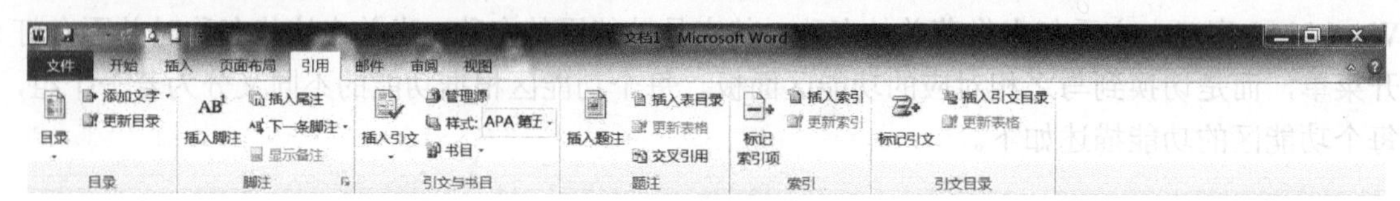

图 3-4 “引用”功能区

5. “邮件”功能区

“邮件”功能区包括“创建”“开始邮件合并”“编写和插入域”“预览结果”“完成”几个组，该功能区的作用比较专一，专门用于在 Word 2010 文档中进行邮件合并方面的操作，如图 3-5 所示。

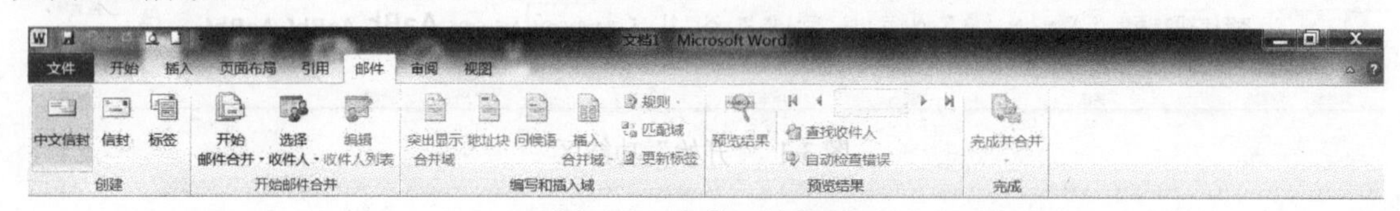

图 3-5 “邮件”功能区

6. “审阅”功能区

“审阅”功能区包括“校对”“语言”“中文简繁转换”“批注”“修订”“更改”“比较”“保护”几个组，主要用于对 Word 2010 文档进行校对和修订等操作，适用于多人协作处理 Word 2010 长文档，如图 3-6 所示。

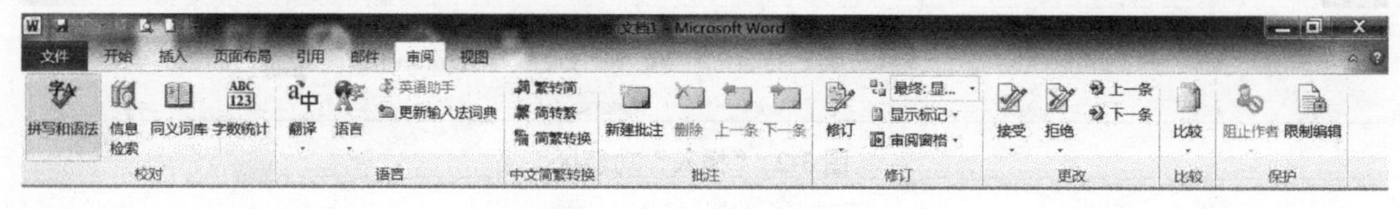

图 3-6 “审阅”功能区

7. “视图”功能区

“视图”功能区包括“文档视图”“显示”“显示比例”“窗口”“宏”几个组，主要用于帮助用户设置 Word 2010 操作窗口的视图类型，以方便操作，如图 3-7 所示。

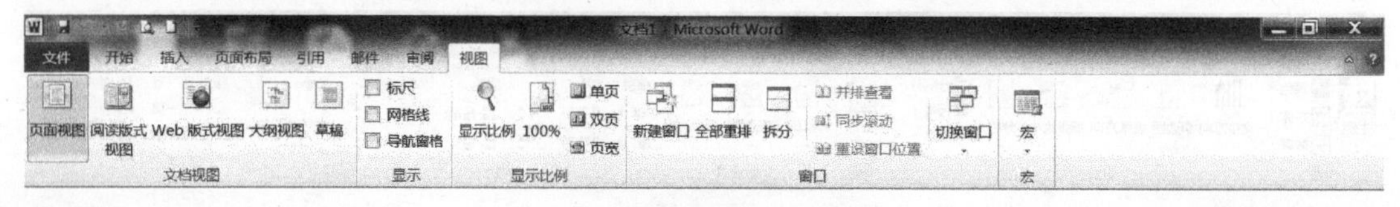

图 3-7 “视图”功能区

8. “加载项”功能区

“加载项”功能区包括“菜单命令”一个分组，加载项是可以为 Word 2010 安装的附加属性，如自定义的工具栏或其他命令扩展。“加载项”功能区可以在 Word 2010 中添加或删除加载项。

二、Word 2010 的启动和退出

1．启动

启动 Word 2010 有多种方法，用户可以根据个人习惯进行选择。其中常用的启动 Word 2010 的方法有以下三种。

（1）常规方法。启动 Word 2010 的常规方法实际上就是在 Windows 系统下运行一个应用程序的操作，具体步骤如下：

① 将鼠标指针移动到屏幕的左下角，单击“开始”按钮打开“开始“菜单。

② 将鼠标指针移动到“所有程序”菜单项处，打开程序项的级联菜单。

③ 将鼠标指针移动到程序级联菜单中的“Microsoft Office”→“Microsoft Word 2010”命令项中并单击，如图 3-8 所示。

图 3-8　通过“开始”菜单启动 Word 2010

（2）快捷方式。双击 Windows 桌面上的 Word 2010 快捷方式图标，这是启动 Word 2010 的一种快捷方法。

Word 2010 启动后，首先看到的是 Word 2010 的标题屏幕，然后出现 Word 2010 窗口并自

动创建一个名为“文档 1”的新文档。

（3）利用文档启动 Word 2010。打开保存有 Word 2010 文档的文件夹，双击一个 Word 2010 文档的图标，系统会自动启动 Word 2010，并将该文档装入到系统内。

2．退出 Word 2010

退出 Word 2010 的方法有以下几种，可任选其一。

（1）单击“文件”按钮，在打开的下拉菜单中的单击“退出”命令。

（2）单击标题栏右端 Word 窗口的关闭按钮（![X]）。

（3）双击标题栏左端 Word 窗口的![W]按钮图标。

（4）按下“Alt+F4”组合键。

在执行退出 Word 的操作时，如文档输入或修改后尚未保存，那么 Word 将会出现一个对话框，如图 3-9 所示，询问是否要保存文档，单击“保存”按钮保存当前输入或修改的文档，而且 Word 还会出现另一个对话框询问保存到的文件夹和文档类型等。单击“不保存”按钮，则放弃当前所输入或修改的内容，退出 Word。单击“取消”按钮则取消这次操作。

图 3-9　提示保存文件的对话框

三、Word 2010 工作窗口的组成

成功启动 Word 2010 后，首先看到的是 Word 2010 的标题屏幕，然后出现 Word 窗口并自动创建一个名为“文档 1”的新文档。其窗口由标题栏、菜单栏、工具栏、工作区和状态栏等部分组成。Word 窗口的工作区中包含标尺、滚动条、文档编辑区和视图切换按钮等，如图 3-10 所示。

熟悉 Word 窗口的主要组成部分和它们的功能对掌握 Word 操作是非常有益的，下面分别讲解 Word 窗口的主要组成。

1．标题栏

标题栏位于程序窗口的最上方，显示了程序名称、当前编辑的文档名和“最小化”、“向下还原/最大化”及“关闭”按钮。“最小化”按钮（![-]）用于将程序窗口缩小为一个图标显示在屏幕最底端的任务栏中；“向下还原/最大化”按钮（![□]）用于使 Word 程序窗口还原为上次调整后的大小或者最大化以充满整个屏幕；“关闭”按钮（![×]）用于退出 Word。

在当前窗口未处于最大化或最小化状态时，用鼠标按住标题栏并拖动标题栏可移动窗口在屏幕上的位置。右击标题栏的任意位置可弹出 Word 控制菜单，用于改变窗口的大小、位置或关闭 Word。

2．“文件”按钮

相对于 Word 2007 的 Office 按钮，“文件”按钮是一个类似于菜单的按钮，位于 Word 2010

窗口左上角。单击“文件”按钮可以打开“文件”面板，其中包括一些常用的命令及选项按钮，包含“信息”“最近所用文件”“新建”“打印”“保存并发送”“打开”“关闭”等常用命令，如图 3-11 所示。

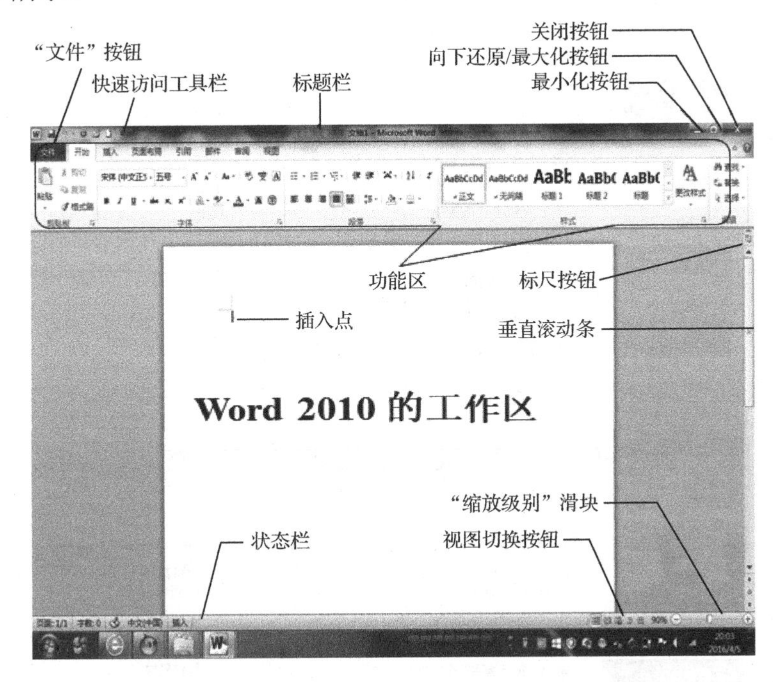

图 3-10 Word 2010 主窗口

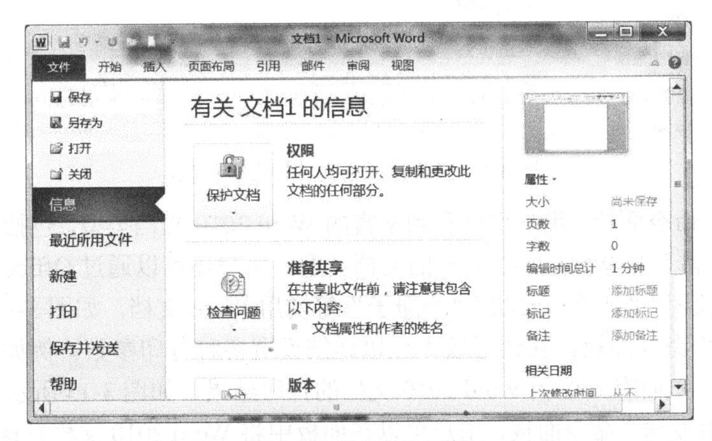

图 3-11 “文件”面板

在默认打开的“信息”命令面板中，用户可以进行旧版本格式转换、保护文档（包含设置 Word 文档密码）、检查问题和管理自动保存的版本，如图 3-12 所示。

打开“最近所用文件”命令面板，在面板右侧可以查看最近使用的 Word 文档列表，用户可以通过该面板快速打开使用的 Word 文档。在每个历史 Word 文档名称的右侧含有一个固定按钮，单击该按钮可以将该记录固定在当前位置，而不会被后续历史 Word 文档名称替换，如图 3-13 所示。

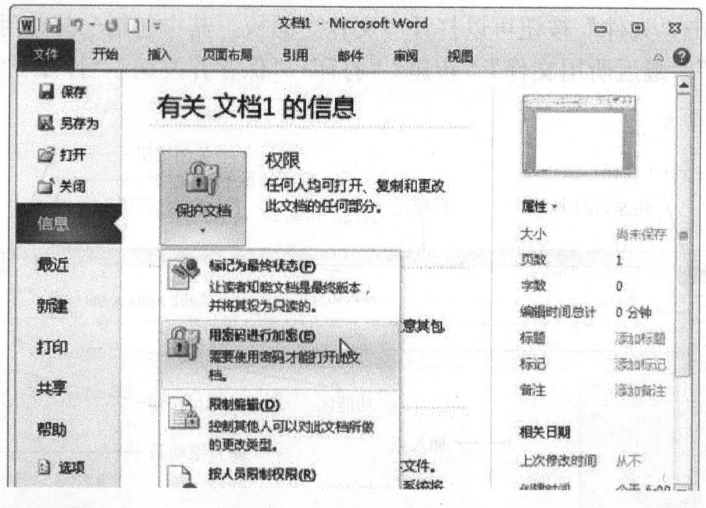

图 3-12 “信息”命令面板

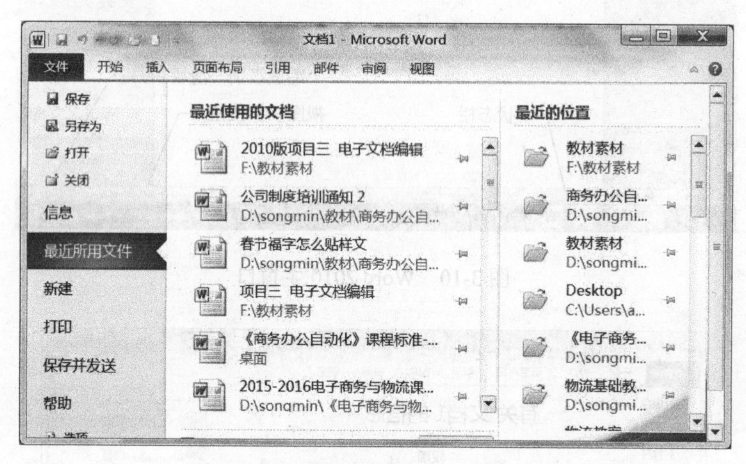

图 3-13 “最近所用文件”命令面板

打开“新建”命令面板，用户可以看到丰富的 Word 2010 文档类型，包括“空白文档”“博客文章”“书法字帖”等 Word 2010 内置的文档类型。用户还可以通过 Office.com 提供的模板新建诸如“会议议程”“证书、奖状”“小册子”等实用 Word 文档，如图 3-14 所示。

打开“打印”命令面板，在该面板中可以详细设置多种打印参数。例如，双面打印、指定打印页等参数，从而有效控制 Word 2010 文档的打印结果，如图 3-15 所示。

打开“保存并发送”命令面板，用户可以在面板中将 Word 2010 文档发送为博客文章、使用电子邮件发送或创建 PDF/XPS 文档，如图 3-16 所示。

选择“文件”→“选项”命令，可以打开“Word 选项”对话框。在“Word 选项”对话框中可以开启或关闭 Word 2010 中的许多功能或设置参数，如图 3-17 所示。

3．快速访问工具栏

快速访问工具栏位于标题栏左边，默认显示“保存”“撤销插入”“重复清除”“新建文档”

4 个按钮。它是 Office 2010 的组成部分，始终显示在程序界面中。单击快速访问工具栏右端的“自定义快速访问工具栏”按钮（▾），可弹出一个下拉菜单，其中包含一些常用工具，如“新建”“打开”“打印预览”“绘制表格”等，如图 3-18 所示。

图 3-14 “新建”命令面板

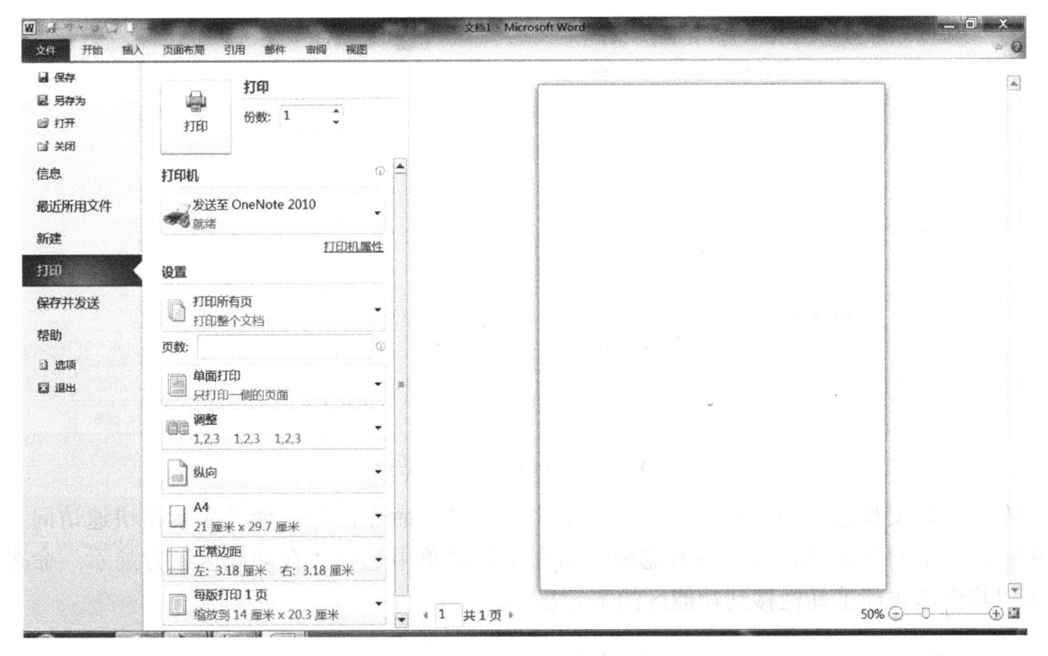

图 3-15 “打印”命令面板

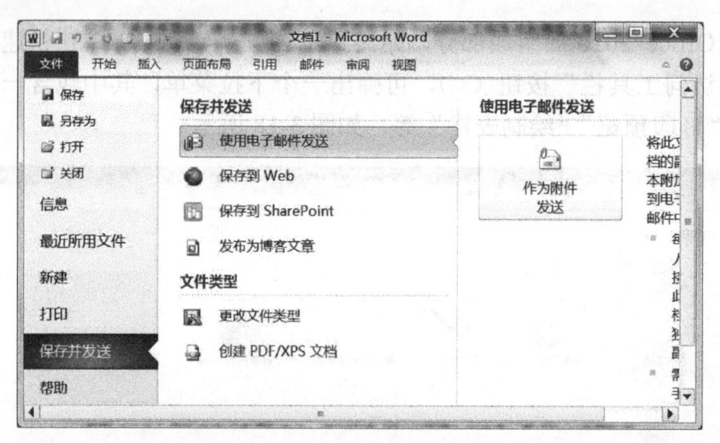

图 3-16 “保存并发送”命令面板

图 3-17 “Word 选项”对话框

在“自定义快速访问工具栏”下拉菜单中选择某一命令，即可使其显示在快速访问工具栏中；而取消对其选择，又可将其隐藏。若在下拉菜单中选择“在功能区下方显示”命令，则可以将快速访问工具栏移到功能区的下方显示。

4．功能区

Word 2010 的功能区位于快速访问工具栏和标题栏的下方，它代替了传统的菜单栏和工具栏，可以帮助用户快速找到完成某一任务所需的命令。功能区中的命令被组织在逻辑组中，逻辑组集中在选项卡下方。每个选项卡都与一种类型的活动相关，如图 3-19 所示。

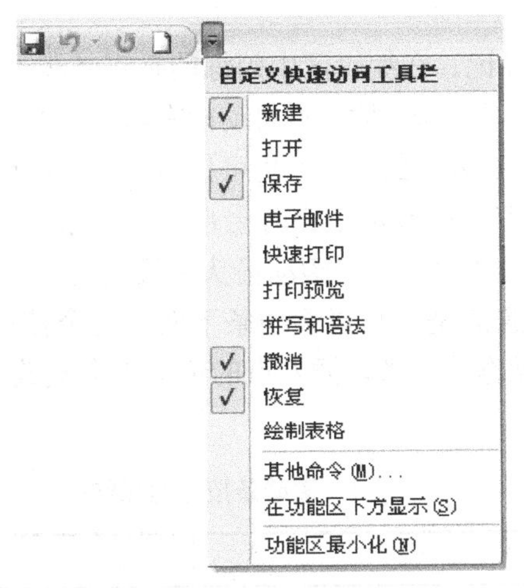

图 3-18　快速访问工具栏及其下拉菜单

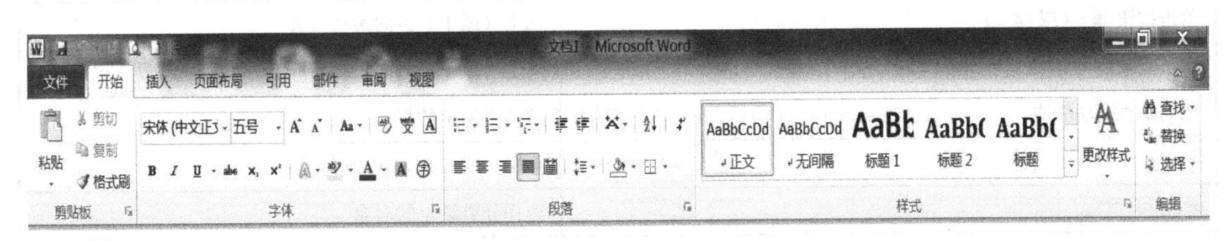

图 3-19　功能区

为了减少混乱，功能区中的某些选项卡只在需要时才显示。例如，仅当选择图片后，才显示“图片工具”选项卡。

用户可以用最小化功能区以增大屏幕中可用的空间，方法是单击“自定义快速访问工具栏”按钮，在弹出的下拉菜单中选择“功能区最小化”命令。在功能区最小化的情况下，若要使用其中的命令，只需单击包含该命令的选项卡标签，即可显示功能区，然后单击要使用的选项或命令即可。操作完毕，功能区会返回到最小化状态。

5. 工作区

工作区即文档编辑区，是 Word 2010 主窗口中的主要组成部分，指功能区以下和状态栏以上的一个区域，并以白色显示，是用户编辑和查看文档的地方。用户在该区域对文档进行输入、编辑、修改和排版等工作。当屏幕中不能完全显示所有文档内容时，可通过拖动工作区右侧的垂直滚动条和底部的水平滚动条来滚动屏幕，以显示所需的内容。

在工作区的右侧，除垂直滚动条外，还有几个具有特殊作用的按钮：“标尺”“前一次查找/定位”“选择浏览对象”“下一次查找/定位”按钮。

（1）标尺。标尺有水平标尺和垂直标尺两种，在普通视图和 Web 版式下只能显示水平标尺，只有在页面视图下才能显示水平和垂直两种标尺。标尺除了显示文字所在的实际位置、页边距尺寸外，还可以用来设置制表位、缩进段落、改变栏宽、调整页边距、左右缩进、首行缩进等。用于显示或隐藏标尺。

（2）文档编辑区。标尺下面是文档内容的显示区，称为文档编辑区，在此区域可以输入、编辑、排版和查看文档。

（3）插入点和文档结束标记。在编辑区中闪烁的垂直竖线“I”，称为插入点。它表示键入字符将显示的位置。每输入一个字符，插入点自动向右移动一格，在编辑文档时，可以移动“I”状的鼠标指针并单击，来移动插入点的位置，也可使用光标移动键将插入点移到所希望的位置。

（4）滚动条。当文档内容一屏显示不完时会自动出现滚动条。滚动条分水平滚动条和垂直滚动条，可拖动滚动条中的滑块或单击滚动箭头来翻动查看一屏中未显示出来的其他内容，从而浏览整个文档。需要注意的是，垂直滚动条下面的几个按钮可以用来上下翻页。具体操作如表 3-1 所示。不管如何操作滚动条，插入点的位置不会被改变。因此，滚动后要在定位插入点处单击鼠标左键。

表 3-1　滚动条按钮的操作

操　作	结　果
单击按钮（或）	向上（或下）方向滚动一行
单击按钮（或）	向上（或下）方向滚动一页
单击垂直滚动滑块上方（或下方）	向上（或下）方向滚动一屏
拖动垂直滚动滑块	滚动到指定的页
单击按钮（或）	向左（或右）方向滚动
单击按钮	选择分类浏览的对象

（5）视图与视图切换按钮。Word 2010 提供了 5 种版式视图，该按钮组中的每个按钮与某种版式的视图对应，单击对应按钮即可切换到相应的版式视图。Word 2010 的 5 个视图切换按钮具体操作如表 3-2 所示。

表 3-2　视图切换按钮的操作

操　作	结　果
单击页面视图按钮	切换到页面视图方式
单击阅读版式视图按钮	切换到阅读版式视图方式
单击 Web 版式视图按钮	切换到 Web 版式视图方式
单击大纲视图按钮	切换到大纲视图方式
单击草稿视图按钮	切换到草稿视图方式

（6）状态栏。状态栏位于 Word 窗口的最下端，用来显示当前的一些状态，如当前光标所在页的视图版式、当前页/总页数、字数、语言、插入或改写状态。在状态栏的右侧还提供了视图方式切换按钮和显示比例控件，从而使用户可以非常方便地在各种视图方式之间进行切换，以及无级调节页面的显示比例，如图 3-20 所示。

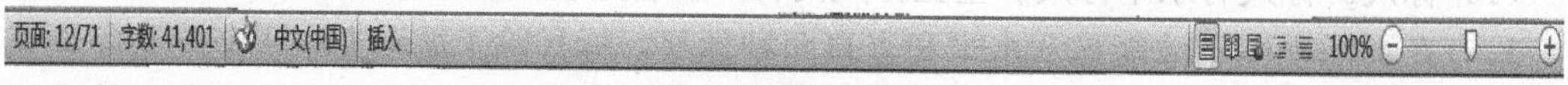

页面: 12/71　字数: 41,401　中文(中国)　插入　100%

图 3-20　状态栏

单击“缩小”（⊖）和“放大”（⊕）两个按钮，或者用鼠标直接拖动缩放滑块可以改变显示比例，如果要为页面指定一个特定的显示比例，则可以单击“缩小”按钮左边的“缩放级别”按钮，打开“显示比例”对话框进行所需的设置。

在状态栏中单击鼠标右键，弹出如图 3-21 所示菜单，用起来很方便，在上面根据自己的情况勾选需要在状态栏中显示的命令，进而得到更多的有用信息。

自定义状态栏		
	格式页的页码(F)	7
√	节(E)	1
√	页码(P)	7/10
	垂直页位置(V)	7.7厘米
√	行号(B)	9
√	列(C)	4
√	字数统计(W)	6,554
√	拼写和语法检查(S)	
√	语言(L)	Chinese (PRC)
√	签名(G)	关
√	信息管理策略(I)	关
√	权限(P)	关
√	修订(T)	关闭
√	大写(K)	关
√	改写(O)	插入
√	选定模式(D)	
	宏录制(M)	未录制
√	视图快捷方式(V)	
√	显示比例(Z)	100%
√	缩放滑块(Z)	

图 3-21 “自定义状态栏”菜单

6. 在 Word 2010“快速访问工具栏”中添加常用命令

Word 2010 文档窗口中的“快速访问工具栏”用于放置命令按钮，使用户快速启动经常使用的命令。默认情况下，“快速访问工具栏”中只有数量较少的命令，用户可以根据需要添加多个自定义命令，操作步骤如下所述：

第 1 步，打开 Word 2010 文档窗口，依次单击“文件”→“选项”命令，如图 3-22 所示。

第 2 步，在打开的“Word 选项”对话框中，切换到“快速访问工具栏”选项卡，然后在“从下列位置选择命令”列表中单击需要添加的命令，并单击“添加”按钮即可，如图 3-23 所示。

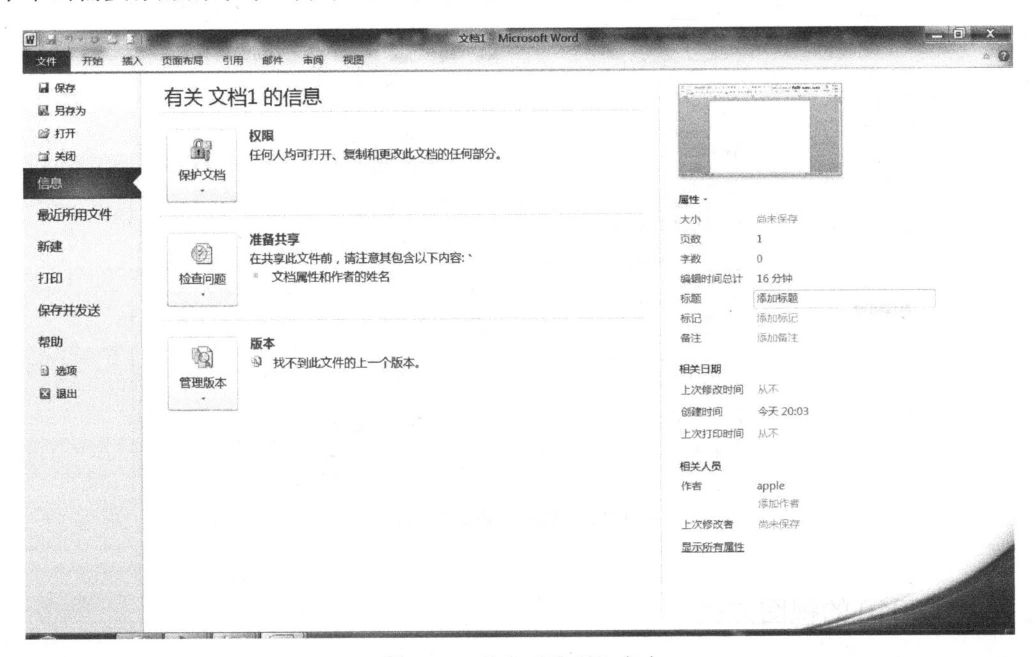

图 3-22 单击“选项”命令

第 3 步，重复步骤 2 可以向 Word 2010 快速访问工具栏添加多个命令，依次单击“重置”→“仅重置快速访问工具栏”按钮将“快速访问工具栏”恢复到原始状态，如图 3-24 所示。

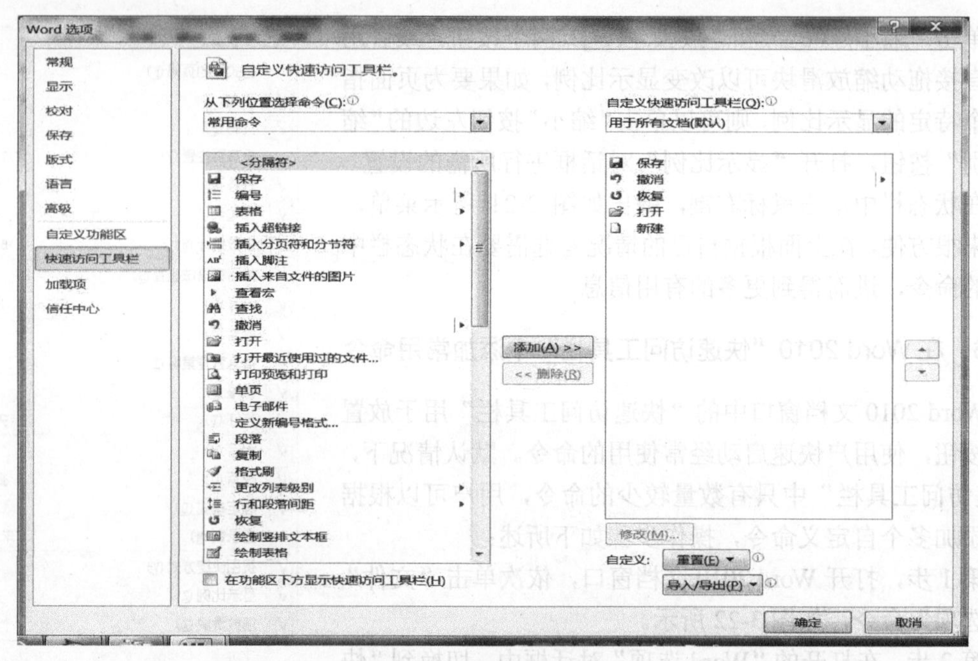

图 3-23　选择添加的命令

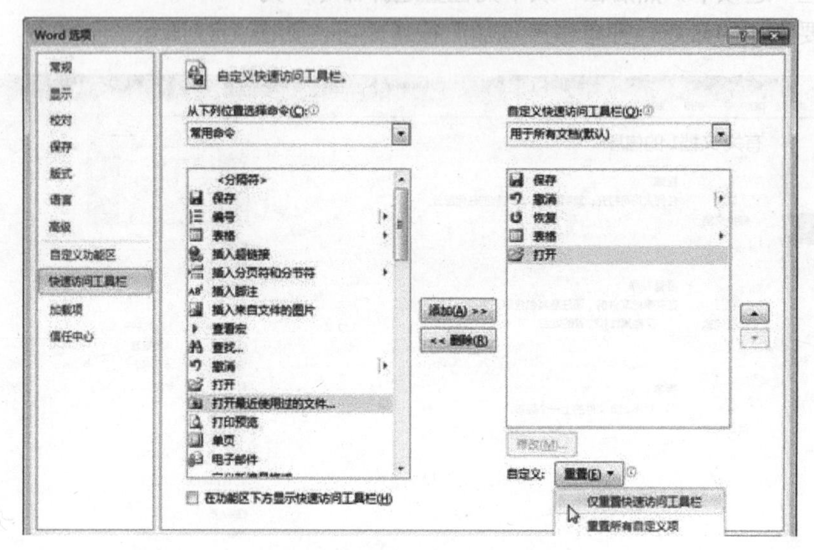

图 3-24　单击“重置”按钮

四、Word 2010 的视图方式

所谓“视图”简单说就是查看文档的方式。同一个文档可以在不同的视图下查看，虽然文档的显示方式不同，但是文档的内容是不变的。Word 2010 提供了 5 种视图：草稿视图、大纲视图、Web 版式视图、阅读版式视图和页面视图。在不同的视图方式下，用户可以看到的内容有所不同。对文档的操作需求不同，可以采用不同的视图。视图之间的切换

可以单击“视图”选项卡中“文档视图”组中对应的按钮，也可以单击水平滚动条右端的视图切换按钮。

1. 草稿视图

草稿视图模式是一种简化的页面布局方式，多用于文字处理工作，如文字输入、格式的编辑和图片插入等。而且也是能够尽可能多地显示文档内容的一种视图模式，基本实现了“所见即所得”的功能。在该视图中仅显示文本和段落格式，而不能分栏显示、首字下沉，页眉、页脚、脚注、页号、边距，以及用 Word 绘制的图形等不可见。在草稿视图下可以连续显示正文，页与页之间的分隔以一条虚线表示，使文档阅读起来更连贯。该模式不仅可以快速地输入和编辑文字，而且还可以对图片和表格进行一些基本的操作。草稿视图简单、方便，占用计算机资源少，响应速度快，适合编排长文档，可以提高工作效率，如图 3-25 所示。

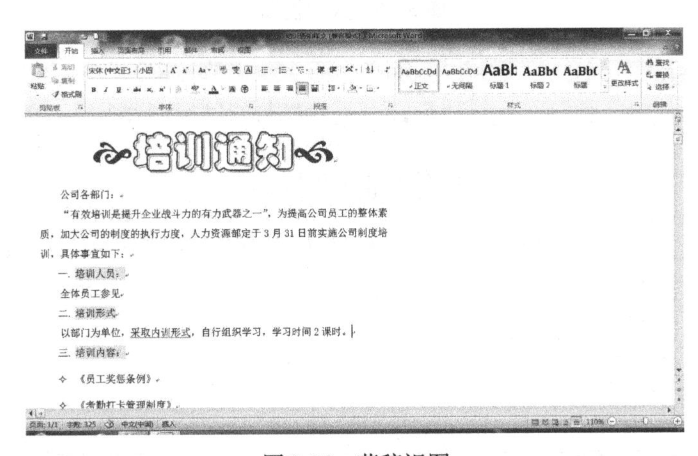

图 3-25　草稿视图

2. 大纲视图

大纲视图用于编辑文档的大纲，适合查看长篇文档的结构及大纲层次，以便能审阅和修改文档结构。在大纲视图中，会显示文档结构，并可通过拖动标题来移动、复制或重新组织正文。可以“折叠”文档以便只查看某一级的标题或子标题，也可以“展开”文档查看整个文档的内容，使用“上移”或“下移”按钮可以方便地调整标题顺序，单击工具栏中“升级”或“降级”按钮可以升降标题级别。其缩进和符号不影响文档在普通视图中的外观，且不会打印出来，如图 3-26 所示。

3. Web 版式视图

Web 版式视图中的显示与在浏览器（如 IE）中的显示完全一致，用其可以编辑网站发布的文档。所以可以将 Word 2010 中编辑的文档直接用于网站，并通过浏览器直接浏览。

在这种视图下，正文显示得更大，显示和阅读文章最佳。可看到背景和为适应窗口而换行显示的文本，且图形位置与在 Web 浏览器中的位置一致。也就是说，使用 Web 版式视图与使用浏览器打开该文档时的画面一样，如图 3-27 所示。

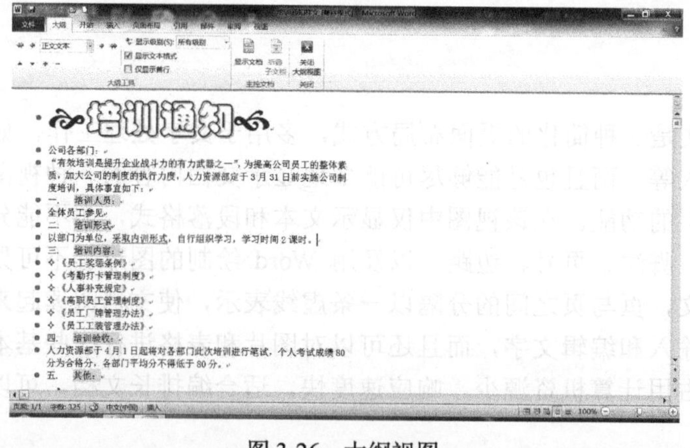

图 3-26　大纲视图

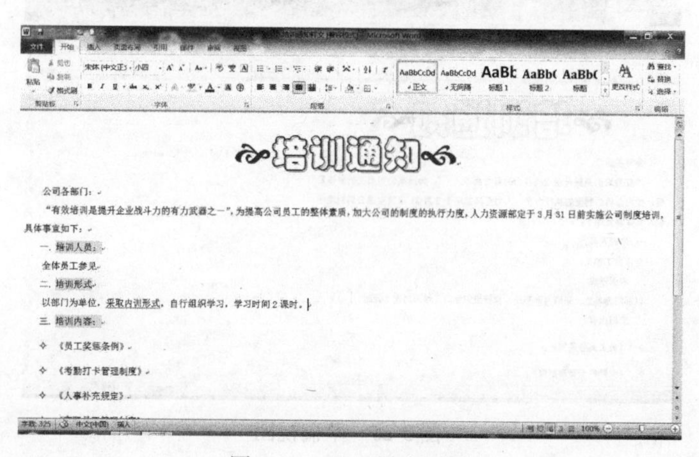

图 3-27　Web 版式视图

4．阅读版式视图

阅读版式视图是进行了优化的视图，隐藏了一切不必要的工具栏，同时将相连的两页显示在一个版面上，其最大特点是便于用户阅读。它模拟书本阅读的方式，让用户感觉是在翻阅书籍，使得阅读文档十分方便。利用文档结构图还能够同时将文档的大纲结构显示在左侧窗格中，从而便于阅读，提高效率。在该视图中会隐藏除“阅读版式”和“审阅”工具栏以外的所有工具栏，其中显示的页面并不代表在打印文档时所看到的页面。如果要查看文档在打印页面上的显示，而不切换到页面视图，则可单击“阅读版式”工具栏中的实际页面按钮；如果要修改文档，可以在阅读时简单地编辑文本，而不必从阅读版式视图切换到其他视图，如图 3-28 所示。

5．页面视图

页面视图（如图 3-29 所示）是文档编辑中最常用的一种版式视图，在该视图下用户可以看到图形及文字的排版格式，其显示与最终打印的效果相同，具有所见即所得的效果。在页面视图下可以像在普通视图下一样输入、编辑和排版文档，也可以处理页边距、图文框、分栏、页眉和页脚、Word 绘制的图形等。在此模式下可以看到上、下两页的页眉和页脚之间有很大的空间，中间为一灰色的分界区域，代表两页纸的分界。单击该分界区域即可隐藏两页纸之间的空白区域，此时两页纸的分界以一条黑色的实心线表示。由于页面视图能够很好地显示排版格式，因此常用来编辑文本、格式、版面。但在页面视图下占用的计算机资源相对较多，会使处理速度变慢。

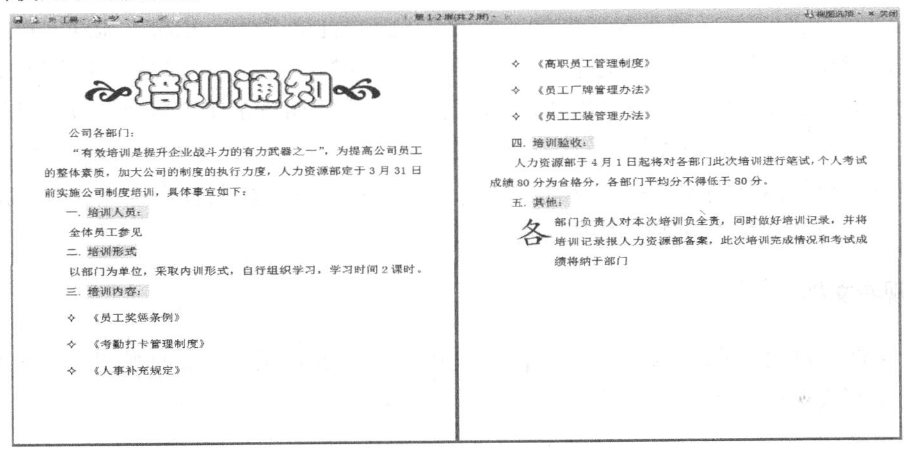

图 3-28　阅读版式视图

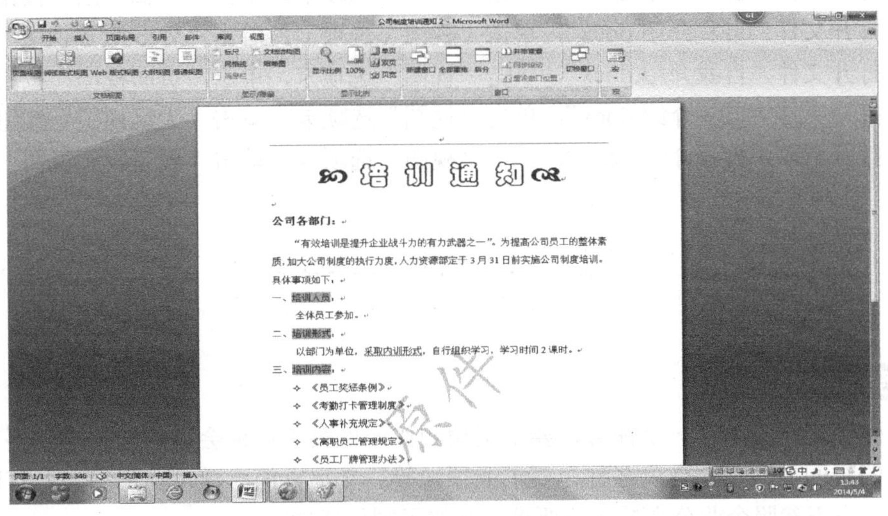

图 3-29　页面视图

任务实施

1．新建 Word 文档

新建一个 Word 文档，输入“自我介绍”内容，另存为 F 盘下以“班级+姓名+学号”命名的文件夹里。

操作步骤：

（1）双击“我的电脑”，打开“F 盘”，单击“文件”菜单，选择“新建”→“文件夹”命令，重命名为“班级+姓名+学号”。

（2）单击“开始”→“所有程序”→“Microsoft Word”命令，启动 Word。

（3）单击“文件”→“另存为”命令，在“另存为”对话框中，选择“F 盘”→“班级+姓名+学号”文件夹，设置文件名为“自我介绍”。

（4）在“自我介绍”文档中输入自我介绍的文字内容如下：

“大家好，我叫××，我是××大学××专业大三学生。努力、积极、乐观、拼搏是我的人生信条，我相信，我会一直努力下去，做好自己，奉献社会。敢做敢拼，脚踏实地；做事认真负责，责任心强；座右铭是“优秀是一种习惯”。我的期望是在企事业单位从事管理、金融、行政、助理等与专业相关的工作。我热爱所学专业，乐于学习新知识；对工作有责任心；踏实，热情，对生活充满激情；主动性强，自学能力强，具有团队合作意识；有一定组织能力；抗压能力强，能够快速适应周围环境。”

2. 观看文档

打开文件“自我介绍.docx”，分别以草稿视图、Web 版式视图、页面视图、大纲视图和阅读版式视图方式观看文档。

操作步骤：

（1）打开文件“自我介绍.docx”，单击“视图”选项卡，单击“草稿视图”按钮。

（2）打开文件“自我介绍.docx”，单击“视图”选项卡，单击“Web 版式视图”按钮。

（3）打开文件“自我介绍.docx”，单击“视图”选项卡，单击“页面视图”按钮。

（4）打开文件“自我介绍.docx”，单击“视图”选项卡，单击“大纲视图”按钮。

（5）打开文件“自我介绍.docx”，单击“视图”选项卡，单击“阅读版式视图”按钮。

任务 3.2　制作企业公文

任务介绍

部门张经理交给王鹏一个任务，要求王鹏制作一份员工培训会议通知，通知要写明培训会议召开的时间、地点、会议名称、要求或须知等。文字言简意赅，措辞得当，打印后张贴到宣传栏。小王参照企业公文的规范要求，开始了制作通知。

相关知识

一、新建文档

启动 Word 2010 以后，会在 Word 窗口中自动打开一个新文档，并暂时为其命名为“文档 1”，此时插入点位于编辑区左上角，表明现在可以输入文本了。除了这种自动创建文档的方法外，如果在编辑文档的过程中还需另外创建一个或多个新文档，可以用下列方法之一来创建。Word 对以后新建的文档以创建的顺序，依次命名为“文档 2”“文档 3”……

（1）在 Word 2010 中，用户可以通过单击快速访问工具栏中的“新建”按钮( )创建新文档。

（2）单击“文件”选项卡，在弹出的菜单中选择“新建”→“空白文档”命令，即可创建新文档。

（3）按组合键“Alt+F”打开“文件”选项卡，再用上、下光标移动键把光带移至“新建”命令处，按 Enter 键，即可创建新文档。

（4）直接按组合键“Ctrl+N”创建新文档。

使用方法（2）、（3）创建新文档时，会出现如图 3-30 所示的“新建”对话框，其他两种方法则直接打开一个空白文档，不打开“新建”对话框。

图 3-30 “新建”对话框

可以单击“新建”→“空白文档”按钮，再单击“创建”按钮来创建一个新的空白文档。

若要根据模板创建新文档，可在“新建”对话框右侧的“可用模板”列表框中选择“已安装的模板”选项，然后在所显示的“已安装的模板”列表框中选择所需的模板。如果连接到了 Internet，则可以在“模板”列表框中选择“Office.com 模板”栏中的模板类型，然后选择具体的模板，从网上下载相应的模板并创建新文档。

二、输入文本

1. 输入文字

新建一个空文档后，就可以输入文本了。输入文本时，插入点自左向右移动。当输入到行末时，不必按 Enter 键换行，Word 会自动换行。只有完成一个段落的输入后想要另起一个新的段落时，才按 Enter 键换行。按 Enter 键，表示旧段落的结束，新段落的开始。

在 Word 中，既可以输入英文，又可以输入汉字。“中/英文输入法”的切换方法有：

（1）单击“任务栏”右端的“语言指示器”按钮，在“输入法”列表中单击所需要的输入法。

（2）按组合键“Ctrl+空格”可以在“中/英文输入法”之间进行切换。

（3）按组合键“Ctrl+Shift”可以在各种输入法之间循环切换。

在中文输入法状态下，按组合键“Shift+空格”可以在半角和全角之间进行切换，但只有在小写字母状态时才能输入汉字，可用 CapsLock 键转换字母的大小写。

Word 2010 提供了“插入”和“改写”两种编辑模式，默认情况下在文档中输入文本是处于插入状态的。在插入状态下，输入的文字出现在光标所在位置，而该位置原有的字符将依次向后移动。按 Insert 键或单击状态栏中的“插入”标签可以切换到改写状态。在改写状态下单击“插入”标签又可切换回插入状态。在改写状态下，输入的文字将依次替代后面的字符，即可以实现边录入边对文档进行修改，并且不会破坏文本的既定格式。

2. 删除文本

如果输入了错误的字符或汉字，那么可以按 Backspace 键删除插入点左边的字符，或按 Delete 键删除插入点右边的字符，然后再继续输入。

如果要删除连续的部分文字，可以从前向后或从后向前拖动鼠标左键，使要删除的文本反向显示（这一过程称为“选定文本”），再按 Delete 键（或工具栏中的“剪切”按钮），则选定的文本即被删除。

如果误删了某部分文字，则可以单击工具栏中的“撤消”图标（）撤销此次操作。这一功能对许多误操作的复原都很有用。

3. 插入符号

在输入文本时，可能要输入或插入一些特殊的符号，如俄、日、希腊文字符，数学符号，图形符号等，这些可利用汉字输入法的软键盘，而像“🕮”一类的特殊符号或“☎”一类的图形符号则不能使用软键盘输入。对于这些特殊符号，Word 提供了“插入符号”功能，具体操作步骤如下：

（1）把插入点移动到要插入符号的位置。

（2）用户可切换到“插入”选项卡，单击“符号”组中的“符号”按钮（Ω），选择“其他符号”项，打开如图 3-31 所示的“符号”对话框。

（3）在“符号”选项卡中“字体”列表框中选择适当的字体项，单击符号列表框中的所需要的符号，该符号将以蓝底白字放大显示。

（4）单击“插入”按钮就可将选中的符号插入到文档指定位置。

（5）单击“关闭”按钮，关闭“符号”对话框，返回文档。

另外，还可以使用“符号”对话框中的“特殊字符”选项卡来插入其他的特殊符号。例如，要插入版权符号（©）、注册符号（®）或商标符号（™）等不常见的特殊符号时，可打开“符号”对话框中的“特殊字符”选项卡，选择后单击“插入”按钮即可。

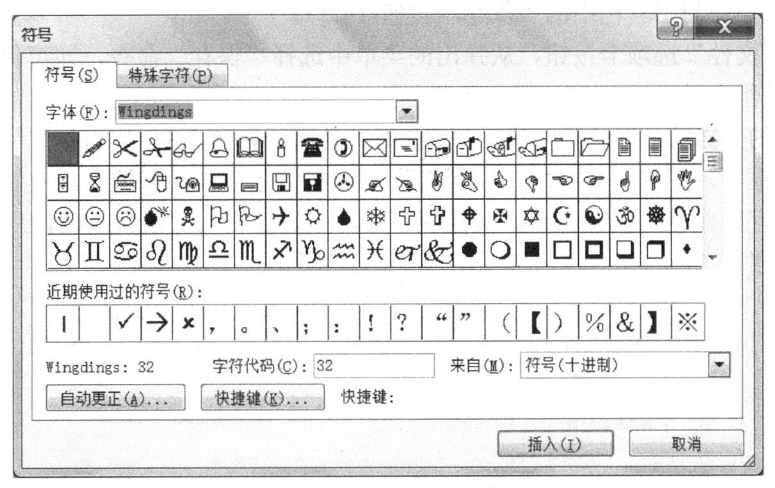

图 3-31 “符号”对话框

为了方便起见，Office 还将单位符号、数字序号、拼音符号、标点符号、数学符号及其他一些常用的特殊符号单独组织到了一起。在“插入”选项卡中单击“特殊符号”组中的“符号”按钮，选择“更多”命令，可打开“输入特殊符号”对话框，在适当的选项卡中选择所需的符号，然后单击“确定”按钮将其插入到文档中。此外，常用的特殊符号会显示在“插入”选项卡“特殊符号”组的“符号”下拉菜单中，单击某一图标按钮即可插入相应的符号。

4. 插入编号

有时我们需要输入特殊格式的数字，如⑴、①、㈠或Ⅰ、i、甲、壹等，除了可以使用插入符号的方法外，还可以使用“插入”选项卡中的“编号”按钮（#），在打开的对话框（如图 3-32 所示）中输入数字，同时选择数字的格式类型，单击“确定”按钮，则该种格式类型的数字便会出现在插入点位置处。

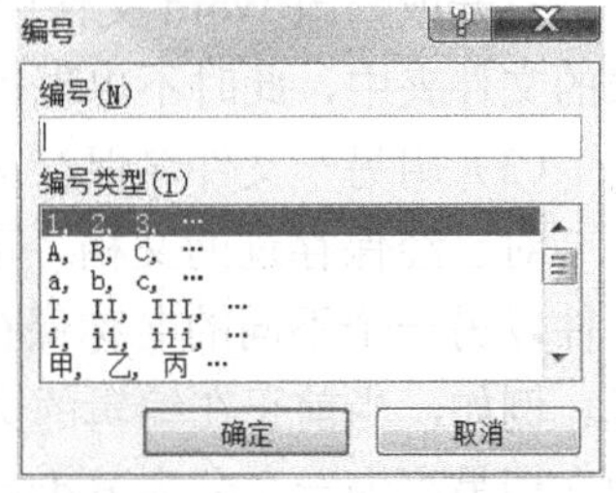

图 3-32 “编号”对话框

三、文档的保存、关闭和保护

1. 文档的保存

（1）保存新建文档。

当文档输入完毕后，它的内容还临时驻留在计算机的内存中，为了永久保存所建立的文档，在退出 Word 前应将它作为磁盘文件保存起来，即使是已保存过的文档，在编辑过程中也要注意随时执行保存操作，以保存最新编辑数据，否则会丢失文档信息。Word 2010 的全部新特性，在保存文档时必须将其保存为 docx 格式，而不是传统的 doc 格式。但是，Word 2003 之前的版本不能打开.docx 格式的文件，因此，要使早期的 Word 版本能够打开使用 Word 2010 编辑的文档，必须将其保存类型指定为“Word 97-2003 文档”。通常，Word 中保存文档的方法有以下几种：

① 单击快速访问工具栏中的“保存”按钮（）。

② 单击“文件”选项卡按钮，从弹出的菜单中选择“保存”命令，即可保存当前文档。

③ 直接按组合键“Ctrl+S”，即可保存文档。

当对新建的文档第一次进行“保存”操作时，会出现如图3-33所示的“另存为”对话框。在出现的对话框中，用户可在其中指定保存位置、文件名称、保存类型，最后单击“保存”按钮，执行保存操作即可保存文档。文档保存后，该文档窗口并没有关闭，用户可以继续输入或编辑该文档。

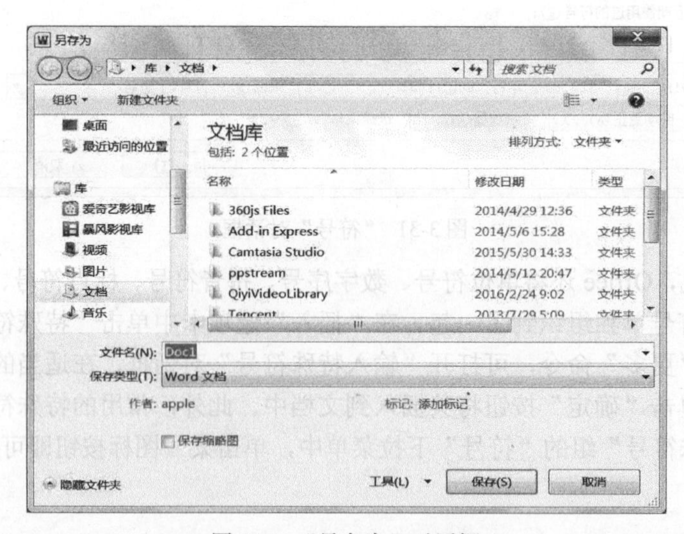

图3-33 “另存为”对话框

（2）保存已有的文档。

打开或修改Word文件后，同样可以用上述方法将修改后的文件以原来的文件名保存在原来的文件夹中，此时不出现“另存为”对话框。

（3）用另一文件名保存文档。

对已经保存过的文档，可以单击“文件”选项卡按钮菜单中的“另存为”命令，把一个文件以另一个不同的名称保存在同一文件夹下，或保存到不同的文件夹中去，或存为其他格式。例如，当前正在编辑的文件名为A.docx，如果既想保存原来的文档，又想把编辑修改后的文档另存为一个名为B.docx的文件，就可以使用“另存为”命令。执行“另存为”命令后，打开如图3-33所示的“另存为”对话框，后面的操作也和保存新建文档相同。

在“文件名”下拉列表框中输入文档名称，文件名最多为255个字符。如果未输入扩展名，系统默认为docx格式。在“保存位置”下拉列表框中选择存放文档的位置。

2．文档的关闭

保存完文档后，仍会返回编辑状态，等待用户继续处理。当处理完一个文档后，可按下面方法将其关闭。

（1）单击“文件”按钮中的“关闭”命令。

（2）单击标题栏右侧的关闭按钮。

（3）按“Alt+F4”组合键关闭文件。

（4）在“文件”按钮中单击“退出 Word”按钮。

如果没有保存修改后的文档，Word 2010 在关闭文档时会弹出一个对话框提示用户是否保存文档，如图 3-34 所示。

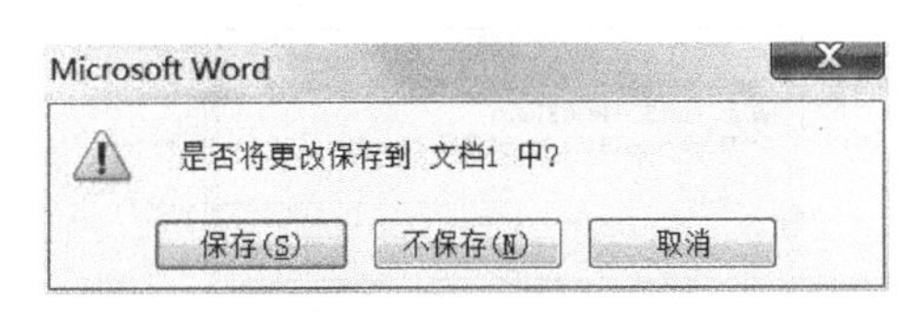

图 3-34　关闭文档提示保存文件的对话框

3. 文档的保护

如果所编辑的文档是一份机密文件，不希望无关人员查看此文档，则可以给文档设置“打开权限密码”，使别人在没有密码的情况下无法打开此文档；另外，如果所编辑的文档允许别人查看，但禁止修改，那么可以给文档加一个“修改权限密码”。对设置了“修改密码权限”的文档，别人可以在不知道口令的情况下以“只读”方式查看它，但无法修改它。设置密码是保护文件的一种方法，下面分别介绍设置密码的方法。

（1）设置打开权限密码。

一个文档在存盘前设置了“打开权限密码”后，那么下次再打开时，Word 首先要核对密码，只有密码正确才能打开文件，否则无法打开文件。设置“打开权限密码”的步骤如下：

① 单击“文件”→“另存为”命令，打开“另存为”对话框。

② 单击“另存为”对话框左下角的“工具”按钮。

③ 在“工具”按钮下拉菜单中选择“常规选项”命令，弹出“常规选项”对话框，如图 3-35 所示。

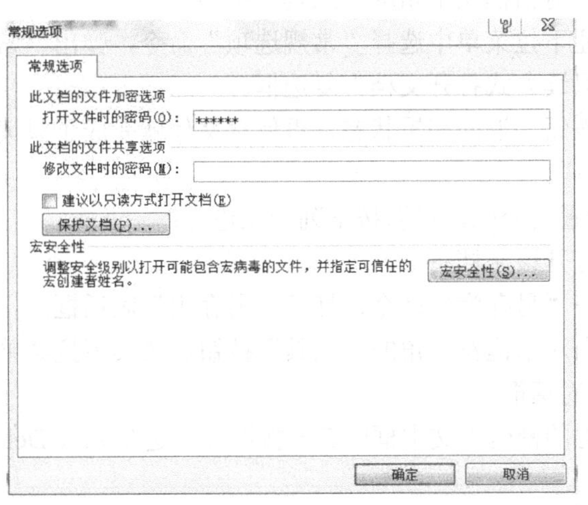

图 3-35　“常规选项”对话框

④ 将插入点移到“常规选项”选项卡的“打开文件时的密码”文本框左端，键入密码，密码的每个字符对应显示为一个星号，密码的最大长度是 15 个字符。密码可以是字母、数字和符号，英文字母区分大小写。

⑤ 单击“确定”按钮，此时会出现一个如图 3-36 所示的标题为“密码”的对话框，要求

用户重复键入所设置的密码。如果密码核对正确，则返回文档编辑状态，否则，出现如图 3-37 所示的提示信息框。此时只要单击“确定”按钮，即可重新进行设置密码的操作。

图 3-36 “密码”对话框

图 3-37 “密码确认不符”信息框

⑥ 返回编辑状态后，再对文档进行保存，则密码会随同文档一起被保存下来。至此，密码设置完成，关闭文档后，密码就起作用了，再打开文档时，首先要求用户键入密码以便核对。如果密码正确，则文档被打开，如果不正确，则提示密码不正确，无法打开文档。

（2）设置修改权限密码。

别人可以打开并查看一个设置了修改权限密码的文档，但无权修改它。设置修改权限密码的步骤，除了将密码键入到“修改文件时的密码”文本框之外，其余的操作步骤与设置打开权限密码的操作一样。打开时的情况也有些类似，此时“密码”对话框中多了一个“只读”按钮，供不知道密码的人以“只读”方式打开它。

（3）设置文件的属性。

将文件属性设置成“只读”也是保护文件不被修改的一种方法。把文件设置成为只读文件的方法如下：

① 单击“文件”→“另存为”命令，打开“另存为”对话框。

② 单击“另存为”对话框左下角的“工具”按钮。

③ 在“工具”按钮下拉菜单中选择“常规选项”命令，弹出“常规选项”对话框。

④ 选定“建议以只读方式打开文档”复选框。

⑤ 单击“确定”按钮，返回编辑状态，再保存文件就完成了只读属性的设置。

（4）取消设置的密码。

如果想要取消已设置的密码，可以按下列步骤进行：

① 用正确的密码打开该文档。

② 单击“文件”→“另存为”命令，打开“另存为”对话框。

③ 单击“另存为”对话框左下角的“工具”按钮。在其下拉菜单中选择“常规选项”命令，弹出“常规选项”对话框。

④ 在“打开文件时的密码”文本框中有一排圆点，选定并按 Delete 键删除，再单击“确定”按钮返回编辑状态。

⑤ 返回编辑状态后，再对文档进行保存。这样就删除了密码，以后再打开此文件时就不需要输入密码了。

四、拼写检查

Word 2010 提供的拼写检查器可帮助用户验证并纠正文档中的中英文拼写错误。要检查文档中部分文本的拼写是否有错误，首先选择要检查的文本。若要检查整个文档，需将插入点移到文档的开始处，然后单击“审阅”→“拼写和语法”按钮（），或按F7键。

在“拼写和语法”对话框中，对有拼写和语法错误的单词，如果系统发现有代替的词，则在“建议”列表框中列出。用户根据情况单击“忽略一次”或“全部忽略”或“更改”按钮来完成拼写和语法检查操作。

除上述利用拼写检查器外，Word 2010还可以设置在用户输入文本时检查每个单词。凡在词典中没有出现的单词都用一条红色波浪线标出，提示用户注意。如果有错误，应及时纠正。设置自动拼写检查的方法是打开“工具”→“拼写和语法”→“选项”对话框，选择“输入时检查拼写”复选框，然后单击“确定”按钮。

五、字符格式的设置

在Word 2010中，字符是指作为文本输入的字母、汉字、数字、标点符号，以及特殊符号等。字符是文档格式化的最小单位，字符格式的编排决定了字符在屏幕上的显示和打印形式。字符的格式包括字体、字号、字形、颜色及特殊的阴影、空心字等修饰效果。

设置文字格式的方法有两种：一种是使用“开始”选项卡中的“字体”组中的“字体”“字号”“加粗”“倾斜”“下画线”“字符边框”“字符底纹”“字体颜色”等按钮来设置文字的格式；也可打开“字体”对话框来设置文字的格式。

1. 设置字体、字形、字号和颜色

Word文档中可以使用的字体取决于打印机提供的字体和计算机装入的字体文件。不同的字体有不同的外观形状，一些字体还可以带有自己的符号集。Word默认的中文字符格式是宋体五号字，英文字体则为Times New Roman（新罗马）。通过“字体”组中的“字体”下拉列表框即可快速设置选定字符的字体。

（1）按钮设置。

① 选定要改变字体的文本。

② 单击“开始”选项卡中的“字体”组中“字体”下拉列表框右侧的下拉按钮。

③ 拖动“字体”下拉列表右侧的滚动条，找到并选中所需的字体。如果要改变英文字体，则选定英文字母，然后在“字体”下拉列表框中选择英文字体即可。

④ 单击“开始”选项卡中“字体”组中“字号”下拉列表框右侧的下拉按钮，弹出“字号”下拉列表框，找到并选中所需字号。

除了字体和字号外，使用“开始”选项卡“字体”组中的其他按钮还可以设置更多简单的字形和文字效果。图3-38列举了几种字体、字号、字形和效果。

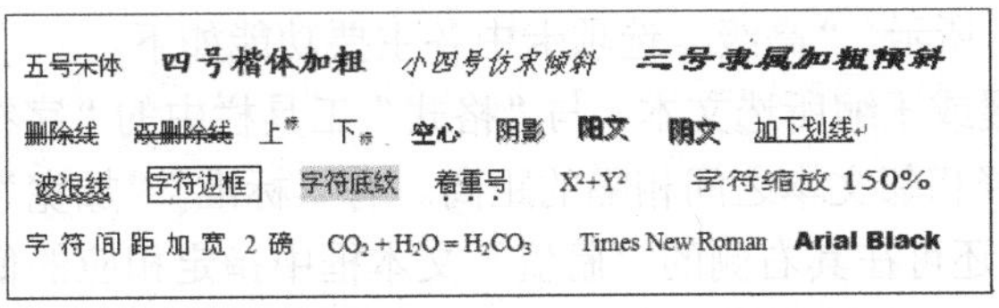

五号宋体 **四号楷体加粗** *小四号仿宋倾斜* ***三号隶属加粗倾斜***
删除线 双删除线 上标 下标 空心 阴影 阳文 阴文 加下划线
波浪线 字符边框 字符底纹 着重号 X^2+Y^2 字符缩放150%
字 符 间 距 加 宽 2 磅 $CO_2+H_2O=H_2CO_3$ Times New Roman **Arial Black**

图3-38 字体、字号、字形及效果示例

- 增大字体（A˄）、缩小字体（A˅）：增大、缩小选定字符的字号。
- 清除格式（）：清除所选字符的格式，只保留纯文本。
- 拼音指南（变）：显示拼音字符以明确发音。
- 字符边框（A）：在一组字符或句子周围应用边框。
- 加粗（B）：使选定文本笔画加粗。
- 倾斜（I）：使选定文本向右倾斜。
- 下画线（U）：为选定文本添加下画线。单击按钮右侧的下拉按钮可在弹出的菜单中选择下画线的线型和颜色。
- 删除线（abc）：在选定文本的中间画一条线。
- 下标（x_2）、上标（x^2）：在文字基线下方或上方创建小字符。
- 更改大小写（Aa）：将所选的所有文字更改为全部大写、全部小写或者其他常见的大小写形式。
- 突出显示（）：使选定文本变成带有背景色的文本以使其突出显示。如果没有事先选定文本，单击此按钮后指针形状为状，用鼠标在所需文本上拖过即可突出显示这些文本。单击按钮右侧的下拉按钮可在弹出的菜单中选择其他的背景色。
- 字体颜色（A）：改变选定文本的颜色。单击按钮右侧的下拉按钮可在弹出的菜单中选择不同的颜色。
- 字符底纹（A）：为选定文本添加底纹背景。
- 带圈字符（字）：在字符周围添加圆圈或边框以示强调。

此外，Word 2010还提供了一个相当智能的格式工具栏，当用户选中文档中的任意文字并松开鼠标后，选中区域的右上角就会显示一个半透明的浮动工具栏，如图3-39所示，其中包含字体、字号、对齐方式、字体颜色等格式设置工具。

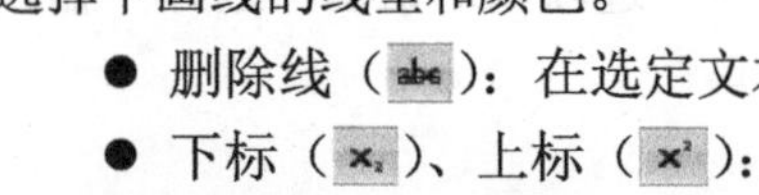

图3-39　浮动工具栏

（2）对话框设置。

单击“开始”选项卡中“字体”组右下角的按钮，弹出“字体”对话框，如图3-40所示。选定“字体”选项卡设置字体格式，在预览框中可查看所设置的字体效果，确认后单击“确定”按钮。

2. 改变字符间距

在“字体”对话框中，除设置字体的格式外还可以对字符间距、字符缩放比例和字符位置进行调整，用户可以通过此项功能调整文档的外观，提高文档的可读性。

（1）选中要调整字符间距的文本。

（2）单击“开始”选项卡中“字体”组右下角的按钮，弹出“字体”对话框。打开“高级”选项卡，如图3-41所示。“高级”选项卡中各主要功能如下。

① 缩放：用于扩展或压缩所选文本，与“格式”工具栏中的“字符缩放”按钮功能相同。

② 间距：用于选择相邻文本之间相隔的距离。有“标准”“加宽”“紧缩”3种选择。当选择了后两个选项后，还可在其右侧的“磅值”文本框中指定相应的值。

③ “位置”：用于指定字符位置。有“标准”“提升”“降低”3种选择。当选择了后两个

选项后，还可在其右侧的“磅值”文本框中指定相应的值。

图 3-40　“字体”对话框

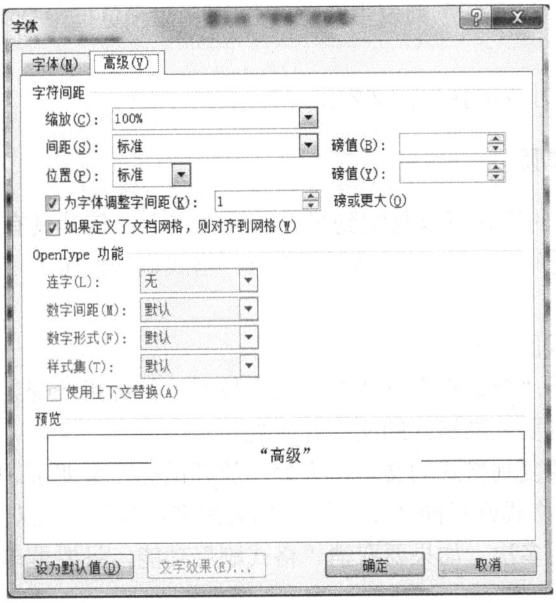

图 3-41　“高级”选项卡

3．给文本添加边框和底纹

边框是围在段落或文本四周的框（不一定是封闭的）；底纹是指用背景颜色填充一个段落或部分文本。例如，为文字加边框如“计算机”，为文字加底纹如“计算机”。前面已经介绍过使用按钮给文本添加下画线、边框和底纹的方法，但用这种方法设置的下画线、边框和底纹都比较单一，没有线型和颜色的变化。“开始”选项卡“段落”组中“边框和底纹”下拉菜单中的“边框和底纹”命令的功能更强大一些。操作步骤如下：

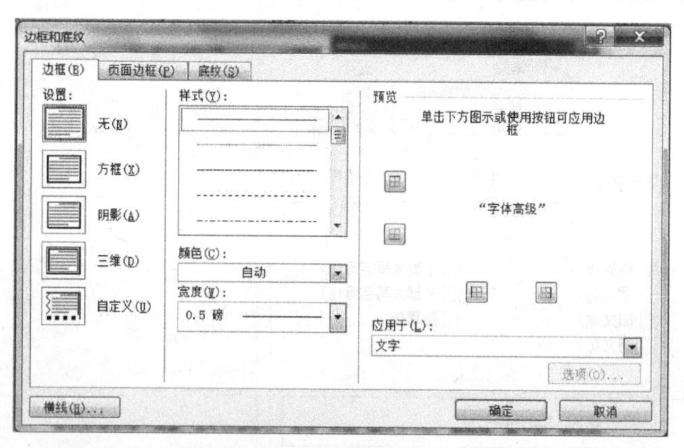

图 3-42 “边框和底纹”对话框

（1）选定要加边框和底纹的文本。

（2）单击“开始”选项卡“段落”组中“边框和底纹”按钮下拉菜单中的“边框和底纹”命令，打开如图 3-42 所示的“边框和底纹”对话框。

（3）单击“边框”选项卡。

（4）在“边框”选项卡的“设置”“样式”“颜色”“宽度”等列表框中选定合适的参数。

（5）在“应用于”列表框中选“文字”。

（6）在预览框中查看结果，确认后单击“确定”按钮。

（7）如果要加“底纹”，单击“底纹”标签，方法与“边框”设置相似。在选项卡中选定底纹的颜色和图案；在“应用于”列表中选定“文字”；在预览框中查看结果，确认后单击“确定”按钮。

底纹和边框可以同时或单独加在文本上。

4．格式的复制和清除

对一部分文字设置的格式可以复制到另一部分文字上，使其具有同样的格式。设置好的格式，也可以清除。选择“开始”→“剪贴板”→“格式刷”按钮（），可实现格式的复制。

（1）格式的复制。

① 选定已设置格式的文本。

② 单击“开始”→“剪贴板”→“格式刷”按钮，鼠标指针变为刷子形状。

③ 将鼠标指针移到要复制格式的文本开始处。

④ 拖动鼠标直到要复制格式的文本结束处，放开鼠标左键即可。

注意：上述方法的格式刷只能使用一次。如果想多次使用，应双击“格式刷”按钮，此时，“格式刷”就可使用多次，如果要取消“格式刷”功能，只要再单击“格式刷”按钮或按 Esc 键即可。

（2）格式的清除。

如果对于所设置的格式不满意，那么，可以清除已设置的格式，恢复到 Word 默认状态。

逆向使用格式刷可以清除已设置的格式，也就是说，把 Word 默认的字体格式复制到已设置格式的文本上去。

使用键盘也可以清除格式，操作步骤如下：

① 选定要清除格式的文本。

② 按组合键“Ctrl+Shift+Z”。

六、段落格式的设置

一篇文章是否简洁、醒目、美观，除了文字格式的设置合理外，段落的恰当编排也是很重要的。简单说，段落就是指以段落标记作为结束的一段文字。每按一次Enter键就是插入一个段落标记。如果删除段落标记，那么后面一段文本就连接到前一段文本之后，成为前一段文本的一部分，其段落设置变成与前一段相同。段落的设置主要是指调整段落的对齐方式、缩进、行距、段落间距等。在设置某一段落的格式时，只需将鼠标定位在此段落中即可。如果要同时对多个段落进行设置，则应选定这些段落。简单的段落格式可以使用标尺和“开始”选项卡上“段落”组中的按钮进行设置。如果要进行更加精确的设置，则需要使用“段落”对话框，如图3-43所示。

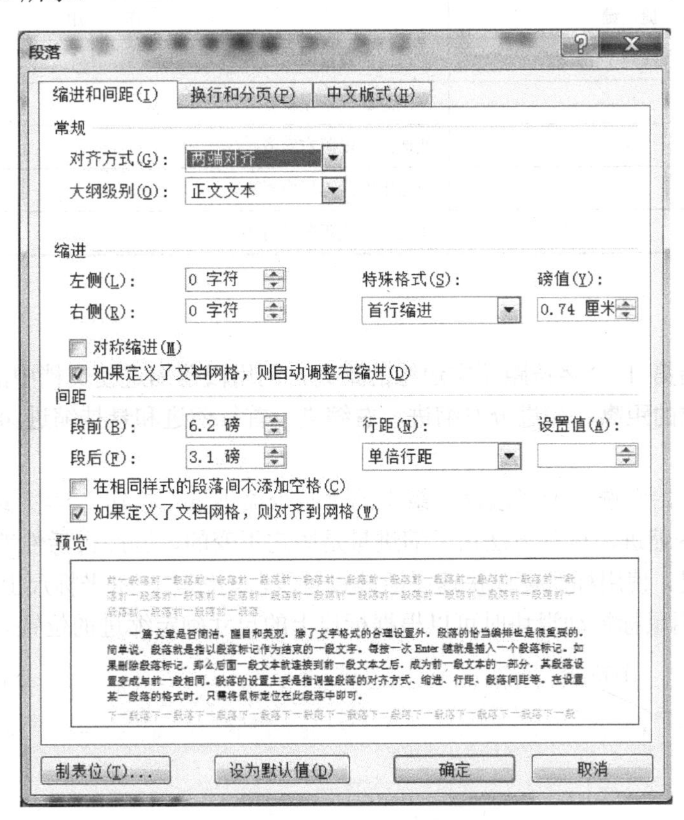

图3-43 “段落”对话框

1. 段落的对齐方式

段落对齐方式有“左对齐”“居中”“右对齐”“两端对齐”“分散对齐”五种。可以用“格式”工具栏或“格式”菜单命令设置段落的对齐方式。系统默认设置为“两端对齐”方式。

设置段落对齐的方法有三种。

（1）选定改变对齐方式的段落，单击“开始”选项卡中的“段落”组中的对齐按钮。

（2）使用“段落”对话框，具体步骤如下：

① 选定要设置对齐方式的段落。

② 单击“开始”选项卡中的“段落”组右下角的按钮，打开“段落”对话框，如图3-43所示。

③ 在“缩进和间距”选项卡中，选择“常规”→“对齐方式”列表框的下拉箭头按钮，在“对齐方式”列表中选定相应的对齐方式。在预览框查看设置情况，然后单击“确定”按钮。

（3）用快捷键设置。

有一组快捷键可以对选定的段落实现对齐方式的快速设置，如表3-3所示。

表3-3　设置段落对齐方式的快捷键

快　捷　键	作　用
Ctrl + J	使选定的段落两端对齐
Ctrl + L	使选定的段落左对齐
Ctrl + R	使选定的段落右对齐
Ctrl + E	使选定的段落居中对齐
Ctrl + Shift + J	使选定的段落分散对齐

2. 段落缩进

段落缩进是指第 1 个字符距正文边缘的距离，利用段落缩进使文档中的某一段落相对于其他段落偏移一定的距离。缩进分左缩进、右缩进、首行缩进和悬挂缩进 4 种。设置段落缩进的方法有三种。

（1）单击“开始”选项卡“段落”组中的“减少缩进量”按钮（）或“增加缩进量”按钮（）可改变缩进，这种方法由于缩进量是固定不变的，因此灵活性差。

（2）利用标尺。使用标尺可以快速灵活地设置段落的缩进，水平标尺上有4个缩进滑块，如图3-44所示。用鼠标拖动滑块时可以根据标尺上的尺寸确定缩进的位置。

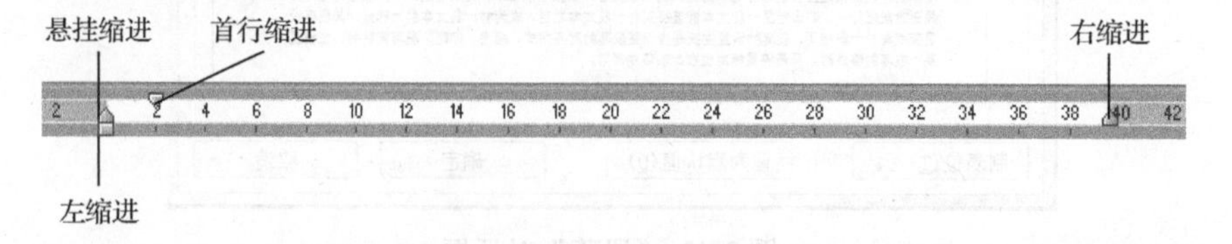

图3-44　标尺上的缩进滑块

标尺上各滑块的功能如下：

① 首行缩进：使段落的第一行缩进，其他部分不动。

② 悬挂缩进：使段落除第一行外的各行缩进，第一行不动。

③ 左缩进：使整个段落的左部跟随滑块移动缩进。

④ 右缩进：使整个段落的右部跟随滑块移动缩进。

拖动相应标记块即可改变缩进方式，先按住 Alt 键再拖动相应标记块，可显示位置值。

（3）使用“段落”对话框。在“开始”选项卡中单击“段落”命令组右下角的按钮，打开“段落”对话框，如图 3-43 所示。其中包含“缩进和间距”“换行和分页”“中文版式”3 个选项卡，可用来设置更加丰富的段落格式。“段落”对话框中各选项卡的功能如下：

① 缩进和间距：设置段落的对齐方式、段落文本的大纲级别、段落的缩进方式及段落间距等选项。

② 换行和分页：设置换行和分页选项，包括“孤行控制”“与下段同页”“段中不分页”“段前分页”4 个分页选项，“取消行号”和“取消断字”两个“格式设置例外项”，以及文本框的环绕方式选项。

③ 中文版式：用于设置换行、字符间距和对齐方式，包括“按中文习惯控制首尾字符”“允许西文在单词中间换行”“允许标点溢出边界”3 个换行选项；“允许行首标点压缩”“自动调整中文与西文的间距”“自动调整中文与数字的间距”3 个字符间距选项以及文本对齐方式选项。

3. 行间距与段间距的设定

初学者常用按 Enter 键插入空行的办法来增加段间距或行距。显然，这是一种不得已的办法。在 Word 中，可以用“段落”对话框精确设置段间距和行间距。

（1）设置段间距。例如，假设要使示例文档的第一段（即标题段）的段前和段后间距都为 18 磅，以突出标题，设置段间距的具体操作步骤如下：

① 选定要改变段间距的段落。

② 单击“开始”选项卡“段落”命令组右下角的按钮，打开“段落”对话框。

③ 依次在“缩进和间距”选项卡“间距”组的“段前”和“段后”文本框中键入“18”。“段前”选项表示所选段落与上一段落之间的距离，“段后”选项表示所选段落与下一段落之间的距离。

④ 查看预览框，单击“确定”按钮。

（2）设置行间距。一般情况下，对段落内的行距，Word 会根据用户设置的字体大小自动调整。有时，键入的文档不满一页，为了使页面显得饱满、美观，可以适当增加字间距和行距；有时，键入的内容超过了一页，为了节省纸张，可以适当减小行距，使其显示在一页之内。操作步骤如下：

① 选定要设置行距的段落，打开“段落”对话框。

② 单击“缩进和间距”“行距”列表框下拉按钮，选择所需的行距。各行距的含义如下：

a.“单倍行距”选项设置每行的高度为可容纳这行中最大的字体，并上下留有适当的空隙，这是默认值。

b.“1.5 倍行距”选项设置每行的高度为这行中最大字体高度的 1.5 倍。

c.“2 倍行距”选项设置每行的高度为这行中最大字体高度的 2 倍。

d.“最小值”选项设置 Word 将自动调整高度以容纳最大字体。

e.“固定值”选项将行距设置成固定值。

f.“多倍行距”选项允许将行距设置成带小数的倍数，如 2.25 倍等。

只有在后三个选项中，在“设置值”框中要键入具体的设置值。

③ 预览确认后，单击“确定”按钮。

4．给段落添加边框和底纹

有时，对文章的某些重要段落或文字要加上边框或底纹，使其更为突出、醒目。前面已经介绍了给文本添加边框和底纹的方法，用同样的方法可以给一个或多个段落添加边框和底纹。

（1）给段落添加边框。给一个或多个段落添加边框的具体步骤如下：

① 选定要添加边框的段落。

② 单击“开始”→“段落”→“下框线”→“边框和底纹”按钮（□▾），打开“边框和底纹”对话框，如图 3-42 所示。

③ 在“边框”选项卡的“设置”“线型”“颜色”“宽度”等选项中选定需要的选项。

④ 在“边框”选项卡的“应用于”列表中选定“段落”选项。

如果还想设置边框线与文本的距离，可以单击“选项”按钮进行设置，最后单击“确定”按钮。

⑤ 查看“预览”框，确认后单击“确定”按钮。

（2）给段落添加底纹。给一个或多个段落添加底纹与添加边框的操作类似，具体如下：

① 选定要添加底纹的段落，打开“边框和底纹”对话框。

② 单击“底纹”标签。

③ 在“填充”区中选择底纹的填充颜色。

④ 在“样式”列表框中选择底纹的式样，再在“颜色”列表框中选择底纹的颜色。

⑤ 查看“预览”边框，确认后单击“确定”按钮。

5．项目符号、编号和多级编号

项目符号是指在各项前面所加的符号，编号是指在各项前加上的顺序编号。编排文档时，在某些段落前加上编号或项目符号，可以提高文档的可读性。手工输入段落编号或项目符号不仅效率低，而且在增、删段落时还需修改编号顺序，容易出错。在 Word 中，可以在键入时自动给段落创建编号或项目符号，也可以给已键入的各段文本添加编号或项目符号。

（1）键入文本时自动创建编号或项目符号。

自动创建项目符号的方法是：键入文本时，在行首输入一个星号“*”，后面加上一个空格，然后输入文本。当输完一段按 Enter 键以后，星号会自动变成黑色圆点的项目符号，并在新的一段开始处自动添加同样的项目符号。这样，一段一段的输入，每一段前都有一个项目编号，最后新的一段前也有一个项目编号。如果要结束自动添加项目符号，那么按 Enter 键开始一个新段后，再按 BackSpace 键删除插入点前为该段自动添加的项目符号即可。

自动创建段落编号的方法是：在键入文本时，先在行首输入一个数字或者一个字母，加上一个圆点、顿号或右括号，再加上一个空格（如“1.”“(1)”“一.”“第一、”“A.”），然后输入文本内容，当按 Enter 键时，在新的一段开头处就会根据上一段的编号格式连续自动创建编号。重复上述步骤，可以对键入的各段建立一系列的段落编号。如果要结束自动编号，那么按 Enter 键开始一个新段后，再按 BackSpace 键删除插入点前面的编号即可。在这些建立编号的段落中，删除或插入某一段落时，其余的段落编号会自动修改，不必人工干预。

（2）为已键入的段落添加编号或项目符号。具体操作步骤如下：

① 选定要添加段落编号或项目符号的段落。

② 单击“开始”选项卡“段落”命令组中的“编号”按钮（）或“项目符号”按钮（）。也可使用快捷菜单中的“项目符号”和“编号”命令打开如图 3-45、图 3-46 所示的提示框，给已输入的段落添加编号或项目符号。

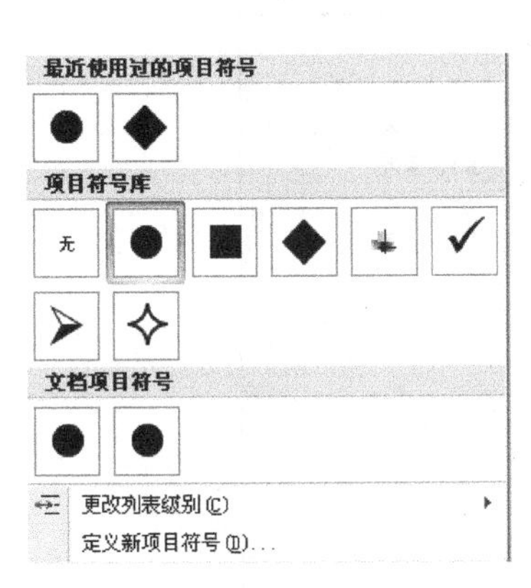

图 3-45　项目符号框

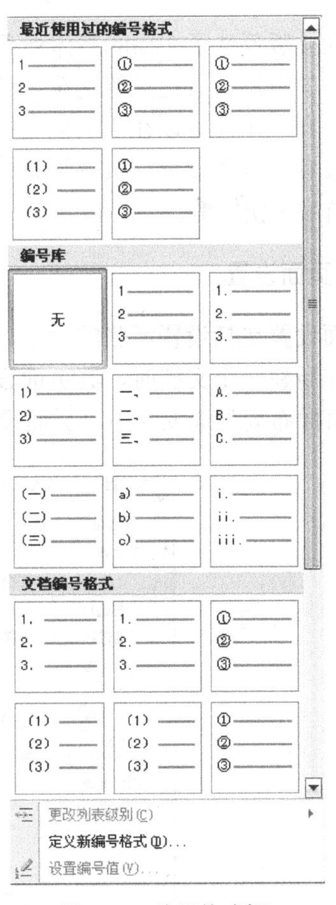

图 3-46　编号格式框

用户还可以自定义除选项框中提供的格式以外的项目符号或编号：单击“定义新项目符号”命令或“定义新编号格式”命令就可以选择并定义新的项目符号或编号了。

（3）添加多级编号。多级列表按钮（）用于创建多级列表，清晰地表明层次之间的关系。创建多级列表时，必须先确定多级格式，然后输入内容，再通过“减少缩进量”按钮（）和“增加缩进量”按钮（）来确定层次关系。

图 3-47 所示为编号、项目符号和多级编号的设置效果。

编号	项目符号	多级编号
1） 编号设置	■ 编号设置	1 编号设置
2） 项目符号	■ 项目符号	1.1 项目符号
3） 多级编号	■ 多级编号	1.1.1 多级编号

图 3-47 编号、项目符号和多级编号的设置效果

七、页面格式的设置

页面排版反映了文档的整体外观和输出效果，Word 2010 在建立新文档时，已经默认了纸张、纸张的方向、页边距等选项，但是，由于要制作的文档类型不同，所需要的页面参数设置也不一样，用户可以在“页面布局”选项卡中设置文档的页面格式。页面排版格式主要包括页面设置、分页设置、页码设置、页眉和页脚设置、页面背景设置、特殊格式设置（例如分栏、首字下沉）等。

1. 页面设置

页面设置包括设置纸张的大小、页边距、页眉和页脚、每页容纳的行数和每行容纳的字数等。在新建一个文档时，其页面设置使用于大部分文档。用户也可以根据需要自行设置，通过“页面布局”选项卡中“页面设置”的对话框进行操作，如图 3-48 所示。

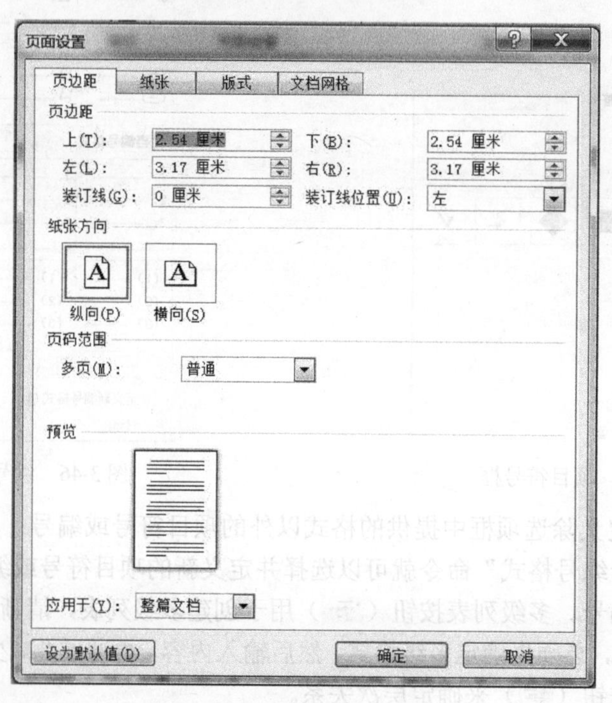

图 3-48 “页面设置”对话框

（1）页边距：设置文档内容和纸张四边的距离，通常正文显示在页边距以内，包括脚注

和尾注，而页眉和页脚显示在页边距上。页边距包括“上边距”“下边距”“左边距”“右边距”。在设置页边距的同时，还可以设置装订线的位置和打印方向等。

（2）纸张：选择打印纸的大小，一般默认值为A4纸。如果当前使用的纸张为特殊规格，可以选择“自定义大小”选项，并通过“高度”和“宽度”文本框定义纸张的大小。

（3）版式：设置页眉和页脚的特殊选项，如奇偶页不同、首页不同、距页边界的距离、垂直对齐方式等。

（4）文档网络：设置每页容纳的行数和每行容纳的字数，文字打印方向，行、列网格线是否要打印等。

通常，页面设置作用于整个文档，如果对部分文档进行页面设置，应在“应用于”下拉列表中选择范围。

2. 分页设置

Word具有自动分页的功能，也就是说，当键入的文本或插入的图形满一页时，Word会自动分页，当编辑排版后，Word会根据情况自动调整分页的位置。有时为了将文档的某一部分内容单独形成一页，可以插入分页符号进行强制人工分页。插入分页符的步骤如下：

（1）将插入点移到新页的开始位置。

（2）按组合键“Ctrl+Enter”。

在普通视图下，人工分页符是水平虚线。如果想删除分页符，只要把插入点移到人工分页符的水平虚线中，按Delete键即可。

3. 页码设置

如果希望在每页文档的打印件中插入页码，可以使用“插入”选项卡“页眉和页脚”组中的“页码”按钮（）。具体操作如下：

（1）单击“插入”选项卡中“页眉和页脚”组中的“页码”按钮（），打开“页码”菜单，如图3-49所示。根据需要选择合适的命令。

（2）如果要更改页码的格式，可以单击“页码”菜单中的“设置页码格式”命令，打开“页码格式”对话框，如图3-50所示，在此对话框中设置页码格式。

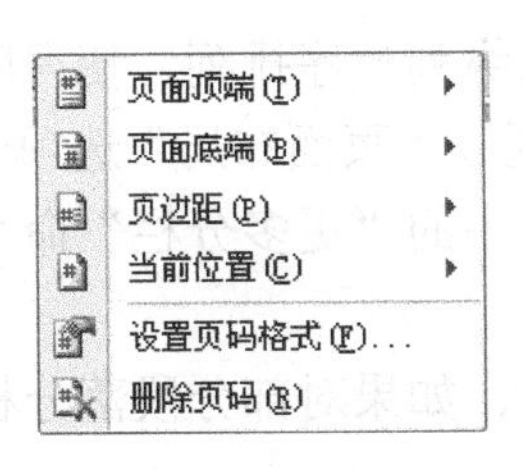

图3-49　“页码”菜单项

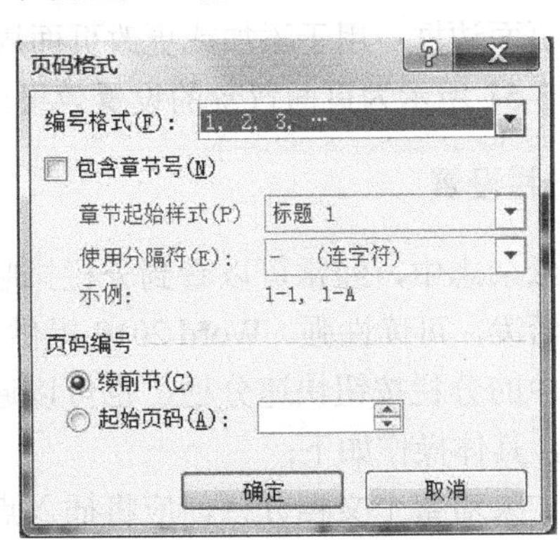

图3-50　“页码格式”对话框

（3）查看预览框，确认后单击“确定”按钮。

只有在页面视图和打印预览方式下才可以看到插入的页码，普通视图和大纲视图下看不到页码。在大纲视图或Web版式视图中，“页码”命令不可选。在普通视图中可以添加页码，但看不到页码。在页面视图中两者均可。

4. 页眉和页脚设置

页眉和页脚通常用于打印文档，页眉出现在每页的顶端，打印在上页边距中；页脚出现在每页的底端，打印在下页边距中。用户可以在页眉和页脚中插入文本或图形，如页码、日期、徽标、文档标题、文件名或作者名等，以美化文档。

（1）插入页眉和页脚。

① 单击“插入”选项卡“页眉和页脚”组中的“页眉和页脚”按钮，在弹出的“页眉和页脚”菜单中选择“编辑页眉”命令。在页眉区中输入文本或图形。

② 单击“页眉和页脚”组中的“页眉和页脚”按钮，在弹出“页眉和页脚”菜单中选择“编辑页脚”命令。在页脚区中输入文本或图形。

③ 单击“设计”选项卡中的“关闭页眉和页脚”按钮（）。

（2）删除页眉或页脚。删除一个页眉或页脚时，Word 2010将自动删除整篇文档中相同的页眉或页脚。

① 单击“插入”选项卡“页眉和页脚”组中的“页眉和页脚”按钮，在弹出“页眉和页脚”菜单中选择“删除页眉”或“删除页脚”命令。

② 在页眉区或页脚区中选定要删除的文字或图形，然后按Delete键即可。

5. 页面背景设置

“页面布局”选项卡“页面背景”组中的工具用于设置文档页面的背景效果。其中各选项的功能如下。

（1）水印：用于在页面内容后面插入虚影文字。这通常表示要将文档特殊对待或进行提示，如“原件”或“严禁复制”等。

（2）页面颜色：用于选择页面的背景颜色或图案效果。

（3）页面边框：用于添加或更改页面周围的边框。

如图3-51所示为页面背景的设置效果。

6. 分栏设置

在报纸杂志中，经常可以看到分栏排版，分栏可使文本按纵列顺序排列，使得版面显得更为生动活泼，可读性强。Word 2010提供了分栏功能。可以通过“页面布局”选项卡“页面设置”组中的分栏按钮快速分栏，也可以通过“页面设置”组中的“更多分栏”命令对文档进行分栏，具体操作如下：

（1）如果对整个文档分栏，应将插入点移到文本的任意处；如果对部分段落分栏，则应选定这些段落。

（2）单击“页面布局”选项卡“页面设置”组中的“分栏”按钮，选定“更多分栏”命令，打开“分栏”对话框，如图 3-52 所示。

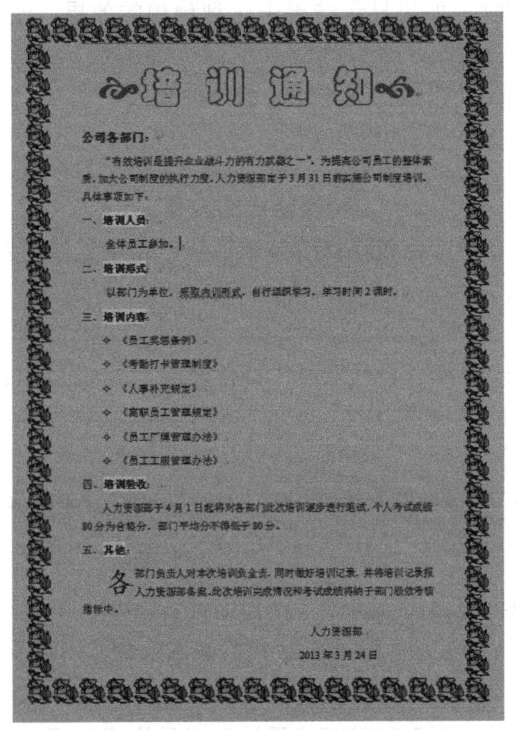

培训通知

公司各部门：

“有效培训是提升企业战斗力的有力武器之一”。为提高公司员工的整体素质，加大公司制度的执行力度，人力资源部定于3月31日前实施公司制度培训。具体事项如下：

一、培训人员：

全体员工参加。

二、培训形式：

以部门为单位，采取内训形式，自行组织学习。学习时间2课时。

三、培训内容：

- 《员工奖惩条例》
- 《考勤打卡管理制度》
- 《人事补充规定》
- 《离职员工管理规定》
- 《员工厂牌管理办法》
- 《员工工服管理办法》

四、培训验收：

人力资源部于4月1日起将对各部门此次培训逐步进行笔试，个人考试成绩80分为合格分，部门平均分不得低于80分。

五、其他：

各部门负责人对本次培训负全责，同时做好培训记录，并将培训记录报人力资源部备案。此次培训完成情况和考试成绩将纳于部门绩效考核指标中。

人力资源部

2013年3月24日

图 3-51　页面背景的设置效果

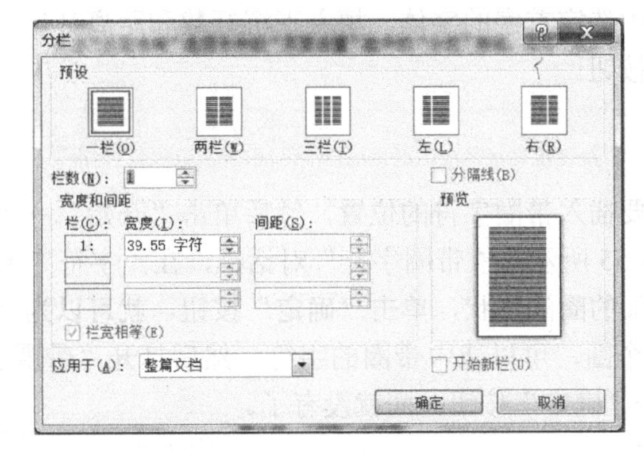

图 3-52　“分栏”对话框

（3）选定“预设”框中的分栏格式，或在“栏数”文本框中键入分栏数，在“宽度和间距”框中设置栏宽和间距。

（4）单击“栏宽相等”复选框，则各栏的宽度相等，否则可以逐栏设置宽度。

（5）单击“分隔线”复选框，可以在各栏之间加一分割线。

（6）“应用范围”框中有“整篇文档”“插入点以后”“所选文字”等，选定后单击“确定”按钮。

说明：

（1）因为各栏宽度和间距之和等于页面宽度，所以，如要同时设置栏宽和间距，应先调整页面宽度。

（2）对整篇文档分栏时，如果显示结果未达到预想的效果，改进的办法是先在文档结束处插入一分节符，然后再分栏。

（3）只有在页面视图或打印预览下才能显示分栏效果。

知识扩展

特殊格式的设置

在 Word 2010 中，还有一些比较特殊的排版格式，在这里做简要介绍。

1. 首字下沉

目前，有些文章用每段的首字下沉来替代首行缩进，使文章醒目，如图 3-53 所示。用“插入”选项卡“文本”组中的“首字下沉”按钮可以设置或取消首字下沉。具体操作如下：

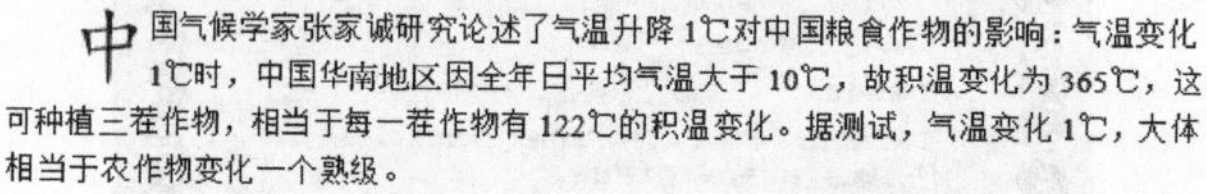

中国气候学家张家诚研究论述了气温升降 1℃对中国粮食作物的影响：气温变化 1℃时，中国华南地区因全年日平均气温大于 10℃，故积温变化为 365℃，这可种植三茬作物，相当于每一茬作物有 122℃的积温变化。据测试，气温变化 1℃，大体相当于农作物变化一个熟级。

图 3-53　首字下沉效果示例

（1）将插入点移到要设置或取消首字下沉段落的任意处。

（2）单击“插入”→“文本”→“首字下沉”命令，打开“首字下沉”对话框，如图 3-54 所示。

（3）在“位置”组下的“无”“下沉”“悬挂”三种格式选项中选定一种。

（4）在“选项”组中选定首字的字体，填入下沉行数和距离其后面正文的距离。

（5）单击“确定”按钮。

2. 带圈字符

（1）将插入点移到要插入带圈字符的位置，然后单击“开始”→“字体”→“带圈字符”按钮（㊕），打开如图 3-55 所示的“带圈字符”对话框，在“字符”下的文本框内输入字符，在“圈号”框内选择要加的圈的形状，单击“确定”按钮，就可以为字符加圈，如令。

（2）如果要去掉这个圈，可以选中带圈的字符，然后打开“带圈字符”对话框，在“样式”中选择“无”，单击“确定”按钮，圈就没有了。

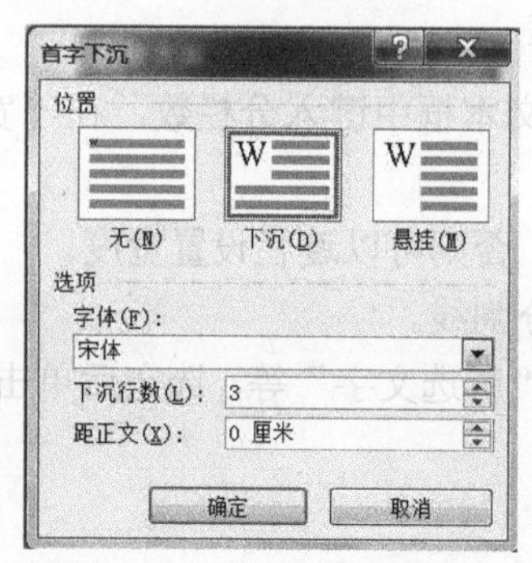

图 3-54 “首字下沉”对话框

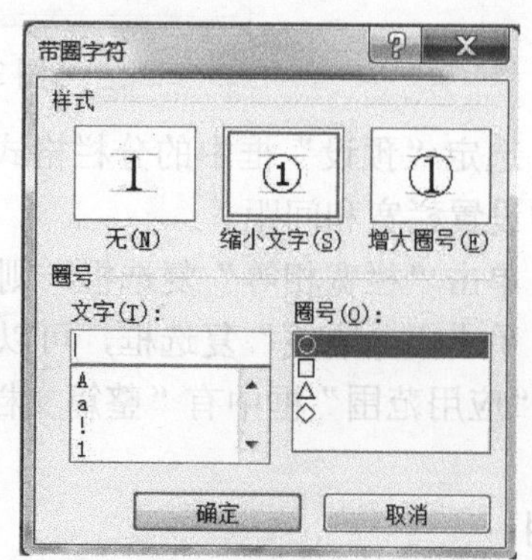

图 3-55 “带圈字符”对话框

任务实施

1．新建 Word 文档

单击“开始”按钮，选择“所有程序”→“Microsoft Word”命令，启动 Word 2010，在空白文档中输入公告内容，并以“培训通知.docx”文件名存到 F 盘下以“班级+学号+姓名”命名的文件夹内。通知内容如样文所示。

2．页面设置

根据文档的打印输出要求设置纸张大小为 A4；页边距上下各为 2.5 厘米，左右各为 3 厘米；纵向打印。

设置纸张大小：单击“页面布局”→“纸张大小”选项，选择“A4”选项。

设置页边距：单击“页面布局”→“页边距”→“自定义边距”选项；在打开的“页面设置”对话框中，单击“页边距”选项卡；在“上”选项中输入“2.5 厘米”，“下”选项中输入“2.5 厘米”，“左”选项中输入“3 厘米”，“右”选项中输入“3 厘米”，“纸张方向”选择“纵向”。

3．设置字符格式

将标题行文字“培训通知”设置为“华文彩云”“48 磅”；文字效果为“阴影”；符号“❧”和“☙”设置为“Times New Roman”“48 磅”；标题行字体颜色设置为红色。

设置字体：选中标题行文字“培训通知”，单击“开始”选项卡“字体”命令组中“字体”展开按钮；在 “字体”对话框中的中文字体选项下拉按钮中选择“华文彩云”；在“字号”选项下拉按钮中选择“48 磅”；在“文字”选项中，单击“阴影”选项按钮；单击“颜色”下拉按钮，在展开的颜色中选择“红色”；然后单击“确定”按钮。

插入符号：将光标定位于“培训通知”左侧，单击“插入”按钮，选择“符号”命令组中的“符号”按钮，选择“其他符号”命令，在打开的“符号”对话框中选择“符号”选项卡，在“字体”下拉列表中选择“Wingdings”集合，单击“❧”符号，单击插入按钮；将光标定位于“培训通知”右侧，单击“插入”按钮，选择“符号”命令组中的“符号”按钮，选择“其他符号”命令，在打开的“符号”对话框中选择“符号”选项卡，在“字体”下拉列表中选择“Wingdings”集合，单击“☙”符号，单击“插入”按钮，选中符号“❧”和“☙”，单击“字体”下拉按钮，选择“Times New Roman”，单击“字号”下拉按钮，选择“48 磅”，单击字体颜色下拉按钮，选择“红色”。

4．设置段落格式

将文本设置为“段前”和“段后”0.5 行、固定值 20 磅。为“培训通知”中的各项培训内容设置项目符号。

设置段落格式：选中“培训通知”中的文本，单击“开始”选项卡，打开“段落”命令组展开按钮，在打开的“段落”对话框中选中“缩进和间距”选项卡，在间距选项的“段前”

选项中单击微调按钮，输入 0.5 行，在“段后”选项中单击微调按钮，输入 0.5 行，在“行距”选项中单击下拉按钮，选择“固定值”，在“设置值”选项中输入数值 20 磅。

设置项目符号：选中“培训内容”中的文本，单击“开始”选项卡，在“段落”命令组中单击“项目符号”下拉按钮，单击“定义新项目符号”命令，在打开的“定义新项目符号”对话框中单击“符号”按钮，在打开的“符号”对话框中的“字体”下拉列表中选择“Wingdings”集合，选择“✧”符号，单击“确定”按钮。

5．修饰美化版面

对培训人员、培训形式、培训内容等字体加粗并添加橙色底纹，为页面添加艺术边框，最后段落设置首字下沉，下沉字体为“楷体”，下沉行数为“2 行”，颜色为“红色”“48 磅”。

添加底纹：选中“培训人员”“培训形式”“培训内容”等文本，单击“开始”选项卡，单击“段落”命令组中“底纹”按钮，打开“底纹”颜色按钮，选择“橙色”。

添加艺术边框：单击“开始”选项卡，选择“段落”命令组中“下框线”下拉按钮，选择“边框和底纹”命令，打开“边框和底纹”对话框，选择“页面边框”选项卡，在“艺术型”选项下拉列表中选择样文所示的艺术型。

设置首字下沉：选中最后一段文本，打开“插入”选项卡，选择“文本”命令组中的“首字下沉”按钮，打开“首字下沉”对话框，在“位置”选项中选择“下沉”样式，下沉字体为“楷体”，下沉行数为“2”行，选中“首字下沉”文字，单击“开始”选项卡，在“字体”命令组中单击“颜色”下拉按钮，选择“红色”，单击“字号”下拉按钮，选择“48 磅”。

6．打印预览和打印文档

使用打印预览功能，事先查看打印效果；当对打印预览效果满意后使用打印机将通知打印张贴。

单击“快速访问工具栏”展开按钮，选择“打印”→“打印预览和打印”命令，查看打印效果。

单击“快速访问工具栏”展开按钮，选择“打印”命令，在打开的“打印”对话框中选择“打印”“页码范围”“份数”等内容，然后单击“打印”按钮。

“培训通知”样文如图 3-56 所示。

拓展训练

制作公告

练习制作一份“迎新年联欢会”公告。操作要求如下：

（1）标题字体格式为“楷体、二号、加粗”，字符间距为“缩放 150%、加宽 1 磅”。

（2）在正文中插入符号。

（3）在“日期、时间、地点、参加人员”前加项目符号“❖”并添加底纹“灰色 25%”。

（4）设置“欢”字首字下沉，楷体、下沉行数 3 行。

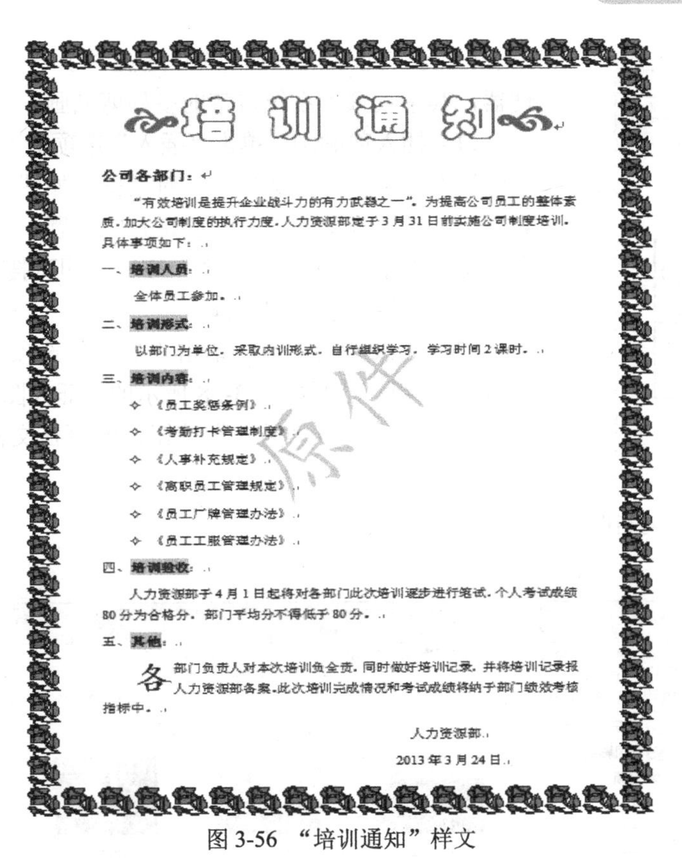

培 训 通 知

公司各部门：

“有效培训是提升企业战斗力的有力武器之一”。为提高公司员工的整体素质，加大公司制度的执行力度，人力资源部定于3月31日前实施公司制度培训。具体事项如下：

一、培训人员：

全体员工参加。

二、培训形式：

以部门为单位，采取内训形式，自行组织学习，学习时间2课时。

三、培训内容：

- ◇ 《员工奖惩条例》
- ◇ 《考勤打卡管理制度》
- ◇ 《人事补充规定》
- ◇ 《高职员工管理规定》
- ◇ 《员工厂牌管理办法》
- ◇ 《员工工服管理办法》

四、培训验收：

人力资源部于4月1日起将对各部门此次培训逐步进行笔试，个人考试成绩80分为合格分，部门平均分不得低于80分。

五、其他：

各部门负责人对本次培训负全责，同时做好培训记录，并将培训记录报人力资源部备案。此次培训完成情况和考试成绩将纳于部门绩效考核指标中。

人力资源部

2013年3月24日

图3-56 “培训通知”样文

任务3.3 制作公司营销策划方案

任务介绍

王鹏来营销部有一段时间了，部门经理找到他，说：“快到圣诞节和元旦了，每逢双节咱们公司都要搞促销活动，你是大学生，又学的营销专业，业务也挺好的，你抽出点时间做一份公司业务宣传手册吧。”王鹏接受了任务，经过几天的努力制作出了一份完整的宣传手册。

相关知识

一、图文混排

图文混排是Word的特色功能之一，可以在文档中插入由其他软件制作的图片，也可以插入用Word提供的绘图工具绘制的图形，使文章更加美观漂亮，达到图文并茂的境界。

1．插入图片或剪贴画

图片是由其他文件创建的图形，包括位图、扫描的图片和照片。通过使用图片工具可以更改和增强图片的效果。在Word 2010中可以插入多种格式的图片，如“*.bmp”“*.pcx”“*.tif”

图 3-57 “剪贴画”对话框

“*.pic”等。此外，Word 2010 还提供了一个功能强大的剪辑管理器，其中收藏了系统自带的多种剪贴画。

（1）插入剪贴画。单击“插入”选项卡“插图”组中的“剪贴画”按钮，打开“剪贴画”对话框，如图 3-57 所示。在“搜索文字”文本框中输入所需剪贴画的主题，并指定“搜索范围”和“结果类型”，单击“搜索”按钮，即可搜索所需的剪贴画，并将搜索结果显示在列表框中。

（2）插入外部图片。单击“插入”选项卡“插图”组中的“图片”按钮，打开如图 3-58 所示的“插入图片”对话框。选择所需的图片后单击“插入”按钮，即可在文档中插入一幅外部图片。

图 3-58 “插入图片”对话框

（3）设置图片格式。选择插入的剪贴画或图片后，Word 2010 会自动在功能区中的“格式”选项卡上方显示“图片工具”栏，可用于对图片进行各种调整和编辑，如图 3-59 所示。

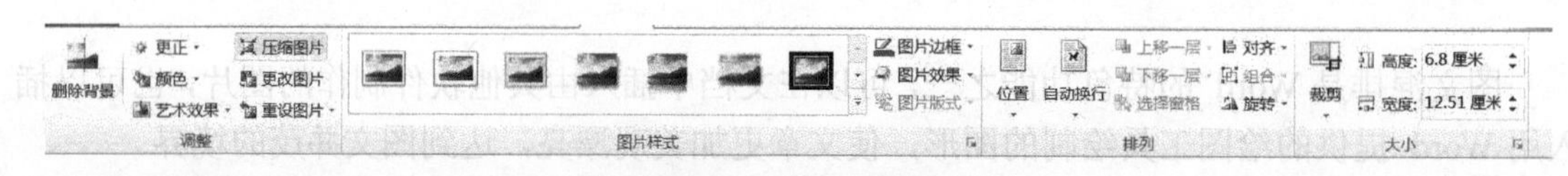

图 3-59 “格式”选项卡的图片工具

① 调整图片的大小和位置。可以通过以下两种方法缩放图形：

a. 使用鼠标：单击图片，在图片的 4 个角和 4 条边上出现 8 个尺寸控制点，拖动该控制点即可缩放图片。

b．使用“图片工具”栏：单击“格式”选项卡中“图片工具”选项，调出“图片工具”栏，在“大小”组中输入适合的高度、宽度。

② 图片的裁剪。

a．使用“图片工具”栏：单击“格式”选项卡中的“图片工具”选项，调出“图片工具”栏，单击“大小”组中的“裁剪”按钮（），鼠标指针变成“”形状，表示裁剪工具已被激活。

b．将鼠标指针移到图片的小方块处，根据指针方向拖动鼠标，可裁去图片中不需要的部分。如果拖动鼠标的同时按住 Ctrl 键，那么可以对称裁去图片。

③ 调整图片的色调。根据需要，可以为图片的颜色设置灰度和黑白等特殊效果。选定要改变颜色类型的图片，单击“格式”选项卡上的“图片工具”按钮，调出“图片工具”栏，在“调整”组中设置图片色调。

④ 图片与文字环绕方式。这是指文本内容和图形之间的环绕方式，常用的有嵌入型（默认）、四周型（在其四周方形区域外可放其他内容）、紧密型（在其形状区域外可放其他内容）、浮于文字上方（盖住其下文字）、衬于文字下方（文字将出现在其上）。文字环绕效果如图 3-60 所示。

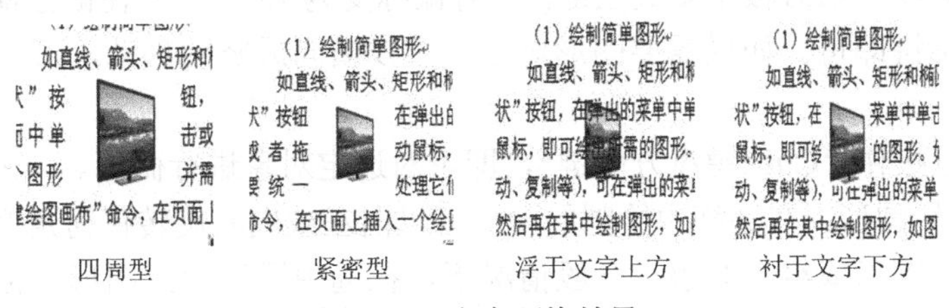

图 3-60　文字环绕效果

⑤ 重设图片。如果对图片或者图片的格式设置不满意，可以在选定图片后，单击“调整”→“重设图片”按钮（），使图片恢复到插入时的状态。

（4）图片的复制和删除。使用“剪切”“复制”“粘贴”按钮也可以对图片进行复制或删除。首先，单击选定要复制的图片，再单击“开始”选项卡“剪贴板”组中的“复制”按钮，然后将插入点移动到所需位置，再单击“粘贴”按钮。

删除图片的步骤比较简单，先选定要删除的图片，然后单击“剪贴板”中的“剪切”按钮或按 Delete 键即可。

2．绘制图形

在 Word 2010 中可以使用“插入”选项卡“插图”组中的“形状”按钮来绘制各种图形。单击“形状”按钮，弹出一个下拉菜单，其中列出了可绘制的各种形状，分为“线条”“矩形”“基本形状”“箭头总汇”“流程图”“标注”“星与旗帜”几类。

（1）绘制图形。

① 绘制简单图形。绘制直线、箭头、矩形和椭圆等简单图形时，只需切换到“插入”选项卡，单击“插图”组中的“形状”按钮，在弹出的菜单中单击与所需形状相对应的图标按钮，然后在页面中单击或者拖动鼠标，即可绘出所需图形。如果要在某一位置绘制多个图形，并统一处理它们（如移动、复制等），可在弹出的菜单中选择“新建绘图画布”命令，在页面

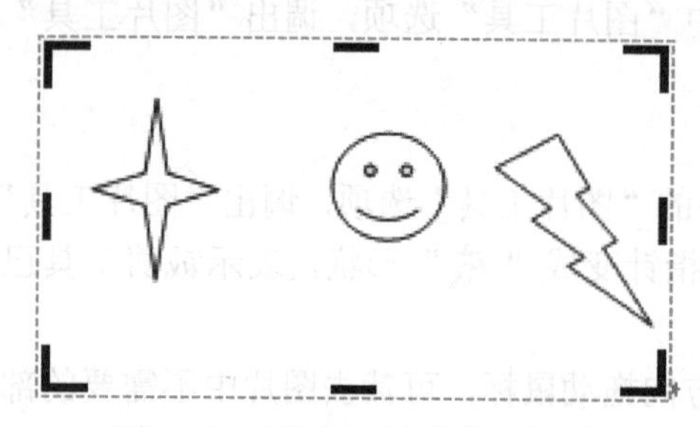

图 3-61 在绘图画布中绘制图形

上插入一个绘图区域，然后再在其中绘制图形，如图 3-61 所示。

② 绘制复杂图形。如流程图等，单击“插图”组中的“形状”按钮，选择需要插入的自选图形样式，然后在 Word 编辑区中相应的位置绘制出需要的图形。

（2）图形编辑和格式化。如果对绘制出来的图形不满意，可以进行调整，如改变图形大小、旋转图形、改变图形形状等。

① 调整图形大小。选中一个图形后，在图形四周会出现 8 个尺寸控制点，将指针移动到图形对象的某个控制点上，拖动它即可改变图形大小。

此外，右击图形，在弹出的快捷菜单中选择“设置自选图形格式”命令，打开“设置自选图形格式”对话框，切换到“大小”选项卡，可精确地设置图形的尺寸。

② 移动图形。使用鼠标可以自由地移动图形的位置。将指针指向要移动的图形对象或组合对象，当指针变为 状时按下鼠标左键，此时鼠标变为 状，按住鼠标拖动对象到达目标位置后，松开鼠标键即可。如果需要图形对象沿直线横向或竖向移动，可在移动过程中按住 Shift 键。

此外，还可以按住“Ctrl+键盘方向键”，即可对选定对象进行微移。

③ 旋转和翻转图形。在文档中绘制的图形可以向左或向右旋转任何角度，旋转对象可以是一个图形、一组图形或组合对象。一般情况下，在选中图形后，图形上会出现一个绿色的圆点，鼠标拖动绿色圆点即可旋转图形。

④ 图形变形。对于某些图形，如选中时在图形的周围会出现一个或多个黄色的菱形控制柄，拖动这些菱形控制柄可调节图形的形状使其变形，如图 3-62 所示。

⑤ 添加文字。在需要添加文字的图形上右击，在弹出的快捷菜单中选择“添加文字”命令。这时光标就出现在选定图形之上，输入需要的文字内容。这些文字会变成图形的一部分，跟随图形一起移动。例如，在心型图形上添加“心心相印”，如图 3-63 所示。

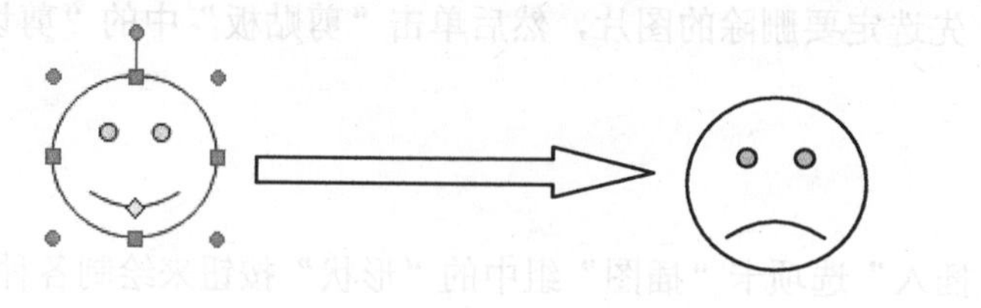

图 3-62 图形变形前后对比

图 3-63 图形添加文字

⑥ 叠放次序。文档中绘制多个重叠的图形时，每个图形有叠放次序，这个次序与绘制的次序相同，最先绘制的在下面。可以利用右键快捷菜单中的“叠放次序”命令改变图形的叠放次序。

⑦ 设置图形格式。默认情况下，在 Word 中所绘制的图形对象是黑色轮廓和白色填充色的，用户可以为图形对象填充其他颜色或者实现颜色过渡、纹理等特殊效果，并可以更改轮

廓的颜色与效果。

若要改变图形的填充效果，可在选定图形后切换到“格式”选项卡，单击“文本框样式”组中的“形状填充”按钮，从弹出的菜单中选择所需的颜色，或者选择所需的命令指定其他填充效果，如图 3-64 所示。

若要改变图形的轮廓效果，则可单击“形状轮廓”按钮，从弹出的菜单中选择所需的颜色，或者选择所需的命令指定其他线条效果，如图 3-65 所示。

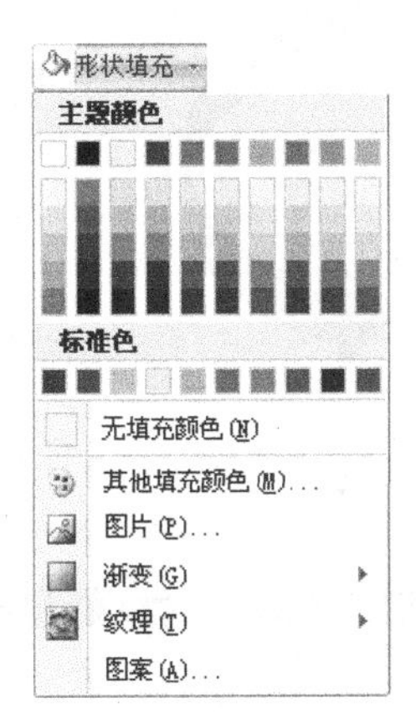

图 3-64 “形状填充”下拉菜单

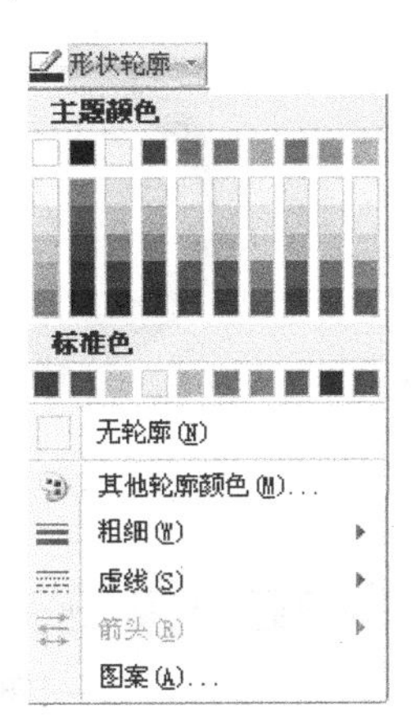

图 3-65 “形状轮廓”下拉菜单

此外，用户也可以直接在“文本框样式”组的样式库中选择 Word 2010 内置的图形填充和线条样式。

（3）图形组合。当用许多简单的图形构成一个复杂的图形后，实际上每一个简单图形还是一个独立的对象，移动整个图形将变得非常困难。为此，Word 提供了组合多个图形的功能。

① 打开 Word 2010 文档窗口，单击“开始”→“编辑”→“选择”按钮，在打开的菜单中选择“选择对象”命令，如图 3-66 所示。

② 将鼠标指针移动到 Word 2010 页面中，鼠标指针呈白色鼠标箭头形状。按住左键拖动选中所有的独立形状，如图 3-67 所示。

③ 右击被选中的所有独立形状，在打开的快捷菜单中选择“组合”命令，并在打开的下一级菜单中选择“组合”命令，如图 3-68 所示。

④ 通过上述设置，被选中的 Word 2010 独立形状将组合成一个图形对象，可以进行整体操作。如果希望对组合对象中的某个形状进行单独操作，可以右击组合对象，在打开的快捷菜单中选择“组合”命令，并在打开的下一级菜单中选择“取消组合”命令，如图 3-69 所示。

3. 艺术字

在 Word 文档中，还可以插入各种各样具有特殊效果的艺术字来美化文档标题，增强视觉效果，如带阴影的、扭曲的、旋转的和拉伸的文字等。

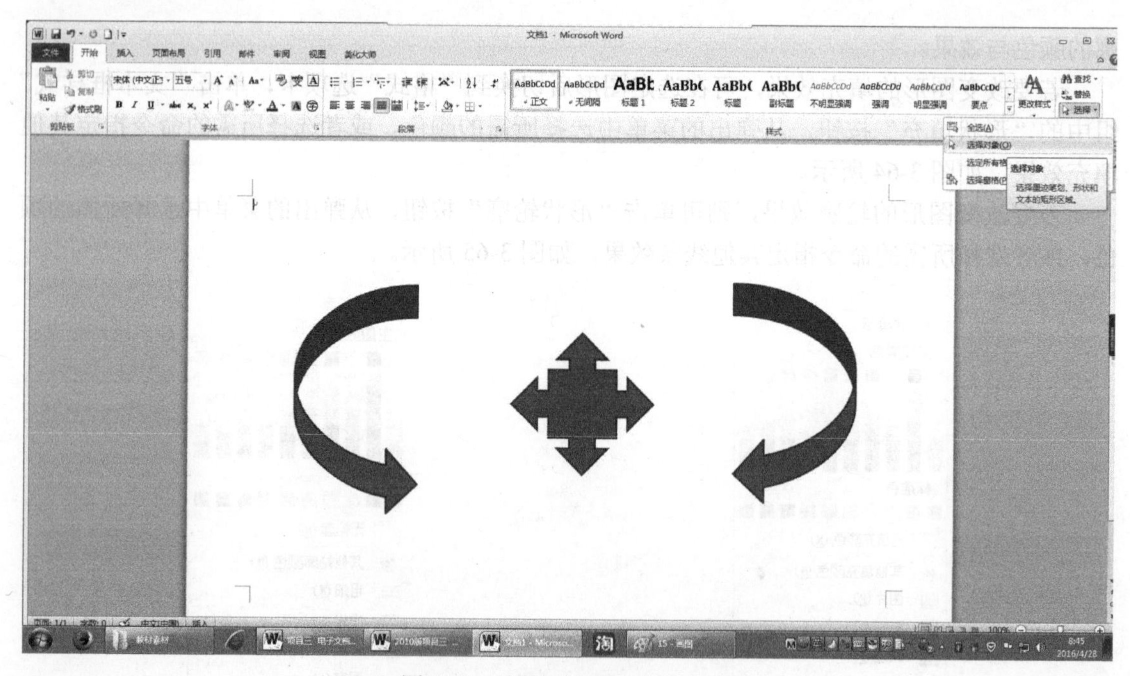

图 3-66　选择“选择对象”命令

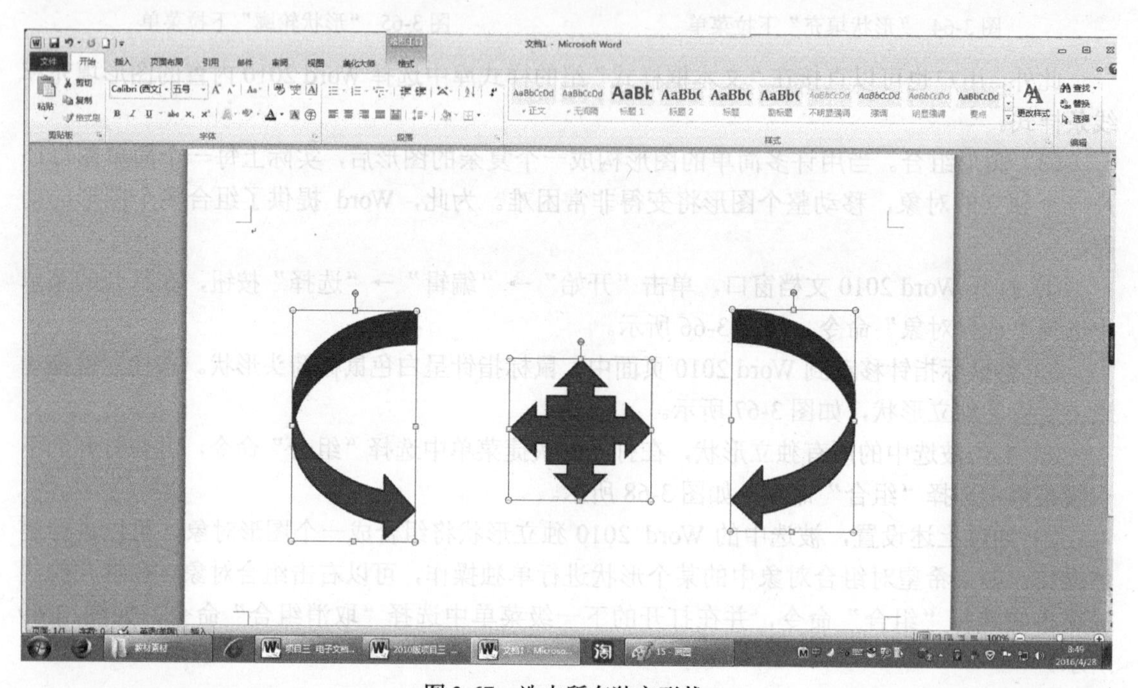

图 3-67　选中所有独立形状

单击“插入”选项卡，单击“文本”组中的“艺术字”按钮，从弹出的菜单中选择所需的艺术字样式图标，打开“编辑艺术字文字”对话框，在“文本”文本框中输入所需的文字（若事先选择了文字，则“文本”框中会显示所选文字），并设置文字的字体、字号及字形，然后单击“确定”按钮，即可创建所需的艺术字。

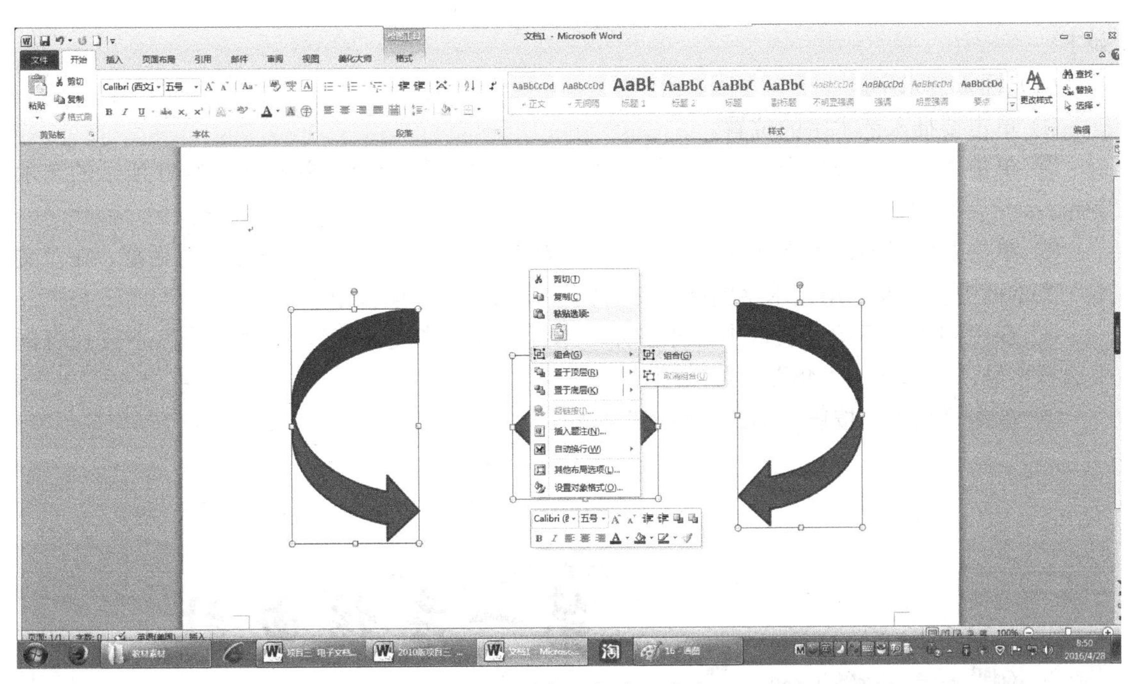

图 3-68　选择“组合”命令

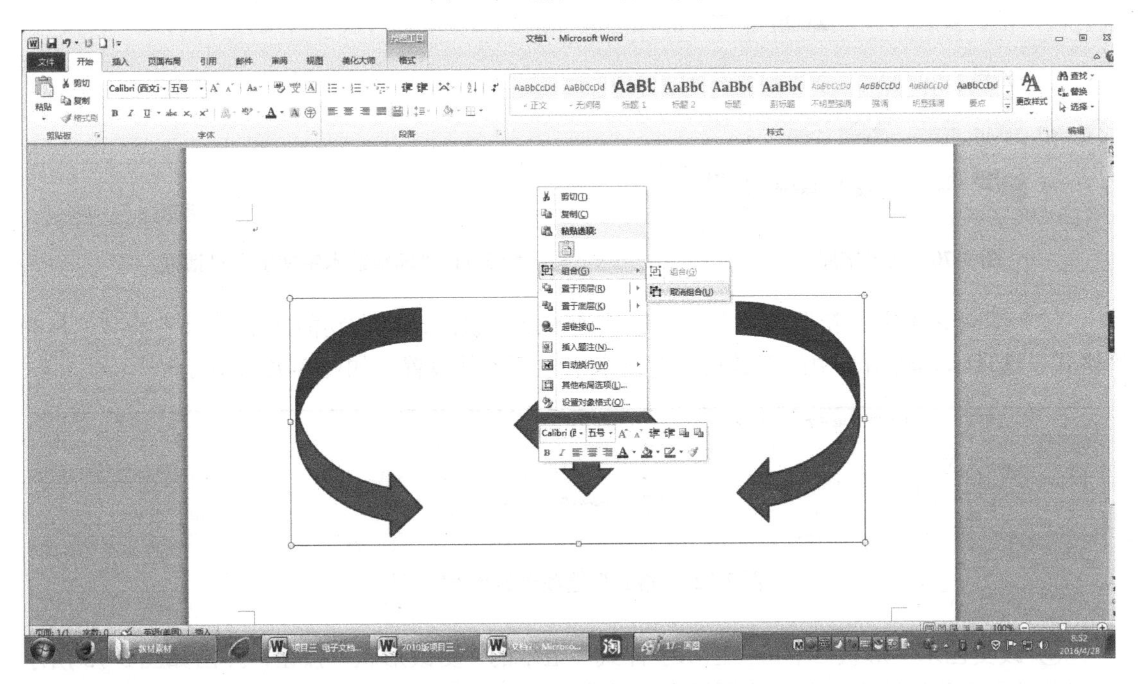

图 3-69　选择“取消组合”命令

如果要删除艺术字，只要选中艺术字，按 Delete 键即可。

【例 3-1】 设置“第一座核电站”艺术字，艺术字样式为“第四行第三列”，字体为“华文行楷”，字号为“48”，艺术字样为“波形 2”，设置文字环绕为“四周型环绕”。操作步骤如下：

（1）插入艺术字。

① 单击要插入艺术字的位置。

② 单击“插入”选项卡“文本”组中“艺术字”按钮（），弹出如图3-70所示的艺术字库。

③ 单击要应用的艺术字样式，弹出如图3-71所示的“编辑艺术字文字”对话框，在“文本”文本框中输入要应用艺术字的字符，本例中输入“第一座核电站”。

④ 在“字体”下拉列表框中选择字体，本例选择“华文行楷”，在“字号”下拉列表框中选择字号，本例选择“48”。

⑤ 单击“加粗”按钮，单击“确定”按钮。

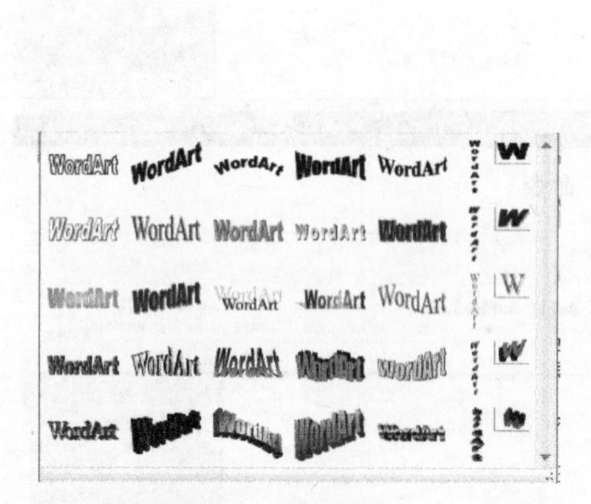

图3-70 艺术字库

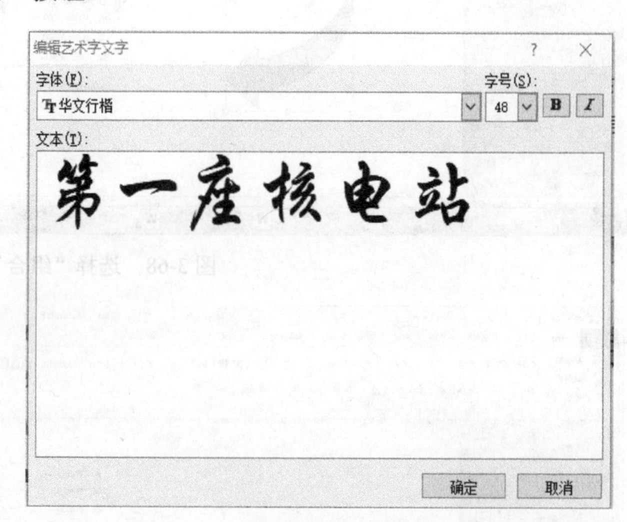

图3-71 “编辑艺术字文字”对话框

（2）编辑艺术字。新插入的艺术字默认处于选定状态，可在功能区中显示艺术字工具的“格式”选项卡，使用其中的工具可以对艺术字进行各种设置，如图3-72所示。

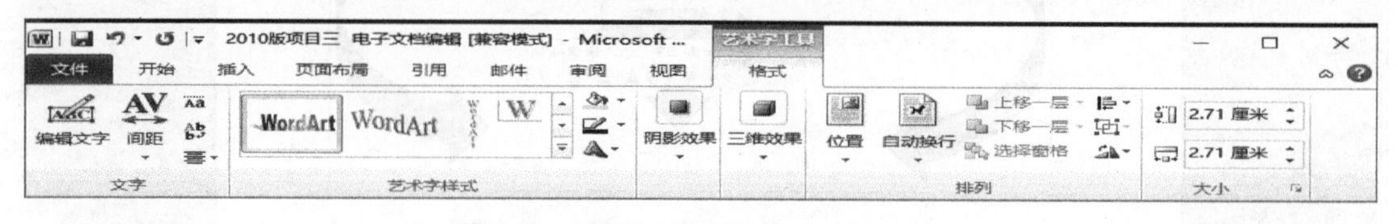

图3-72 “格式”选项卡的艺术字工具

① 改变艺术字形状：单击“艺术字样式”组中的“更改形状”按钮，弹出如图3-73所示的“艺术字形状”选项，在该选项板中可以选择一种应用到艺术字上的形状。如图3-74所示为选用“波形2”形后改变的艺术字形状的示例。

② 设置文字环绕：单击“排列”组中的“自动换行”按钮（），在弹出的下拉菜单中选择“四周型环绕”方式。

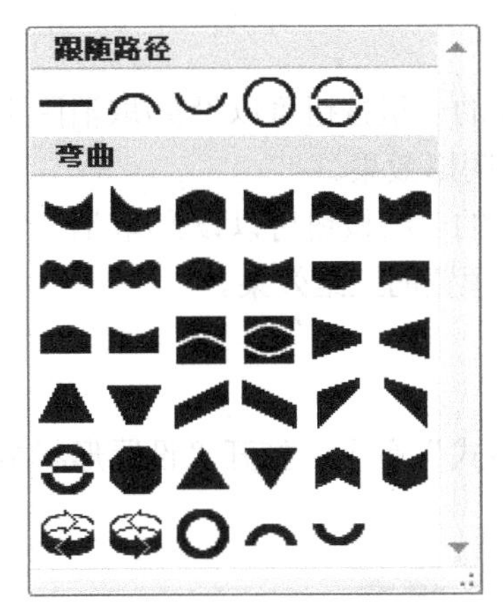

图 3-73 “艺术字形状”选项

图 3-74　改变形状的示例

4. 文本框的使用

文本框是一个独立的对象，框中的文字和图片可随文本框移动，它与给文字加边框是不同的概念。在文档中使用文本框可以将文字或其他图形、图片、表格等对象在页面中独立于正文放置并方便地定位。实际上，可以把文本框看作一个特殊的图形对象。利用文本框可以把文档编排得更加丰富多彩。文本框中的内容可以在框中进行任意调整。根据文本框中文本的排列方向，可将文本框分为竖排文本框和横排文本框两种。

（1）插入文本框。单击“插入”选项卡，然后单击“文本”组中的“文本框”按钮，从弹出的菜单中选择“绘制文本框”或“绘制竖排文本框”命令，然后在页面中的文档中拖动鼠标，即可绘制出一个横排或竖排文本框。

用户可以像在普通页面上组织文本一样直接在文本框中输入文字，还可以通过剪切或复制将文本粘贴到文本框中。此外，如果选择了一段文本，然后选择“绘制文本框”或“绘制竖排文本框”命令，则可创建包含此段文本的文本框。

（2）设置文本框的格式。选择文本框，即可在功能区中显示文本框工具的“格式”选项卡，使用其中的工具可以对文本框进行各种设置。文本框工具的“格式”选项卡与绘图工具的“格式”选项卡大同小异，除“插入形状”工具组变为“文本”组，以及“形状样式”组的名称更改为“文本框样式”外，其他选项都相同，如图 3-75 所示。

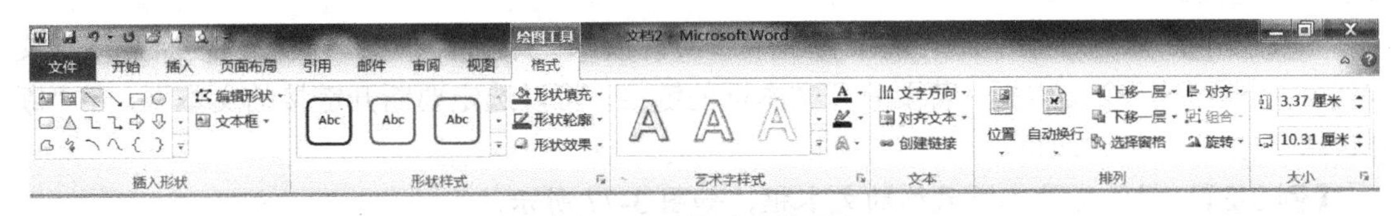

图 3-75 “格式”选项卡

“文本框工具”的“格式”选项卡中各组工具的功能如下。

① 文本：用于插入文本框、更改文字方向、设置文本框之间的链接和断开文本框之间的链接。

② 文本框样式：用于设置文本框的填充效果、轮廓样式，或者更改文本框形状等。在样

式库中可以选择 Word 2010 预置的文本框样式。

③ 阴影效果：用于设置文本框的阴影效果。单击该组右面的一组按钮可以设置/取消阴影和设置阴影的方向，也可以在“阴影效果”菜单中选择预置的阴影效果。

④ 三维效果：用于设置文本框的三维效果。单击该组右面的一组按钮可以设置/取消三维效果和设置三维效果的方向，也可在“三维效果”菜单中选择预置的三维效果。

⑤ 排列：用于设置文本框在页面中的排列方式。

⑥ 大小：用于设置文本框的宽高尺寸。

此外，右击图形，在弹出的快捷菜单中选择“设置形状格式”命令，打开“设置形状格式”对话框，如图 3-76 所示，可精确地设置文本框格式。

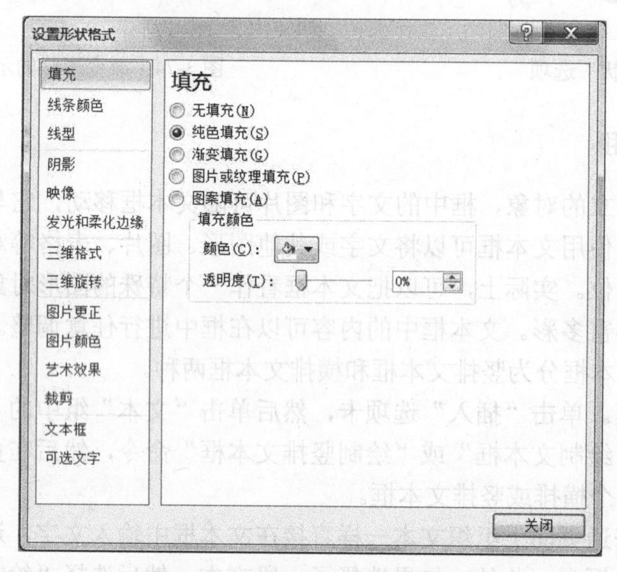

图 3-76 “设置形状格式”对话框

（3）文本框的链接。当一个文本框中的文本超出了该文本框的大小而不能在该文本框中显示时，则将自动转入与之相链接的下一个文本框中显示。若要建立文本框之间的链接，首先选中要与其他文本框建立链接的文本框，然后单击“文本”组中“创建链接”按钮（），鼠标形状会发生变化，此时单击要与之建立链接的下一个空文本框，这样，两个文本框之间就建立了链接。

每个文本框只能有一个前向链接和一个后向链接，如果将一个文本框的链接断开，则文本便不再排至下一个文本框。若要断开文本框的链接，可以选定要断开链接的文本框，单“断开链接”按钮（）即可。

【例 3-2】 制作几种不同风格的文本框，如图 3-77 所示。

① 单击“插入”→“文本框”→“绘制文本框”命令，就会画出横排文本框。在文本框中输入文字。

② 单击“插入”→“文本框”→“绘制竖排文本框”命令，就会画出竖排文本框。在文本框中输入文字。

③ 选择要设置的文本框，会出现文本框格式工具栏，在文本框样式命令组中选择“形状轮廓”→“无轮廓”。

④ 选择要设置的文本框，会出现文本框格式工具栏，在阴影效果命令组中选择“阴影效果”中的“阴影样式4”。

⑤ 选择要设置的文本框，会出现文本框格式工具栏，在三维效果命令组中选择“三维效果”中的“三维样式1”。

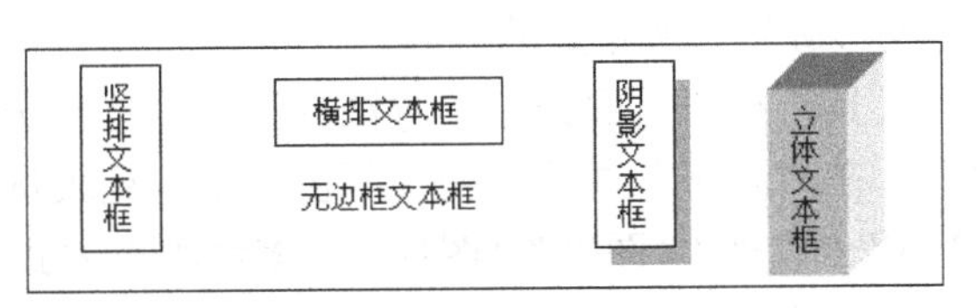

图3-77　不同风格的文本框

任务实施

制作“公司营销策划方案”

制作如图3-78所示的“商场春节营销策划书”，主要操作步骤如下。

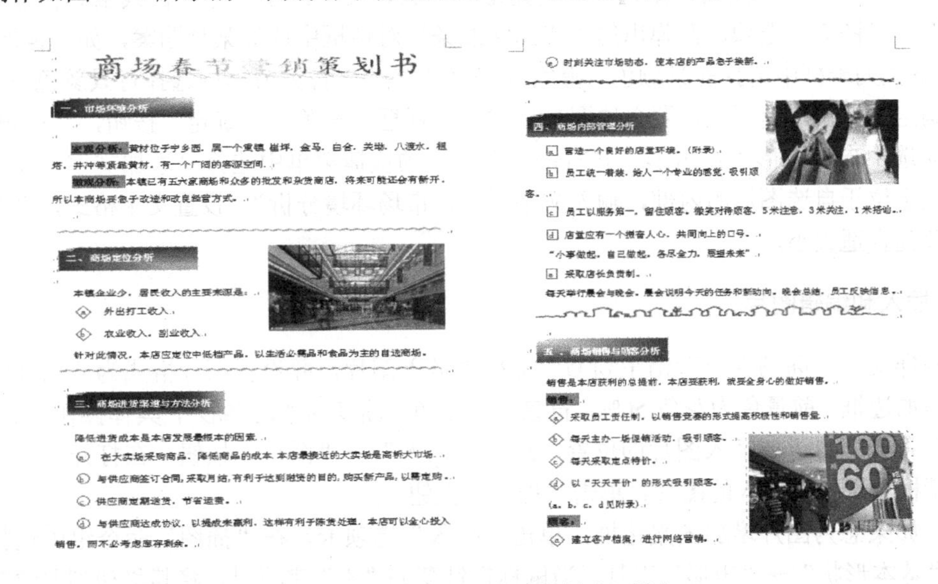

商场春节营销策划书

一、市场环境分析

宏观分析：黄材位于宁乡西，属一个重镇 崔坪、金马、白合、关塅、八渡水、祖塔、井冲等簇拥黄材，有一个广阔的客源空间。

微观分析：本镇已有五六家商场和众多的批发和杂货商店，将来可能还会有新开，所以本商场要急于改进和改良经营方式。

二、商场定位分析

本镇企业少，居民收入的主要来源是：

a 外出打工收入。

b 农业收入、副业收入。

针对此情况，本店应定位中低档产品，以生活必需品和食品为主的自选商场。

三、商场进货渠道与方法分析

降低进货成本是本店发展最根本的因素。

a 在大卖场采购商品，降低商品的成本 本店最接近的大卖场是高桥大市场。

b 与供应商签订合同，采取月结，有利于达到融资的目的，购买新产品，以需定购。

c 供应商定期送货，节省运费。

d 与供应商达成协议，以提成来赢利，这样有利于陈货处理，本店可以全心投入销售，而不必考虑库存剩余。

e 时刻关注市场动态，使本店的产品急于换新。

四、商场内部管理分析

a 营造一个良好的店堂环境。（附录）

b 员工统一着装，给人一个专业的感觉，吸引顾客。

c 员工以服务第一，留住顾客，微笑对待顾客，5米注意，3米关注，1米搭讪。

d 店堂应有一个振奋人心，共同向上的口号。

“小事做起，自己做起，各尽全力，展望未来”

e 采取店长负责制。

每天举行晨会与晚会，晨会说明今天的任务和新动向，晚会总结，员工反映信息。

五、商场销售与顾客分析

销售是本店获利的总提前，本店要获利，就要全身心的做好销售。

销售：

a 采取员工责任制，以销售竞赛的形式提高积极性和销售量。

b 每天主办一场促销活动，吸引顾客。

c 每天采取定点特价。

d 以“天天平价”的形式吸引顾客。

（a、b、c、d见附录）

顾客：

a 建立客户档案，进行网络营销。

图3-78　“商场春节营销策划书”样文

1. 插入自选图形

打开素材文件“商场春节营销策划书.docx”，在文档的标题下方绘制一个“折角形”，调整到合适大小并旋转180°。在“自选图形”中添加标题文字，为“自选图形”着色。给折角图形填充系统预设颜色“麦浪滚滚”，线条图案为“瓦形”，图案的前景色为橙色，背景色为白色，线条粗细为0.5磅。具体操作步骤如下：

（1）将插入点置于要绘制图形的位置，单击“插入”选项卡，在“插图”命令组中选择

“形状”→“基本形状”→“折角形”工具，当鼠标指针变为“+”字形时，将鼠标的“+”字形指针移动到要绘制图形的位置，按住鼠标并拖动到合适大小后释放鼠标。这样，一个“折角形”图形就出现在指定位置了。

（2）如果要使图形旋转一定的角度，可选中“折角形”，单击鼠标右键，在弹出的快捷菜单中选择“设置自选图形格式”命令，在弹出的“设置自选图形格式”对话框中选择“大小”选项卡，在“旋转角度”文本框中输入“180”，即可将图形旋转180°。也可选中图形，按住绿色“旋转”控制柄，将图形旋转到所希望的方向。

（3）选择“折角形”工具，按照前面介绍的方法打开“设置自选图形格式”对话框，选择“颜色与线条”选项卡，在“填充”选项组的“颜色”下拉列表框中选择“填充效果”对话框，用户可以选择“渐变”“纹理”“图案”“图片”等多种填充方式。选择“渐变”选项卡，在“颜色”选项组中选择“预设”单选按钮，在“预设颜色”下拉列表框中选择“麦浪滚滚”选项，在“底纹样式”选项组中选择“角部辐射”单选按钮，在“变形”选项组中选择想要变形的效果，单击“确定”按钮，返回“设置自选图形格式”对话框。

（4）在“设置自选图形格式”对话框的“线条”选项组中可以为自选图形设置线条的颜色、粗细，以及线形样式等，在“颜色”下拉列表框中可以使用调色板为线条设置想要的颜色。如果希望线条带有图案，则选中“折角形”工具，在“绘图工具”格式工具栏选择“形状轮廓”→“图案”选项，在弹出的“带图案线条”对话框中选择某种图案，如“瓦形”，在“前景”下拉列表框中选择前景颜色“橙色”，在“背景”下拉列表框中选择背景颜色“白色”，单击“确定”按钮，返回“设置自选图形格式”对话框，再单击“确定”按钮，完成设置。

（5）选中自选图形“折角形”并右击，在弹出的快捷菜单中选择“添加文字”命令，此时插入点定位于自选图形的内部，输入文字“一、市场环境分析”，设置文字格式，并将自选图形调整到合适大小。

2. 插入和编辑图片

按照样文在“商场春节营销策划书”文档中插入图片，并设置图片格式为四周环绕型，为图片添加边框，前景色为灰色50%，背景色为白色，图案为“之字形”，具体操作步骤如下：

（1）将光标置于要插入图片的位置，选择“插入”→“图片”按钮，在打开的“插入图片”对话框中选择要插入的图片，单击“插入”按钮。

（2）如果想为图片增加图案边框，单击“插入”选项卡，在“插图”命令组中选择“形状”→“基本形状”→“矩形”工具，当鼠标指针变为“+”字形时，将其移动到要绘制图形的位置，按住鼠标并拖动到合适大小后释放鼠标，这样，一个“矩形”图形就出现在指定位置了。选中“矩形”右击，在弹出的快捷菜单中选择“设置自选图形格式”命令，在弹出的“设置自选图形格式”对话框中选择“颜色与线条”选项卡，在“填充”选项组的“颜色”下拉列表框中选择“填充效果”对话框，用户可以选择“图片”填充方式，单击“选择图片”，选择要插入的图片，单击“插入”按钮，单击“确定”返回“设置自选图形格式”对话框，再单击“确定”按钮，完成设置。

（3）选中“矩形”自选图形，选择“绘图工具”格式工具栏选择“形状轮廓”→“图案”选项，在弹出的“带图案线条”对话框中选择某种图案，如“之字形”。在“前景”下拉列表框中选择颜色“灰色 50%”，在“背景”下拉列表框中选择背景颜色“白色”，单击“确定”按钮，返回“设置自选图形格式”对话框，再单击“确定”按钮，完成设置。

3. 插入艺术字

插入艺术字并使用带圈字符，修饰美化版面。具体操作步骤如下：

（1）插入艺术字：选择“插入”选项卡，单击“文本”命令组中的“艺术字”按钮，弹出艺术字样式列表，在艺术字样式列表中选择“样式 16”，打开“编辑艺术字文字”对话框，输入标题的内容，设置字体格式和字号大小。

（2）使用带圈字符：选定字符，单击“开始”选项卡 “字体”命令组中的“带圈字符”按钮，弹出“带圈字符”对话框。“样式”选项组中有 3 个选项，“无”的作用与还原带圈字符相同；“缩小文字”是为了让字符缩小，以便钻进圆圈中；“增大圈号”是为了让圆圈扩大，以便将文字全部圈在里面。在这里选择“增大圈号”选项，单击“确定”按钮。

（3）选择圈号：在“圈号”列表框中选择字符外圈的形状，可以选择圆形、方形、三角形和菱形。在打开的“带圈字符”对话框以前没有选定字符，则可以临时输入一个字符，或者在“文字”列表框中选定一个字符。“文字”列表框中积累了平时曾经用过的带圈字符，为频繁使用的带圈字符提供了方便。

4. 插入文本框

插入文本框并设置文本框格式，具体操作步骤如下：

（1）选定文本，选择“插入”→“文本框”→“绘制文本框”，则选定的文字内容都装载在文本框中。单击文本框，该文本框被选中，并在文本框周围出现几个黑色方块，称为文本框的顶点，拖动鼠标可以移动文本框的位置，将鼠标移动到顶点上，拖动鼠标可改变文本框大小。

（2）将鼠标移动到文本框边缘的位置，鼠标变为“+”字形状，单击选中文本框，再单击鼠标右键，在弹出的快捷菜单中选择“设置形状格式”命令，弹出“设置形状格式”对话框，通过该对话框可设置文本框的线条颜色、大小、版式等，其设置方式与自选图形格式的设置方法相同。

5. 版面格式编排

在文档中使用分栏排版，并添加艺术横线和背景。具体操作步骤如下：

（1）选中要设置分栏的文本，单击“页面布局”→“分栏”→“更多分栏”，在弹出的“分栏”对话框中选择“两栏”，设置“宽度”为“20 字符”，选择“分隔线”和“栏宽相等”复选框，设置“应用于”为“所选文字”，然后单击“确定”按钮。

（2）将插入点定位于要放置艺术横线的位置，选择“开始”选项卡中“段落”命令组的“边框和底纹”命令，在弹出的“边框和底纹”对话框中单击“横线”按钮，在弹出的“横线”下拉列表中选择横线的样式，然后单击“确定”按钮。根据放置横线的空间大小，调整横线到合适长度。

（3）将插入点置于文档的任意位置，选择“页面布局”→“页面背景”→“页面颜色”

→“填充效果”，弹出“填充效果”对话框，设置“填充效果”的方法与设置自选图形一样。

6．打印预览和保存文档

单击“文件”按钮，选择“打印”命令，查看打印效果。

单击“文件”按钮，选择“另存为”命令，在“另存为”对话框中，选择“F 盘”→“班级+姓名+学号”文件夹，文件名为“商场春节营销策划书”。

任务 3.4　制作新员工入职登记表

任务介绍

公司各部门准备让新员工填写入职登记表，而且要统一格式，经理把这个任务交给了王鹏，并交代王鹏，入职登记表中的信息主要包括姓名、年龄、身份证号码、毕业学校、专业、学习经历、获奖情况等。王鹏根据经理提出的要求，收集了相关资料，开始了新员工入职登记表的制作。

相关知识

表格是一种简明、扼要的表达方式，在许多报告中常采用表格的形式来表达某一事物，如班级的考试成绩、职工工资表等。Word 2010 为用户提供了丰富的表格功能，不仅可以快速创建表格，还可以对表格进行编辑修改，表格还可与文本相互转换或者自动套用。这些功能大大方便了用户，使得表格的制作和排版变得容易、简单。

一、表格的创建

1．自动创建表格

将鼠标定位在文档中要插入表格的位置后，可以使用“插入表格”工具快速插入一个具有固定格式的规范表格，即行与列分别等长，并且不出现斜线的表格。

单击“插入”选项卡“表格”组中的“表格”按钮（▦），在弹出的示例表格中拖动鼠标，示例表格顶部就会显示相应的行列数，如图 3-79 所示。当行、列数达到所需数目时释放鼠标按键，即可插入一个具有相应行、列数的表格。

如果要预先指定表格的格式，可在“表格”按钮弹出菜单中选择“插入表格”命令，打开“插入表格”对话框，从中指定表格的列数和行数，并进行参数设置，如图 3-80 所示。

2．手工绘制表格

在实际应用中，常常会见到许多不规则的表格，这种表格可以通过手绘的方法来得到。单击“插入”选项卡“表格”组中的“表格”按钮，从弹出的菜单中选择“绘制表格”命令，此时鼠标指针将变成笔状（✎），在页面中拖动可直接绘制表格外框、行列线及斜线（在线段的起点单击并拖拽至终点释放)，表格绘制完成后再单击“绘制表格”按钮（）或按 Esc 键，取消选定状态。在绘制过程中，可以根据需要在“表格工具”中选择表格线的线型、宽度和颜色。对多余的线段可利用“擦除”按钮（）擦除。“表格工具”栏如图 3-81 所示。

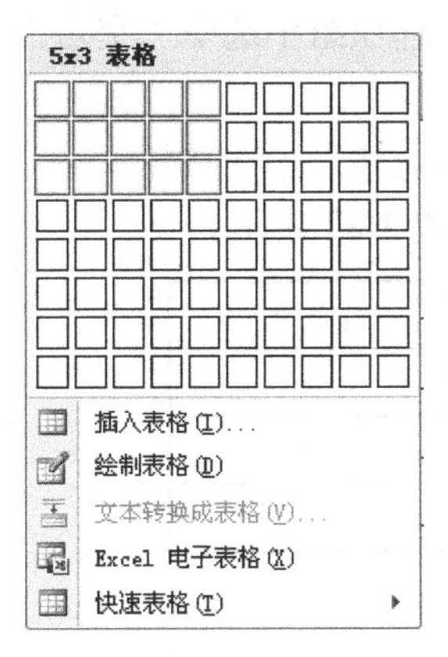

图 3-79　示例表格

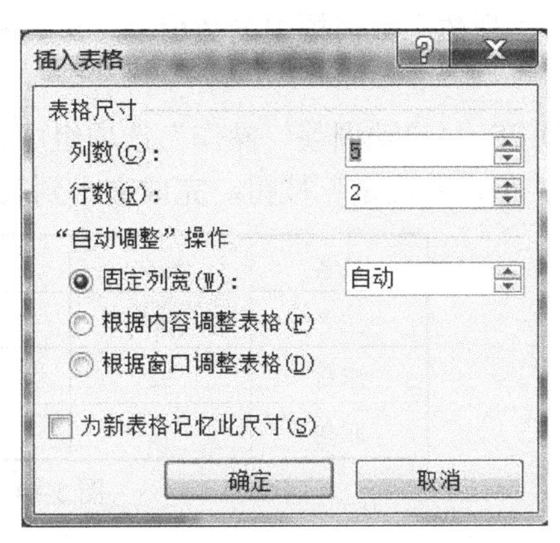

图 3-80　“插入表格”对话框

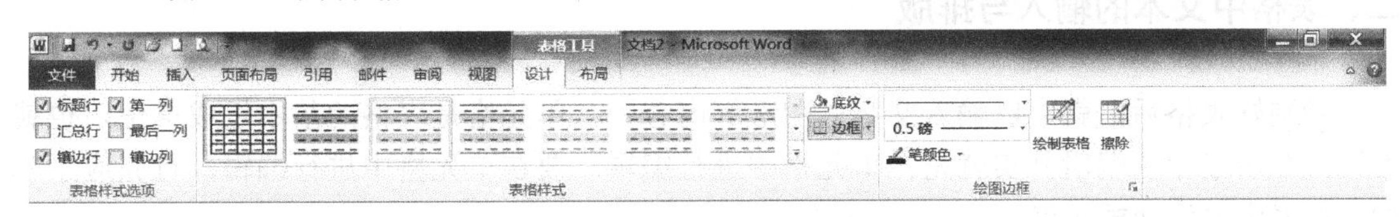

图 3-81　“表格工具”栏

3．文本转换成表格

如果已经有了需要添加到表格中的数据，可以使用将文本转换为表格的功能直接将其转换成表格。例如，将图 3-82 所示的成绩表转换成表格。

在转换之前，必须先确定已在文本中添加了分隔符，以便在转换时将文本放入不同的列中，然后单击“插入”选项卡“表格”组中的“表格”按钮，从弹出的菜单中选择“文本转换为表格”命令，打开如图 3-83 所示的“将文字转换成表格”对话框。从中指定表格的行列数及正确的列分隔符，即可将选定文字转换为表格。

姓名	语文	数学	英语	计算机
王平	88	79	96	95
李莉	92	76	80	81
张亮	78	67	80	77

图 3-82　要转换为表格的文本

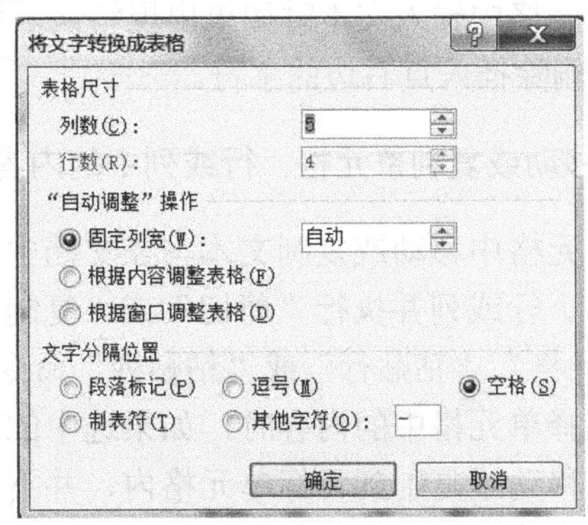

图 3-83　“将文字转换成表格”对话框

【例 3-3】 将图 3-82 所示的文本转换为表格。

（1）选定要转换为表格的文本，单击“插入”选项卡“表格”组中的“表格”按钮，在弹出的菜单中选择“文本转换为表格”命令，打开“将文字转换为表格”对话框。

（2）“列数”数值框中的数值为“5”，在“文字分隔位置”选项组中选中“空格”单选按钮。

（3）在“‘自动调整’操作”选项组中选择“根据内容调整表格”单选按钮。

（4）单击“确定”按钮，完成文本到表格的转换，结果如图 3-84 所示。

姓名	语文	数学	英语	计算机
王平	88	79	96	95
李莉	92	76	80	81
张亮	78	67	80	77

图 3-84 转换后的表格

二、表格中文本的输入与排版

绘制好表格后，就可以输入文字、图形等内容了，单元格是表格的基本组成单位，也就是说，在表格中的编辑其实就是在单元格中进行编辑。要在单元格中进行编辑，首先应了解如何在表格中移动插入点。

1. 在表格中移动插入点

可以用光标键、鼠标或 Tab 键将插入点移到其他单元格。

2. 在表格中输入文本

在表格中输入文本的方法与一般文本输入的方法一样，只要把光标定位在一个单元格中，即可输入文本。如果所输入的文本超过列宽，Word 2010 会将文本自动回行，同时，该单元格也会自动加高，以容纳新行。而表格的高度会自动随着输入的文本调整。

在单元格中输入文本时如果出现错误，可以按 Back Space 键删除插入点左边的字符，按 Delete 键删除插入点右边的字符。

3. 移动或复制单元格、行或列中的内容

在单元格中移动或复制文本与在文档中的操作基本相同，不同的是在选中要移动或复制的单元格、行或列并执行“剪切”或“复制”操作后，再执行“粘贴”命令时会相应地变成“粘贴单元格”、“粘贴行”或“粘贴列”命令。选择相应的命令即可粘贴所选内容。

在选择单元格中的内容时，如果选中的内容不包括单元格结束符，则只是将选中单元格中的内容移动或复制到目标单元格内，并不覆盖原有文本。如果选中的内容包括单元格结束标记，则将替换目标单元格中原有的文本和格式。

4．设置表格的外观样式

选择表格或表格元素后，可以使用表格工具的“设计”选项卡来设置表格的整体外观样式，如边框的样式、底纹的颜色等，如图 3-85 所示。

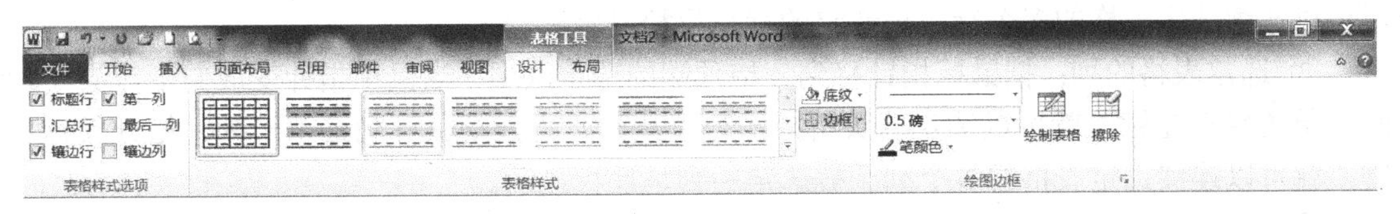

图 3-85 表格工具的“设计”选项卡

“设计”选项卡中各组工具的功能如下。

（1）表格样式选项：当为表格应用了样式后，可用此组中的工具栏更改样式细节。其中标题行指第一行，汇总行指最后一行，镶边行和镶边列是指使偶数行或列与奇数行或列的格式互不相同。

（2）表格样式：用于选择表格的内置样式，并可使用“底纹”和“边框”两个按钮更改所选样式中的底纹颜色和边框样式。

（3）绘图边框：“笔样式”“笔画粗细”“笔颜色”3 种工具分别用于更改线条的样式、粗细、颜色；“擦除”按钮用于启用橡皮擦，拖动它可以擦除已绘制的表格边框线；“绘制表格”按钮用于开始或结束表格的绘制状态。

5．设置文本的对齐方式

单元格默认的对齐方式为“靠上两端对齐”，即单元格中的内容以单元格的上边线为基准向左对齐。如果单元格的高度较大，但单元格中的内容较少不能填满单元格时，这种对齐方式会影响美观，用户可以对单元格中文本的对齐方式进行设置。

选中要设置文本对齐的单元格，切换到“表格工具”的“布局”选项卡，单击“对齐方式”组中的“对齐方式”按钮即可更改文本在单元格中的对齐方式。

三、表格的修改

规则表格创建以后，通常需要对它进行修改，使之符合实际需要。例如，修改表格的行高和列宽，插入或删除行、列和单元格等。

1．选定表格、单元格、行或列

在修改表格前常常需要先选定将要修改的部分，如表格、单元格、行或列。选定的方法有以下三种。

（1）用鼠标选定。

① 选定单元格：把鼠标指针移到要选定的单元格左下角，当指针变为右指箭头（➚）时，单击鼠标左键，就可以选定该单元格。如果拖动鼠标，就可以选定多个连续的单元格。被选

定的单元格呈反相显示。注意：单元格的选定与单元格内全部文字的选定的表现形式是不同的。

② 选定表格的行：把鼠标移到表格某行左侧的选定区中，当鼠标指针变成右指箭头（↗）时，单击鼠标左键，就可以选定箭头所指的行。如果从开始行拖动鼠标到最末行，放开鼠标，就可以连续选定表格的多个行。被选定的行呈反相显示。

③ 选定表格的列：把鼠标指针移到表格顶端的选定区中，当鼠标指针变成向下箭头（⬇）时，单击鼠标左键，就可以选定箭头所指的列。从开始列拖动鼠标到最末一列，松开鼠标左键，就可以连续选定表格的多个列。被选定的列呈反相显示。

④ 选定整个表格：显然，用上述拖动鼠标的方法可以选定整个表格，也可以将插入点移到表格内，单击表格左上角的十字光标按钮可以选定整个表格。

（2）用键盘选定。与用键盘选定文本的方法类似，也可以使用键盘来选定表格，方法如下：

① 如果插入点所在的下一个单元格中已输入文本，那么按 Tab 键可以选定下一单元格中的文本。

② 如果插入点所在的上一个单元格中已输入文本，那么按“Shift＋Tab”组合键可以选定上一单元格中的文本。

③ 按“Shift+End”组合键可以选定插入点所在的单元格。

④ 按“Shift＋光标移动键”可以选定包括插入点所在的单元格在内的相邻单元格。

⑤ 按任意光标移动键可以取消选定。

（3）用菜单选定。“布局”选项卡中的 选择 按钮提供了选择单元格、列、行或整个表格的命令，操作方法如下：

① 选定单元格：将插入点置于欲选行的某一单元格中，单击“选择”按钮下拉菜单中的“选择单元格”命令。

② 选定列：将插入点置于欲选列的某一单元格中，单击“选择”按钮下拉菜单中的“选择列”命令。

③ 选定行：将插入点置于欲选行的某一单元格中，单击“选择”按钮下拉菜单中的“选择行”命令。

④ 选定整个表格：将插入点置于表格的任一单元格中，单击“选择”按钮下拉菜单中的“选择表格”命令。

2．插入和删除行或列

（1）插入行、列或单元格。在表格中选择某行或某列，或者将插入点置于要插入行或列的位置，然后在表格工具的“布局”选项卡中单击“行和列”组中的“在上方插入”“在下方插入”“在左侧插入”或“在右侧插入”按钮，即可在相应位置插入行、列或单元格。

（2）删除表格、行、列或单元格。选择要删除的表格、行、列或单元格，在表格工具的“布局”选项卡中单击“行和列”组中的“删除”按钮，即可删除表格、行、列或单元格。

3．拆分与合并单元格

（1）合并单元格。在规则表格的基础上，通过对单元格的合并或拆分可以制作比较复杂的表格。合并单元格的方法比较简单，选定要合并的单元格后，在“布局”选项卡中单击“合并”组中的“合并单元格”按钮（），即可将多个单元格合并为一个单元格。

（2）拆分单元格。如果想把某些单元格拆分成几个单元格，那么，首先选定这些要拆分的单元格，在“布局”选项卡中单击“合并”组中的“拆分单元格”按钮（），打开如图3-86所示的“拆分单元格”对话框，在“列数”和“行数”数值框中分别输入要拆分的列数和行数，单击“确定”按钮即可完成单元格拆分。

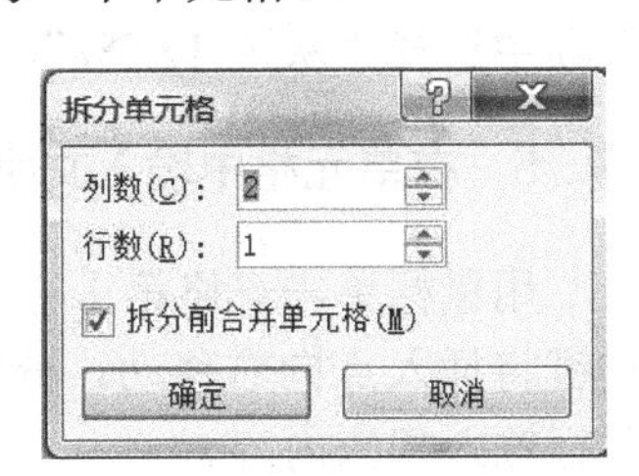

图3-86 “拆分单元格”对话框

如果选中了一个单元格，可在“拆分单元格”对话框中选中“拆分前合并单元格”复选框，使选定的多个单元格先合并为一个单元格，然后再进行拆分。此时用户可以随意设置拆分的列数，但拆分的行数受到一定的限制。反之，如果不选中“拆分前合并单元格”复选框，则将对选中的每一个单元格按指定的列数进行拆分，但不能设置拆分的行数。

（3）拆分表格。在“布局”选项卡中单击“合并”组中的“拆分表格”按钮，可将一个表格拆分为两个，光标所在的行将成为第二个表格的首行。

任务实施

制作“新员工入职登记表”

制作“新员工入职登记表”的主要操作步骤如下：

1．制作表格标题

输入表格标题“新员工入职登记表”。

2．创建表格

单击“插入”选项卡，选择“表格”→“绘制表格”命令，鼠标指针变为铅笔形状，在标题行下页面左上角的位置按住鼠标左键并拖动，直至页面右下角时释放鼠标左键，这时将出现一个与页面大小相匹配的矩形框。第二、三页同上。在矩形框内绘制出相应的水平线和垂直线。

3．合并与拆分单元格

在表格第七列的第1-5行单元格中拖动鼠标，选中这几个单元格，选择“表格工具”→“布局”→“合并单元格”命令，则刚刚选中的单元格被合并成一个单元格，按照同样的方法合并其他单元格。

4．设置表格的底纹

创建好表格后，常常以黑色细线来显示，为了使表格的外观更加美观、生动，可以通过修改表格边框的颜色、线样式和底纹来实现，使其符合表格的设计要求，操作步骤：选定表格中要设置底纹的单元格，选择“表格工具”→“设计”→“底纹”命令，在弹出的“颜色”选项中选择“灰色-12.5%”。

5．在单元格中输入文字

用鼠标单击表格第 1 行第 1 列，插入点定位在该单元格，输入文字“姓名”，按 Tab 键或→键将插入点向右移动，分别输入“性别”“出生年月”，按↓键将插入点向下移动，分别在各行输入相应内容。

6．调整单元格的高度和宽度

表格中的行高和列宽通常是不用设置的，在输入文字时会自动根据单元格中的内容而定，但在实际应用中，为了表格的整体效果，需要对它们进行调整。将鼠标指针停留在表格第 1 列的右边框线上，直到指针变为“←||→”，向左拖动边框，文档窗口里出现一条垂直虚线随着鼠标指针移动，到合适的位置时释放鼠标。将鼠标指针移到垂直标尺的行标记上，直到指针变成“调整表格行”的上下双箭头时，向上拖动行标记，文档窗口里出现一条水平虚线随着鼠标指针移动，到合适位置时释放鼠标。

7．设置单元格的对齐方式

在表格中，单元格中对象的对齐方式可以在水平和垂直两个方向进行调整。

选定要设置对齐方式的表格，选择“表格工具”→“布局”→“对齐方式”→“中部居中”选项。

8．设置表格的边框

默认情况下表格的所有边框都为“0.5 磅”的黑色直线，有时为了达到美化表格的目的，可对表格的线型、粗细、颜色等进行修改。操作步骤：选定整个表格，单击“表格工具”→“设计”→“边框”→“边框和底纹”选项，在弹出的“边框和底纹”对话框中，选择线型样式，单击内部框线按钮，再选择不同的线型样式，单击外部框线按钮，然后单击“确定”按钮。

制作完成后的效果图如图 3-87 所示。

新员工入职登记表

姓名		性别		出生日期	年 月 日	1 寸近照
曾用名		体重		身高	cm	
民族		籍贯		婚姻状况		
政治面貌		健康状况		血型		
身份证号码						

图 3-87 “新员工入职登记表”效果图

<table>
<tr><td>户口类型</td><td colspan="2">城镇□非城镇□</td><td>户口所在</td><td colspan="2">（省）（市）（区）派出所</td></tr>
<tr><td>学历</td><td></td><td>学位</td><td></td><td>第二学位</td><td></td></tr>
<tr><td>专业</td><td colspan="3"></td><td>第二专业/辅修专业</td><td></td></tr>
<tr><td>毕业学校</td><td colspan="3"></td><td>毕业时间</td><td></td></tr>
<tr><td>外语水平</td><td colspan="5">语种：级别：口语水平：</td></tr>
<tr><td>计算机水平</td><td colspan="5"></td></tr>
<tr><td>宗教信仰</td><td colspan="3"></td><td>E-mail</td><td></td></tr>
<tr><td>家庭住址</td><td colspan="5">省（市、自治区）市（区）县</td></tr>
<tr><td>电话（家庭）</td><td colspan="3"></td><td>手机</td><td></td></tr>
<tr><td rowspan="5">家庭主要成员</td><td>称谓</td><td>姓名</td><td>年龄</td><td colspan="2">单位/职业/职务</td></tr>
<tr><td></td><td></td><td></td><td colspan="2"></td></tr>
<tr><td></td><td></td><td></td><td colspan="2"></td></tr>
<tr><td></td><td></td><td></td><td colspan="2"></td></tr>
<tr><td></td><td></td><td></td><td colspan="2"></td></tr>
<tr><td colspan="2">紧急情况联系人</td><td colspan="2"></td><td>联系电话</td><td></td></tr>
<tr><td rowspan="6">学习简历
（按学习经历倒序填写）</td><td>起止年月</td><td colspan="3">就读学校、专业</td><td>毕（结、肄）业</td></tr>
<tr><td></td><td colspan="3"></td><td></td></tr>
<tr><td></td><td colspan="3"></td><td></td></tr>
<tr><td></td><td colspan="3"></td><td></td></tr>
<tr><td></td><td colspan="3"></td><td></td></tr>
<tr><td></td><td colspan="3"></td><td></td></tr>
<tr><td rowspan="5">在校任职/社会实践/工作经历
（填写主要经历）</td><td>起止年月</td><td colspan="4">主要经历（如担任职务、工作内容等）</td></tr>
<tr><td></td><td colspan="4"></td></tr>
<tr><td></td><td colspan="4"></td></tr>
<tr><td></td><td colspan="4"></td></tr>
<tr><td></td><td colspan="4"></td></tr>
<tr><td colspan="6">在校期间获奖情况：</td></tr>
<tr><td colspan="6">特长：</td></tr>
<tr><td colspan="6">培训经历：</td></tr>
</table>

图 3-87 “新员工入职登记表”效果图（续）

自我评价（包括性格、能力等）：
在公司的职业发展设想：
其他需要说明的情况：

图 3-87 “新员工入职登记表”效果图（续）

任务 3.5 批量制作商务邀请函

任务介绍

公司计划在新年举办“2018 年答谢各地经销商宴会”，决定邀请各地的经销商参加，公司主管把这个任务交给了王鹏，王鹏打开客户名单文件，正思索如何完成这个任务时，旁边的小李提醒他用“邮件合并”功能。在小李的帮助下，王鹏开始了邀请函的制作。

相关知识

在实际工作中，公司或学校经常会遇到批量制作邀请函、贺卡、通知书、成绩单、准考证等情况，这些工作都具有工作量大、重复率高的特点，既容易出错又枯燥乏味，在 Word 2010 中利用“邮件合并”功能，就可以巧妙、轻松、快速地解决这个问题。

“邮件合并”最初是在批量处理“邮件文档”时提出的。具体地说，就是在邮件文档（主文档）的固定内容中，合并与发送信息相关的一组通信资料（数据源：如 Excel 表、Access 数据表等），从而批量生成需要的邮件文档，提高工作效率。

“邮件合并”功能除了可以批量处理信函、信封等与邮件相关的文档外，还可以轻松地批量制作标签、工资条、成绩单等。需要制作的数量比较大且文档内容可分为固定不变的部分和变化的部分，比如打印信封，寄信人信息是固定不变的，而收信人信息是变化的，变化的内容来自数据表中含有标题行的数据记录表。

一、制作商务邀请函

借助 Word 2010 邮件合并功能可以轻松实现批量写信，从而提高工作效率。在 Word 2010 中，通过创建包含信件内容的主文档和包含收件人信息的数据源，能够把两个文档的信息合并，从而生成多个内容相同而收件人不同的信件。

（1）启动 Word 2010，创建一个新文档，在新建文档中输入给每个客户的函件中都包含的共同内容，将其作为主文档如图 3-88 所示，并保存为“邀请函.doc”。

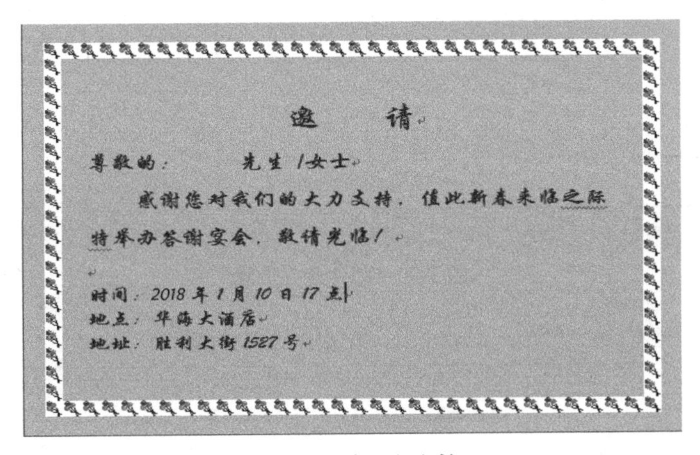

图 3-88　编写主文档

（2）打开“邀请函.doc”，选择“邮件”→“开始邮件合并”→“邮件合并分步向导”命令，如图 3-89 所示。打开“邮件合并”任务窗格，在“选择文件类型”选项组中选择“信函”单选按钮。

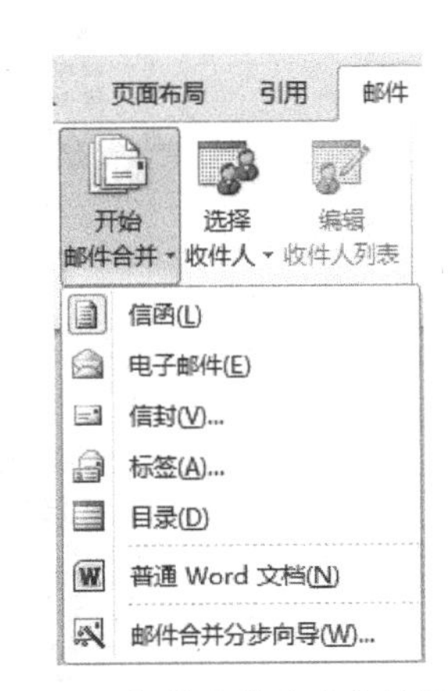

图 3-89　“邮件合并分步向导”按钮

（3）单击“下一步：正在启动文档”，如图 3-90（a）所示，在接下来的任务窗格中选择“使用当前文档”单选按钮，如图 3-90（b）所示。

（4）单击“下一步：选取收件人”，在接下来的任务窗格中选择“使用现有列表”单选按钮，然后单击“浏览”按钮，如图 3-90（c）所示，弹出“选取数据源”对话框，如图 3-91 所示。选择数据源文件后，单击“打开”按钮，弹出“邮件合并收件人”对话框，选择收件人，然后单击“确定”按钮，如图 3-92 所示。

（5）单击“下一步：撰写信函”，打开如图 3-93（a）所示的任务窗格，将插入点置于主文档中“＊”号处，在“邮件合并”任务窗格中单击“其他项目”链接，在弹出的“插入合并域”对话框中选择“数据库域”单选按钮，在“域”列表框中选择“姓名”，然后单击“插入”按钮，如图 3-93（b）所示。插入合并域后，关闭“插入合并域”对话框，对主文档进行必要的修改。

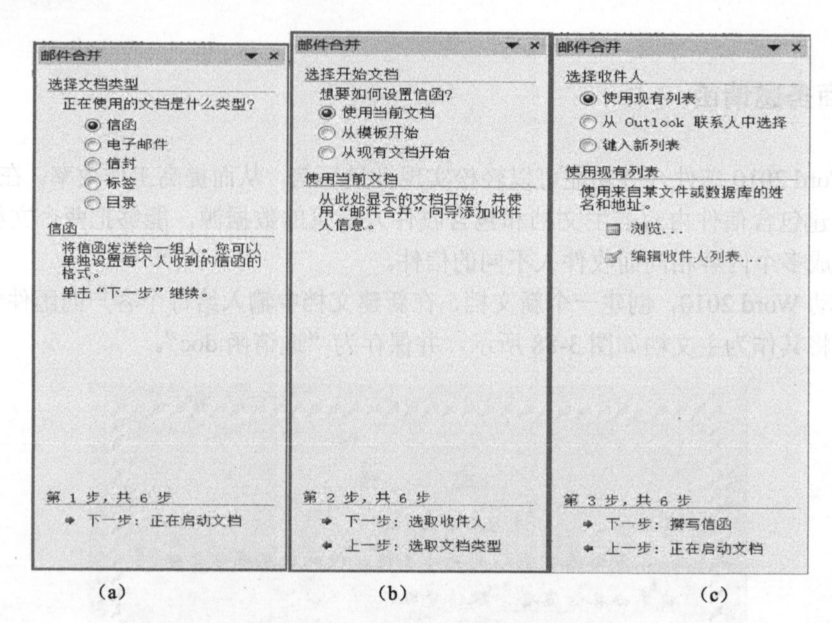

图 3-90　邮件合并步骤

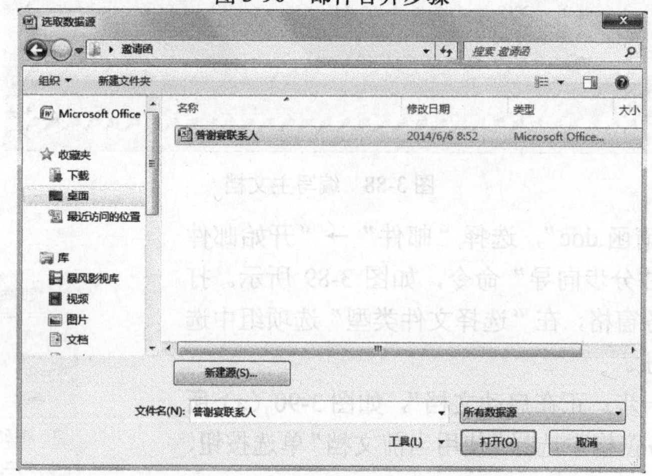

图 3-91　“选取数据源”对话框

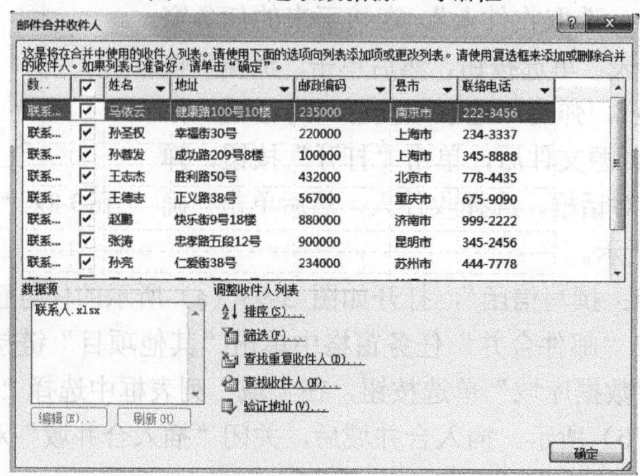

图 3-92　选择收件人

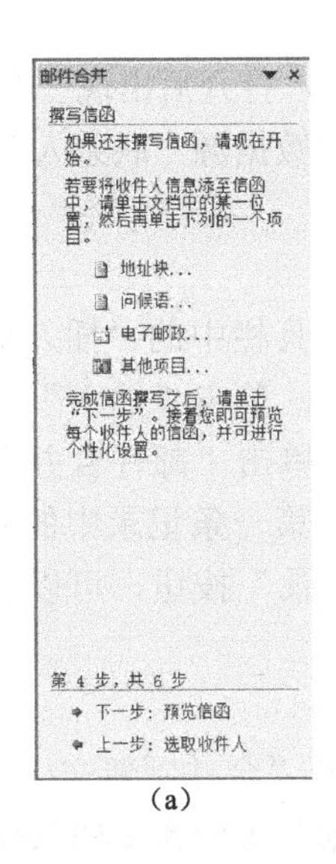

(a)

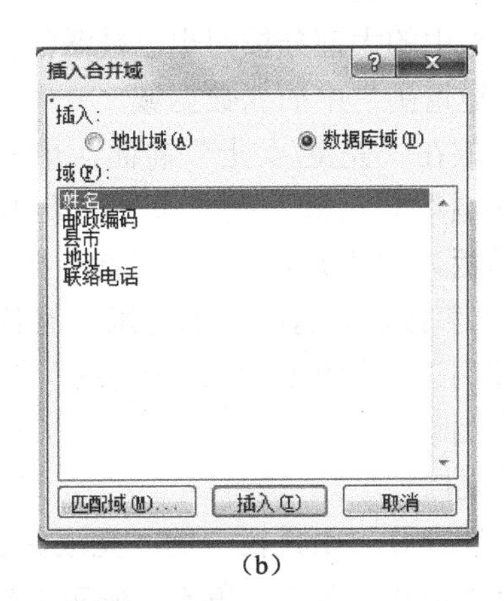

(b)

图 3-93　插入合并域

（6）单击任务窗格中的“下一步：预览信函”。

（7）在接下来的任务窗格中单击“下一步：完成合并”，单击“打印”按钮，将合并后的文档打印输出，如果暂时不想打印合并后的批量邀请函，可以单击“编辑单个信函”，弹出“合并到新文档”对话框，在该对话框中选择要合并的记录，然后单击“确定”按钮。邮件合并后的效果如图 3-94 所示。

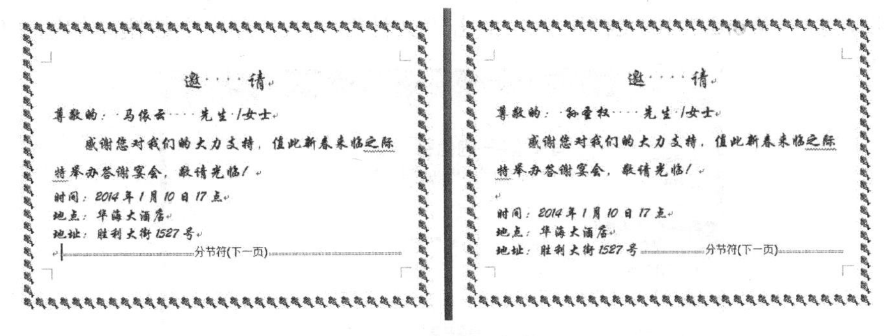

图 3-94　批量商务邀请函

任务实施

制作商务邀请函

制作商务邀请函的步骤如下：

（1）建立主文档（设计邀请函）。

启动 Word 2010，制作一张没有邀请人姓名的“邀请函”（模板），完成后保存在 F 盘下名为“邮件合并”文件夹中，同时把作为后台数据库的 Excel 文件“联系人.xlsx”也保存在这个文件夹中。设计好的邀请函（模板）必须处于打开状态，不能关闭。

（2）打开数据源。

选择“邮件”选项卡中“开始邮件合并”命令按钮，选择“信函”类型，单击“选择收件人”→“使用现有列表”，找到并打开数据表“联系人.xlsx”，打开后出现一个“选择表格”对话框，在对话框中选择“Sheet1”，单击“确定”按钮，此时数据源“联系人”被打开，“邮件合并”工具栏中的大部分按钮也已被激活。

（3）在“邀请函”中插入数据域。

将插入点放在“先生/女士”前面，单击“邮件合并”工具栏中的“插入域”按钮，打开“插入合并域”对话框，在“域”列表中选择“姓名”项，单击“插入”按钮，此时在“邀请函”（模板）的“姓名：”后面就会插入域“《姓名》”。单击“邮件合并”工具栏中的“查看合并数据”按钮，这时“邀请函”的各个数据域显示出第一条记录中的具体数据，单击“邮件合并”工具栏中的“上一记录”按钮或“下一条记录”按钮，可以查看其他记录的数据。

（4）合并文档。

单击“邮件合并”工具栏中的“完成并合并”按钮，打开“合并到新文档”对话框，在对话框中选择“全部”选项，单击“确定”按钮。将合并数据产生的新文档保存在“F 盘/邮件合并”文件夹中，文件命名为“邀请函”。

用同样方法利用邮件合并功能可以制作邀请函的信封。

知识扩展

将 Word 2010 文档保存为 PDF 文件

Word 2010 具有直接将文档另存为 PDF 文件的功能，操作步骤如下：

第 1 步，打开 Word 2010 文档窗口，单击“文件”→“另存为”按钮，如图 3-95 所示。

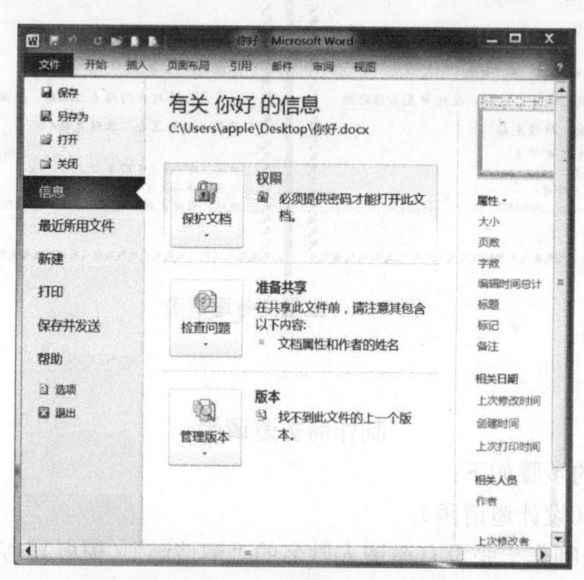

图 3-95　单击“另存为”按钮

第 2 步，在打开的“另存为”对话框中，选择“保存类型”为“PDF”，如图 3-96 所示，然后选择 PDF 文件的保存位置并输入文件名称，单击“保存”按钮。

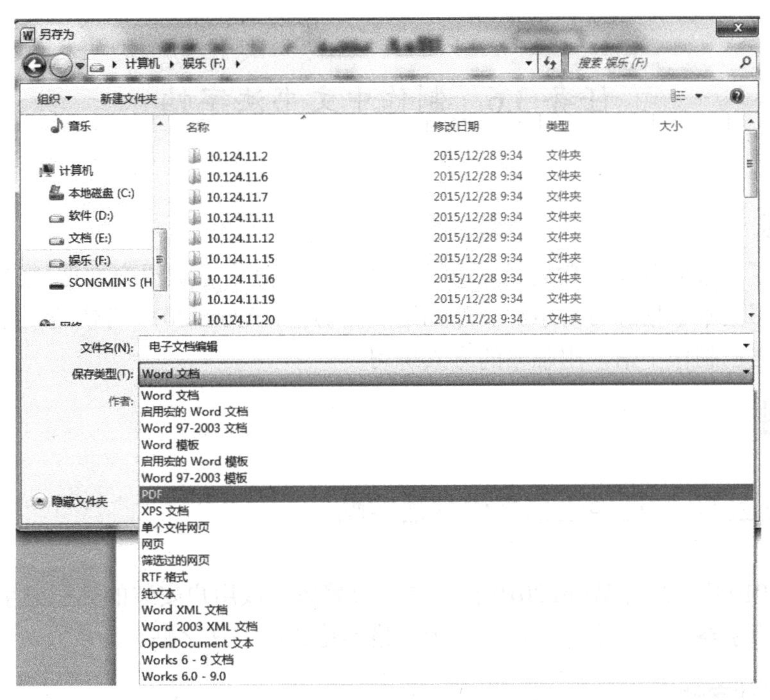

图 3-96　选择保存为 PDF 文件

第 3 步，完成 PDF 文件发布后，如果当前系统安装有 PDF 阅读工具（如 Adobe Reader），则生成的 PDF 文件将被打开。

小提示：用户还可以在选择保存类型为 PDF 文件后单击“选项”按钮，在打开的“选项”对话框中（如图 3-97 所示）对另存为的 PDF 文件进行更详细的设置。

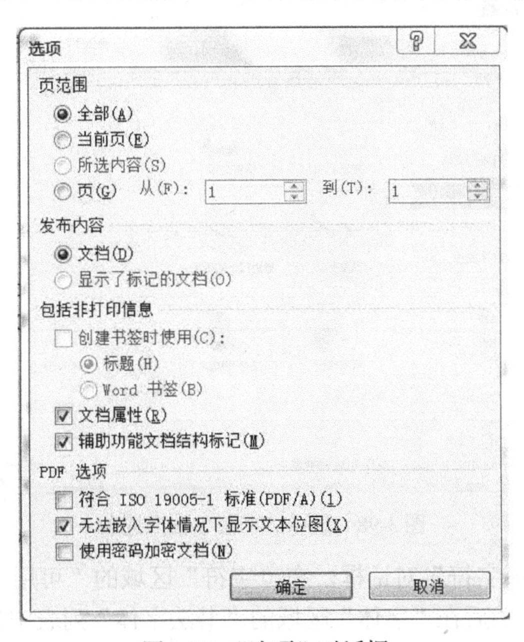

图 3-97　“选项”对话框

任务 3.6 制作中文书法字帖

任务介绍

王鹏工作了一段时间后，觉得无论和客户签合同还是向上级提交文件，自己的字七扭八歪不够漂亮，想买本字帖练习写字。李萍知道后告诉他，Word 2010 有快速制作字帖的功能，于是王鹏开始自己制作字帖，用临帖的方式练习。

相关知识

一、在 Word 2010 文档中快速制作书法字帖

在 Word 2010 中，配合 Word 2010 自带的汉仪繁体字或用户安装的第三方字体，可以非常方便地制作出田字格、田回格、九宫格、米字格等格式的书法字帖。

1. 制作书法字帖

使用 Word 2010 制作书法字帖的步骤如下：

第 1 步，打开 Word 2010 窗口，单击“文件”→“新建”，在“可用模板”区域选择“书法字帖”选项，并单击“创建”按钮，如图 3-98 所示。

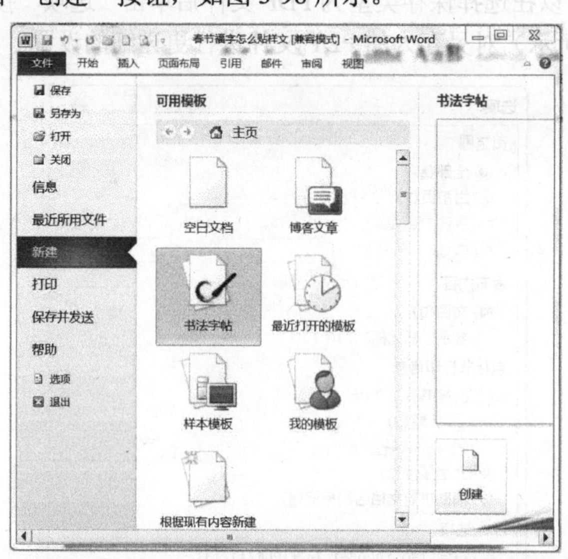

图 3-98 选中“书法字帖”选项

第 2 步，打开“增减字符”对话框，在“字符”区域的“可用字符”列表中拖动鼠标选中需要作为字帖的汉字。然后在“字体”区域的“书法字体”列表中选择需要的字体（如“汉仪赵楷繁”）。单击“添加”按钮将选中的汉字添加的“已用字符”区域，然后单击“关闭”

按钮，如图 3-99 所示，即可生成字帖。

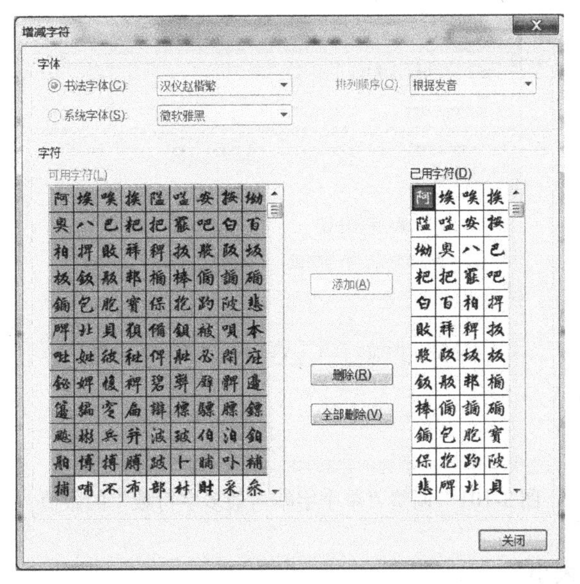

图 3-99 “增减字符”对话框

2. 设置字帖最大汉字数量

默认情况下，每个字帖最多只能添加 100 个汉字，用户可以根据实际情况调整汉字数量，操作步骤如下：

第 1 步，在书法字帖编辑状态下，单击“书法”功能区的“选项”按钮，如图 3-100 所示。

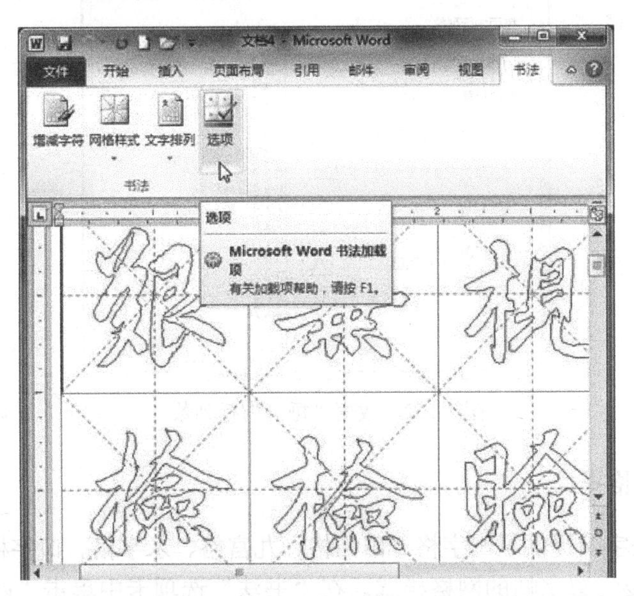

图 3-100　单击“书法”功能区“选项”按钮

第 2 步，打开“选项”对话框，切换到“常规”选项卡。在“字符设置”区域调整“单个字帖内最多字符数”的数值，并单击“确定”按钮，如图 3-101 所示。

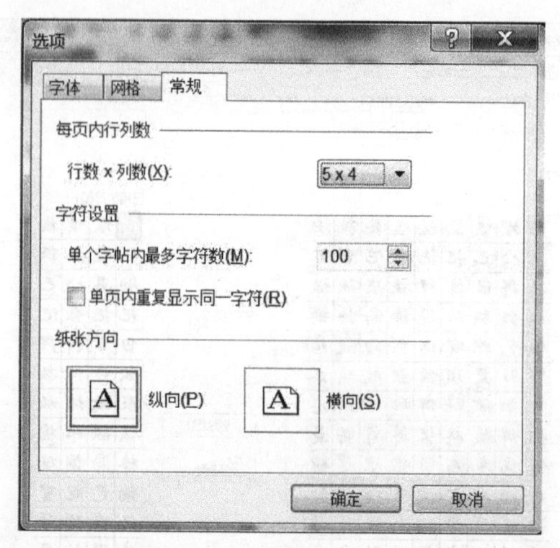

图 3-101　调整“单个字帖内最多字符数”的数值

3．设置字帖字体大小

Word 2010 书法字帖中的汉字不能通过设置字号来改变字体大小，但可以通过设置每页字帖的行列数来调整字体的大小。在“选项”对话框的“常规”选项卡中，改变“每页内行列数”的规格即可，如图 3-102 所示。

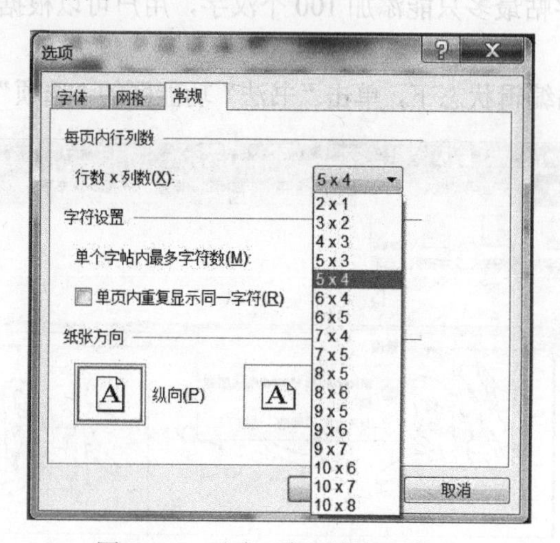

图 3-102　改变“每页内行列数”

4．设置字帖网格样式

Word 2010 书法字帖提供了田字格、田回格、九宫格、米字格、口字格等网格样式，用户可以根据自己的需要设置字帖的网格样式。在“书法”选项卡中单击“网格样式”按钮，在打开的网格列表中选择需要的网格样式即可，如图 3-103 所示。

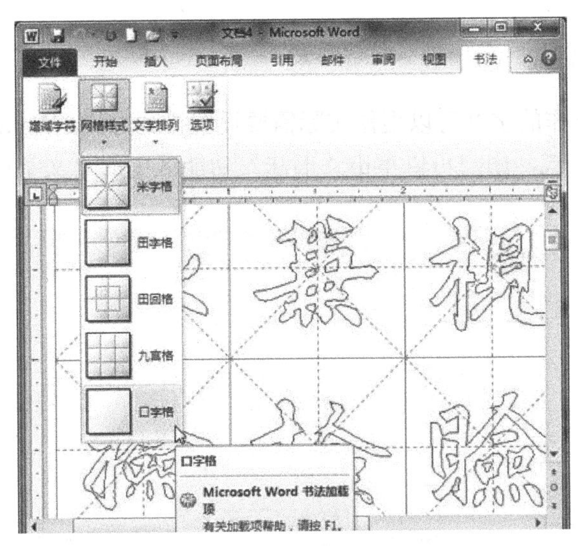

图 3-103 选择书法字帖网格样式

5. 使用第三方字体制作字帖

如果用户希望使用自己安装的第三方字体制作书法字帖，同样可以使用 Word 2010 的书法字帖功能轻松实现，操作步骤如下：

第 1 步，单击“文件”→“新建”，在“可用模板”区域选择“书法字帖”选项，并单击“创建”按钮。

第 2 步，打开“增减字符”对话框，在“字体”区域选择“系统字体”，并在系统字体下拉列表中选择需要的字体，如图 3-104 所示。

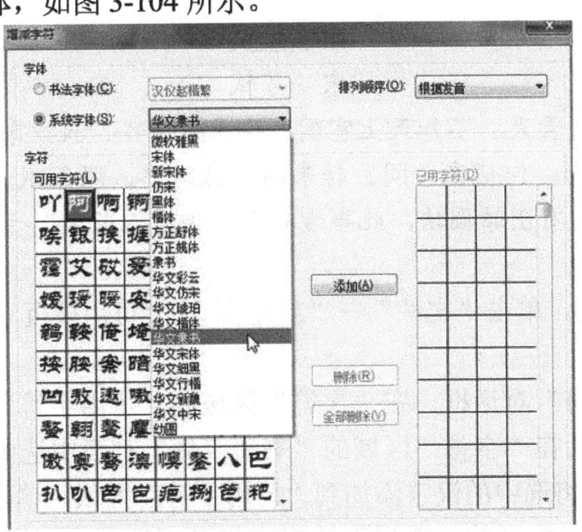

图 3-104 选择系统字体

第 3 步，选择文字并单击“添加”按钮，最后单击“关闭”按钮即可。

小提示：如果在打开 Word 2010 窗口的情况下安装了新字体，需要关闭后重新打开 Word 2010，否则在“系统字体”列表中无法看到新安装的字体。

6．设置字帖排列方式

在 Word 2010 中制作的字帖可以根据实际需要设置排列方式，Word 2010 书法字帖提供横排和竖排等多种排列方式，用户可以单击“书法”功能区中的“文字排列”按钮选择排列方式，如图 3-105 所示。

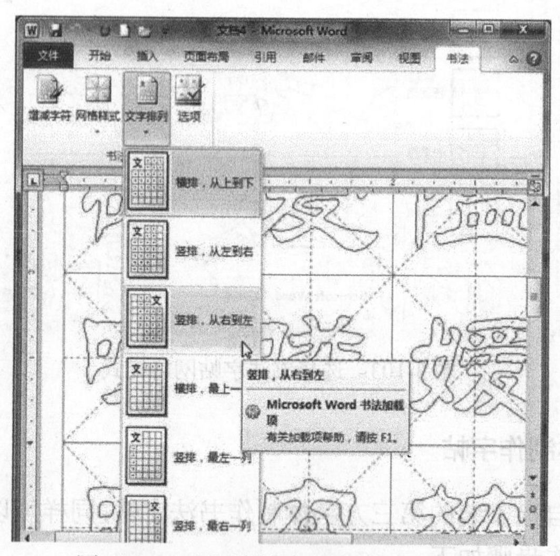

图 3-105　设置书法字帖文字排列方式

任务实施

将下列古诗制作成中文字帖，字体“汉仪柳楷繁”；每页内的行列数为“6×5”；网格样式为“米字格”。

水调歌头

宋　苏轼

明月几时有，把酒问青天，不知天上宫阙，今夕是何年？我欲乘风归去，又恐琼楼玉宇，高处不胜寒，起舞弄清影，何似在人间？转朱阁，低绮户，照无眠。不应有恨，何事长向别时圆？人有悲欢离合，月有阴晴圆缺，此事古难全。但愿人长久，千里共婵娟。

操作步骤如下：

（1）打开 Word 2010，单击“文件”→“新建”，在“可用模板”区域中选“书法字帖”，单击“创建”按钮。

（2）打开“增减字符”对话框，在“字符”区域的“可用字符”列表中拖动鼠标选中需要作为字帖的汉字。然后在“字体”区域的“书法字体”列表中选中需要的字体“汉仪柳楷繁”。单击“添加”按钮将选中的汉字添加到“已用字符”区域，单击“关闭”按钮。

（3）单击“书法”功能区的“选项”按钮，打开“选项”对话框，切换到“常规”选项卡。在“每页内行列数”区域将 “行数×列数”的数值设置为“6×5”，单击“确定”按钮。

（4）在“书法”功能区中单击“网格样式”按钮，在打开的网格列表中选择“米字格”。

知识回顾

本项目将 Word 2010 文档的编辑、排版、打印，由简单到复杂共设置了 6 个典型工作任务：

（1）认识 Word 2010。介绍了 Word 2010 启动和退出的方法、Word 2010 的工作窗口和视图模式。

（2）制作企业公文。介绍了文本的输入、文字格式设置、段落格式设置，项目符号和编号设置、边框和底纹设置，以及打印和输出文件。

（3）制作公司营销策划方案。介绍了绘制自选图形、插入和编辑图片、插入艺术字、使用文本框，以及版面格式编排。

（4）制作新员工入职登记表。介绍了创建和编辑表格、表格格式设置等内容。

（5）批量制作商务邀请函。介绍如何制作批量信函和信封等内容。

（6）制作中文字帖。介绍如何利用 Word 2010 快速制作中文字帖。

技能训练

1. 设置、编排文档格式

参照图 3-106 的内容完成训练。

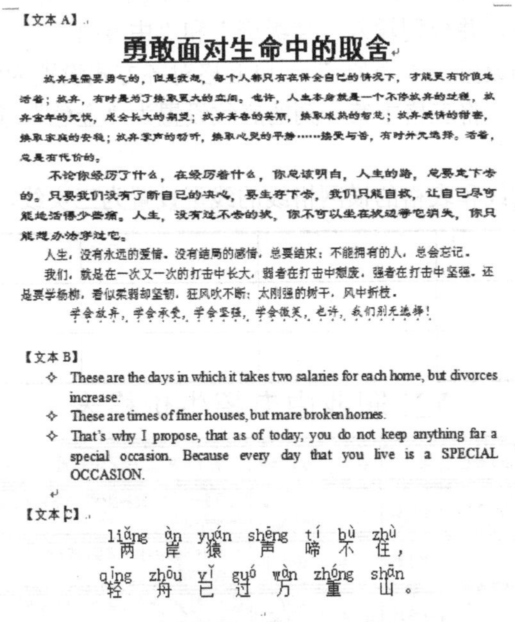

【文本 A】

勇敢面对生命中的取舍

放弃是需要勇气的，但是我想，每个人都只有在保全自己的情况下，才能更有价值地活着；放弃，有时是为了换取更大的空间。也许，人生本身就是一个不停放弃的过程，放弃童年的无忧，成全长大的期望；放弃青春的美丽，换取成熟的智慧；放弃爱情的甜蜜，换取家庭的安稳；放弃掌声的聆听，换取心灵的平静……接受与否，有时并无选择。活着，总是有代价的。

不论你经历了什么，在经历着什么，你总该明白，人生的路，总要走下去的。只要我们没有了断自己的决心，要生存下去，我们只能自救，让自己尽可能地活得少些痛。人生，没有过不去的坎，你不可以坐在坎边等它消失，你只能想办法穿过它。

人生，没有永远的爱情，没有结局的感情，总要结束；不能拥有的人，总会忘记。

我们，就是在一次又一次的打击中长大，弱者在打击中颓废，强者在打击中坚强。还是要学杨柳，看似柔弱却坚韧，狂风吹不断；太刚强的树干，风中折枝。

学会放弃，学会承受，学会坚强，学会微笑，也许，我们别无选择！

【文本 B】

- ✧ These are the days in which it takes two salaries for each home, but divorces increase.
- ✧ These are times of finer houses, but mare broken homes.
- ✧ That's why I propose, that as of today; you do not keep anything far a special occasion. Because every day that you live is a SPECIAL OCCASION.

【文本 C】

liǎng àn yuán shēng tí bù zhù
两 岸 猿 声 啼 不 住，

qīng zhōu yǐ guò wàn zhòng shān
轻 舟 已 过 万 重 山。

图 3-106　文档格式设置与编排样文

（1）设置字体：第 1 行标题设置为黑体，正文第 1、第 2 段文字设置为隶书，最后一段文字设置为楷体。

（2）设置字号：第 1 行标题设置为二号字，正文第二段设置为小四号字。

（3）设置字形：第 1 行标题加粗并加下划线，最后一段文字加着重号。

（4）设置对齐方式：第 1 行标题设置为居中对齐方式。

（5）设置段落缩进：正文各段文字设置为首行缩进 2 个字符，最后一段文字的左右缩进设置为 4 个字符。

（6）设置行（段落）间距：第一行标题的段后设置为 2 行，正文最后一段文字的左右缩进设置为 4 个字符。

（7）拼写检查：改正文本 B 中的单词拼写错误。

（8）设置项目符号和编号：按照样文设置项目符号或编号。

（9）设置中文版式：按照文本 C 为“两岸猿声啼不住，轻舟已过万重山”加上拼音，拼音的字号设置为 14 磅。

2．创建、设置文档表格

参照图 3-107 完成以下训练。

（1）将光标置于文档的第 1 行，创建一个 6 列 3 行的表格，并为新创建的表格自动套用“网格型 3”的格式。

（2）打开“XX 职业中专招生价格表”，删除表格中最下方的一行（空行），将“汽车驾驶”与“汽车维修”两行互换，设置第 1 行的行高为固定值 1.1 厘米。

（3）将表格中“汽车维修”及下面的一个单元格合并为一个单元格，将“计算机应用”右侧的单元格拆分成 2 行，并分别输入“高级班”和“中专班”。

（4）将表格中“课程设置”下面的 7 个单元格对齐方式设置为中部两端，其余各单元格设置为中部居中对齐方式，将表格中第一列的底纹设置为“金色”，第 2、第 3、第 4、第 5 列的底纹设置为“天蓝”。

（5）将表格外边框的线和表格的横网格线的线型设置为三实线，宽度设置为 1.5 磅。

XX 职业中专招生价格表

招生专业	班 类	学 制	收费标准	课 程 设 置
汽车驾驶	短训班	三个月	2000 元（办证）	交通法规、汽车驾驶技术、汽车故障诊断与排除
汽车维修	高级班	一年	1500 元	发动机构造与维修、底盘构造与维修、汽车电气构造
	中专班	三年	600元/学期	语文、数学、英语、政治、计算机基础、电控发动机
计算机组装与维修	中级班	三个月	600 元	计算机组装、系统安装、计算机日常维护、DOS 命令
	高级班	六个月	900 元	计算机基础、系统维护、常见故障排除
计算机应用	高级班	一年	1600 元	办公软件应用、互联网应用、平面设计、动画制作
	中专班	三年	600元/学期	语文、数学、英语、政治、计算机原理、数据库、局域网

图 3-107　创建、设置文档表格样文

3．设置、编排文档版面

（1）打开文档 A1.doc，按下列要求设置、编排文档版面，样文如图 3-108 所示。

① 将文档的纸型设置为自定义大小，宽度为 22 厘米，高度为 30 厘米，页边距设置为上、下各 3 厘米，左、右各 3.5 厘米。

② 将标题“左撇子，右撇子”设置为艺术字，艺术字的样式为第 4 行第 1 列，将艺术字的字体设置为仿宋，字号设置为 44 磅，艺术字的形状设置为“山形”，艺术字的阴影设置为“阴影样式 11”，艺术字的环绕方式设置为“紧密型”。

③ 将正文第 2、第 3、第 4 段文字设置为三栏格式，不加“分隔线”。

④ 为正文第 1 段文字设置底纹，图案样式为“浅色上斜线”，颜色设置为“淡蓝”。

⑤ 为正文第 1 段文字设置“首字下沉”效果，下沉行数设置为“2 行”。

⑥ 在样文所示的位置插入图片，图片的大小缩放为原来的 90%，图片的环绕方式为“四周型”。

⑦ 为正文第 1 段第 1 行文字“左撇子”加下画线并按样文插入尾注，“1992 年，英国伦敦左撇子俱乐部将 8 月 13 日确定为国际左撇子日，并于当年举办他们的第一届国际左撇子日庆典。”将尾注的字体设置为宋体，字号设置为小五号。

⑧ 按样文添加页眉文字“生活百科”，并将页眉文字的字体设置为宋体，字号设置为小五号，插入页码。

生活百科　　第一页

左撇子，右撇子

这似乎有点奇怪，左撇子越来越多。按社会学家的说法，最近 100 年来左撇子增加了两倍。左撇子已经占了人口的 1/4，在某些地区甚至达到 1/3！在美国，三个人里面差不多就有一个是左撇子，美国最近的四任总统有三个是左撇子——罗纳德·里根、乔治·布什、比尔·克林顿。对人类来说，这意味着什么？下面是俄罗斯心理学家弗拉基米尔·列维和研究遗传生理构成的遗传学家维根·盖奥达基扬的阐述。

有统计表明，人口中的左撇子越来越多。这是怎么了，是正在发生突变吗？还是只是人类发展进化过程中一个正常的阶段？

事实上，尽管左撇子大有越来越多的趋势，但“左撇子化”进程还没有真正出现，将来也不会出现。只是因为现在左撇子比以往更能自由地展现自己的特性，这样就显得好像左撇子多起来了。世界变得更自由了，从前掩盖起来或没被发现的事物现在都暴露出来了。这一切都源于今天我们比以往拥有更大的自我展现、自我肯

定的自由度。

自然法则的力量是伟大的。最主要的是遗传规律，其次是分子排列规律和化学规律。左撇子现象不仅存在于生命体中，而且存在于没有生命的物质中。一个机体中的分子总是有“左撇子”、“右撇子”之分的，而且二者之间所占比重是固定的：任何一种物质中的“右撇子”的分子都占大多数，大概是 4/5，而剩下的 1/5 是“左撇子”。人类的右撇子和左撇子的比例是 4∶1。这就是源于自然的左撇子规律的原始基础，这规律很神秘，但又是显而易见、不容置疑的。

[i] 1992 年，英国伦敦左撇子俱乐部将 8 月 13 日确定为国际左撇子日，并于当年举办他们的第一届国际左撇子日庆典。

图 3-108　设置与编排文档版面样文

（2）打开文档 A2.doc，按下列要求设置、编排文档版面，样文如图 3-109 所示。

① 将文档的页边距设置为上、下各 2 厘米，左、右各 2 厘米。

② 将标题“春节‘福’字应该怎么贴”设置为艺术字，艺术字的样式设置为第 3 行第 2 列，将艺术字的字体设置为“楷体”，字号设置为“40 磅”，艺术字的形状设置为“右牛角形”，艺术字的环绕方式设置为“浮于文字上方”。

③ 为正文第 2 至第 5 段文本添加边框，线型设置为双波浪线，颜色设置为“橙色”，文字设置底纹，颜色设置为“淡蓝色”。

④ 将正文第 6 至 11 段文字设置为三栏格式，加“分隔线”。

⑤ 为正文第 1 段文字设置“首字下沉”效果，下沉行数为 2 行。

⑥ 在样文所示的位置插入图片，图片的大小缩放为原来的 60%，图片的环绕方式设置为“四周型”。

⑦ 为正文第 9 段文字“冯骥才”加下画线并按样文插入尾注，内容为：“冯骥才，男，1942 年出生于天津，祖籍浙江宁波慈溪县，当代著名作家、文学家、艺术家，民间艺术工作者，民间文艺家，画家。早年在天津从事绘画工作，后专职文学创作和民间文化研究。他大力推动了很多民间文化保护宣传工作，创作了大量优秀散文、小说和绘画作品。”将尾注的字体设置为宋体，字号设置为小五号。

⑧ 按样文添加页眉文字“春节风俗”，并将页眉文字的字体设置为宋体，字号设置为小五号，插入页码。

春节风俗　　1

春节“福”字应该怎么贴

还有十几天，癸年春节就将来临。按照中国传统的伦理学习俗，很多家庭都在自家大门上贴福字，很多人以为福字是要倒贴的，取“福到”之意。实际上这是错误的做法。朋友们务必牢记：大门是迎福纳福的地方，福字应该正贴。

在我国传统伦理学民俗中确有倒贴福字的说法，取其“倒”和“到”的谐音，意为“福到”了。民俗传统中，倒贴福字主要在两种地方。

福字倒贴的地方一般是水缸，垃圾箱，和家里的箱柜。

第一种地方：在水缸和垃圾箱上。由于水缸和垃圾箱里的东西要从里边倒出来。为了避讳把家里的福气倒掉，便倒贴福字。这种作法是巧妙地利用“倒”字的同音字“到”，用“福至”来抵消“福去”，用来表达对美好生活的向往。

第二种地方：在屋内的柜子上。柜子是存放物品的地方。倒贴福字，表示福气（也是财气）会一直来到家里、屋里和柜子里。

由此可知，“福”字堂而皇之，在大庭广众之下倒着贴，实在是无知之至。我特别支持中国民协主席冯骥才[1]的说法：不是说所有福字都要这么贴，尤其是大门上。大门上的福字，从来都是正贴。大门上的福字有“迎福”和“纳福”之意，而且大门是家庭的出入口，一种庄重和恭敬的地方，所贴的福字，须郑重不阿，端庄大方，故应正贴。

冯骥才说：“像时下这样，把大门上的福字翻倒过来，则必头重脚轻，不恭不正，有失礼仪，有悖于中国‘门文化’与‘年文化’的精神。倘以随意倒贴为趣事，岂不过于轻率和粗糙地对待我们自己的民俗文化了？”

也有人考证：“福”字倒贴的习俗来自清代恭亲王府。据说故事是这样的：

某年春节前夕，大管家为讨主子欢心，照例写了许多个“福”字让人贴于库房和王府大门上，有个家人因不识字，误将大门上的“福”字贴倒了。为此，恭亲王福晋十分恼火，多亏大管家能言善辩，跪在地上叙颜婢膝地说：“奴才常听人说，恭亲王寿高福大造化大，如今大福真的到（倒）了，乃吉庆之兆。”福晋听罢心想，怪不得过往行人都说恭亲王府福到（倒）了，吉语说千遍，金银增万贯，一高兴，便重赏了管家和那个贴倒福的家人。这官府第传入百姓人家，并都愿过往行人或顽童念叨几句：“福到了，福到了！

“福”字倒贴在民间还有一则传说。明太祖朱元璋当年用“福”字作暗记准备杀人。好心的马皇后为消除这场灾祸，令全城大小人家必须在天明之前都在自家门上贴上一个“福”字。马皇后的旨意自然没人敢违抗，于是家家门上都贴了“福”字。其中有户人家不识字，竟把“福”字贴倒了。

第二天，皇帝派人上街查看，发现家家都贴了“福”字，只有一家把“福”字贴倒了。皇帝听了禀报大怒，立即命令御林军把那家满门抄斩。马皇后一看事情不好，忙对朱元璋说：“那家人知道您今日来访，故意把福字贴倒了，这不是‘福到’的意思吗？”皇帝一听有道理，便下令放人，一场大祸终于消除了。从此，人们便将“福”字倒贴起来，一求吉利，二为纪念马皇后。

[1]冯骥才，男，1942 年出生于天津，祖籍浙江宁波慈溪县，当代著名作家、文学家、艺术家，民间艺术工作者，民间文艺家，画家。早年在天津从事绘画工作，后专职文学创作和民间文化研究。他大力推动了很多民间文化保护宣传工作，创作了大量优秀散文、小说和绘画作品。

图 3-109 “春节‘福’字应该怎么贴”样文

项目4　电子表格处理

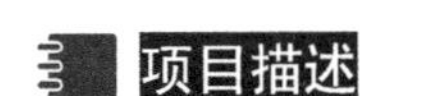

项目描述

在日常生活和工作中，人们经常需要收集与编制大量与生产、销售、人事、财务相关的数据资料，还需要对这些数据资料进行统计分析，编制数据分析报表或图表，为相关部门提供决策依据。

项目分析

Excel 2010是Microsoft Office 2010办公自动化软件的一个重要组成部分，是微软公司推出的一款优秀的表格管理软件，可以用来制作电子表格，处理各种复杂的图表和数据，是财务人员、统计人员、人事管理人员不可或缺的办公助手，被广泛应用于统计、财务、会计、金融和审计等领域。Excel 2010与早期的版本相比，增加了许多新功能，使用户操作起来更加得心应手。

任务分解

- ✧ 任务1　认识Excel 2010
- ✧ 任务2　制作学生基本信息表
- ✧ 任务3　制作学生成绩表
- ✧ 任务4　制作公司员工工资表
- ✧ 任务5　制作商品销售数据分析表

任务4.1　认识Excel 2010

任务介绍

李丽这学期加入了学生会宣传部，工作一段时间后，她发现好多文件都是Excel电子表格。李丽觉得自己对Excel电子表格还不是很熟悉，应在课余时间系统地学习，以使自己设计的电子表格即符合工作要求又有特色。

相关知识

一、Excel 2010的启动与退出

1．启动

启动Excel 2010通常有以下几种方法：

（1）单击“开始”→“程序”→“Microsoft Office”→“Microsoft Excel 2010”，如图 4-1 所示。

（2）若桌面上有 Excel 快捷方式图标，双击图标，也可启动 Excel。另外，还可通过双击 Excel 文档启动 Excel 2010。

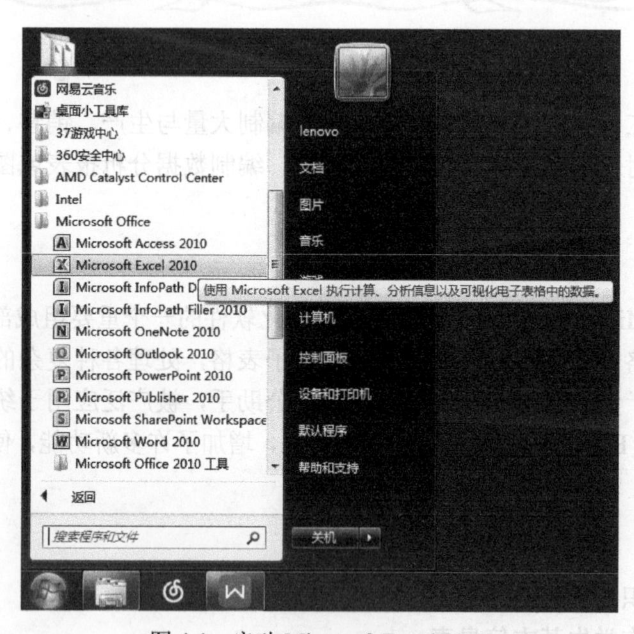

图 4-1　启动 Microsoft Excel 2010

2. 退出

退出 Excel 2010 通常有以下几种方法：

（1）单击“文件”→“退出”命令。

（2）单击窗口右上角的关闭按钮。

（3）按“Alt+F4”组合键。

二、Excel 2010 的工作窗口

启动 Excel 2010 后，会自动打开一个名为“工作簿 1”的 Excel 窗口，其工作界面主要由按钮、标题栏、快速访问工具栏、功能区、编辑栏和工作簿窗口等组成，如图 4-2 所示。

1. 标题栏

标题栏位于窗口的顶部，主要用来表明所编辑的工作簿的名称、最小化按钮、还原按钮以及关闭按钮等。

工作簿名称位置显示当前打开工作簿的名称。如果是新建工作簿，Excel 2010 会自动以“工作簿 1”“工作簿 2”等默认名称顺序为工作簿命名。

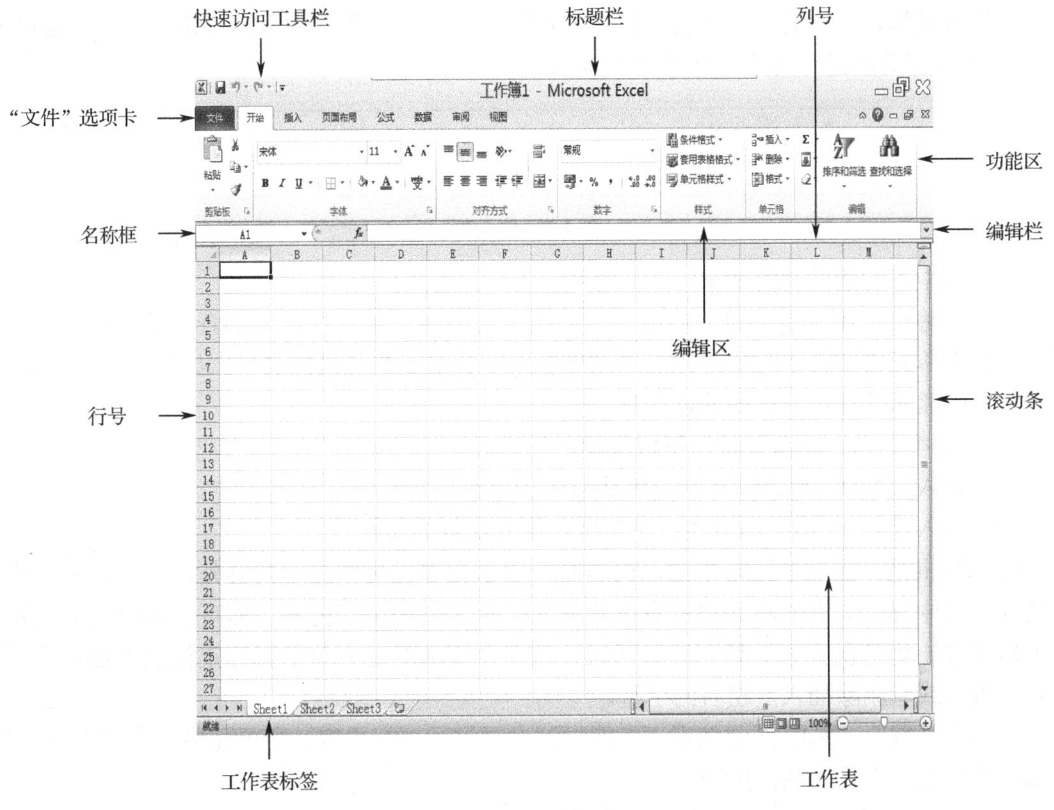

图 4-2　Excel 2010 工作窗口组成

2. "文件"选项卡

位于工作窗口的左上角，当单击该按钮时弹出一个下拉菜单，该菜单主要有新建文件、打开文件、保存文件、打印文件、退出等功能。

3. 快速访问工具栏

快速访问工具栏位于标题栏左侧，用户利用这些快速访问工具按钮可以更快速、方便地工作。默认情况下，工具栏中有三个工具可用，分别是"撤销""恢复"和"保存"工具。用户可以单击工具栏右侧的"▾"图标来增加其他工具。快速访问工具栏为用户提供了更为快捷的操作方式。

4. 功能区

工作时需要用到的命令都在此处。它与其他软件中的"菜单"或"工具栏"相同。

5. 编辑栏

编辑栏位于功能区的下方，它是 Excel 窗口特有的，用以显示、编辑数据、公式。编辑栏由 5 个部分组成，从左至右依次是：名称框；"插入函数"按钮（fx），单击它可打开"插入函数”对话框，同时它的左边会出现“取消”按钮（![]）和“输入”按钮（![]）；编辑区；展开/折叠和翻页按钮。其结构具体如图 4-3 所示。

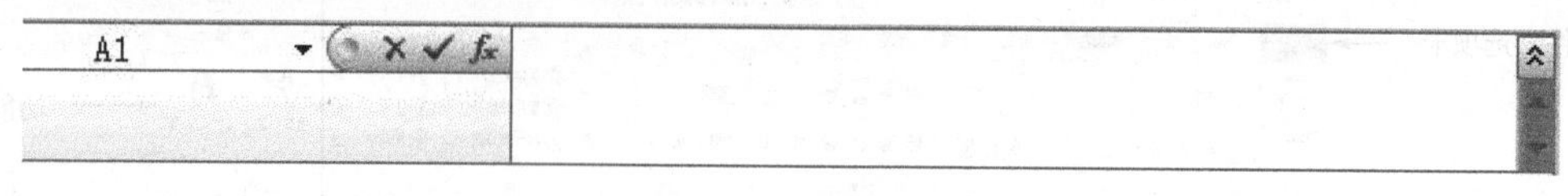

图 4-3　编辑栏

编辑栏中各元素的功能如下：

（1）名称框：用于定义单元格或单元格区域的名字，或者根据名字查找单元格或单元格区域。如果单元格定义了名称，则在“名称框”中会显示单元格的名字；如果没有定义名字，在名称框中显示活动单元格的地址名称。

（2）取消（![]）：单击该按钮可取消输入的内容。

（3）输入（![]）：单击该按钮可确认输入的内容。

（4）插入函数（![]）：单击该按钮可执行插入函数的操作。

（5）编辑区：当在单元格中键入内容时，除了在单元格中显示内容外，还会在编辑栏右侧的编辑区中显示。有时单元格的宽度不能显示单元格的全部内容，即可在编辑栏的编辑区中编辑内容。当把鼠标指针移到编辑区时，在需要编辑的地方单击鼠标定位插入点，即可插入新的内容或者删除插入点左右的字符。

（6）翻页按钮（![]）：通常情况下，编辑区中只显示一行内容，当单元格内容超出一行时，编辑区的右侧即会显示翻页按钮。

（7）展开/折叠按钮（![]）：用于展开编辑区，并将整个表格下移。此按钮与翻页按钮都是 Excel 2010 的新增功能。

6. 工作簿窗口

工作簿是 Excel 2010 用来处理和存储工作数据的文件，其扩展名为 .xlsx。一个工作簿由多个工作表组成，默认为 3 张。名称分别为 Sheet1、Sheet2 和 Sheet3，可改名。用户可以根据需要添加或删除工作表，最多 255 个工作表。工作簿窗口是 Excel 2010 窗口最重要的部分，它能管理多个不同类型的工作表，主要由以下几个部分组成：

（1）工作表标签。工作簿窗口的底部是工作表标签，用来显示工作表的名称（默认情况下，工作表名称为 Sheet1、Sheet2 和 Sheet3 三张工作表）。其中，当前正在使用的工作表标签以白底显示。单击工作表标签，即可迅速切换工作表。如果想使用键盘切换工作表标签，可按“Ctrl+PageDown”组合键。

如果要添加一张新工作表，可以单击工作表标签右边的“插入工作表”按钮（![]）即可。当用户创建了多个工作表时，可以利用工作表标签左侧的四个滚动按钮显示当前不可见的工作表标签。一个工作簿文件内系统默认的工作表有 255 个，用户也可以通过更改工作簿中包含的默认工作表的数量来指定新建工作簿中的工作表数。在文件菜单中单击“选项”按钮，打开“Excel 选项”对话框，在“常规”选项中“包含的工作表数”数值框中输入所需数值，即可更改工作簿中所包含的工作表数。

（2）工作表。工作表是一个由 1 048 576 行和 16 384 列组成的表格，行号自上而下为 1～

1 048 576；列号从左到右为 A、B、C、…、Y、Z，AA、AB、AC、…、BA、…、XDF 等。作为单元格的集合，工作表是用来存储及处理数据的一张表格。工作表是通过工作表标签来标识的。

（3）单元格。行和列交叉的部分称为“单元格”，是存放数据的最小单元，又称为“存储单元”，是工作表中存储数据的基本单位。每个单元格都有其固定的地址，用所在列的列标和所在行的行号表示，例如，单元格 B7 表示其行号为 7，列标为 B。在一个单元格中输入并编辑数据之前，应选定该单元格为活动单元格（即当前正在使用的单元格，外框显示为黑色）。

（4）单元格区域。单元格区域是一组被选中的相邻或不相邻的单元格，被选中的单元格都会高亮显示，取消选中时恢复原样。对一个单元格区域的操作就是对该区域内的所有单元格执行相同的操作。要取消单元格区域的选择，只需单击所选区域外部即可。

7．显示按钮

可以根据自己的要求更改正在编辑的工作表的显示模式。

8．滚动条

可以更改正在编辑的工作表的显示位置。

9．缩放滑块

可以更改正在编辑的工作表的缩放设置。

10．状态栏

显示正在编辑的工作表的相关信息。

三、新建、打开和保存工作簿文件

1．建立工作簿

启动 Excel 2010 时将自动打开一个新的空白工作簿，也可以通过下面三种方法创建新的工作簿。

（1）在快速访问工具栏中单击“新建”按钮，创建一个空白工作簿。

（2）选择“文件”菜单，从下拉菜单中选择“新建”命令，在“可用模板”列表框中选择模板类型，然后选择模板。单击“创建”按钮，即可创建一个预定格式和内容的工作簿。

（3）按“Ctrl+N”组合键创建新工作簿。

2．打开已有工作簿

如果没有启动 Excel 2010，可通过双击所要打开的文件名来启动 Excel 并打开该工作簿。如果已启动了程序，则可用下面三种方法之一打开工作簿：

（1）选择“文件”菜单，从下拉菜单中选择“打开”命令，在“打开”对话框中选择要打开的工作簿，然后单击“打开”按钮。

（2）按“Ctrl+O”组合键，打开“打开”对话框，从中选择要打开的工作簿，单击“打开”按钮。

（3）单击“文件”选项卡，从弹出的菜单中选择最近使用过的工作簿。

3．保存工作簿

在编辑过程中为防止意外事故，需经常保存工作簿。方法有以下几种：

（1）单击快速访问工具栏中的“保存”按钮。

（2）按“Ctrl+S”组合键。

（3）单击“文件”选项卡，从弹出的菜单中选择“保存”命令。

如果想将当前文件保存到另一个文件中，则选择“文件”→“另存为”命令。

四、工作表操作

默认情况下，新工作簿是由 Sheet1、Sheet2、Sheet3 这 3 个工作表组成的，用户可以更改工作表中默认的工作表个数，根据需要对工作表进行选取、删除、插入和重命名操作。

1．更改工作表中默认的工作表个数

单击“文件”→“选项”，在“Excel 选项”选项卡中选择“常规”选项，在“包含的工作表数”数据框中可以修改默认工作表个数，如图 4-4 所示。

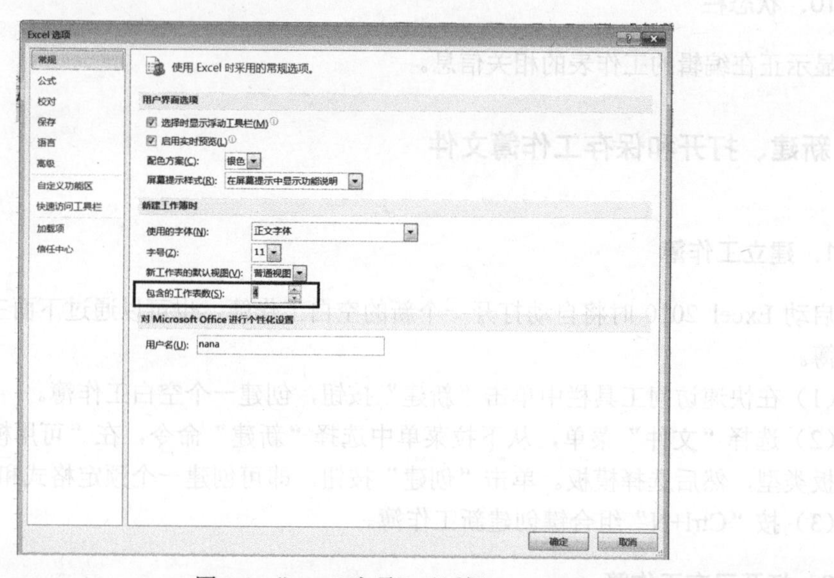

图 4-4 “Excel 选项”对话框

2．选取工作表

工作簿通常由多个工作表组成。想对单个或多个工作表进行操作就必须选取工作表。工

作表的选取可以通过鼠标单击工作表标签栏进行。

鼠标单击要操作的工作表标签，该工作表内容出现在工作簿窗口。当工作表标签过多而在标签栏显示不下时，可通过标签栏滚动按钮前后翻阅标签名。

若选取多个连续工作表，可先单击第一个工作表，然后按 Shift 键单击最后一个工作表，完成选取。

若选取多个非连续工作表，可按 Ctrl 键，再单击各个工作表，完成选取。多个选中的工作表组成一个工作组，在标题栏中出现“[工作组]”字样。选定工作组的好处是：在其中一个工作表的任意单元格中输入数据或设置格式，在工作组其他工作表的相同单元格中将出现相同数据或相同格式。

单击工作组外任意一个工作表标签即可取消工作组设置。

3. 删除工作表

如果想删除工作表，只要选中该工作表的标签，单击鼠标右键，在菜单中选择“删除”命令即可。选中的工作表将被删除且相应标签也从标签栏中消失。

4. 插入工作表

如果用户想在某个工作表前插入一张空白工作表，选中该工作表（如 Sheet1），在菜单中选择“插入”命令，在弹出的对话框中选择“插入”→“工作表”命令，就可在“Sheet1”之前插入一个空白的新工作表，且成为活动工作表。

5. 重命名工作表

工作表初始名字为 Sheet1、Sheet2……如果一个工作簿中建立了多个工作表，则用户希望工作表的名字要能反映出工作表的内容，以便识别。重命名方法是：用鼠标双击要命名的工作表标签，工作表名将突出显示；再输入新的工作表名，按回车键确定。

五、工作表数据的输入

Excel 的数据输入有多种方法，现介绍两种最常用的输入方法：直接输入和自动填充输入。

1. 常量数据的直接输入

在单元格中输入数据，首先选择该单元格，当插入点出现在编辑栏中时直接输入所需数据，数据会自动显示在单元格中，输入完毕按 Enter 键或单击编辑栏中的✔可结束输入。按 Esc 键或单击编辑栏中的✖可取消输入。输入的数据类型分为文本型、数值型和日期时间型。下面介绍这三种类型数据的输入。

（1）文本型。Excel 文本包括汉字、英文字母、数字、空格及其他键盘能键入的符号，文本输入时向左对齐。有些数字如电话号码、邮政编码常常作为字符处理。此时只需在输入数字前加上一个单引号即可，例如，要输入学号“0170420”，应输入“’0170420”，此时 Excel 将把它当作字符沿单元格左对齐。

如输入的文字长度超出单元格宽度，若右边单元格无内容，则扩展到右边列，否则，截断显示。

（2）数值的输入。数值除了数字（0～9）组成的字符串外，还包括+、−、E、e、$、%以及小数点（.）和千分位符号（,）等特殊字符（如$20000）。数值型数据在单元格中默认右对齐。

Excel 数值输入与数值显示未必相同，如单元格数字格式设置为带两位小数，此时输入三位小数，则末位将自动进行四舍五入。注意，Excel 计算时将以输入数值而不是显示数值为准。

（3）日期时间数据的输入。Excel 内置了一些日期时间的格式，当输入数据与这些格式相匹配时，Excel 将识别它们。常见日期时间格式为“mm/dd/yy”“dd-mm-yy”“hh：mm(am/pm)”，其中 am/pm 与分钟之间应有空格，如 7:20PM，缺少空格将被当作字符数据处理。当天日期的输入可按组合键“Ctrl+：”，当天时间的输入可按“Ctrl+Shift+：”组合键。

2. 数据序列的填充与输入

在 Excel 2010 中提供了一些可扩展序列（包括数字、日期和时间），相邻单元格的数据将按序列递增或递减的方式进行填充。

如果要填充扩展序列，应先选择填充序列的起始值所在的单元格，输入起始值，然后将指针移至单元格右下角的填充柄，当指针变为“+”形状时按住鼠标左键不放，在填充方向上拖动填充柄至终止单元格，此时选中的单元格区域中会默认填充相同的数据，并在单元格区域右下角显示一个“自动填充”图标按钮（），单击此按钮，在弹出的菜单中选择“填充序列”单选按钮，即可填充数据序列，如图 4-5 所示。

对于日期和时间数据，需按住 Ctrl 键拖动当前单元格的填充柄，才能实现相同日期和时间数据的快速输入。

（1）输入等差序列。如果要填充的是一个等差序列，用户可先在区域的前两个单元格中输入等差数据，然后选择两个单元格，再拖出矩形区域，即可填充等差序列数据。

（2）输入其他序列。如果需要填充其他类型的序列，如等比序列或日期，可在“开始”选项卡中单击“编辑”组中的“填充”按钮，在弹出的菜单中选择“系列”命令，打开“序列”对话框，指定所需的序列填充方式，如图 4-6 所示。

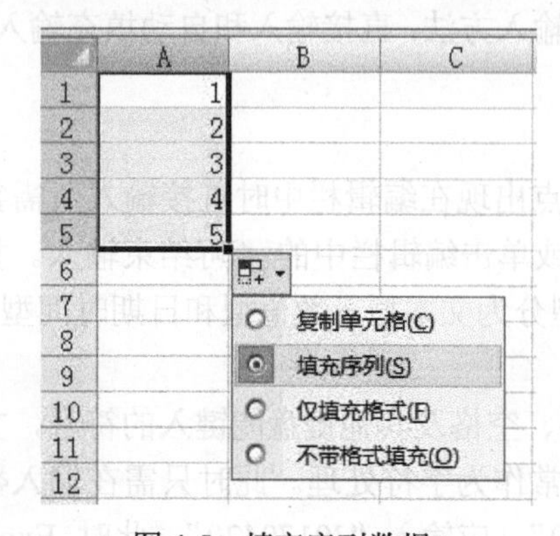

图 4-5　填充序列数据

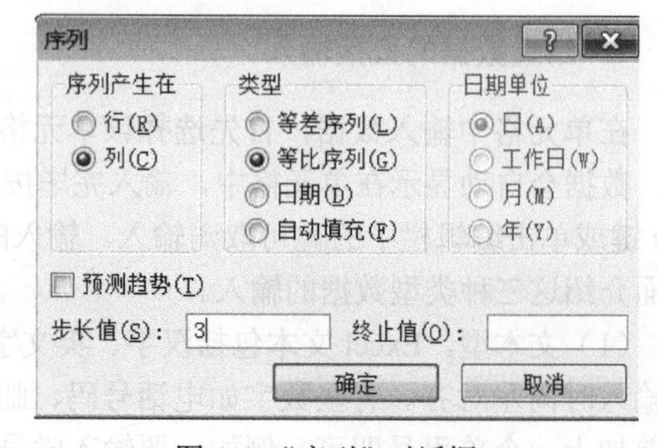

图 4-6　“序列”对话框

任务实施

1. 新建文件名为“课程表”的 Excel 工作簿

新建一个 Excel 工作簿，按样文输入“课程表”内容，另存为 F 盘下以“班级+姓名+学号”命名的文件夹里。

操作步骤：

（1）双击“我的电脑”，打开 F 盘，单击鼠标右键，在弹出的菜单中选择“新建”→“文件夹”命令，将该文件夹重命名为“班级+姓名+学号”。

（2）单击“开始”按钮，选择“所有程序”→“Microsoft Office”→“Microsoft Excel2010”，启动 Excel。

（3）单击“文件”选项卡按钮，选择“另存为”命令，在“另存为”对话框中选择“F 盘”→“班级+姓名+学号”文件夹，文件名为“课程表”。

（4）课程表样文如图 4-7 所示。

2017-2018学年上学期课程表

班级编号：　　　　专业名称：　　　　教室：

课程名称 星期 上课时间				星期一	星期二	星期三	星期四	星期五	星期六
第一节	8:00	…	8:45	基础会计	英语	管理学	英语	货币银行学	公选课1
第二节	8:55	…	9:40						
第三节	9:55	…	10:40	大学语文	高等数学	货币银行学	基础会计	计算机文化基础	公选课2
第四节	10:55	…	11:40						
第五节	13:00	…	13:45	体育与健康	计算机文化基础	行为礼仪与沟通技巧	毛泽东思想概论	体育与健康	公选课3
第六节	13:55	…	14:40						
第七节	14:50	…	15:35	班会	毛泽东思想概论	课外活动	舞蹈与健美操	篮球赛	
第八节	15:35	…	16:10						
晚自习	18:20	…	20:20						

图 4-7　课程表效果图

2. 新建文件名为“练习”的 Excel 工作簿

新建一个 Excel2010 工作簿，并命名为“练习.xlsx”，保存在桌面上。

3. 工作表练习

修改 Sheet1 工作表的名称为基础练习，然后在基础练习表单里面分别完成以下操作。

（1）熟悉 Excel 2010 窗口界面，观察界面中的功能和命令。

（2）尝试隐藏和展开功能区（点击右上角的小三角形即可）。

（3）打开 F 盘的“2017 级各科成绩表.xlsx”电子表格。

（4）尝试在工作簿“练习.xlsx”和“2017 级各科成绩表.xlsx”之间进行切换。方法：切换至“视图”页，按下“窗口”区的“切换窗口”，即可从中选取工作簿。

知识扩展

自定义自动填充序列

如果经常要用到一个序列，而该序列又不是系统自带的可扩展序列，用户可以将此序列自定义为自动填充序列。

要自定义填充序列，应先选择作为自动填充序列的单元格区域（已输入数据），然后单击“文件”选项卡，在下拉菜单中单击“选项”命令，打开“Excel 选项”对话框，选择“高级”→“常规”→“创建用于排序和填充序列的列表”，单击“编辑自定义列表”按钮，打开“自定义序列”对话框，单击“导入”按钮将自定义的填充序列导入到“自定义序列”列表框中，并在“输入序列”列表框中显示序列的全部内容，如图 4-8 和图 4-9 所示。设置完毕单击“确定”按钮，即可完成自定义自动填充序列的创建。

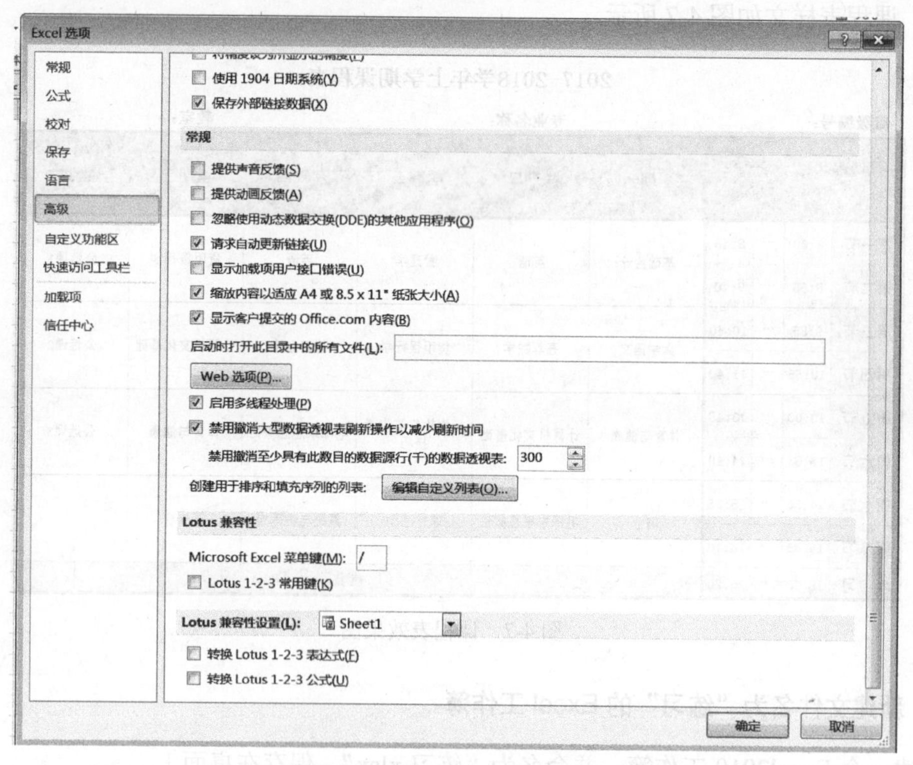

图 4-8 “Excel 选项”对话框

自定义序列的填充方法与默认序列的填充方法相同，首先在一个单元格中输入自定义序列的初始值，然后拖动填充手柄进行填充即可得到自定义的序列。

拓展训练

1．在 Excel 工作表中自定义一个“周一”至“周日”的序列，并测试该序列的自动填充效果。

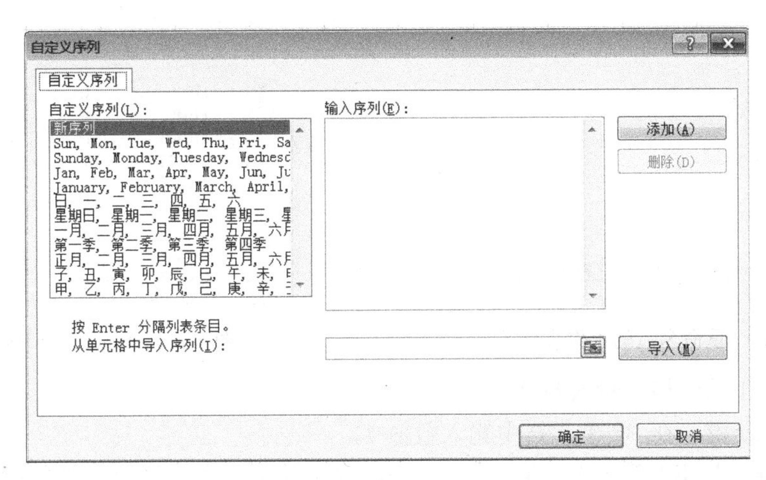

图 4-9 “自定义序列”对话框

（1）在任意单元格内单击，输入“周一”，按 Enter 键，然后输入“周二”，并以同样方法输入其他内容，直至完成“周日”的输入。

（2）选择输入内容的所有单元格。

（3）单击“文件”选项卡，在弹出的菜单中单击“选项”按钮，打开“Excel 选项”对话框，显示“高级”类别选项。

（4）单击“常规”选项组中的“编辑自定义列表”按钮，打开“自定义序列”对话框。

（5）单击“导入”按钮导入序列。

（6）依次单击“确定”按钮，关闭“自定义序列”对话框和“Excel 选项”对话框。

（7）在其他未输入内容的单元格内输入“周一”。

（8）拖动填充柄完成该序列的自动填充。

2. 新建一个包含 4 个工作表的工作簿，并为各工作表重命名，最后将工作簿保存至桌面。

（1）单击“文件”选项卡中的“新建”命令，新建一个空白工作簿。

（2）单击工作表标签右边的“插入工作表”按钮，插入一个新工作表。

（3）双击 Sheet1 工作表标签，将标签文字更改为“高等数学”。

（4）参照上一步操作，将 Sheet2、Sheet3、Sheet4 工作表的标签文字分别更改为“高等数学”“英语”“大学语文”“基础会计”，如图 4-10 所示。

（5）单击快速访问工具栏中的“保存”按钮，打开“另存为”对话框。在“保存位置”下拉列表框中选择“桌面”，在“文件名”框中输入“学生成绩表”。

（6）单击“保存”按钮。

3. 在 Excel 工作表中 A 列中输入 170401～170410 自然数序列，在 B 列中输入起始值为 1、等差为 3 的等差序列，在 C 列中输入起始值为 1、终止值为 512、比值为 2 的等比数列，如图 4-11 所示。

（1）单击 A1 单元格，输入数值 170401。

（2）将指针移至单元格右下角，当显示加号标志时，向下拖动鼠标至 A10 单元格。

（3）释放鼠标，单击显示的“自动填充”图标，从弹出的菜单中选择“填充序列”单选按钮，完成自然数序列的填充。

高等数学 英语 大学语文 基础会计

图 4-10 重命名后的工作表标签

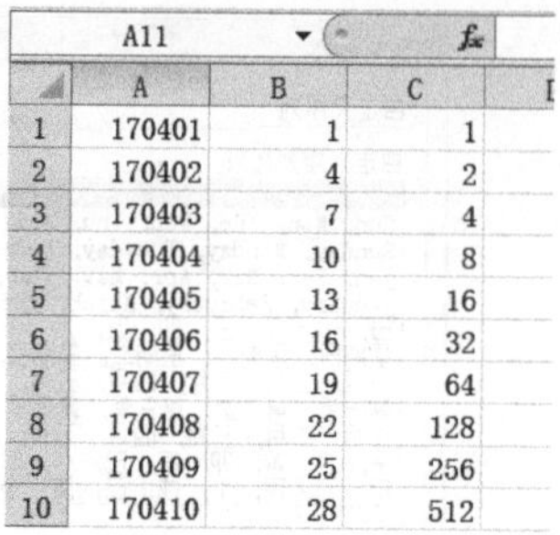

A11

	A	B	C
1	170401	1	1
2	170402	4	2
3	170403	7	4
4	170404	10	8
5	170405	13	16
6	170406	16	32
7	170407	19	64
8	170408	22	128
9	170409	25	256
10	170410	28	512

图 4-11 填充数据示例

（4）单击 B1 单元格，输入数值 1。

（5）按 Enter 键，在 B2 单元格中输入数值 4。

（6）选择 B1 与 B2 单元格，将指针移至 B2 单元格右下角，当显示加号标志时，向下拖动鼠标至 B10 单元格。

（7）释放鼠标左键，完成等差序列的填充。

（8）单击 C1 单元格，输入数值 1。

（9）在“开始”选项卡中选择“编辑”→“填充”，在弹出的菜单中选择“系列”，打开“序列”对话框。

（10）在“序列产生在”选项组中选择“列”单选按钮。

（11）在“类型”选项组中选择“等比序列”单选按钮。

（12）在“步长值”文本框中输入等比值 2。

（13）在“终止值”文本框中输入等比序列的最终值 512。

（14）单击“确定”按钮，完成等比序列的填充。

任务 4.2 制作学生基本信息表

任务介绍

学生会干部李丽作为志愿者帮助学生科接待新生，老师让她根据每个新生填写的新生报到登记表制作出以班级为单位的学生基本信息登记表，并告诉李丽，学生基本信息表主要包括学生的学号、姓名、性别、出生日期、身份证号码、籍贯、家庭住址等信息。李丽收集好了基本资料，开始着手制作。

相关知识

一、工作表的编辑

工作表的编辑是指对单元格或区域的插入、复制、移动和删除操作，它包括工作表内单元格、行、列的编辑，单元格数据的编辑，以及工作表自身的编辑等。工作表的编辑遵守“先选定、后执行”的原则。

1. 选择单元格及单元格区域

（1）选取单个单元格。

通常把被选择的单元格称为当前单元格。在某单元格中单击即可选中此单元格，被选中的单元格边框以黑色粗线条突出显示，且行、列号以高亮显示。

如果要选择不显示在当前屏幕中的单元格，可在“开始”选项卡中选择“编辑”组中的“查找和选择”按钮，在弹出的菜单中选择“转到”命令，打开“定位”对话框，如图 4-12 所示，在“引用位置”文本框中输入要选择的单元格。

也可以单击“定位条件”按钮，在打开的对话框中设置定位条件。设置完毕，单击“确定”按钮即可选定特定的单元格。

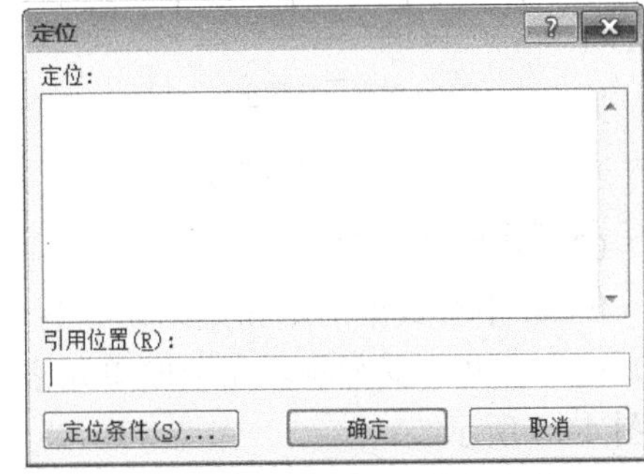

图 4-12 “定位”对话框

（2）选取多个连续单元格。

鼠标拖曳可选取多个连续单元格。或者用鼠标单击将要选择区域的左上角单元，按住 Shift 键再用鼠标单击右下角单元；选取整行或整列用鼠标单击工作表相应的行（列）号；选取整个工作表用鼠标单击工作表左上角行、列交叉的按钮。

（3）选取多个不连续单元格。

用户可选择一个区域，再按住 Ctrl 键不放，然后选择其他区域。在工作表中任意单击一个单元格即可清除单元区域的选取。

2. 单元格、行、列的编辑

数据输入时难免会出现遗漏，有时是漏输一个数据，有时可能漏掉一行或一列，在编辑工作表时可方便地插入单元格以及行、列、单元格区域，插入后工作表中的其他单元格将自动调整位置。

（1）插入单元格、行、列或工作表。

选定待插入的单元格或单元格区域，选择“开始”→“单元格”→“插入”，如图 4-13 所示，选择相应的插入方式即可。

（2）删除单元格、行、列和工作表。

选定要删除的行、列或单元格，选择“开始”→“单元格”→“删除”，如图 4-14 所示，选择相应的删除方式即可。

3. 单元格数据的编辑

单元格数据的编辑包括单元格数据的修改、清除、删除、移动和复制。

（1）数据修改。

在 Excel 中，修改数据有两种方法：一是在编辑栏中修改，只需先选中要修改的单元格，然后在编辑栏中进行相应修改，按✓按钮确认修改，按✕按钮或 ESC 键放弃修改，此种方法适合内容较多或公式的修改。二是直接在单元格中修改，此时须双击单元格，然后进入单元格修改，此种方法适合内容较少的修改。

图 4-13 “插入”列表

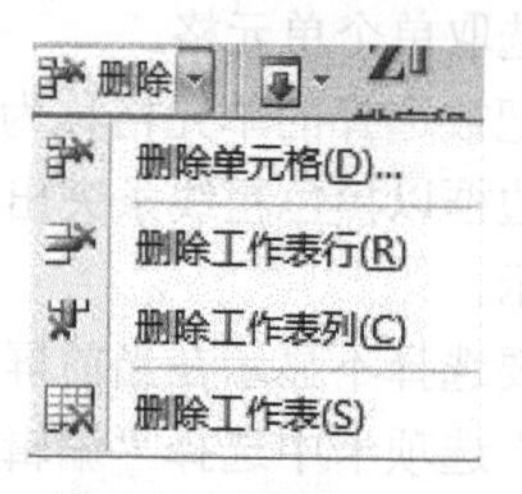

图 4-14 “删除”列表

（2）数据清除和删除。

Excel 中有数据清除和数据删除两个概念，它们是有区别的：数据清除针对的对象是数据，单元格本身并不受影响。在选取单元格或一个区域后，选择“开始”→“编辑”→“清除”，如图 4-15 所示。

①“清除”列表中的命令有：全部清除、清除格式、清除内容和清除批注，选择“清除格式”“清除内容”或“清除批注”命令将分别取消单元格的格式、内容或批注；选择“全部清除”命令将单元格的格式、内容、批注统统取消，数据清除后单元格本身仍留在原位置不变。

② 数据删除针对的对象是单元格，删除后选取的单元格连同里面的数据都从工作表中消失。

选取单元格或一个区域后，选择“开始”→“单元格”→“删除”→“删除单元格”，出现如图 4-16 所示的“删除”对话框。

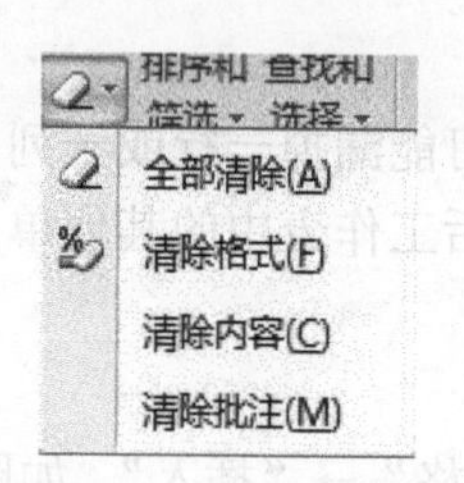

图 4-15 “清除”列表

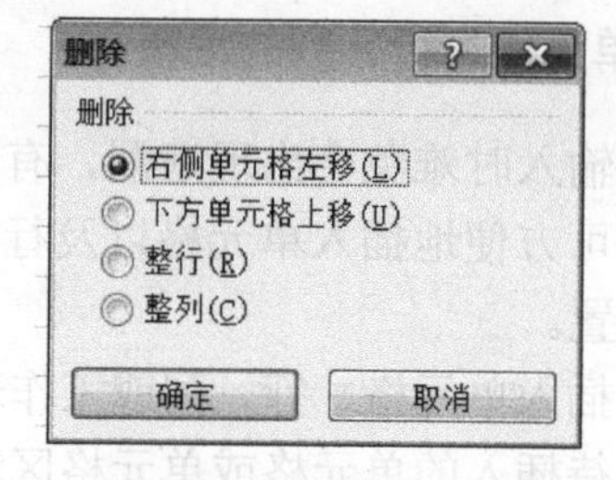

图 4-16 “删除”对话框

用户可选择“右侧单元格左移”或“下方单元格上移”来填充被删掉单元格后留下的空缺。选择“整行”或“整列”将删除选取区域所在的行或列，其下方行或右侧列将自动填充空缺。

（3）数据复制和移动。

移动数据是指把某个单元格或单元格区域中的内容从当前位置删除并放置到另外一个位置；而复制是指原位置内容不变，并把该内容复制到另外一个位置。如果原来的单元格中含有公式，移动或复制到新位置后，公式会因为单元格区域的引用变化生成新的计算结果。

① 使用剪贴板或快捷键。使用“开始”选项卡中“剪贴板”组中的“复制”“剪切”和“粘贴”按钮，可以方便地复制或移动单元格中的数据；也可以使用与之相对应的快捷键“Ctrl+C（复制）”“Ctrl+X（剪切）”“Ctrl+V（粘贴）”来达到目的。

② 使用鼠标拖放。如果移动或者复制的源单元格和目标单元格相距较近，直接使用鼠标拖放的操作就可以快速实现数据的复制和移动。

具体操作：首先选择要移动（复制）的单元格或单元格区域，将鼠标移动到所选单元格或单元格区域的边缘，当鼠标变成十字箭头时，按住鼠标左键（移动）或按住鼠标左键的同时按住Ctrl（复制）键拖动鼠标，此时一个与源单元格或单元格区域一样大小的虚框会随着鼠标移动。到达目标位置后释放鼠标，此单元格或区域内的数据即被移动或复制到新的位置。

移动数据时，如果目标单元格内含有数据，则系统会打开一个警告对话框，询问用户是否要替换目标单元格中的内容，单击“确定”按钮，则目标区域单元格中的数据将被替换。

复制数据时，目标区域内所含有的数据将会被自动覆盖。

此外，用户也可以使用下列方法移动或复制数据：按住鼠标右键拖动单元格或单元格区域，当释放鼠标时，将会弹出一个如图4-17所示的快捷菜单，根据需要选择相应的命令即可。

③ 选择性粘贴。一个单元格含有多种特性，如内容、格式、批注等，另外它还可能是一个公式，含有有效规则等，数据复制时往往只需复制它的部分特性。此外，复制数据的同时还可以进行算术运算、行列转置等。这些都可以通过选择性粘贴来实现。

选择性粘贴操作步骤：先选择并复制所需数据，然后选择目标区域中的第一个单元格，在“开始”选项卡中单击“剪贴板”组中的“粘贴”按钮下方的下拉按钮，从弹出的菜单中选择“选择性粘贴”命令，打开“选择性粘贴”对话框，如图4-18所示。选择相应选项后，单击“确定”按钮完成选择性粘贴。

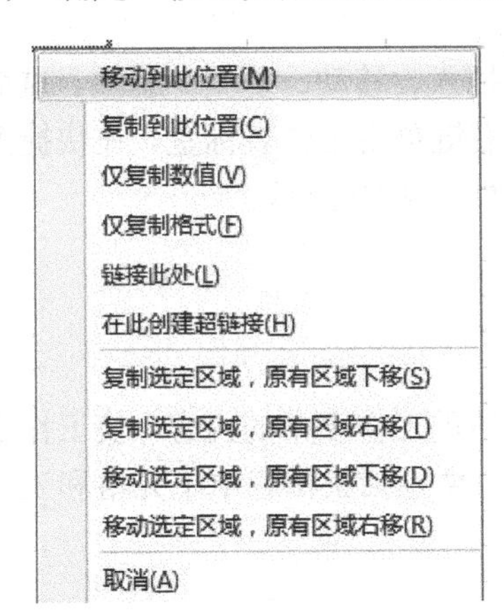

图4-17 移动/复制数据的快捷菜单

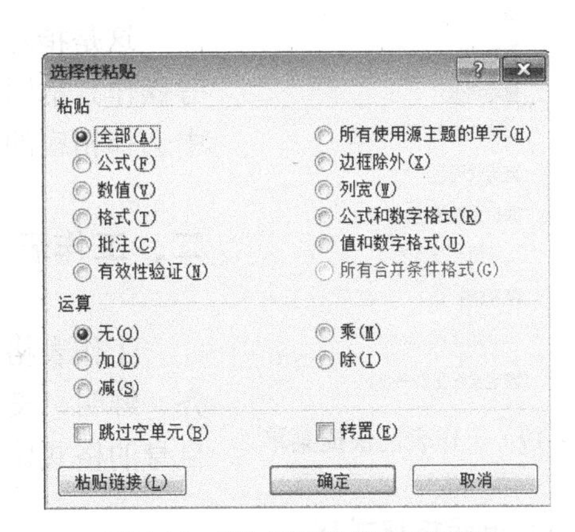

图4-18 “选择性粘贴”对话框

“选择性粘贴”对话框中各选项的功能如下。

- 粘贴：用于指定要粘贴的复制数据的属性。
- 运算：用于指定要应用到被复制数据的数学运算。
- 跳过空单元：当复制区域中有空单元格时，用于避免替换粘贴区域中的值。
- 转置：用于将被复制数据的列变成行，将行变成列。

● 粘贴链接：将被粘贴数据链接到活动工作表。

选择性粘贴对话框中各选项含义如表 4-1 所示。

表 4-1 “选择性粘贴”选项说明表

目　的	选　项	含　义
粘贴	全部	默认设置，将源单元格所有属性都粘贴到目标区域中
	公式	只粘贴单元格公式而不粘贴格式、批注等
	数值	只粘贴单元格中显示的内容，而不粘贴其他属性
	格式	只粘贴单元格的格式，而不粘贴单元格的内容
	批注	只粘贴单元格的批注而不粘贴单元格的内容
	有效性验证	只粘贴源区域中的有效数据规则
	边框除外	只粘贴单元格的值和格式等，不粘贴边框
运算	无	默认设置，不进行运算，用源单元格数据完全取代目标区域中数据
	加	源单元格中数据加上目标单元格数据再存入目标单元格
	减	源单元格中数据减去目标单元格数据再存入目标单元格
	乘	源单元格中数据乘以目标单元格数据再存入目标单元格
	除	源单元格中数据除以目标单元格数据再存入目标单元格
复选框	跳过空单元	避免源区域的空白单元格取代目标区域的数值，即源区域中空白单元格不被粘贴
	转置	将源区域的数据行列交换后粘贴到目标区域

4. 工作表的编辑

这是指对整个工作表进行插入、移动、复制、删除、重命名等操作。常用的方法是用鼠标右键单击工作表标签，在快捷菜单中选择相应的命令进行操作，如图 4-19 所示。

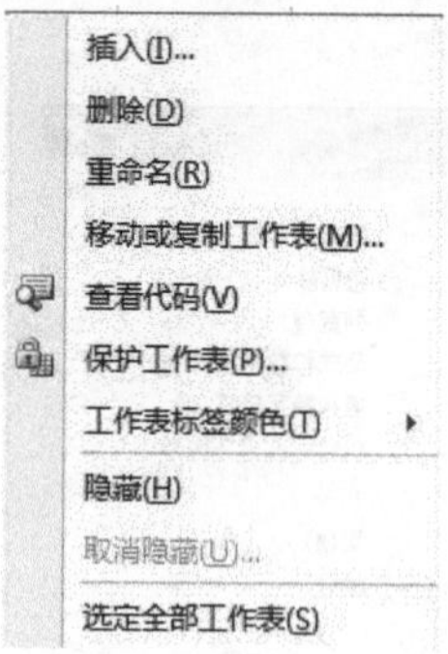

图 4-19　工作表的快捷菜单

二、工作表的格式化

工作表格式化可以更好地体现工作表中的内容，使工作表整齐、鲜明、美观。工作表格式主要包括工作表中单元格和工作表自身的格式化两个方面。

1. 单元格格式化

单元格格式化可以通过选择“开始”选项卡中的“字体”或“开始”选项卡中的“数字”或“开始”选项卡中的“对齐方式”来实现。

（1）设置文本数据类型。

通过“开始”选项卡中“字体”组的工具可以设置文本数据格式。选择要设置格式的数据后，选择所需工具即可对所选文本数据应用格式。

（2）设置数字数据的格式。

使用“开始”选项卡“数字”组中的工具可以设置数字数据格式，可以设置不同的小数位数、百分位、货币符号、千分位分隔符等。方法是选中要设置格式的数据后，选择所需的工具即可对所选文本数据应用相应的格式。“数字”组中各工具的功能说明如下：

① 数字格式（常规）：用于选择单元格中值的显示方式，如百分比、货币、日期或时间等。

② 会计数字格式（）：用于为选定单元格选择货币样式（如欧元、美元等）。

③ 百分比样式（%）：将单元格中数值以百分比显示。

④ 千位分隔样式（,）：显示单元格值时使用千位分隔符（这会将单元格样式更改为不带货币符号的会计格式）。

⑤ 增加/减少小数位数（）：用于增加或减少显示的小数位数。前者可以较高精度显示值，后者则以较低精度显示值。

（3）设置数据的对齐方式。

使用“开始”选项卡“对齐方式”组中的工具可以设置数据在单元格中的对齐方式、文本方向、缩进量和换行方式等格式。

数据在单元格中的对齐方式有 2 种：

① 水平对齐（）：包括“文本左对齐”“居中”“文本右对齐”。

② 垂直对齐（）：包括“顶端对齐”“垂直居中”“底端对齐”。

单元格中文本的显示控制可由“开始”选项卡“对齐方式”组中的其他工具完成，具体功能如下：

① 方向（）：用于改变单元格中文本的旋转角度，通常用于标记较窄的列。

② 减少缩进量/增加缩进量（）：分别用于减少和增加边框与单元格文字间的边距。

③ 自动换行（）：输入的文本根据单元格的列宽自动换行，即可通过多行显示使单元格中的所有内容可见。

④ 合并后居中（）：用于将所选的单元格合并为一个单元格，并将单元格中的内容居中。通常用于创建跨列标签。单击此按钮右侧的下拉按钮，可在弹出的菜单中选择更多的合并命令。如“跨越合并”用于将选中区域中的每一行的多个单元格合并成一个；“合并单元格”用于将选定的单元格区域合并为一个大单元格；“取消单元格合并”用于取消单元格的合并，使其恢复原来的样式。

设置单元格的格式还可以通过“设置单元格格式”对话框完成。“设置单元格格式”的打开方法是：通过“开始”选项卡“字体”中的或“开始”选项卡“数字”中的或“开始”选项卡“对齐方式”中的或直接单击右键在弹出的快捷菜单中选择“设置单元格格式”命令来打开，打开后的窗口如图 4-20 所示。其中有 6 个标签：数字、对齐、字体、边框、填充和保护。

① “数字”标签：用来设置单元格中数字的格式。

② “对齐”标签：用来设置单元格中数据的对齐方式。

③ “字体”标签：用来设置字符格式。

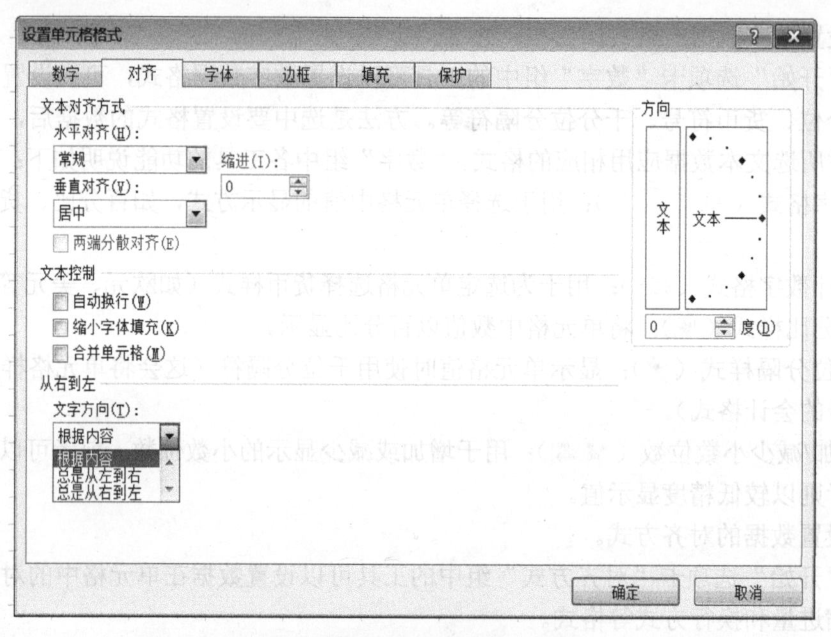

图 4-20 “设置单元格格式”对话框

④ “边框”标签：用来设置边框样式。

⑤ “填充”标签：用来设置单元格底纹。

⑥“保护”标签：用来锁定单元格（不允许编辑）或隐藏公式。

【例 4-1】 对图 4-21 所示的学生成绩表进行单元格格式化：设置“平均分”列小数位为 1 位；将第一行中的 A 列到 H 列单元格合并为一个，标题内容水平居中对齐，标题字体设为黑体、16 号、加粗；工作表外边框为红色双实线，内框为蓝色细线；姓名列的底纹为浅粉色。

	A	B	C	D	E	F	G	H
1	学生成绩表							
2								
3	学号	姓名	高等数学	大学英语	基础会计	计算机基础	总分	平均分
4	09022001	张成祥	97	94	93	93	377	94.3
5	09022002	唐来云	80	73	69	87	309	77.3
6	09022003	张雷	85	71	67	77	300	75.0
7	09022004	韩文歧	88	81	73	81	323	80.8
8	09022005	郑俊霞	89	62	77	85	313	78.3
9	09022006	马云燕	91	68	76	82	317	79.3
10	09022007	王晓燕	86	79	80	93	338	84.5
11	09022008	贾莉莉	93	73	78	88	332	83.0
12	09022009	李广林	94	84	60	86	324	81.0
13	09022010	马丽萍	55	59	98	76	288	72.0
14	09022011	高云河	74	77	84	77	312	78.0
15	09022012	王卓然	88	74	77	78	317	79.3

图 4-21 单元格格式化效果

① 在 A1 单元格中输入“学生成绩表”。

② 选择 A1:H1 单元格，在“开始”选项卡中单击“对齐方式”组中的“合并后居中”按钮。并在“开始”选项卡“字体”组中将字体设置为黑体、16 号、加粗。

③ 选择 H 列，单击鼠标右键，打开“设置单元格格式”对话框，在“数字”标签中选择“数值”，小数位数选择“1”，如图 4-22 所示，然后单击“确定”按钮。

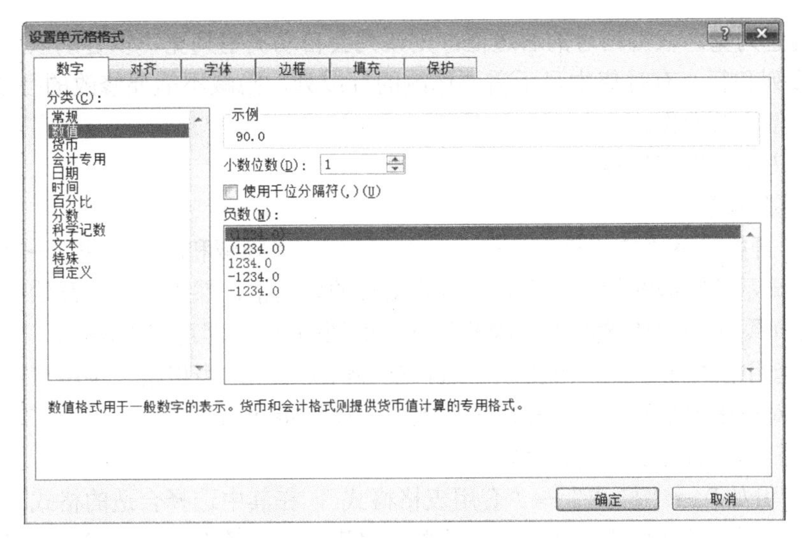

图 4-22　设置单元格数值的小数位数

④ 选中整个表格（A1: H15），选择“设置单元格格式”→“边框”，如图 4-23 所示。先选择线条颜色为“红色”，样式为“双实线”，单击“外边框”按钮，完成表格外边框的设置；再选择线条样式为“细线”，线条颜色为“蓝色”，单击“内部”按钮，完成内框的设置；最后单击“确定”按钮完成操作。

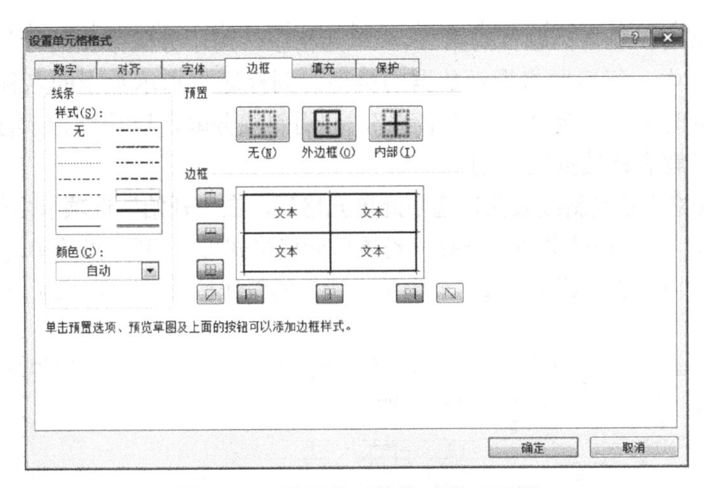

图 4-23　“设置单元格格式”对话框

2. 工作表的格式化

新建立的工作表，其行高和列宽均为默认值，编辑过程中需要精确调整和改变。

（1）调整列宽和行高。如果单元格内的信息过长，列宽不够，部分内容显示不出来，或者行高不合适，可以通过调整行高和列宽来达到要求。

① 使用“开始”选项卡“单元格”中的“格式”按钮（格式）调整。

② 使用鼠标，向上或向下拖动行号之间的交界处可调整行高，向左或向右拖动列号之间

的交界处可调整列宽。双击列号的右边框，则该列会自动调整列宽，以容纳该列最宽的值。

（2）隐藏列和行。有时集中显示需要修改的行或列，隐藏不需要修改的行或列，以节省屏幕空间，方便修改操作。

以隐藏行为例，操作步骤如下：

① 选定要隐藏的行。

② 单击“开始”→“单元格”→格式（格式）→“隐藏和取消隐藏”→“隐藏行”。

如果需要显示被隐藏的行，则选定跨越隐藏行的单元格，然后单击“开始”→“单元格”→“格式”（格式）→“隐藏和取消隐藏”→“取消隐藏”，即可完成操作。

（3）自动套用格式。Excel 2010 提供了适合多种情况使用的表格格式供用户根据需要选择，用其可以简化对表格的格式设置，提高工作效率。操作步骤如下：

① 选定需要套用格式的表格区域。

② 选择“开始”→“样式”→“套用表格格式”，在其中选择合适的格式。

（4）条件格式。条件格式指如果选定的单元格满足特定条件，那么 Excel 2010 将底纹、字体及颜色等格式应用到该单元格中。一般在需要突出显示公式的计算结果或者要监视单元格的值时应用条件格式。条件格式的设置可通过“开始”→“样式”→“条件格式”完成。

三、绘制斜线表头

斜线表头通常用在表格标题行的第 1 个单元格中，用于分隔数据的行与列的标题类型。例如，在一个表格中，行标题将指示数据的类型，列标题将指示数据的名称，则可在表格的第 1 个单元格中同时输入“类型”和“名称”，并用斜线分隔，以分别指示行标题和列标题。这样便于浏览者了解表格数据的类别。

要在某个单元格中绘制斜线表头，选中此单元格后，在“开始”选项卡中单击“单元格”组中的“格式”按钮，在弹出的菜单中选择“设置单元格格式”，打开“设置单元格格式”对话框。切换到“边框”选项卡，在“边框”选项卡中单击所需的斜线按钮，如图 4-24 所示，然后单击“确定”按钮。

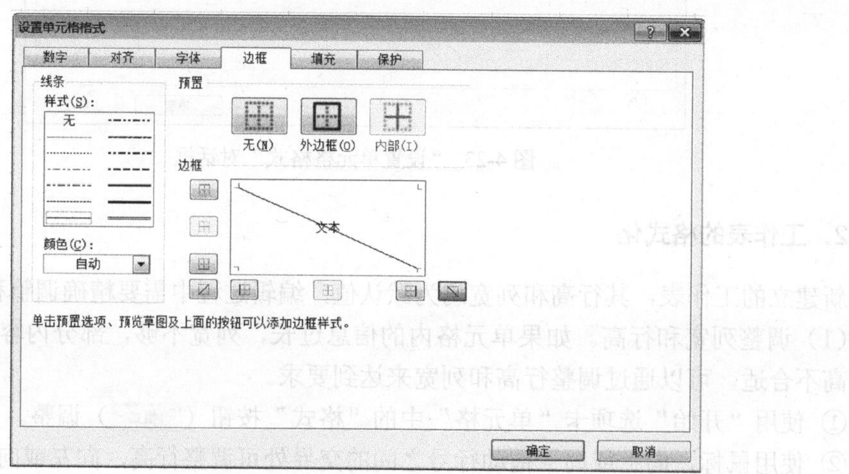

图 4-24 “边框”选项卡

任务实施

创建“学生”基本信息表

1. 创建并保存工作簿

（1）启动 Excel 2010，系统自动创建一个名为“工作簿 1.xlsx”的空白工作簿。

（2）单击“文件”→“保存”，弹出“另存为”对话框，在“另存为”对话框中，将文件保存至 F 盘学生自己的文件夹中，单击“保存位置”右侧的下拉按钮，从打开的下拉列表框中选取要保存的路径，在“文件名”文本框中输入 “学生基本信息表”，设置保存的类型为“Microsoft Office Excel 工作簿”，即.xlsx 格式的文件，然后单击“确定”按钮。

（3）右击“学生基本信息表”中的 Sheet1 工作表标签，在弹出的快捷菜单中选择“重命名”命令，输入新的工作表名称“学生基本信息”然后按 Enter 键确认。

2. 数据的输入

（1）输入表格大标题。选中 A1 单元格，在单元格中输入标题“学生基础信息表”。

（2）输入表格列标题。从 A2 单元格起分别输入表格各个字段的标题内容，如图 4-25 所示。

F18

	A	B	C	D	E	F	G	H	I
1	生基础信息表								
2	学号	姓名	性别	民族	出生日期	籍贯	身份证号码		
3									
4									
5									
6									
7									
8									
9									
10									
11									
12									
13									
14									
15									

图 4-25　表格行标题数据的输入

（3）“学号”数据的填充。在 A3 单元格中填入数据 17042301，A4 单元格中填入数据 17042302，然后在 A3 单元格中按住鼠标并向下拖动至 A4 单元格，选中 A3 和 A4 单元格后，释放鼠标，如图 4-26 所示。把鼠标移到 A4 单元格右下角的黑色小方块上，直到出现黑色的十字形指针，按下鼠标并向下拖动。在拖动过程中会发现 A5 单元格出现了数据 17042303，A6 单元格出现了数据 17042304……当填充句柄拖动至 A48 单元格时释放鼠标，编号的输入就完成了，填充后的编号数据如图 4-27 所示。

（4）“姓名”数据的填充。参照样文输入员工的“姓名”。

（5）“性别”数据的填充。性别是相对固定的一组数据，为了提高输入效率，可以为“性别”定义一组序列值，这样在输入数据时，可以直接从提供的序列值中选取。选中 C3:C48 单元格区域，选择“数据”→“数据有效性”命令，在弹出的对话框中选择“设置”，单击“允许”右侧的下拉按钮，在弹出的下拉列表框中选择“序列”选项，然后在下面的“来源”文本框中输入“男,女”，并勾选“提供下拉箭头”复选框，如图 4-28 所示，单击“确定”按钮。选中 C3 单元格，其右侧将出现下拉按钮，单击下拉按钮，可弹出图 4-29 所示的下拉列表框，选择相应的选项可以实现数据的输入。

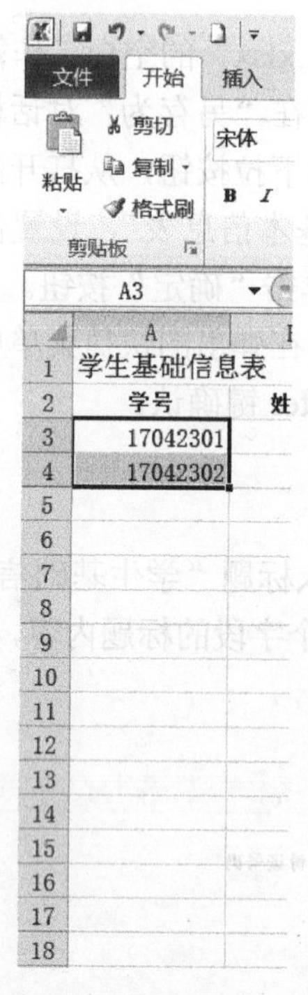

图 4-26　使用填充句柄填充“学号”

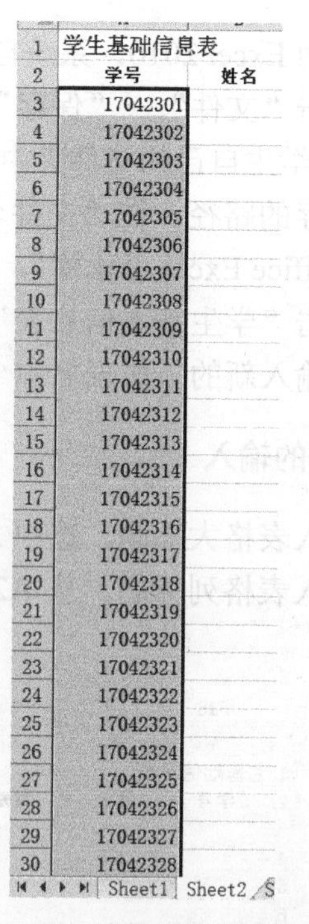

图 4-27　填充后的“学号”

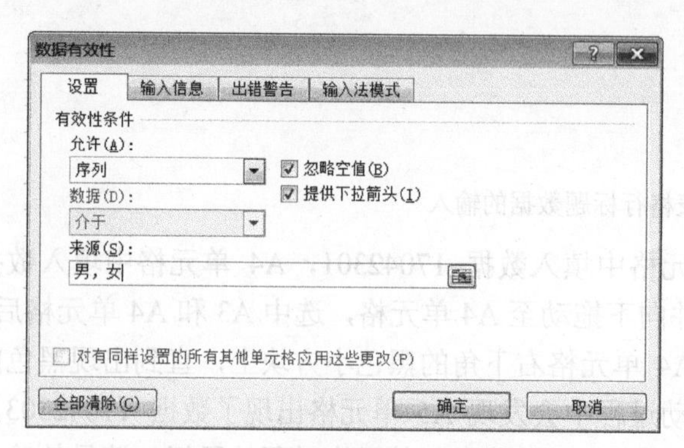

图 4-28　“数据有效性”对话框

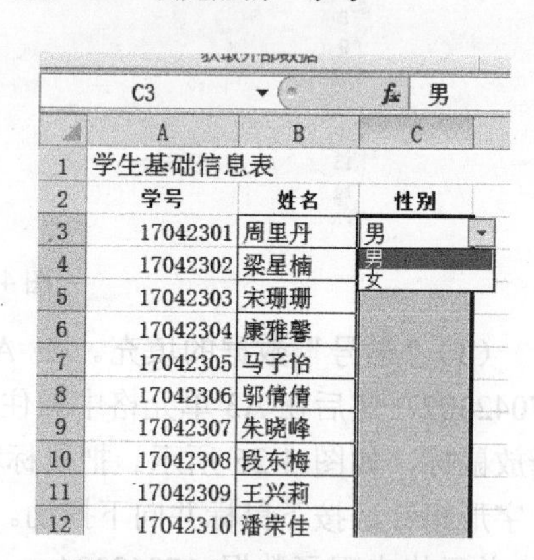

图 4-29　“性别”下拉列表框

（6）“出生年月”数据的填充。首先设置单元格的日期格式，选中 D3：D48 单元格区域，选择“开始”→“数字”命令组中的下拉按钮，打开“设置单元格格式”对话框，在弹出的对话框中选择“数字”选项卡，并选择“分类”列表框中的“日期”选项，在“类型”列表框中选择“*2001/3/14”选项，单击“确定”按钮，如图 4-30 所示。然后参照样文输入日期。

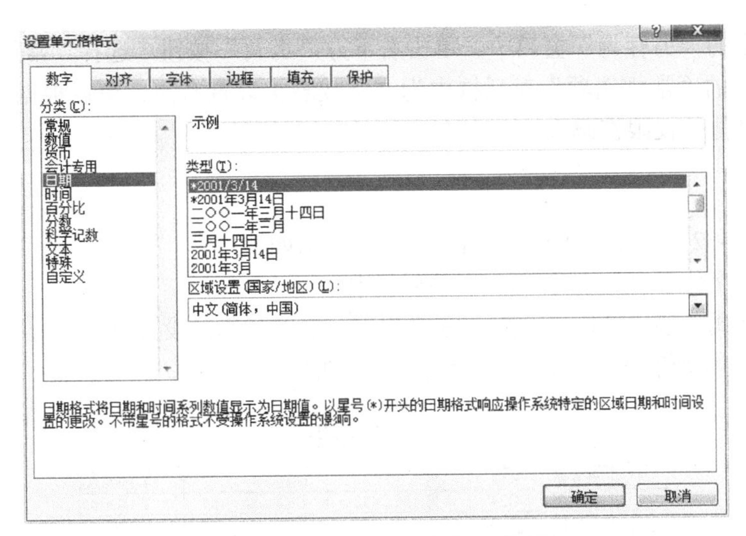

图 4-30 “设置单元格格式”对话框

（7）“身份证号码”数据的填充。选中 E3∶E48 单元格，选择“开始”→“数字”命令组中的下拉按钮，打开“设置单元格格式”对话框，在弹出的对话框中选择“数字”选项卡，并选择“分类”列表框中的“文本”选项，单击“确定”按钮，然后参照图 4-31 输入身份证号码。

	A	B	C	D	E	F	G
1	学生基础信息表						
2	学号	姓名	性别	民族	出生日期	籍贯	身份证号码
3	17042301	周里丹	男	汉	1999.03.22	安徽省安庆市太湖县百里乡松泉村	340825199903204521
4	17042302	梁星楠	男	汉	1996.09.22	黑龙江省鹤岗市工农区19委9组	230403199608220117
5	17042303	宋珊珊	女	汉	1997.09.09	黑龙江省牡丹市桥北东新荣街	231004199709080024
6	17042304	康雅馨	女	汉	1996.01.23	云南省昆明市富明县牛栏江镇海潮黑山村	530127199601232719
7	17042305	马子怡	男	彝	1997.09.01	云南省镇雄县	532128199708010014
8	17042306	邬倩倩	女	汉	1999.12.25	云南省丽江市宁蒗县	53322419981225006X
9	17042307	朱晓峰	男	汉	1995.10.09	云南省临沧市	362424199510085925
10	17042308	段东梅	女	彝	1995.09.02	云南省丽江市宁蒗县	533224199508020024
11	17042309	王兴莉	女	汉	1997.04.11	黑龙江省加格达奇市	232700199704110232
12	17042310	潘荣佳	女	汉	1997.11.07	吉林省图们市	222402199711070448
13	17042311	王晶	女	汉	1997.06.17	吉长白县长白镇	220623199706170015
14	17042312	崔纯明	男	汉	1999.11.04	吉林省白山市长白县	22062319981104001x
15	17042313	赵敏	女	汉	1996.04.05	吉林省松原市扶松县	220724199604052466
16	17042314	齐欣	女	汉	1996.02.02	吉林省白城市	220802199602027088
17	17042315	翟莉莉	女	汉	1997.09.27	吉林省白城市	220821199708274828
18	17042316	麦乐乐	女	汉	1997.01.25	吉林省敦化市	222403199701253845
19	17042317	赵桓玉	女	汉	1996.03.09	吉林省和龙市	220323199603093620
20	17042318	苏阳	男	汉	1997.06.01	吉林省珲春市	222404199706010224
21	17042319	刘居亮	男	汉	1997.06.24	吉林省安图县	222426199706240327
22	17042320	赵伟	男	汉	1999.01.24	吉林省吉林市	220203199801241822
23	17042321	王露蓉	女	汉	1997.05.11	吉林省长春市	220104199705114437
24	17042322	王博	女	汉	1997.01.13	吉林省磐石市	220284199701135027
25	17042323	赵丹	女	汉	1997.03.30	吉林省长春市九台县	220104199703306945
26	17042324	梅凤	女	回	1997.10.25	吉林省永吉县	220221199710251622
27	17042325	高杰	女	满	1997.04.04	吉林省吉林市	220221199704040079
28	17042326	王衡	女	汉	1997.09.10	吉林省梅河口市	220581199709100184
29	17042327	黄家舜	女	汉	1996.01.29	吉林省长岭县	220722199601280823
30	17042328	佟春华	女	汉	1997.05.13	吉林省辽源市	220403199705133128
31	17042329	赵金雪	女	汉	1997.09.26	吉林省农安县	22012219970826533X
32	17042330	徐莹	女	汉	1997.01.10	吉林省九台市	220181199701107726
33	17042331	牛志微	女	满	1997.06.16	吉林省舒兰市	220283199706163522
34	17042332	杨威	女	汉	1997.04.07	吉林省四平市	220303199704072620
35	17042333	于婷婷	女	汉	1997.09.23	吉林省舒兰市开原镇	220283199709236221
36	17042334	肖云锦	男	汉	1997.05.29	吉四平市	220302199705290623
37	17042335	黄英平	女	汉	1997.09.07	吉林省长春市朝阳区	220104199709075025
38	17042336	赵东芳	女	汉	1997.07.30	吉林省吉林市船营区	220204199707301848
39	17042337	程丽娟	女	满	1997.07.16	吉林省松原市前郭县长山镇	22072119970716084X
40	17042338	许金金	女	满	1996.12.01	吉林省吉林市昌邑区	220204199612010917
41	17042339	冯晓娟	女	汉	1997.09.29	吉林省辉南县朝阳镇	220523199709290156
42	17042340	杨丽	女	汉	1997.07.16	吉林省汪清县汪清镇	222424199707160617
43	17042341	高薇	女	汉	1997.11.16	吉林省农安县靠山镇	220122199711166826
44	17042342	韩伟	女	汉	1996.05.30	吉林省农安县三盛玉镇	220122199605305933
45	17042343	凌仕明	男	汉	1999.04.10	吉林省舒兰市	220183199804100212
46	17042344	赵石庆	男	汉	1999.02.23	吉林省磐石市	220284199902235016
47	17042345	张来齐	男	汉	1997.03.10	吉林省长岭县	220724199703105615

图 4-31 学生基础信息表效果图

知识扩展

Excel 2010 的密码设置

大家在学习和工作中要养成一个良好的习惯，在编辑完成一些文档或表格后要设置密码。

（1）单击“文件”→“另存为”。

（2）在弹出的“另存为”窗口中，单击右下方“工具”按钮，选择“常规选项”。

（3）在弹出的“常规选项”对话框中为文档或表格设置密码，可以根据需要设置“打开权限密码”和“修改权限密码”。

拓展训练

1．参照图 4-32，制作“职员登记表”。基本要求如下：

标题格式：字体隶书，字号 20，合并后居中。

表头标题格式：字体楷体，加粗，底纹黄色，字体黄色；设置相应的边框线；

“部门”一列中所有“市场部”单元格底纹：灰色 25%。

职员登记表

序号	部门	员工编号	性别	年龄	籍贯	工龄	工资
1	开发部	K12	男	30	陕西	5	￥2,000.00
2	测试部	C24	男	32	江西	4	￥1,600.00
3	文档部	W24	女	24	河北	2	￥1,200.00
4	市场部	S21	男	26	山东	4	￥1,800.00
5	市场部	S20	女	25	江西	2	￥1,900.00
6	开发部	K01	女	26	湖南	2	￥1,400.00
7	文档部	W08	男	24	广东	1	￥1,200.00
8	测试部	C04	男	22	上海	5	￥1,800.00
10	市场部	S14	女	24	山东	4	￥1,800.00
11	市场部	S22	女	25	北京	2	￥1,200.00
12	测试部	C16	男	28	湖北	4	￥2,100.00
13	文档部	W04	男	32	山西	3	￥1,500.00
14	开发部	K02	男	36	陕西	6	￥2,500.00
15	测试部	C29	女	25	江西	5	￥2,000.00
16	开发部	K11	女	25	辽宁	3	￥1,700.00
17	市场部	S17	男	26	四川	5	￥1,600.00
18	文档部	W18	女	24	江苏	2	￥1,400.00

图 4-32　职员登记表效果

2．将 B1:C8 单元格区域中的数据以转置的方式复制到 E1:L2 单元格区域中，其中 B1:C8 单元格区域有外边框，要求复制到 E1:L2 单元格区域时不带边框，如图 4-33 所示。

A15 fx

	A	B	C	D	E	F	G	H	I	J	K	L
1		周里丹	男		周里丹	梁星楠	宋珊珊	康雅馨	马子怡	郭倩倩	朱晓峰	段东梅
2		梁星楠	男		男	男	女	女	男	女	男	女
3		宋珊珊	女									
4		康雅馨	女									
5		马子怡	男									
6		郭倩倩	女									
7		朱晓峰	男									
8		段东梅	女									
9												

图 4-33　转置的复制结果

（1）拖动鼠标选择所有数据，单击“开始”→“剪贴板”→“复制”。

（2）单击 A6 单元格。

（3）单击“剪贴板”→“粘贴”→“选择性粘贴”，打开“选择性粘贴”对话框。

（4）在“粘贴”选项组中单击“边框除外”单选按钮，并选择“转置”复选框。

（5）单击“确定”按钮。

任务4.3 制作学生成绩表

任务介绍

学期结束时，辅导员王老师接到教务部门交来的成绩表，要求他根据学生的各门成绩表的数据得到“各科成绩表”，并进行相关数据计算。王老师经过同事的指点终于准确地完成了所有工作表的制作。

相关知识

在 Excel 2010 中，公式和数据计算是其精髓和核心。公式是对工作表中的数值执行计算的等式，它由运算符和相应操作数据组成。使用公式可对工作表中的数据进行加、减、乘、除及比较等多种运算。函数是公式的一个组成部分，它与引用、运算符和常量一起构成一个完整的公式。

在 Excel 中，使用“公式”选项卡中的工具可以完成所有公式与函数的计算。

一、单元格引用

公式复制可以避免大量重复输入公式的工作，复制公式时，若在公式中使用单元格或区域，则在复制的过程中根据不同的情况使用不同的单元格引用。单元格引用分相对引用、绝对引用和混合引用。

1. 相对引用

相对地址是指某一单元格与当前单元格的相对位置。它是 Excel 2010 中默认的单元格引用方式，如 Al、A2 等。相对引用是当公式在复制或移动时会根据移动的位置自动调节公式中引用单元格的地址。

例如，单元格 Al 为 2、Bl 为 4、A2 为 15、B2 为 3，在 Cl 中输入公式“=A1+B1”，将公式复制到 C2 的步骤如下：

（1）单击单元格 C1，选择“开始”→“剪切板”→“复制”（或按“Ctrl+C”组合键）；

（2）单击单元格 C2，选择“开始”→“剪切板”→“粘贴”（或按“Ctrl+V”组合键），将公式粘贴过来。

用户会发现 C2 中值变为 18，编辑栏中显示公式为“=A2+B2”，究其原因就是相对地址在起作用，公式从 Cl 复制到 C2，列未变，行数增加 1。所以公式中引用的单元格也增加行数，由 A1、Bl 变为 A2、B2。如果将公式由 Cl 复制到 D2，则行列各增加了 1，此时公式将变为：“=B2+C2”。

2. 绝对引用

绝对地址是指某一单元格在工作表中的绝对位置。绝对引用要在行号和列号前均加上“$”

符号。公式复制时，绝对引用单元格将不随公式位置的变化而改变。如 Cl 公式改为“=$A$1+$B$1”，再将公式复制到 C2，你会发现 C2 的值仍为 6，公式也仍为“=$A$1+$B$1”。

3．混合引用

混合引用是指在单元格地址的行号或列号前加上“$”符号，如$Al 或 A$1。当公式单元因为复制或插入引起行列变化时，公式的相对地址部分会随位置变化，而绝对地址部分不发生变化。

4．跨工作表的单元格地址引用

公式中可能用到另一工作表的单元格中的数据，如 E4 中的公式为“=A4+B4+C4+Sheet2！B1”其中“Sheet2！B1”表示工作表 Sheet2 中的 B1 单元格地址。这个公式表示计算当前工作表中的 A4、B4 和 C4 单元格数据之和与 Sheet2 工作表的 B1 单元格数据的和，结果存入当前工作表中的 E4 单元格。

地址的一般形式为：[工作表名！]单元格地址，当前工作表的单元格地址可以省略“工作表名!”。

5．区域命名

引用一个区域时常用它的左上角和右下角的单元格地址来命名，如“Al∶C2”。这种命名法虽然简单，却没有什么具体含义，不易读懂。为了提高工作效率，帮助人们记忆、理解区域数据，Excel 允许对区域进行文字性的命名。

二、公式

公式是对工作表中的数据进行分析与计算的等式。利用公式可对同一工作表的各单元格、同一工作簿不同工作表中的单元格，甚至其他工作簿的工作表中单元格的数值进行加、减、乘、除、乘方等运算及它们的组合运算。使用公式的好处是：当公式中引用的单元格数值发生变化时，公式的计算结果会自动更新。

在单元格或编辑栏中输入公式时，必须以等号（=）作为开始。一个公式中可以包含各种运算符、常量、变量、函数以及单元格引用等。

运算符用于对公式中的元素进行特定类型的运算，分为文本运算符、算术运算符、比较运算符和引用运算符几种。

1．文本运算符

文本运算符是将两个文本值连接或串联起来产生一个连续的文本值，如“大学计算机基础&成绩表”的结果是“大学计算机基础成绩表”。

2．算术运算符和比较运算符

算术运算符是最基本的运算，如加、减、乘、除等。比较运算符可以比较两个数值并产生逻辑值，逻辑值只有 FALSE 和 TURE，即错误和正确。Excel 中常用的算术与比较运算符如表 4-2 所示。

表 4-2 算术运算符和比较运算符

类　型	表示形式	优先级
算术运算符	+（加）、-（减）、*（乘）、/（除）、%（百分比）、^（乘方）	从高到低分为 3 个级别：百分比和乘方、乘和除、加和减
比较运算符	=（等于）、>（大于）、<（小于）、>=（大于等于）、<=（小于等于）、<>（不等于）	优先级相同

3. 引用运算符

引用运算符用于将单元格区域合并计算，引用运算符有 3 种，如表 4-3 所示。

表 4-3 引用运算符

引用运算符	含　义
：（冒号）	区域运算符，包括两个单元格在内的所有单元格的引用
，（逗号）	联合运算符，将多个引用合并为一个
空格	交叉运算符，产生同时隶属于两个区域的单元格区域的引用

四类运算符的优先级从高到低依次为：引用运算符、算术运算符、文本运算符、关系运算符。每类运算符根据优先级计算，当优先级相同时，从左向右计算。

【例 4-2】 根据“学生成绩表.xlsx”的内容，计算每个学生的总分。

操作步骤如下：

（1）打开“学生成绩表.xlsx”，单击第一位学生的“总分”单元格。

（2）在选定的单元格中输入公式“= C3+ D3”，或在编辑栏中输入“= C3+ D3”，输入完成后，单击“✔”按钮，Excel 自动计算并将计算结果显示在单元格中，公式内容显示在编辑栏中。

（3）其他学生总分可利用公式的自动填充功能快速完成。方法是：将鼠标移到公式右下角的小黑方块处，当鼠标指针变成黑十字时，按住左键拖动经过目标区域，到达最后一个单元格时松开鼠标，公式自动填充完毕。计算后的结果如图 4-34 所示。

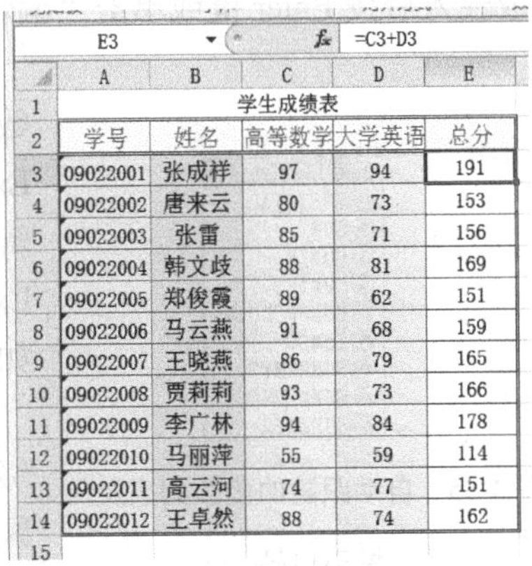

E3　=C3+D3

	A	B	C	D	E
1	学生成绩表				
2	学号	姓名	高等数学	大学英语	总分
3	09022001	张成祥	97	94	191
4	09022002	唐来云	80	73	153
5	09022003	张雷	85	71	156
6	09022004	韩文歧	88	81	169
7	09022005	郑俊霞	89	62	151
8	09022006	马云燕	91	68	159
9	09022007	王晓燕	86	79	165
10	09022008	贾莉莉	93	73	166
11	09022009	李广林	94	84	178
12	09022010	马丽萍	55	59	114
13	09022011	高云河	74	77	151
14	09022012	王卓然	88	74	162
15					

图 4-34 输入公式计算总分

三、函数

对于一些复杂的运算（如开方），如果由用户自己设计公式来完成将十分困难，Excel 2010

为用户提供了大量功能完备、易于使用的函数，涉及财务、日期与时间、数学与三角、统计、查找与引用、数据库、逻辑及信息等多个方面。

1．函数的形式

函数的形式：函数名（[参数 1][，参数 2，…]）

函数名后紧跟括号，可以有一个或多个参数，参数间用逗号分隔。函数也可以没有参数，但函数名后的圆括号是必需的。

在函数的形式中，各项的意义如下：

（1）函数名：指出函数的含义，如求和函数 SUM，求平均值函数 AVERAGE。

（2）括号：用于括住参数，即括号中包含所有的参数。

（3）参数：指所执行的目标单元格或数值，可以是数字、文本、逻辑值（如 TRUE 或 FALSE）、数组、错误值（如#N/A）或单元格引用。其各参数之间必须用逗号隔开。

例如：SUM(A1：A3,C3：D4)有 2 个参数，表示求 2 个区域中的和。

2．函数的使用

在工作表中，简单的公式计算可以通过使用“开始”选项卡“编辑”组中的“求和”按钮（Σ·）及其菜单来进行计算。单击“求和”按钮右侧的下拉按钮，在弹出的菜单中可选择“求和”“平均值”“计数”“最大值”“最小值”等函数。若要通过在单元格中输入函数的方法进行计算，则有以下两种方法：第一，直接在单元格中输入函数内容；第二，利用“公式”选项卡“函数库”组中的工具。

要直接在工作表单元格中输入函数的名称及语法结构，用户必须熟悉所使用的函数，并了解此函数包括多少个参数及参数的类型。可以像输入公式一样来输入函数，即先选择要输入函数公式的单元格，输入“＝”号，然后按照函数的语法直接输入函数名称及各项参数，完成输入后按 Enter 键或单击“编辑栏”中的“输入”按钮即可得出要求的结果。

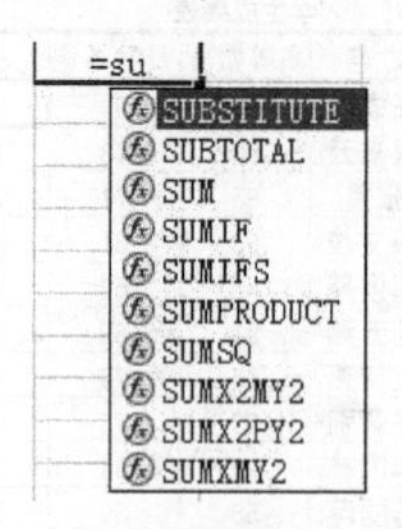

图 4-35　自动跟随的函数列表及提示信息

由于 Excel 中的函数数量巨大，不便记忆，而且很多函数的名称仅相差一两个字符，因此，为了防止出错，可利用 Excel 2010 提供的函数跟随功能进行输入。当在单元格或编辑栏中输入公式前的“=”以及函数名称前面的部分字符时，Excel 2010 会自动弹出包含这些字符的函数列表及提示信息，如图 4-35 所示。

如果用户对函数的类型和名称完全不在行，则可以使用“公式”选项卡“函数库”组中的工具来插入函数。当用户用鼠标指针指向某个函数时，Excel 2010 会自动弹出相应的提示信息框，显示有关该函数的信息。

【例 4-3】 在例 4-2 所创建的表格中用自动求和函数进行计算。

（1）单击 E3 单元格，在“公式”选项卡中单击“函数库”→“自动求和”。此时 E3 单元格中会自动显示公式“=SUM（C3:D3）”。

（2）按 Enter 键得出计算结果。

（3）其他学生总分可利用公式的自动填充功能快速完成。方法是：移动鼠标到公式右下角的小黑方块处，当鼠标指针变成黑十字时，按住左键拖动经过目标区域，到达最后一个单元格时松开鼠标，公式自动填充完毕。

3．常用函数

（1）SUM(A1,A2,…)。

功能：求各参数的和。A1、A2 等参数可以是数值或含有数值的单元格的引用，至多 30 个参数。

（2）AVERAGE(A1,A2,…)。

功能：求各参数的平均值。A1、A2 等参数可以是数值或含有数值的单元格的引用。

（3）MAX(A1,A2,…)。

功能：求各参数中的最大值。

（4）MIN(A1,A2,…)。

功能：求各参数中的最小值。

（5）COUNT(A1,A2,…)。

功能：求各参数中数值型参数和包含数值的单元格个数，参数的类型不限。如“=COUNT(12, D1∶D5, "CHINA")”，若 D1∶D5 中存放的是数值，则函数的结果是 6。若 D1∶D5 中只有一个单元格存放的是数值，则结果为 2。

（6）ROUND(A1∶A2)。

功能：对数值项 A1 进行四舍五入。

A2>0 表示保留 A2 位小数；A2=0 表示保留整数；A2<0 表示从个位向左对第 A2 位进行舍入。

如：ROUND(136.725, 1)→136.7; ROUND(136.725, 2)→136.73;

ROUND(136.725, 0)→137;

ROUND(136.725, −1)→140; ROUND(136.725, −2)→100; ROUND(136.725, −3)→0。

（7）INT(A1)。

功能：取不大于数值 A1 的最大整数。

如：INT(12.23)→12；INT(−12.23)→−13。

（8）ABS(A1)。

功能：取 A1 的绝对值。

如：ABS(12)=12；ABS(−12)=12。

（9）IF(P, T, F)。

其中，P 是能产生逻辑值（TRUE 或 FALSE）的表达式，T 和 F 是表达式。

功能：若 P 为真（TRUE），则取 T 表达式的值；否则，取 F 表达式的值。如：IF(3>2, 10, −10)→10。

IF 函数可以嵌套使用，最多可嵌套 7 层。例如：E2 存放某学生的考试平均成绩，则其成绩的等级可表示为：

IF(E2>89, "A", IF(E2>79, "B", IF(E2>69, "C", IF(E2>59, "D", "F"))))

（10）COUNTIF(range, criteria)。

功能：计算某个区域中满足给定条件的单元格数目。

（11）SUMIF（range, criteria, sum_range）。

功能：对满足条件的单元格求和。

（12）RANK (number，ref，order)。

功能：返回某数字在一列数字中相对于其他数值的大小排名。

4．关于错误信息

在单元格中输入或编辑公式后，有时会出现“#####!”或“#VALUE!”等错误信息，令初学者莫名其妙。其实，出错是难免的，关键是要弄清出错的原因和如何纠正这些错误。

下面分析几种常见错误信息可能产生的原因及其纠正方法。

（1）####

若单元格中出现“####”，可能的原因及解决方法如下：

① 单元格中公式所产生的结果太长，该单元格容纳不下。如某单元格的计算结果为123450000.00，由于单元格宽度小，容纳不下该结果，故出现该错误信息。可以通过调整单元格的宽度来消除该错误。

② 日期或时间格式的单元格中出现负值。对日期和时间格式的单元格进行计算时，要确认计算后的结果日期或时间必须为正值。如果产生了负值，将在整个单元格中显示“####”。

（2）#DIV/0!

该单元格的公式中可能出现零除问题。即输入的公式中包含除数 0，也可能在公式中的除数引用了零值单元格或空白单元格，而空白单元格的值将解释为零值。

解决办法是修改公式中的零除数或零值单元格或空白单元格引用，或者在用作除数的单元格中输入不为零的数值。

当除数的单元格为空或含零值时，如果希望不显示错误，可以使用 IF 函数。例如，如果单元格 B5 包含除数而 A5 包含被除数，可以使用“=IF(B5=0, "", A5/B5)”（两个连续引号代表空字符串），表示 B5 值为 0 时，什么也不显示，否则显示 A5/B5 的商。

（3）#N/A

在函数或公式中没有可用数值时，会产生这种错误信息。

（4）#NAME?

在公式中使用了 Excel 所不能识别的文本时将产生错误信息“#NAME?”。

（5）#NUM!

这是在公式或函数中某个数值有问题时产生的错误信息。例如，公式产生的结果太大或太小，即超出范围-10307～10307。如某单元格中的公式为“=1.2E+100*1.2E+290”，其结果大于 10307，就出现错误信息“#NUM!”。

（6）#NULL!

在单元格中出现此错误信息的原因可能是试图为两个并不相交的区域指定交叉点。例如，使用了不正确的区域运算符或不正确的单元格引用等。

如果要引用两个不相交的区域，则两个区域之间应使用“，”。例如，通过公式对两个区域求和，在引用这两个区域时，区域之间要使用“，”即 SUM(A1:A10, C1:C10)。如果没有使用“，”Excel 将试图对同时属于两个区域的单元格求和，但是由于 A1:A10 和 C1:C10 并不相交，它们没有共同的单元格，所以出现该错误信息。

（7）#REF!

这个错误说明该单元格引用了无效的结果。假设单元格 A9 中有数值 5，单元格 A10 中有公式“=A9+1”，单元格 A10 显示结果为 6。若删除单元格 A9，则单元格 A10 中的公式“=A9+1”对单元格 A9 的引用无效，就会出现该错误信息。

（8）#VALUE!

当公式中使用不正确的参数或运算符时，将产生错误信息“#VALUE!”。这时应确认公式或函数所需的运算符或参数类型是否正确，公式引用的单元格中是否包含有效的数值。如果需要数字或逻辑值时却输入了文本，就会出现这样的错误信息。

任务实施

利用各种输入技巧，建立“各科成绩表”，并对单元格进行格式化设置。

根据已有的“大学英语.xlsx”“基础会计.xlsx”“高等数学.xlsx”“计算机基础.xlsx”中的数据，利用工作表复制、单元格复制等方法，建立如图 4-36 所示的“各科成绩表”，并利用公式与函数进行计算。

学号	姓名	性别	大学英语	计算机基础	高等数学	基础会计	总分	名次
17042301	周里丹	男	70	95	73	65	303	17
17042302	梁星楠	男	60	88	66	42	256	39
17042303	宋珊珊	女	46	78	79	71	274	30
17042304	康雅馨	女	75	80	95	99	349	1
17042305	马子怡	男	78	78	98	88	342	4
17042306	邬倩倩	女	93	78	43	69	283	24
17042307	朱晓峰	男	96	85	31	65	277	27
17042308	段东梅	女	36	99	71	53	259	36
17042309	王兴莉	女	35	80	84	74	273	31
17042310	潘荣佳	女	缺考	90	35	67	192	40
17042311	王晶	女	47	99	79	98	323	10
17042312	崔纯明	男	96	87	74	86	343	3
17042313	赵敏	女	76	79	85	81	321	12
17042314	齐欣	女	94	60	94	47	295	19
17042315	翟莉莉	女	91	51	56	77	275	29
17042316	袁乐乐	女	72	69	62	87	290	22
17042317	赵桓玉	女	82	90	71	41	284	23
17042318	苏阳	男	92	79	72	75	318	13
17042319	刘居亮	男	83	58	91	77	309	15
17042320	赵伟	男	34	53	缺考	96	183	41
17042321	王雪蓉	女	74	67	38	88	267	33
17042322	王博	女	46	83	75	54	258	37
17042323	赵丹	女	49	81	57	70	257	38
17042324	梅凤	女	72	68	90	35	265	34
17042325	高杰	女	81	53	95	78	307	16
17042326	王衡	女	68	89	94	91	342	4
17042327	黄家舜	女	83	77	72	62	294	20
17042328	佟春华	女	40	80	71	87	278	25
17042329	赵金雪	女	71	66	46	缺考	183	41

学号	姓名	性别	大学英语	计算机基础	高等数学	基础会计	总分	名次
17042320	赵伟	男	34	53	缺考	96	183	41
17042321	王雪蓉	女	74	67	38	88	267	33
17042322	王博	女	46	83	75	54	258	37
17042323	赵丹	女	49	81	57	70	257	38
17042324	梅凤	女	72	68	90	35	265	34
17042325	高杰	女	81	53	95	78	307	16
17042326	王衡	女	68	89	94	91	342	4
17042327	黄家舜	女	83	77	72	62	294	20
17042328	佟春华	女	40	80	71	87	278	25
17042329	赵金雪	女	71	66	46	缺考	183	41
17042330	徐莹	女	55	83	93	82	313	14
17042331	牛志微	女	缺考	39	77	55	171	43
17042332	杨威	女	91	71	43	73	278	25
17042333	于婷婷	女	62	74	72	65	273	31
17042334	肖云锦	男	70	55	缺考	缺考	125	45
17042335	黄英平	女	44	97	69	81	291	21
17042336	赵东芳	女	65	74	67	70	276	28
17042337	程丽娟	女	96	84	74	78	332	8
17042338	许金金	女	92	68	77	87	324	9
17042339	冯晓娟	女	83	83	87	80	333	7
17042340	杨丽	女	34	40	41	55	170	44
17042341	高薇	女	74	71	75	78	298	18
17042342	韩伟	女	86	98	77	88	349	1
17042343	凌仕明	男	49	76	65	70	260	35
17042344	赵石庆	男	72	81	88	81	322	11
17042345	张来齐	男	81	85	78	90	334	6
班级平均分			71.4	75.5	70.2	76.6		
班级最高分			96	99	98	99		
班级最低分			34	39	31	35		

图 4-36 各科成绩表效果

具体操作步骤如下。

1. 工作表的复制与移动

（1）将“大学英语.xlsx”工作簿中的“Sheet1”复制到“成绩表.xlsx”工作簿中“计算机基础.xlsx”工作表之前，并将复制后的目的工作表“Sheet1”更名为“大学英语”。

（2）在“成绩表”工作簿中，将前 4 个工作表的排列顺序调整为“大学英语”“计算机应用”“高等数学”“基础会计”。

2．工作表的删除与插入

（1）删除“成绩表.xlsx”工作簿中的工作表“Sheet2”“Sheet3”。

（2）在“成绩表.xlsx”工作簿中的“大学英语”工作表之前插入一张新工作表，并将新工作表更名为“各科成绩表”。

3．单元格数据的复制与粘贴

（1）将“成绩表.xlsx”工作簿中的“计算机基础”工作表里“学号”“姓名”“性别”“总成绩”列的数据复制到“各科成绩表”工作表中。

（2）利用选择性粘贴，将“计算机基础”工作表中“总成绩”列的数据复制到“各科成绩表”的目标单元格中，并分别将“基础会计”“大学英语”“高等数学”表中各列数据，复制到“各科成绩表”的相应位置。

4．单元格数据的移动

在“各科成绩表”工作表中，将各列成绩的排列顺序调整为“大学英语”“计算机基础”“高等数学”“基础会计”。

5．函数及单元格引用

（1）在“各科成绩表”工作表中，增加“总分”列，计算每位学生的总分。

（2）在“各科成绩表”工作表中，增加“名次”列，计算每位学生的总分排名。

（3）在“各科成绩表”工作表中，修改每位学生的总分排名。

（4）在“各科成绩表”工作表中，计算出各门课程的“班级平均分”。

（5）在“各科成绩表”工作表中，计算出各门课程的“班级最高分”及“班级最低分”。

（6）在“各科成绩表”工作表中，将各门课程“班级平均分”的结果四舍五入，保留 1 位小数。

知识扩展

工作表的打印

建立、编辑工作表后，可以将其打印出来。为了使打印的格式清晰、美观，就需要在打印之前做好充分准备。

1．页面设置

页面设置主要是指定打印范围和纸张大小、添加页眉/页脚、设置打印选项等，这些操作可以通过“页面布局”→“页面设置”中各命令按钮来完成。

2．缩放工作表

缩放工作表可以使打印输出的高度和宽度得到拉伸或收缩，以便将内容调整为合适大小。通过“页面布局”→“调整为合适大小”中的工具可缩放工作表。

3. 设置工作表选项

设置工作表选项是指确定是否在工作表中显示或打印网格线以及行、列标题。通过“页面布局”→“工作表选项”中的工具可设置工作表选项。

4. 设置对象的排列方式及主题

当在工作表中插入对象（如图片、形状、图表等）后，可通过“页面布局”→“排列”中的工具设置其排列方式。

在打印之前要先通过“文件”→“打印”中的“打印预览”命令预览工作表，查看实际效果，以便节约时间、节省纸张。

当对设置效果感到满意后，就可以将其打印到纸张上了。在打印预览视图的“打印预览”选项卡中单击“打印”组中的“打印”按钮，即可开始打印。打印界面的设置如图 4-37 所示。

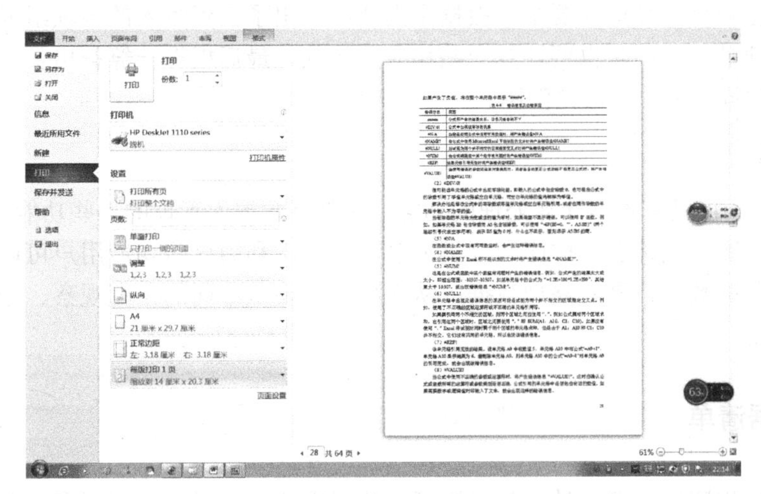

图 4-37 “打印”界面

此外，如果不需进行设置而直接打印当前工作表，可在“文件”选项卡中选择“打印”→“快速打印”命令，即可打印工作表。

	A	B	C	D	E
1	家电部销售统计				
2					
3	商品类别	2015	2016	2017	平均销售额
4	家庭音响	¥21,000.00	¥24,000.00	¥26,000.00	¥23,666.67
5	彩色电视	¥30,000.00	¥31,000.00	¥32,000.00	¥31,000.00
6	洗衣机	¥180,000.00	¥220,000.00	¥230,000.00	¥210,000.00
7	电冰箱	¥29,000.00	¥32,000.00	¥35,000.00	¥32,000.00
8	摄像机	¥160,000.00	¥200,000.00	¥220,000.00	¥193,333.33
9	合计	¥399,000.00	¥483,000.00	¥517,000.00	¥466,333.33

图 4-38 “家电部销售统计”表

拓展训练

1. 设置工作表行、列。

（1）将“家电部销售统计”（见图 4-38）表格向右移动 1 列，向下移动 2 行。

（2）将“合计”一行内容移至最后一行。

2. 设置单元格格式。

（1）在 B2 单元格中输入标题：“家电部销售统计”；

（2）设置标题格式。字体：黑体，字号：12，文字在各单元格中居中。

（3）表格中“商品类别”一列格式设置为：楷体，在单元格中居中。

（4）表格中数据单元格区域设置为会计专用格式，应用货币符号，保留 2 位小数。

3．设置表格边框线。按样文为表格设置相应的边框线。

4．定义单元格名称。将“商品类别”一列的名称定义为“部分家电”。

5．添加批注。为“2017”单元格添加批注“截至 11 月底”。

6．重命名工作表。将 Sheet1 工作表重命名为“家电销售统计”。

7．复制工作表。将“家电销售统计”工作表复制到 Sheet2 表中。

任务 4.4　制作公司员工工资表

任务介绍

又到本月发工资的时间了，经理让王鹏根据单位每个人的情况制作火凤凰公司员工 10 月份的工资表，王鹏按照经理的要求，根据个人情况列出了工资收入的各项组成部分，包括基本工资、岗位津贴等，同时也要计算一些相应的扣款，最后根据计算得出员工的工资报表，并统计分析各项开支做出工资比例图。

相关知识

Excel 2010 不仅具有数据计算处理的功能，还具有数据库管理的一些功能，Excel 2010 为用户提供了强大的数据筛选、排序和分类汇总等功能，利用这些功能用户可以方便地从数据清单中获取有用的数据，重新整理数据。从而根据需要从不同的角度观察、分析数据，管理好自己的工作簿。

一、建立数据清单

数据清单也称数据列表，是一张二维表。数据由若干列组成，每列有一个列标题，相当于数据库的字段名称，列也就相当于“字段”；数据列表中的行相当于数据库的“记录”，数据记录应紧接在字段名行的下面；在数据清单中可以有少量的空白单元格，但不能有空行或空列。

二、数据排序

实际运用中，用户往往有按一定次序对数据重新进行排列的要求，比如用户想按总分从高到低的顺序排列数据。排序实质是指按照一定的顺序重新排列数据清单中的数据，通过排序，可以根据某特定列的内容重新排列数据清单中的行，但不改变行的内容。当两行中有完全相同的数据或内容时，Excel 2010 会保持它们的原始顺序。

排序时，数值型数据按大小排序，英文字母按字母顺序排序，汉字按拼音首字母或笔画排序。用于排序的字段称为关键字，排序方式分为升序（递增）和降序（递减）。数据排序方法有两种：简单排序和复杂排序。排序可以按行或按列进行，一般是按列进行排序。

1. 简单排序

简单排序指按1个关键字（也就是单一字段）进行排序。简单排序的方法有两种：

（1）选择“开始”→“编辑”→“排序和筛选”按钮，从弹出的菜单中选择与排序相关的命令进行排序。

（2）选择“数据”→“排序和筛选”→“升序”（A↓Z）或“降序”（Z↓A）按钮，可以为单列数据进行排序。

2. 复杂排序

复杂排序指对两个或两个以上关键字进行排序。当排序关键字的字段出现相同值时，可以按另一个关键字继续排序。

在“数据”选项卡中单击“排序和筛选”组中的“排序”按钮，打开如图4-39所示的“排序”对话框。

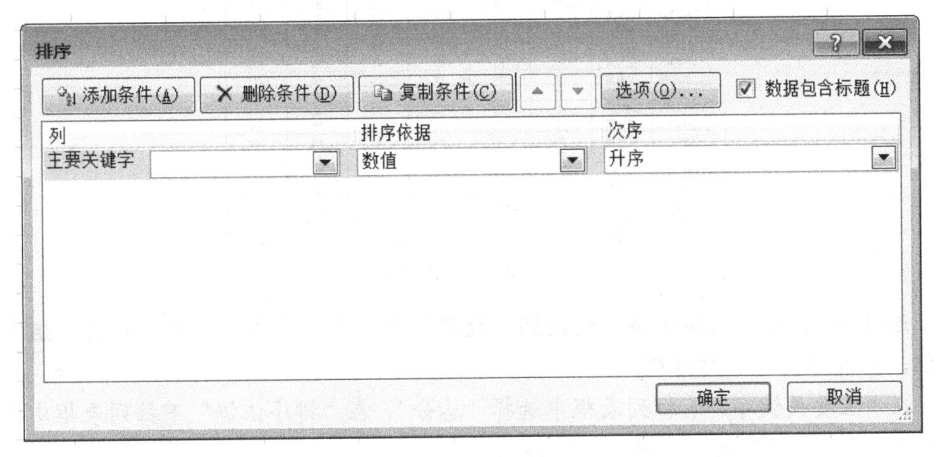

图4-39 “排序”对话框

在该对话框中：

（1）“主要关键字”是参与排序的第一个关键字，可以从下拉列表框中选择字段名称，并在“排序依据”下拉列表框中选择排序的依据（数值、单元格颜色、字体颜色、单元格图标），在“次序”下拉列表框中选择“升序”“降序”或“自定义序列”。

（2）“添加条件”命令按钮的作用是在“主要关键字”的下方增加一个次要条件项，以设置次要关键字、次要排序依据及次要排序次序。当排序的主要关键字相同时，就按次要关键字进行排序。

（3）“删除条件”命令按钮，当某个字段不再作为排序关键字的字段时，可通过该按钮删除该排序字段。

（4）“数据包含标题”复选框一般被选中，表示字段名不参加排序，否则字段名将作为排序内容参与排序。

全部设置完毕后，单击“确定”按钮，Excel 2010 即会按照用户指定的方式来进行排序。

【例 4-4】 为各科成绩表先按“总分”进行降序排序，当总分相同时再按“计算机基础”分数的降序对数据进行排序，如图 4-40 所示。

170423会计专业学生成绩表							
学号	姓名	性别	大学英语	计算机基础	高等数学	基础会计	总分
17042342	韩伟	女	86	98	77	88	349
17042304	康雅馨	女	75	80	95	99	349
17042312	雀纯明	男	96	87	74	86	343
17042326	王衡	女	68	89	94	91	342
17042305	马子怡	男	78	78	98	88	342
17042345	张来齐	男	81	85	78	90	334
17042339	冯晓娟	女	83	83	87	80	333
17042337	程丽娟	女	96	84	74	78	332
17042338	许金金	女	92	68	77	87	324
17042311	王晶	女	47	99	79	98	323
17042344	赵石庆	男	72	81	88	81	322
17042313	赵敏	女	76	79	85	81	321
17042318	苏阳	男	92	79	72	75	318
17042330	徐莹	女	55	83	93	82	313
17042319	刘居亮	男	83	58	91	77	309
17042325	高杰	女	81	53	95	78	307
17042301	周里丹	男	70	95	73	65	303
17042341	高薇	女	74	71	75	78	298
17042314	齐欣	女	94	60	94	47	295
17042327	黄家舜	女	83	77	72	62	294
17042335	黄英平	女	44	97	69	81	291
17042316	麦乐乐	女	72	69	62	87	290
17042317	赵桓玉	女	82	90	71	41	284
17042306	邬倩倩	女	93	78	43	69	283
17042328	佟春华	女	40	80	71	87	278
17042332	杨威	女	91	71	43	73	278
17042307	朱晓峰	男	96	85	31	65	277
17042336	赵东芳	女	65	74	67	70	276
17042315	翟莉莉	女	91	51	56	77	275
17042303	宋珊珊	女	46	78	79	71	274
17042309	王兴莉	女	35	80	84	74	273
17042333	于婷婷	女	62	74	72	65	273
17042321	王雪蓉	女	74	67	38	88	267
17042324	梅凤	女	72	68	90	35	265
17042343	凌仕明	男	49	76	65	70	260
17042308	段东梅	女	36	99	71	53	259
17042322	王博	女	46	83	75	54	258
17042323	赵丹	女	49	81	57	70	257
17042302	梁星楠	男	60	88	66	42	256
17042310	潘荣佳	女	缺考	90	35	67	192
17042329	赵金雪	女	71	66	46	缺考	183
17042320	赵伟	男	34	53	缺考	96	183

图 4-40　多列排序

（1）选择 A2:F20 单元格区域，切换到“数据”选项卡，单击“排序和筛选”组中的“排序”按钮，打开“排序”对话框。

（2）在“主要关键字”下拉列表框中选择“总分”，在“排序依据”下拉列表框中选择“数值”，在“次序”下拉列表框中选择“降序”。

（3）单击“添加条件”按钮，添加一个次要条件项，如图 4-41 所示。

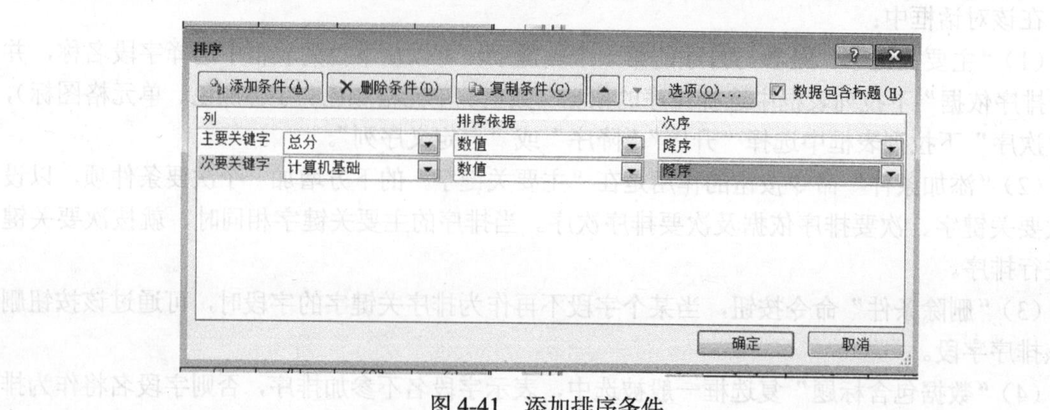

图 4-41　添加排序条件

（4）设置次要关键字为“计算机基础”，排序依据为“数值”，次序为“降序”。

（5）选中“数据包含标题”复选框。

（6）单击“确定”按钮。

三、数据筛选

数据筛选是指只显示数据清单中用户需要的、满足一定条件的数据，其他数据暂时隐藏起来，但没有被删除。当筛选条件被删除后，隐藏的数据又会恢复显示。

使用自动筛选可以创建 3 种筛选类型：按列表值、按格式或按条件。对于每个单元格区域或列表来说，这 3 种筛选类型是互斥的。例如，不能既按单元格颜色又按数字列表进行筛选，只能在两者中任选其一；不能既按图标又按自定义筛选进行筛选，只能在两者中任选其一。

数据筛选有自动筛选和高级筛选两种类型。

1. 自动筛选

自动筛选可以实现单个字段的筛选，以及多个字段的“逻辑与”关系的筛选，自动筛选可以从不同的方面对数据进行筛选，如按列表值、按颜色、按指定条件等。

（1）按列表值筛选。这是指按数据清单中的特定数据值来进行筛选的方法。在“数据”选项卡中单击“排序和筛选”组中的“筛选”按钮，即可在每个字段的右边出现一个下拉按钮（▾）。单击该按钮，将弹出一个下拉菜单，其中除了筛选命令外，还有一个列表框，列出该字段中的数据项，如图 4-42 所示。

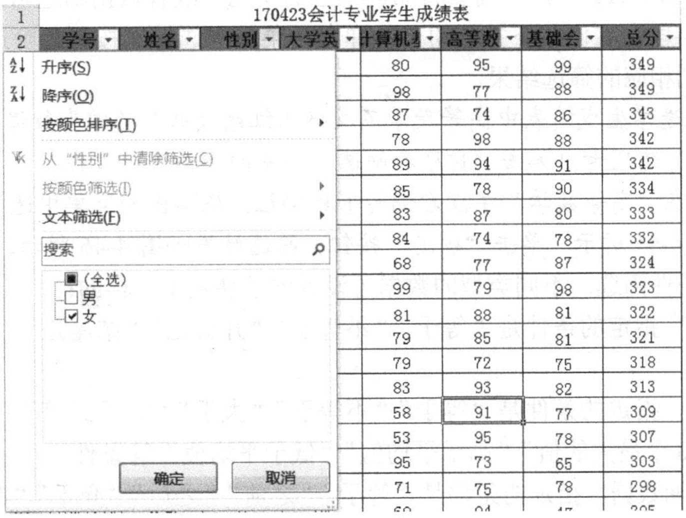

图 4-42　自动筛选菜单

数据项列表框中最多可以列出 10 000 条数据，单击并拖动右下角的尺寸控制柄可以放大自动筛选菜单。在列表框中选择符合条件的项，即可在数据清单中只显示符合条件的记录。

【例 4-5】 筛选成绩表中性别为女的所有学生记录，结果如图 4-43 所示。

① 将鼠标定位在“学生成绩表”数据清单中，在“数据”选项卡中单击“排序和筛选”组中的“筛选”按钮。

② 单击出现在“性别”字段右侧的下拉按钮，从弹出菜单中的列表框中清除性别为“男”的复选框，如图 4-44 所示。

③ 单击“确定”按钮。

学号	姓名	性别	大学英	计算机基	高等数	基础会	总分
17042304	康雅馨	女	75	80	95	99	349
17042342	韩伟	女	86	98	77	88	349
17042326	王衡	女	68	89	94	91	342
17042339	冯晓娟	女	83	83	87	80	333
17042337	程丽娟	女	96	84	74	78	332
17042338	许金金	女	92	68	77	87	324
17042311	王晶	女	47	99	79	98	323
17042313	赵敏	女	76	79	85	81	321
17042330	徐莹	女	55	83	93	82	313
17042325	高杰	女	81	53	95	78	307
17042341	高薇	女	74	71	75	78	298
17042314	齐欣	女	94	60	94	47	295
17042327	黄家舜	女	83	77	72	62	294
17042335	黄英平	女	44	97	69	81	291
17042316	麦乐乐	女	72	69	62	87	290
17042317	赵桓玉	女	82	90	71	41	284
17042306	邬倩倩	女	93	78	43	69	283
17042328	佟春华	女	40	80	71	87	278
17042332	杨威	女	91	71	43	73	278
17042336	赵东芳	女	65	74	67	70	276

图 4-43 筛选后的结果

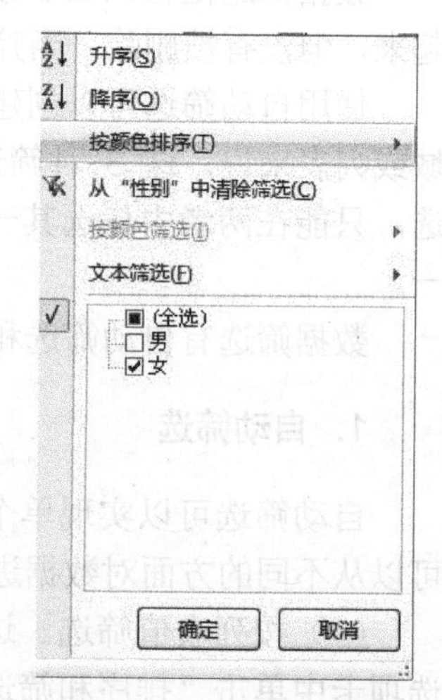

图 4-44 筛选条件的选择

（2）按颜色筛选。有时，为突出满足一定条件的数据，用户可能会给某些单元格或数据设置颜色。在 Excel 2010 中，当需要将相同颜色的单元格或者数据筛选出来的时候，只需单击要进行筛选的字段名右侧的下拉按钮，从弹出的菜单中选择“按颜色筛选”子菜单中的所需颜色，即可得到相应的筛选结果。

【例 4-6】 筛选学生成绩表中高等数学不及格（红色数据）的学生数据记录。

① 在“数据”选项卡中单击“排序和筛选”组中的“筛选”按钮。

② 单击出现在“高等数学”字段右侧的下拉按钮，从弹出的菜单中选择“按颜色筛选”→“红色”，如图 4-45 所示，单击“确定”按钮。筛选结果如图 4-46 所示。

（3）按指定条件筛选。不同类型的数据可设置的条件是不一样的：

① 文本数据，指定的条件是“等于”“不等于”“开头是”“结尾是”“包含”“不包含”等条件。

② 数字数据，指定的条件是“等于”“不等于”“大于”“大于或等于”“小于”“小于或等于”“介于”“10 个最大的值”“高于平均值”“低于平均值”等条件。

③ 时间和日期数据，指定的条件是“等于”“之前”“之后”“介于”“明天”“今天”“昨天”“下周”“本周”“上周”“下月”“本月”“上月”“下季度”“本季度”“上季度”“明年”“今年”“去年”“本年度截止到现在”以及某一段时间期间所有日期等条件。

④ 此外，每种类型的数据都可以自定义筛选条件。

【例 4-7】 在学生成绩表中对“总分”字段进行条件筛选，查看总分介于 300～330 分之间的学生记录情况，如图 4-47 所示。

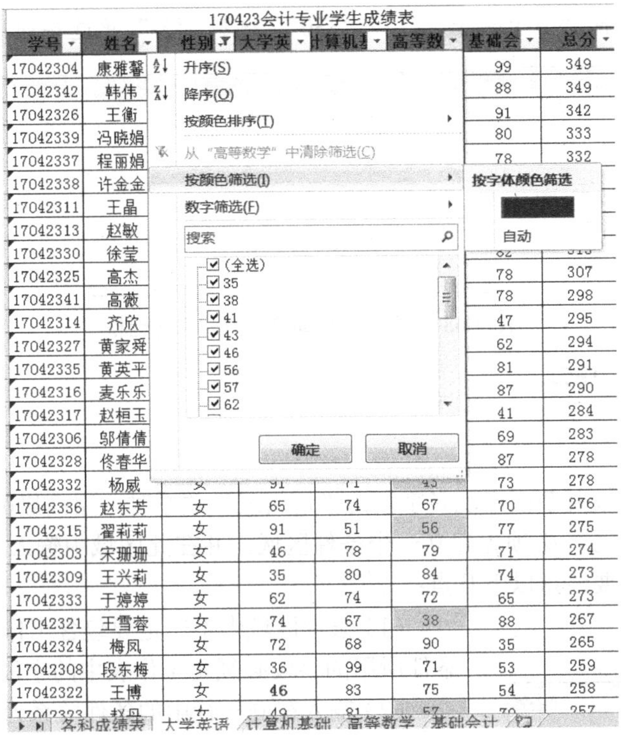

170423会计专业学生成绩表

学号	姓名	性别	大学英	计算机基	高等数	基础会	总分
17042304	康雅馨					99	349
17042342	韩伟					88	349
17042326	王衡					91	342
17042339	冯晓娟					80	333
17042337	程丽娟					78	332
17042338	许金金						
17042311	王晶						
17042313	赵敏						
17042330	徐莹						
17042325	高杰					78	307
17042341	高薇					78	298
17042314	齐欣					47	295
17042327	黄家舜					62	294
17042335	黄英平					81	291
17042316	麦乐乐					87	290
17042317	赵桓玉					41	284
17042306	邬倩倩					69	283
17042328	佟春华					87	278
17042332	杨威	女	91	71	43	73	278
17042336	赵东芳	女	65	74	67	70	276
17042315	翟莉莉	女	91	51	56	77	275
17042303	宋珊珊	女	46	78	79	71	274
17042309	王兴莉	女	35	80	84	74	273
17042333	于婷婷	女	62	74	72	65	273
17042321	王雪蓉	女	74	67	38	88	267
17042324	梅凤	女	72	68	90	35	265
17042308	段东梅	女	36	99	71	53	259
17042322	王博	女	46	83	75	54	258
17042323	赵丹	女	49	81	57	70	257

升序(S)
降序(O)
按颜色排序(T)
从“高等数学”中清除筛选(C)
按颜色筛选(I)
按字体颜色筛选
自动
数字筛选(F)
搜索
(全选)
35
38
41
43
46
56
57
62
确定
取消

各科成绩表　大学英语　计算机基础　高等数学　基础会计

图 4-45　按颜色条件筛选

170423会计专业学生成绩表

学号	姓名	性别	大学英	计算机基	高等数	基础会	总分
17042306	邬倩倩	女	93	78	43	69	283
17042332	杨威	女	91	71	43	73	278
17042315	翟莉莉	女	91	51	56	77	275
17042321	王雪蓉	女	74	67	38	88	267
17042323	赵丹	女	49	81	57	70	257
17042310	潘荣佳	女	缺考	90	35	67	192
17042329	赵金雪	女	71	66	46	缺考	183
17042340	杨丽	女	34	40	41	55	170

图 4-46　筛选结果

170423会计专业学生成绩表

学号	姓名	性别	大学英	计算机基	高等数	基础会	总分
17042338	许金金	女	92	68	77	87	324
17042311	王晶	女	47	99	79	98	323
17042344	赵石庆	男	72	81	88	81	322
17042313	赵敏	女	76	79	85	81	321
17042318	苏阳	男	92	79	72	75	318
17042330	徐莹	女	55	83	93	82	313
17042319	刘居高	男	83	58	91	77	309
17042325	高杰	女	81	53	95	78	307
17042301	周里丹	男	70	95	73	65	303

图 4-47　总分介于 300～330 分的学生记录筛选结果

① 将鼠标指针定位到学生成绩表数据清单中，在“数据”选项卡中单击“排序和筛选”组中的“筛选”按钮。

② 单击出现在“总分”字段右侧的下拉按钮，从弹出的菜单中选择“数字筛选”→“介于”命令，打开“自定义自动筛选方式”对话框。

③ 在对话框上方的两个下拉列表框中分别选择“大于或等于”和“300”，在下方的两个

下拉列表框中分别选择“小于或等于”和“330”，选择“与”单选按钮，如图 4-48 所示。

图 4-48 “自定义自动筛选方式”对话框

④ 单击“确定”按钮。

2. 高级筛选

当筛选的条件比较复杂或出现多字段的“逻辑或”关系时，用高级筛选更为方便。

在进行高级筛选时，必须先建立一个条件区域，并在此区域中输入筛选数据要满足的条件。建立条件区域时要注意以下几点：

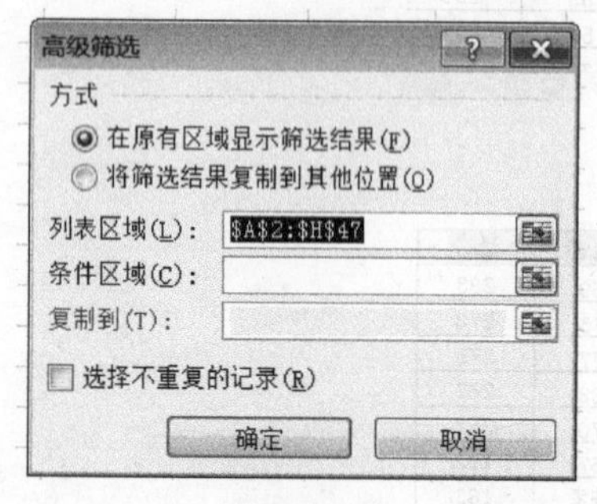

图 4-49 “高级筛选”对话框

(1) 条件区域中不一定要包含工作表中的所有字段，但条件所用的字段必须是工作表中的字段。

(2) 输入在同一行中的条件关系为逻辑与，输入在不同行中的条件关系为逻辑或。

在字段下面输入筛选条件，然后切换到“数据”选项卡，单击“排序和筛选”组中的“高级”按钮，打开如图 4-49 所示的“高级筛选”对话框，设置所需条件，即可进行高级筛选。

【例 4-8】 在学生成绩表中，要求筛选出总分大于等于 300 分且计算机基础成绩大于等于 80 分或平均分小于 60 分的所有记录，筛选结果如图 4-50 所示。

总分	计算机基础	平均分
>=300	>=80	
		<60

学号	姓名	性别	大学英语	计算机基础	高等数学	基础会计	总分	平均分
17042301	周里丹	男	70	95	73	65	303	75.8
17042304	康雅馨	女	75	80	95	99	349	87.3
17042311	王晶	女	47	99	79	98	323	80.8
17042312	崔纯明	男	96	87	74	86	343	85.8
17042326	王衡	女	68	89	94	91	342	85.5
17042330	徐莹	女	55	83	93	82	313	78.3
17042331	牛志微	女	缺考	39	77	55	171	57.0
17042337	程丽娟	女	96	84	74	78	332	83.0
17042339	冯晓娟	女	83	83	87	80	333	83.3
17042340	杨丽	女	34	40	41	55	170	42.5
17042342	韩伟	女	86	98	77	88	349	87.3
17042344	赵石庆	男	72	81	88	81	322	80.5
17042345	张来齐	男	81	85	78	90	334	83.5

图 4-50 筛选结果

① 建立条件区域：在数据清单以外选择一个空白区域，在首行输入字段名：总分、计算机基础、平均分，在第 2 行前两列分别输入“>=300”和“>=80”，第 3 行第三列输入“<60”。所输入的条件区域如图 4-51 所示。

总分	计算机基础	平均分
>=300	>=80	
		<60

图 4-51　例 4-8 的条件区域

② 将光标定位在数据清单区域任一单元格里。

③ 在“数据”选项卡中，单击“排序和筛选”组中的“高级”按钮，打开“高级筛选”对话框。

④ 单击“方式”选项组中的“将筛选结果复制到其他位置”单选按钮。单击“列表区域”文本框右边按钮（![]），输入列表所在的单元格的区域。

⑤ 先确认给出的列表区域是否正确（应为 A2∶I46），如果不正确，可单击“列表区域”右侧按钮（![]），展开对话框，用鼠标重新选择。

⑥ 单击“条件区域”右侧按钮（![]），用鼠标选择条件所在的单元格区域。

⑦ 单击“复制到”右侧按钮（![]），用鼠标选择筛选结果所在的单元格区域。这一区域尽可能大，至少同数据区域一样大。

⑧ 单击“确定”按钮，完成高级筛选。

四、分类汇总

分类汇总是分析数据表的常用方法，例如，在学生成绩表中要按性别分类统计男女生的平均成绩，使用系统提供的分类汇总功能，很容易得到这样的统计表，为分析数据表提供了极大方便。

Excel 2010 具有分类汇总功能，但并不局限于求和，也可以进行计数、求平均值等其他运算。注意，在分类汇总前，必须对分类字段进行排序，否则将得不到正确的分类汇总结果；在分类汇总时要清楚哪些字段是分类字段，哪些字段是汇总字段，以及每一个汇总字段的汇总方式。例如，按性别统计学生成绩表中的计算机基础、大学英语、高等数学、基础会计的平均分。在这个例子中，分类字段为性别；汇总字段为计算机基础、大学英语、高等数学、基础会计；汇总方式均为求平均值。

分类汇总有简单汇总和嵌套汇总两种。

1. 简单汇总

简单汇总是指对数据清单的一个或多个字段仅做一种方式的汇总。

【例 4-9】 求学生成绩表中男女生各门课程的平均成绩。

（1）按性别对成绩表的数据进行排序，可以是升序，也可以是降序。

（2）单击数据清单中的任一单元格。

（3）在“数据”选项卡中，单击“分级显示”组中的“分类汇总”按钮，打开“分类汇总”对话框，如图 4-52 所示。

（4）选择“分类字段”为“性别”；“汇总方式”为“平均值”；“选定汇总项”（汇总字段）为计算机基础、大学英语、高等数学、基础会计，并清除其他默认汇总项。

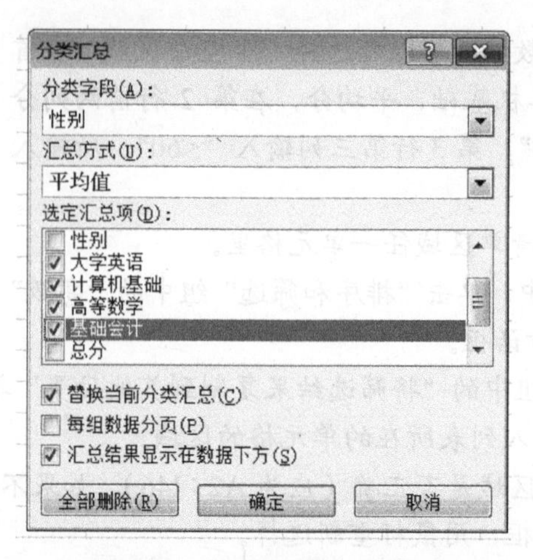

图 4-52 “分类汇总”对话框

(5) 选中“替换当前分类汇总”和“汇总结果显示在数据下方”两个复选框。

(6) 单击“确定”按钮，完成汇总结果。汇总结果如图 4-53 所示。

170423会计专业学生成绩表

学号	姓名	性别	大学英语	计算机基础	高等数学	基础会计	总分	平均分
17042301	周里丹	男	70	95	73	65	303	75.8
17042302	梁星楠	男	60	88	66	42	256	64.0
17042305	马子怡	男	78	78	98	88	342	85.5
17042307	朱晓峰	男	96	85	31	65	277	69.3
17042312	崔纯明	男	96	87	74	86	343	85.8
17042318	苏阳	男	92	79	72	75	318	79.5
17042319	刘居亮	男	83	58	91	77	309	77.3
17042320	赵伟	男	34	53	缺考	96	183	61.0
17042334	肖云锦	男	70	55	缺考	缺考	125	62.5
17042343	凌仕明	男	49	76	65	70	260	65.0
17042344	赵石庆	男	72	81	88	81	322	80.5
17042345	张来齐	男	81	85	78	90	334	83.5
		男 汇总	881	920	736	835		889.5
17042303	宋珊珊	女	46	78	79	71	274	68.5
17042304	康雅馨	女	75	80	95	99	349	87.3
17042306	邬倩倩	女	93	78	43	69	283	70.8
17042308	段东梅	女	36	99	71	53	259	64.8
17042309	王兴莉	女	35	80	84	74	273	68.3
17042310	潘荣佳	女	缺考	90	35	67	192	64.0
17042311	王晶	女	47	99	79	98	323	80.8
17042313	赵敏	女	76	79	85	81	321	80.3
17042314	齐欣	女	94	60	94	47	295	73.8
17042315	翟莉莉	女	91	51	56	77	275	68.8
17042316	麦乐乐	女	72	69	62	87	290	72.5
17042317	赵桓玉	女	82	90	71	41	284	71.0
17042321	王雪蓉	女	74	67	38	88	267	66.8
17042322	王博	女	46	83	75	54	258	64.5
17042323	赵丹	女	49	81	57	70	257	64.3
17042324	梅凤	女	72	68	90	35	265	66.3
17042325	高杰	女	81	53	95	78	307	76.8
17042326	王衡	女	68	89	94	91	342	85.5
17042327	黄家舜	女	83	77	72	62	294	73.5
17042328	佟春华	女	40	80	71	87	278	69.5
17042329	赵金雪	女	71	66	46	缺考	183	61.0
17042330	徐莹	女	55	83	93	82	313	78.3
17042331	牛志微	女	缺考	39	77	55	171	57.0
17042332	杨威	女	91	71	43	73	278	69.5
17042333	于婷婷	女	62	74	72	65	273	68.3
17042335	黄英平	女	44	97	69	81	291	72.8
17042336	赵东芳	女	65	74	67	70	276	69.0
17042337	程丽娟	女	96	84	74	78	332	83.0
17042338	许金金	女	92	68	77	87	324	81.0
17042339	冯晓娟	女	83	83	87	80	333	83.3
17042340	杨丽	女	34	40	41	55	170	42.5
17042341	高薇	女	74	71	75	78	298	74.5
17042342	韩伟	女	86	98	77	88	349	87.3
		女 汇总	2113	2499	2344	2321		2364.8
		总计	2994	3419	3080	3156		3254.3

图 4-53 简单汇总结果

分类汇总后，默认情况下，数据会分 3 个级别显示，可以单击分级显示区上方的“1”“2”“3”这 3 个按钮控制。单击按钮“1”，只显示清单中的列标题和总计结果；单击按钮“2”，显示各个分类汇总结果和总计结果；单击按钮“3”，显示全部详细数据。

2. 嵌套汇总

嵌套汇总是指对同一字段进行多种不同方式的汇总。

【例 4-10】 在例 4-9 求男女生各门课程平均成绩的基础上，再统计男女生的人数。汇总结果如图 4-54 所示。

(1) 先按例 4-9 的方法求出平均值。

(2) 再在平均值汇总的基础上计数，统计人数“分类汇总”对话框的设置如图 4-55 所示。

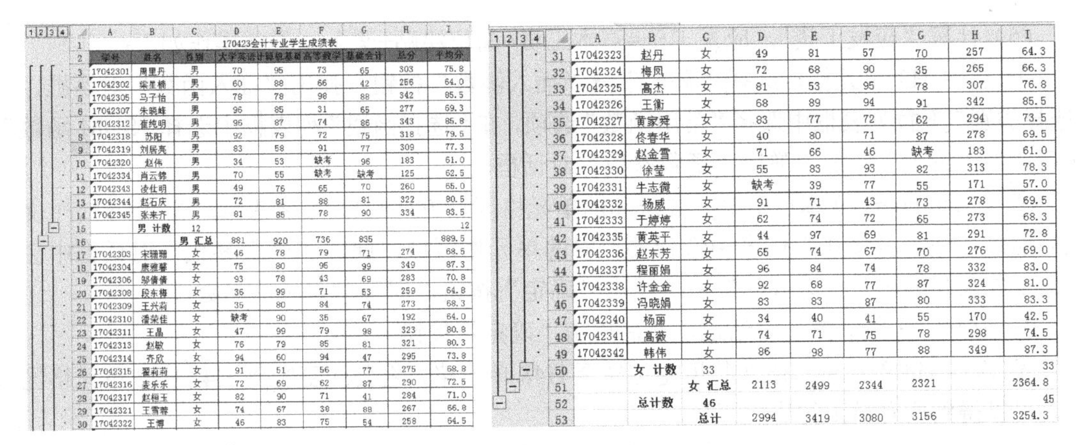

	A	B	C	D	E	F	G	H	I
1	170423会计专业学生成绩表								
2	学号	姓名	性别	大学英语	计算机基础	高等数学	基础会计	总分	平均分
3	17042301	周里丹	男	70	95	73	65	303	75.8
4	17042302	梁星楠	男	60	88	66	42	256	64.0
5	17042305	马子怡	男	78	78	98	88	342	85.5
6	17042307	朱晓峰	男	96	85	31	65	277	69.3
7	17042312	崔纯明	男	96	87	74	86	343	85.8
8	17042318	苏阳	男	92	79	72	75	318	79.5
9	17042319	刘居亮	男	83	58	91	77	309	77.3
10	17042320	赵伟	男	34	53	缺考	96	183	61.0
11	17042334	肖云锦	男	70	55	缺考	缺考	125	62.5
12	17042343	凌仕明	男	49	76	65	70	260	65.0
13	17042344	赵石庆	男	72	81	88	81	322	80.5
14	17042345	张来齐	男	81	85	78	90	334	83.5
15		男 计数	12						12
16			男 汇总	881	920	736	835		889.5
17	17042303	宋珊珊	女	46	78	79	71	274	68.5
18	17042304	康雅馨	女	75	80	95	99	349	87.3
19	17042306	邬倩倩	女	93	78	43	69	283	70.8
20	17042308	段东梅	女	36	99	71	53	259	64.8
21	17042309	王兴莉	女	35	80	84	74	273	68.3
22	17042310	潘荣佳	女	缺考	90	35	67	192	64.0
23	17042311	王晶	女	47	99	79	98	323	80.8
24	17042313	赵敏	女	76	79	85	81	321	80.3
25	17042314	齐欣	女	94	60	94	47	295	73.8
26	17042315	翟莉莉	女	91	51	56	77	275	68.8
27	17042316	麦乐乐	女	72	69	62	87	290	72.5
28	17042317	赵梅玉	女	82	90	71	41	284	71.0
29	17042321	王雪蓉	女	74	67	38	88	267	66.8
30	17042322	王博	女	46	83	75	54	258	64.5
31	17042323	赵丹	女	49	81	57	70	257	64.3
32	17042324	梅凤	女	72	68	90	35	265	66.3
33	17042325	高杰	女	81	53	95	78	307	76.8
34	17042326	王衡	女	68	89	94	91	342	85.5
35	17042327	黄家舜	女	83	77	72	62	294	73.5
36	17042328	佟春华	女	40	80	71	87	278	69.5
37	17042329	赵金雪	女	71	66	46	缺考	183	61.0
38	17042330	徐莹	女	55	83	93	82	313	78.3
39	17042331	牛志微	女	缺考	39	77	55	171	57.0
40	17042332	杨威	女	91	71	43	73	278	69.5
41	17042333	于婷婷	女	62	74	72	65	273	68.3
42	17042335	黄英平	女	44	97	69	81	291	72.8
43	17042336	赵东芳	女	65	74	67	70	276	69.0
44	17042337	程丽娟	女	96	84	74	78	332	83.0
45	17042338	许金金	女	92	68	77	87	324	81.0
46	17042339	冯晓娟	女	83	83	87	80	333	83.3
47	17042340	杨丽	女	34	40	41	55	170	42.5
48	17042341	高薇	女	74	71	75	78	298	74.5
49	17042342	韩伟	女	86	98	77	88	349	87.3
50		女 计数	33						33
51			女 汇总	2113	2499	2344	2321		2364.8
52		总计数	46						45
53			总计	2994	3419	3080	3156		3254.3

图 4-54 嵌套汇总结果

注意：不能选中“替换当前分类汇总”复选框。

图 4-55 统计人数“分类汇总”对话框

任务实施

制作火凤凰公司员工工资表

（1）打开 Excel 2010，文件另存为 F 盘下名为“班级学号+姓名”的文件夹中，文件名为“火凤凰公司员工工资表”。

（2）输入标题“火凤凰公司员工工资表（10月）”，表头为“员工编号、姓名、部门、职称、基本工资、岗位津贴、奖金、应发工资、养老保险、医疗保险、税前工资、个人所得税、实发工资”等。输入“员工编号、姓名、部门、职称、基本工资”等数据。

（3）计算岗位津贴，岗位津贴=基本工资×30%。具体操作如下：

① 选中 F3 单元格，在编辑栏中输入公式“=E3*30%”，按 Enter 键确认，或者单击编辑栏左侧的“输入”按钮。

② 选中 F3 单元格，用鼠标拖动其填充句柄至 F48 单元格，将公式复制到 F4∶F48 单元格区域中，可以得到所有员工的岗位津贴。

（4）计算奖金，“奖金”列数据的填充是根据“职称”来输入的，“职称”是“高工”的员工奖金是 4200 元，“职称”是“工程师”的员工奖金是 3000 元，“职称”是“助工”的员工奖金是 1800 元，“职称”是“无”的员工奖金是 1000 元。要解决这个问题，可使用 IF 函数进行条件判断，具体步骤如下：

① 选中 G3 单元格，在编辑栏中输入公式“=IF(D3= " 高工 ",4200,IF(D3= " 工程师 ", 3000, IF(D3= " 助工 ",1800,1000)))”，按 Enter 键确认。

② 选中 G3 单元格，拖动其填充句柄至 G48 单元格，将公式复制到 G4∶G48 单元格区域中，可以得到所有员工的岗位津贴。

（5）计算“应发工资”，应发工资=基本工资+岗位津贴+奖金。具体操作如下：

① 选中 H3 单元格，选择“公式”→“插入函数”按钮，弹出“插入函数”对话框，在“选择类别”下拉列表框中选择“常用函数”选项，在“选择函数”列表框中选择“SUM 函数”，然后单击“确定”按钮，弹出“函数参数”对话框。

② 在 Number1 文本框中输入要求和的单元格区域 E3∶G3，或者直接单击 Number1 文本框后面的按钮，直接在工作表中选择要计算的单元格区域，此时“函数参数”对话框中会自动出现要求和的单元格区域，然后再单击“确定”按钮，即可输入函数参数。

③ 返回“函数参数”对话框，然后单击“确定”按钮。

④ 选中 H3 单元格，拖动其填充句柄至 H48 单元格，将公式复制到 H4∶H48 单元格区域中，可以得到所有员工的应发工资。

（6）计算“养老保险”。在本例中，“养老保险”的数据为个人缴纳部分，计算方法为：养老保险=（基本工资+岗位津贴）×8%。具体操作步骤如下：

① 选中 I3 单元格，在编辑栏中输入公式“=（E3+F3）*0.08”，按 Enter 键确认，即可计算出第一个员工需要缴纳的“养老保险”。

② 选中 I3 单元格，拖动其填充句柄至 I48 单元格，将公式复制到 I4∶I48 单元格区域中，可以得到所有员工需要缴纳的“养老保险”。

（7）计算“医疗保险”。在本例中，“医疗保险”的数据为个人缴纳部分，计算方法为：医疗保险=（基本工资+岗位津贴）×2%。具体操作步骤如下：

① 选中 J3 单元格，在编辑栏中输入公式“=（E3+F3）*0.02”，按 Enter 键确认，即可计算出第一个员工需要缴纳的“医疗保险”。

② 选中 J3 单元格，拖动其填充句柄至 J48 单元格，将公式复制到 J4∶J48 单元格区域中，可以得到所有员工需要缴纳的“医疗保险”。

（8）计算税前工资。在本例中，税前工资=应发工资-（养老保险+医疗保险）。具体操作步骤如下：

① 选中 K3 单元格，在编辑栏中输入公式“=H3-(I3+J3)”，按 Enter 键确认，即可计算出第一个员工的“税前工资”。

② 选中 K3 单元格，拖动其填充句柄至 K48 单元格，将公式复制到 K4∶K48 单元格区域中，可以得到所有员工的“税前工资”。

（9）计算个人所得税。在本例中，个人所得税=（应缴纳税所得额-扣除标准）×适用税率-速算扣除数，其中“扣除标准”为 5000 元。

（10）计算实发工资。在本例中，实发工资=税前工资-个人所得税。具体操作步骤如下：

① 选中 M3 单元格，在编辑栏中输入公式“=K3-L3”，按 Enter 键确认，即可计算出第一个员工的“实发工资”。

② 选中 M3 单元格，拖动其填充句柄至 M48 单元格，将公式复制到 M4∶M48 单元格区域中，可以得到所有员工的“实发工资”。

（11）将 Sheet1 重命名为“工资表”，并将“工资表”复制到 Sheet2 中，将 Sheet2 重命名为“排序”，将“实发工资”一列数据按降序排列。

（12）将“工资表”复制到 Sheet3 中，将 Sheet3 重命名为“自动筛选”，筛选出工作表中

“销售部”的“岗位津贴”在1500～2500之间的员工记录。

（13）将“工资表”复制到Sheet4中，将Sheet4重命名为“高级筛选1”，筛选出“财务部”和“开发部”中“职称”为“高工”的“养老保险”在900元以上，或“职称”为“工程师”的“养老保险”在700元以下的员工记录。

（14）将“工资表”复制到Sheet5中，将Sheet5重命名为“高级筛选2”，筛选出“销售部”中“基本工资”高于7000，同时“奖金”低于3000元的员工记录。

（15）将“工资表”复制到Sheet6中，将Sheet6重命名为“分类汇总”，要求统计各个部门的奖金总额。

火凤凰公司员工工资表（10月）如图4-56所示。

火凤凰公司员工工资表（10月）

员工编号	姓名	部门	职称	基本工资	岗位津贴	奖金	应发工资	养老保险	医疗保险	税前工资	个人所得税	实发工资
CH001	周里丹	开发部	高工	¥9,000.00	¥2,700.00	¥4,200.00	¥15,900.00	¥936.00	¥234.00	¥14,730.00	¥763.00	¥13,967.00
CH002	梁星楠	开发部	工程师	¥7,300.00	¥2,190.00	¥3,000.00	¥12,490.00	¥759.20	¥189.80	¥11,541.00	¥444.10	¥11,096.90
CH003	宋姗姗	财务部	高工	¥9,800.00	¥2,940.00	¥4,200.00	¥16,940.00	¥1,019.20	¥254.80	¥15,666.00	¥856.60	¥14,809.40
CH004	康雅馨	行政部	工程师	¥8,000.00	¥2,400.00	¥3,000.00	¥13,400.00	¥832.00	¥208.00	¥12,360.00	¥526.00	¥11,834.00
CH005	马子怡	开发部	助工	¥7,000.00	¥2,100.00	¥1,800.00	¥10,900.00	¥728.00	¥182.00	¥9,990.00	¥289.00	¥9,701.00
CH006	邬倩倩	开发部	工程师	¥7,600.00	¥2,280.00	¥3,000.00	¥12,880.00	¥790.40	¥197.60	¥11,892.00	¥479.20	¥11,412.80
CH007	朱晓峰	销售部	工程师	¥4,200.00	¥1,260.00	¥3,000.00	¥8,460.00	¥436.80	¥109.20	¥7,914.00	¥87.42	¥7,826.58
CH008	段冬梅	销售部	工程师	¥6,800.00	¥2,040.00	¥3,000.00	¥11,840.00	¥707.20	¥176.80	¥10,956.00	¥385.60	¥10,570.40
CH009	王兴利	销售部	无	¥5,000.00	¥1,500.00	¥1,000.00	¥7,500.00	¥520.00	¥130.00	¥6,850.00	¥55.50	¥6,794.50
CH010	潘荣佳	开发部	高工	¥9,200.00	¥2,760.00	¥4,200.00	¥16,160.00	¥956.80	¥239.20	¥14,964.00	¥786.40	¥14,177.60
CH011	王晶	销售部	无	¥6,000.00	¥1,800.00	¥1,000.00	¥8,800.00	¥624.00	¥156.00	¥8,020.00	¥92.00	¥7,928.00
CH012	崔纯明	财务部	助工	¥5,500.00	¥1,650.00	¥1,800.00	¥8,950.00	¥572.00	¥143.00	¥8,235.00	¥113.50	¥8,121.50
CH013	赵敏	行政部	工程师	¥5,800.00	¥1,740.00	¥3,000.00	¥10,540.00	¥603.20	¥150.80	¥9,786.00	¥268.60	¥9,517.40
CH014	齐欣	行政部	助工	¥7,100.00	¥2,130.00	¥1,800.00	¥11,030.00	¥738.40	¥184.60	¥10,107.00	¥300.70	¥9,806.30
CH015	翟莉莉	销售部	工程师	¥7,300.00	¥2,190.00	¥3,000.00	¥12,490.00	¥759.20	¥189.80	¥11,541.00	¥444.10	¥11,096.90
CH016	麦乐乐	财务部	无	¥5,000.00	¥1,500.00	¥1,000.00	¥7,500.00	¥520.00	¥130.00	¥6,850.00	¥55.50	¥6,794.50
CH017	赵恒玉	开发部	高工	¥10,000.00	¥3,000.00	¥4,200.00	¥17,200.00	¥1,040.00	¥260.00	¥15,900.00	¥880.00	¥15,020.00
CH018	苏阳	开发部	高工	¥9,500.00	¥2,850.00	¥4,200.00	¥16,550.00	¥988.00	¥247.00	¥15,315.00	¥821.50	¥14,493.50
CH019	刘聚良	销售部	无	¥5,000.00	¥1,500.00	¥1,000.00	¥7,500.00	¥520.00	¥130.00	¥6,850.00	¥55.50	¥6,794.50
CH020	赵伟	销售部	无	¥5,000.00	¥1,500.00	¥1,000.00	¥7,500.00	¥520.00	¥130.00	¥6,850.00	¥55.50	¥6,794.50
CH021	王雪荣	行政部	助工	¥6,500.00	¥1,950.00	¥1,800.00	¥10,250.00	¥676.00	¥169.00	¥9,405.00	¥230.50	¥9,174.50
CH022	王博	开发部	工程师	¥6,200.00	¥1,860.00	¥3,000.00	¥11,060.00	¥644.80	¥161.20	¥10,254.00	¥315.40	¥9,938.60
CH023	赵丹	销售部	助工	¥6,000.00	¥1,800.00	¥1,800.00	¥9,600.00	¥624.00	¥156.00	¥8,820.00	¥172.00	¥8,648.00
CH024	梅凤	财务部	助工	¥7,500.00	¥2,250.00	¥1,800.00	¥11,550.00	¥780.00	¥195.00	¥10,575.00	¥347.50	¥10,227.60
		总计		¥166,300.00	¥49,890.00	¥60,800.00	¥276,990.00	¥17,295.20	¥4,323.80	¥255,371.00	¥8,825.12	¥246,545.88
		平均值		¥6,929.17	¥2,078.75	¥2,533.33	¥11,541.25	¥720.63	¥180.16	¥10,640.46	¥367.71	¥10,272.75
		最大值		¥10,000.00	¥3,000.00	¥4,200.00	¥17,200.00	¥1,040.00	¥260.00	¥15,900.00	¥880.00	¥15,020.00
		最小值		¥4,200.00	¥1,260.00	¥1,000.00	¥7,500.00	¥436.80	¥109.20	¥6,850.00	¥55.50	¥6,794.50

图4-56 “火凤凰公司员工工资表（10月）”效果图

知识扩展

在输入公式或插入函数时，有时由于用户的误操作可能会使公式或函数无法正常使用。下面介绍几种常见的公式形式及其出错原因。

1．错误信息1——####

错误产生的原因：输入到单元格中的数据太长或单元格公式产生的结果太大，在单元格中显示不下时，将在单元格中显示“####”。如果对日期和时间做减法，请确认格式是否正确。Excel 2010中的日期和时间必须为正值，如果日期和时间产生了负值，将在整个单元格中显示“####”。

解决办法：可以通过调整列宽来正常显示单元格的内容；当日期和时间产生负值出现错误时，如果仍要显示这个数值，选择“开始”→“数字”命令，打开“设置单元格格式”对话框，选择“数字”选项卡，然后选定一个不是日期或时间的格式。

2．错误信息2——#DIV/0!

错误产生的原因：输入公式中包含明显的除数0，或者公式中作为除数的单元格为空，就会产生错误信息“#DIV/0!”。

解决办法：修改单元格引用，或者在用作除数的单元格中输入不为零的值。

3．错误信息 3——#N/A

错误产生的原因：如果公式或者函数中引用了不可用的数据或参数，通常在公式中使用查找功能的函数（如 VLOOKUP、HLOOKUP 和 LOOKUP）时，找不到匹配的值时会出现此类错误。

解决办法：检查被查找的值，使其的确存在于查找的数据表中，同时检查数据参数是否可用。

4．错误信息 4——#VALUE!

错误产生的原因：文本类型的数据参与了数值运算，函数参数的数值类型不正确；函数的参数本应该是单一值，却提供了一个区域作为参数；输入一个数组公式时，忘记按“Ctrl+Shift+Enter”组合键。

解决办法：更正相关的数据类型或参数类型；提供正确的参数；输入数组公式时，记得按“Ctrl+Shift+Enter”组合键。

5．错误信息 5——#NAME?

错误产生的原因：在公式中使用了 Excel 无法识别的文本，例如函数的名称拼写错误，使用了没有被定义的区域或单元格名称，以及引用文本没有加引号等。

解决办法：可以从以下几个方面进行检查，纠正错误。

（1）如果是使用了不存在的名称而产生这类错误，应该确认使用的名称确实存在。选择“公式”→“定义名称”命令，在对话框中添加相应名称。

（2）如果是名称，应该修改函数名称的拼写错误。

（3）确认公式中使用的所有区域引用都使用了“：”符号。

6．错误信息—#NUM!

错误产生的原因：公式产生的数字太大或太小，Excel 不能显示；在需要数字参数的函数中使用了非数字参数。

解决办法：检查相应的公式，并重新进行计算。

7．错误信息—#REF!

错误产生的原因：删除了公式中所引用的单元格或单元格区域。

解决办法：重新进行单元格或单元格区域引用。

拓展训练

员工工资表的格式化

参照图 4-56 所示的员工工资表，具体操作方法如下：

（1）标题格式的设置。选中 A1 单元格，将标题字段的字体设置为“隶书”“24 磅”，设置文字“合并后居中”，将表格中文字设置为“楷体”“12 磅”。

（2）小标题的设置。选中 A2∶M2 单元格区域，选择“开始”→“数字”命令组中设置单元格格式按钮，打开“设置单元格格式”对话框，选择“对齐”选项卡，在“水平对齐”和“垂直对齐”下拉列表框中均选择“居中”选项，然后单击“确定”按钮。用鼠标拖动列边线调整列宽。

（3）设置货币格式。选中 E3∶M48 单元格区域，选择“开始”→“数字”命令组中设置单元格格式按钮，打开“设置单元格格式”对话框，选择“数字”选项卡，在分类列表框中选择“货币”选项，然后单击“确定”按钮。

（4）设置表格边框。选中 A2∶M48 单元格区域，选择“开始”→“数字”命令组中设置单元格格式按钮，打开“设置单元格格式”对话框，选择“边框”选项卡，在“线条”选项组的“样式”列表框中选择“细虚线”选项，在“颜色”下拉列表框中选择“自动”选项，单击“预置”选项组中的“内部”按钮，为表格添加内框线。在“线条”选项组的“样式”列表框中选择“粗实线”，在“颜色”下拉列表框中选择所需颜色，单击“预置”选项组中的“外边框”按钮，为表格添加外边框线，最后单击“确定”按钮。

任务 4.5 制作商品销售数据分析表

任务介绍

经理要求王鹏将近两年的产品销售情况汇总一下，制作分析报告表，为制定下一步的销售计划提供依据。王鹏按照经理的要求，对公司的销售数据和产品价格，从计算每个订单的盈利额，创建数据的透视表，明确统计数据项，创建图标，以及用形象直观的方式表达统计分析结果等几个方面进行了分析。

相关知识

数据透视表是一种交互式工作表，可以快速合并和比较大量数据，可以旋转数据表的行和列，并从不同的方面对数据进行分类汇总，可以显示感兴趣的明细数据，还可以根据不同需要、依据不同的关系来提取和组织数据。

一、数据透视表

1. 创建数据透视表

要创建数据透视表，可以通过数据透视表和数据透视图向导来查找和制定数据源并创建数据透视表框架，然后通过“数据透视表”工具栏，在报表框架中任意排列数据。

以“工作量统计表”为例，具体的操作步骤如下：

（1）选中“工作量统计表”。

（2）选中该工作表中的任一非空单元格，选择“插入”选项卡，单击“表格”组中的“数据透视表”下拉按钮，在弹出的下拉列表中选择“数据透视表”选项，如图 4-57 所示。

如图 4-58 所示，在弹出的“创建数据透视表”对话框中，单击“表/区域”文本框右侧的“折叠”按钮，如图 4-59 所示。返回工作区，选择数据源区域，并再次单击“折叠”按钮。返回“创建数据透视表”对话框，在“选择放置数据透视表的位置”选项区域中选中“新工作表”单选按钮，并单击“确定”按钮，如图 4-60 所示。

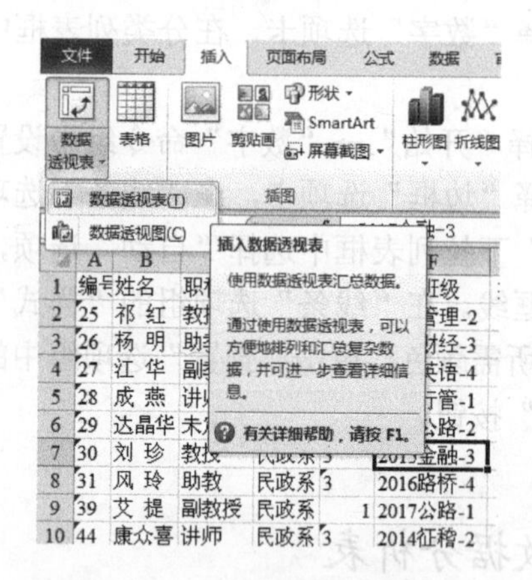

图 4-57　建立数据透视表

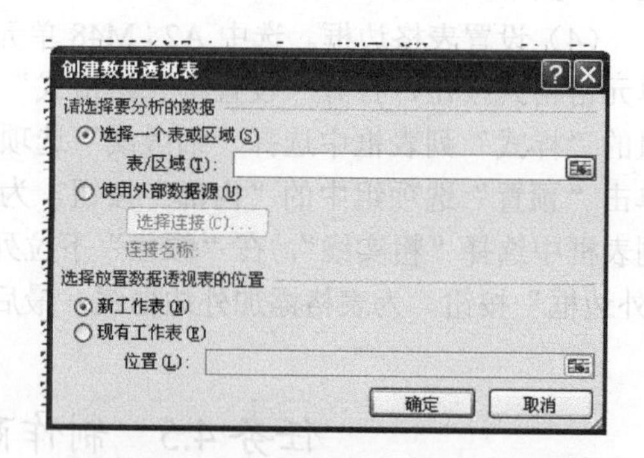

图 4-58　“创建数据透视表”对话框

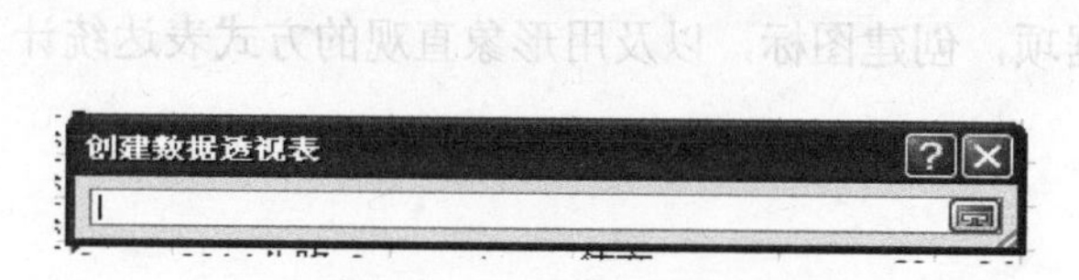

图 4-59　折叠后的对话框

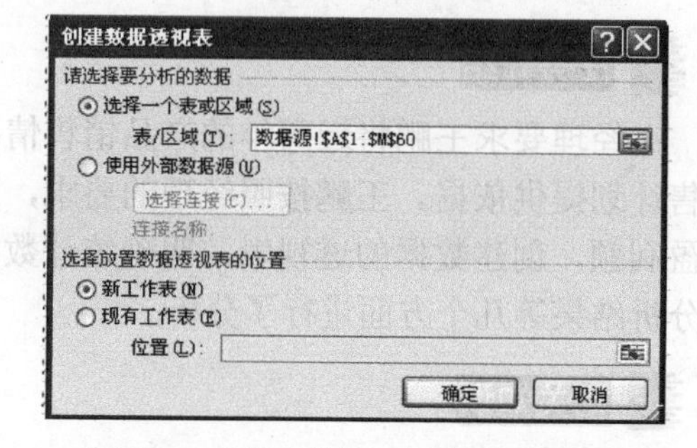

图 4-60　“创建数据透视表”对话框

此时系统将创建新的工作表，并显示数据透视表框架，在窗口右侧出现“数据透视表字段列表”窗口，如图 4-61 所示。

用鼠标将“编号”“姓名”“系名”拖动到“报表筛选”列表框中，“授课班级”为“列标签”，“课程名称”为“行标签”，“授课班数”“授课人数”“课时”“上机工作量”“作业次数”“辅导实习次数”为数值求和项，即完成创建数据透视表，如图 4-62 所示。

2. 设置数据透视表字段

如果各字段需要调整，也可以通过用鼠标拖动的方式进行。数值字段的计算方式如果不正确，可以用鼠标单击该数值字段，在出现的菜单中选择“值字段设置”命令，如图 4-63 所示。

图 4-61　“数据透视表字段列表”窗口

	A	B	C	D	E	
1	编号	(全部)				
2	姓名	(全部)				
3	系名	(全部)				
4						
5		授课班级	数据			
6		2014公路-2				
7	课程名称	求和项:授课班数	求和项:授课人数	求和项:课时	求和项:上机工作量	求和项
8	大学语文					
9	德育	6	126	61	73	
10	离散数学	13	90	46	78	
11	体育					
12	微积分					
13	线性代数					
14	英语					
15	英语1					
16	哲学	2	76	21	46	
17	政经					
18	总计	21	292	128	197	

图 4-62　创建数据透视表

在弹出的“值字段设置”对话框中选择正确的计算类型后，单击“确定”按钮即可，如图 4-64 所示。

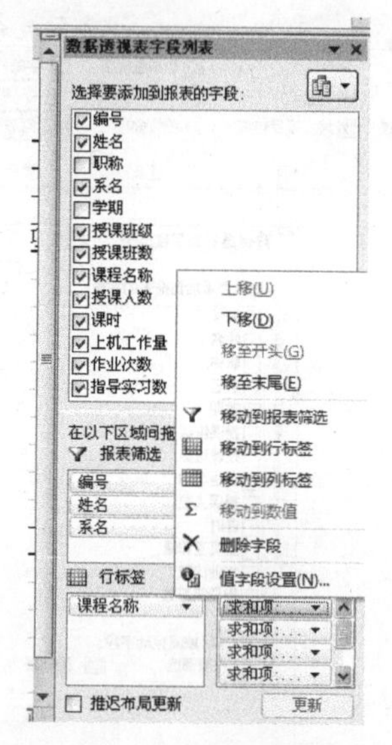

图 4-63　设置数据透视表字段

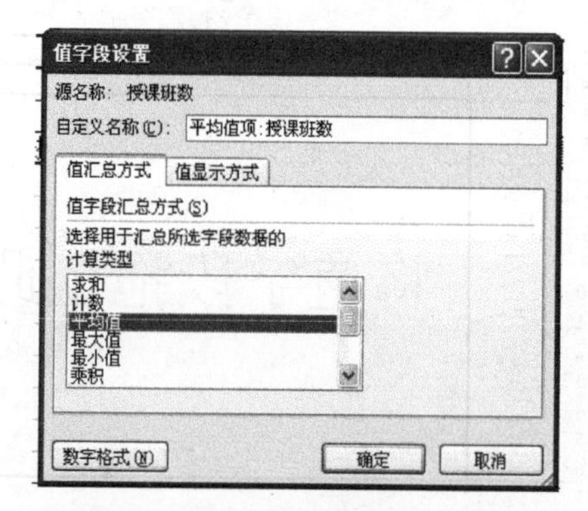

图 4-64　“值字段设置”对话框

3．设置数据透视表格式

在打开的工作表中选中数据透视表，在“数据透视表工具”→“设计”选项卡中，单击“数据透视表样式”组中的样式下拉按钮，如图 4-65 所示。

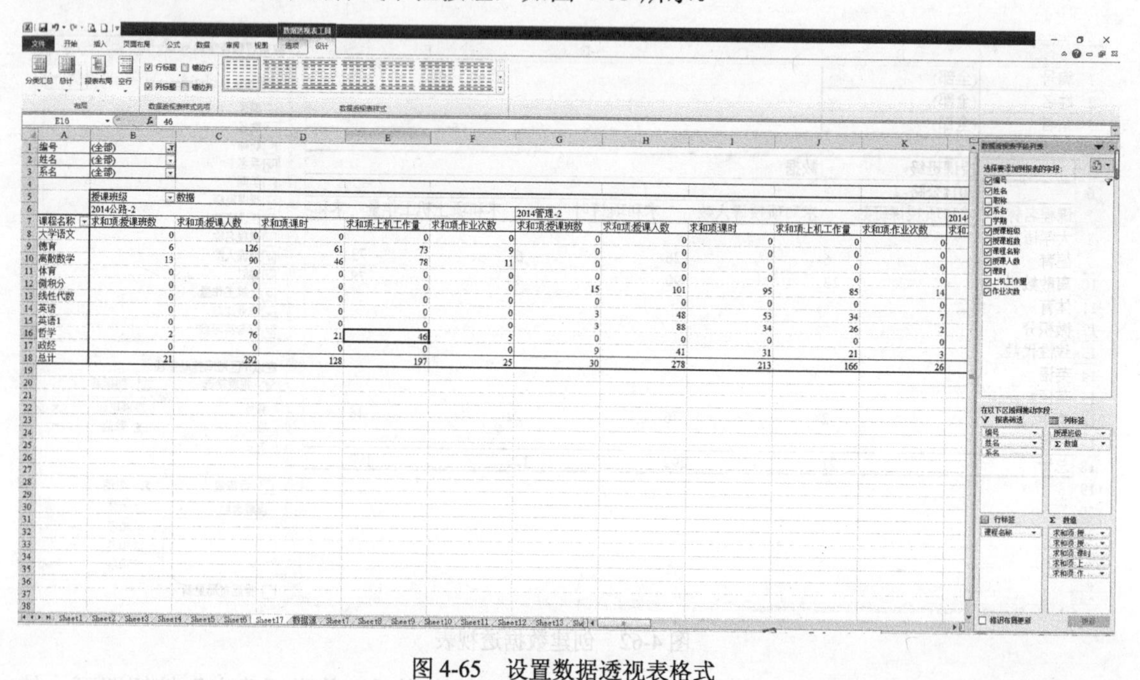

图 4-65　设置数据透视表格式

在打开的样式库中选择要应用的数据透视表样式，显示应用数据透视表样式后的效果如图 4-66 所示。

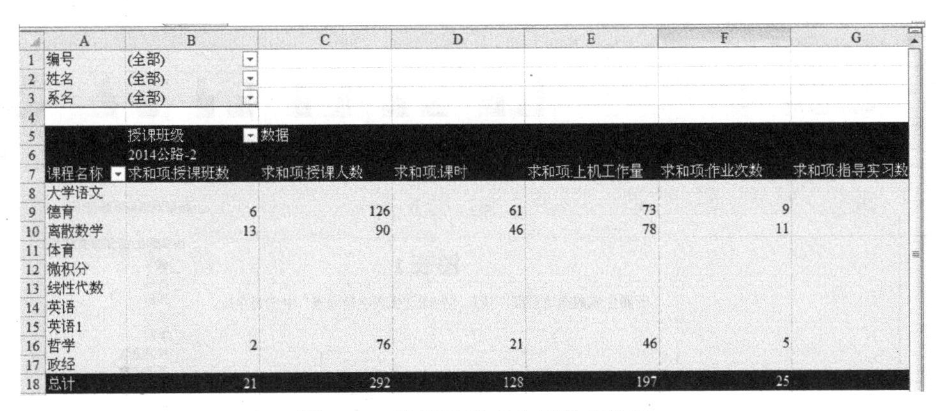

编号	(全部)					
姓名	(全部)					
系名	(全部)					
	授课班级	数据				
	2014公路-2					
课程名称	求和项:授课班数	求和项:授课人数	求和项:课时	求和项:上机工作量	求和项:作业次数	求和项:指导实习数
大学语文						
德育	6	126	61	73	9	
离散数学	13	90	46	78	11	
体育						
微积分						
线性代数						
英语						
英语1						
哲学	2	76	21	46	5	
政经						
总计	21	292	128	197	25	

图 4-66　数据透视表应用样式结果

二、数据透视图

1．创建数据透视图

在上例“工作量统计表”中，选择“插入”选项卡，在“表格”组中单击“数据透视表”下拉按钮，在弹出的下拉列表中选择“数据透视图”选项，如图 4-67 所示。

在弹出的“创建数据透视表及数据透视图”对话框中，选中“选择一个表或区域”单选按钮，然后单击“表/区域”文本框右侧的折叠按钮，选择数据区域 A3∶G23，再次单击折叠按钮，返回对话框。在“选择放置数据透视表的位置”选项区域中选中“新工作表”单选按钮，单击“确定”按钮，如图 4-68 所示。

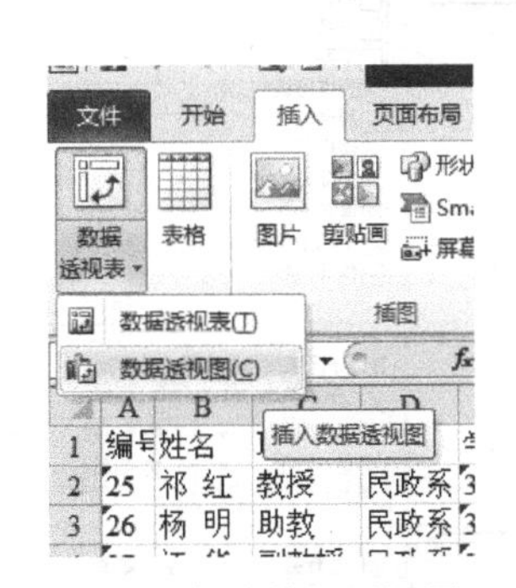

图 4-67　创建数据透视图

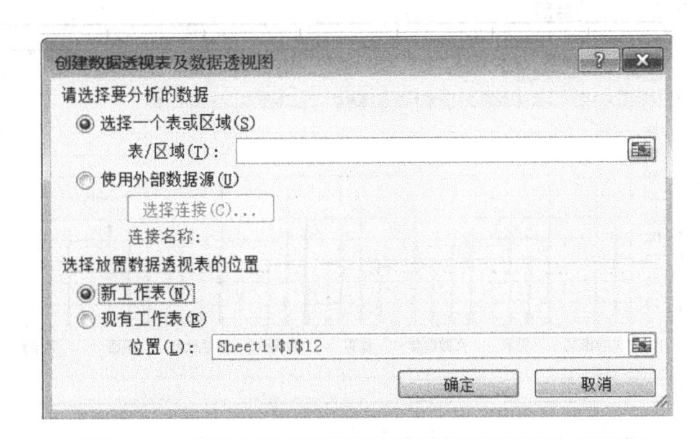

图 4-68　“创建数据透视表及数据透视图”对话框

此时，即可在新工作表中出现数据透视表和数据透视图的框架，并显示“数据透视表字段列表”窗格，如图 4-69 所示。

用鼠标将“编号”“姓名”“系名”拖动到“报表筛选”列表框中，“授课班级”为“列标签”，“课程名称”为“行标签”，“授课班数”“授课人数”“课时”“上机工作量”“作业次数”为数值求和项，即完成创建数据透视图，效果如图 4-70 所示。

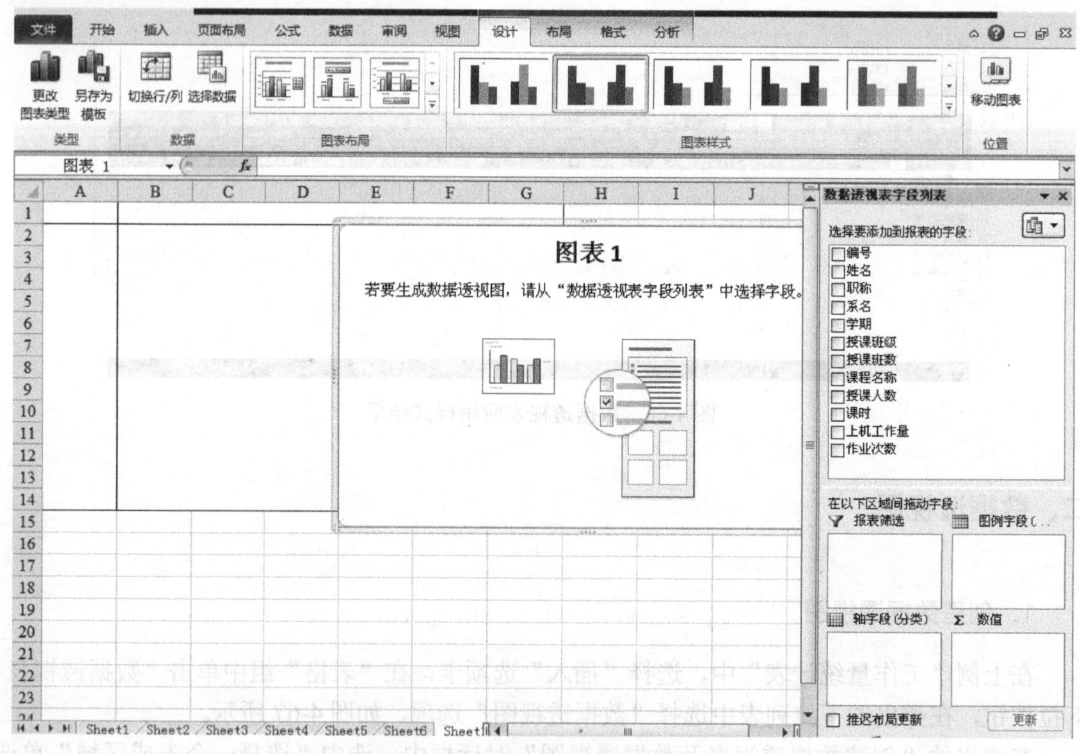

图 4-69　数据透视表字段列表窗格

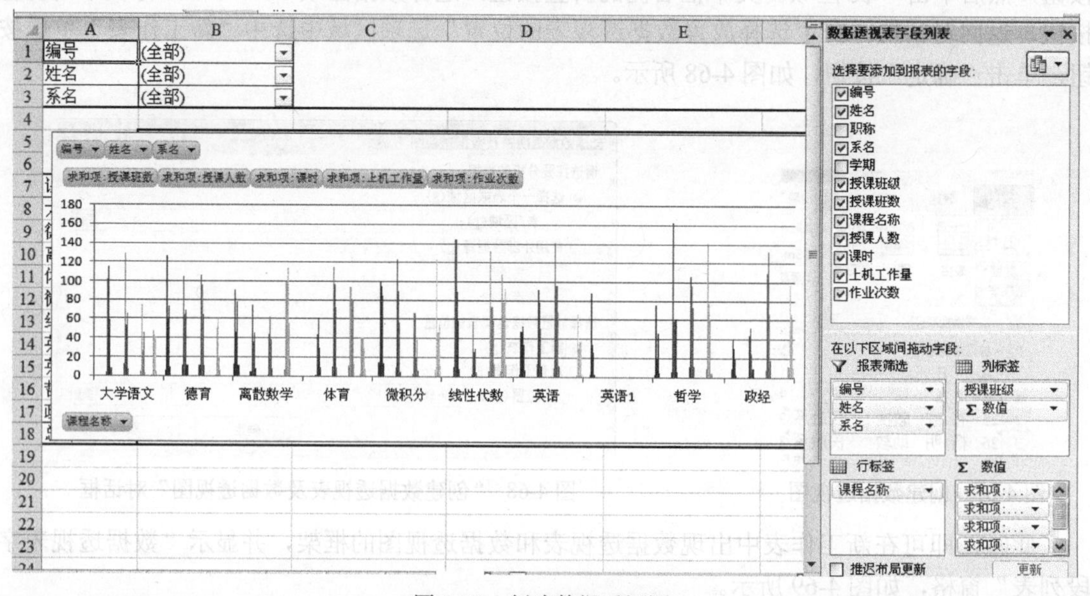

图 4-70　创建数据透视图

2. 使用数据透视图筛选数据

在“数据透视图”筛选窗格中单击“编号”下拉按钮，在下拉列表中选择“102”，单击

“确定”按钮，查看筛选结果，如图 4-71 所示。

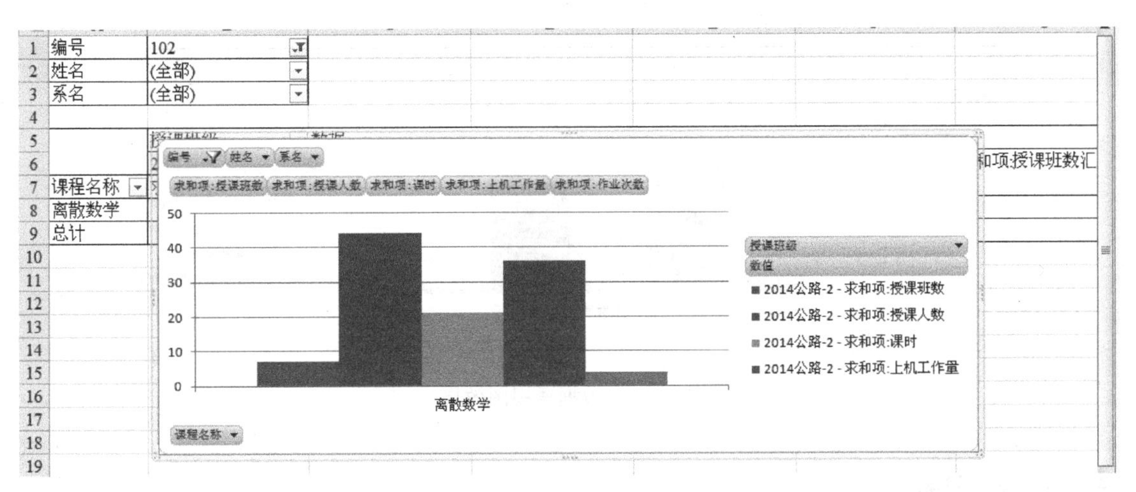

图 4-71　筛选结果

3. 美化数据透视图

选中数据透视图的图表区域，选择“设计”选项卡，在“图表样式”组中单击下拉按钮，在弹出的下拉列表中选择要应用的预设样式，如图 4-72 所示。

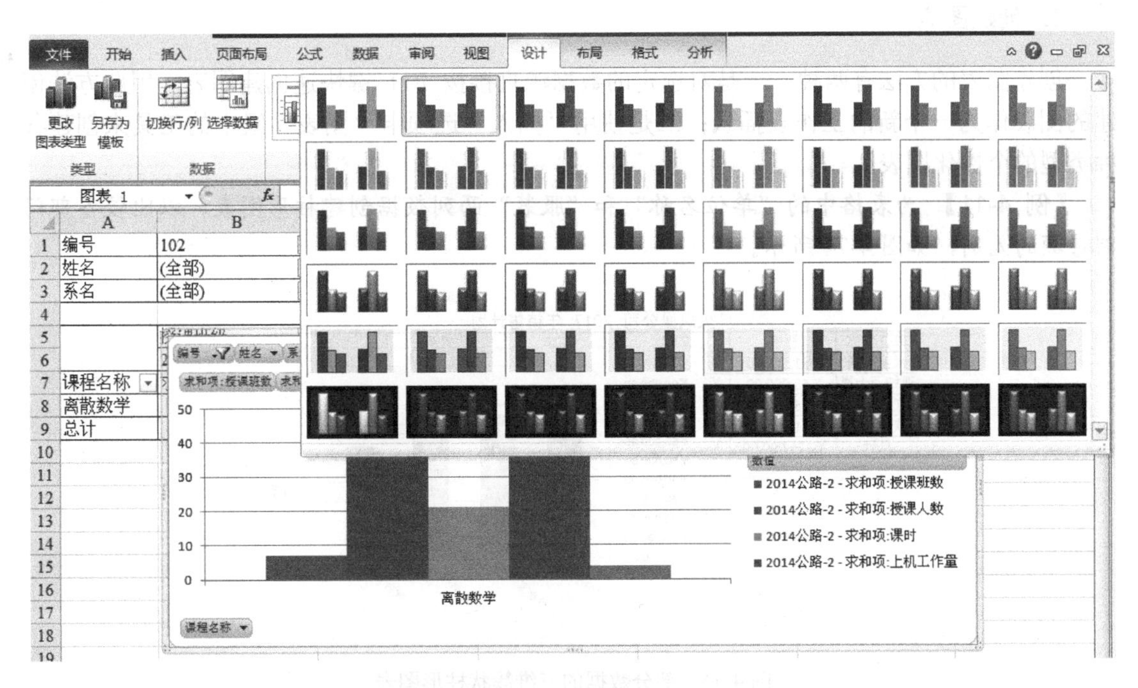

图 4-72　选择图表样式

应用了所选样式后，数据透视图效果如图 4-73 所示。

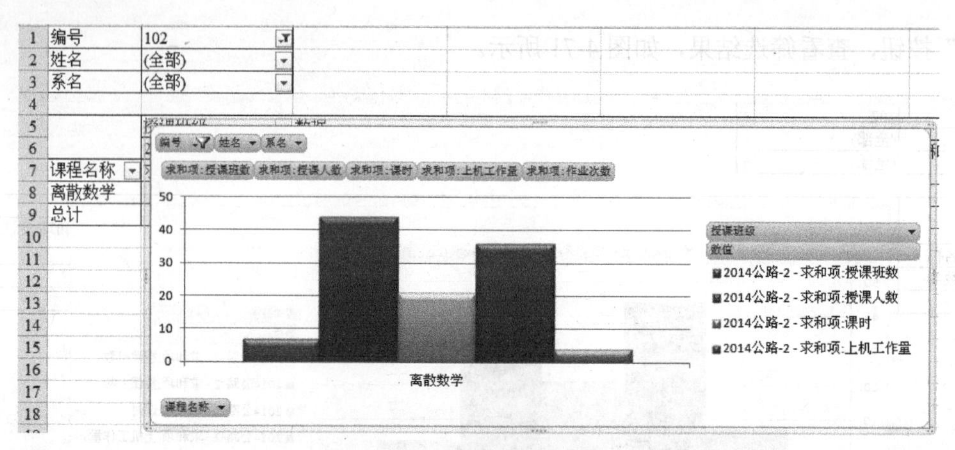

图 4-73　数据透视图效果

三、Excel 图表

Excel 2010 能将工作表中数据或统计结果以各种统计图表的形式显示出来，从而更形象、更直观地揭示数据之间的关系，反映数据的变化规律和发展趋势。当工作表中的数据发生变化时，图形会相应改变，不需要重新绘制。

1. 创建图表

创建图表的方法有两种：一是对选定的数据源直接按 F11 键快速创建图表，用此方法创建的图表作为一个新的工作表插入；二是使用“插入”选项卡“图表”组中的工具来创建各种类型的个性化图表。

【例 4-11】 为表格中的“单位名称”和“服装”两列数据创建柱形图表，以比较各部门销售额的差别，如图 4-74 所示。

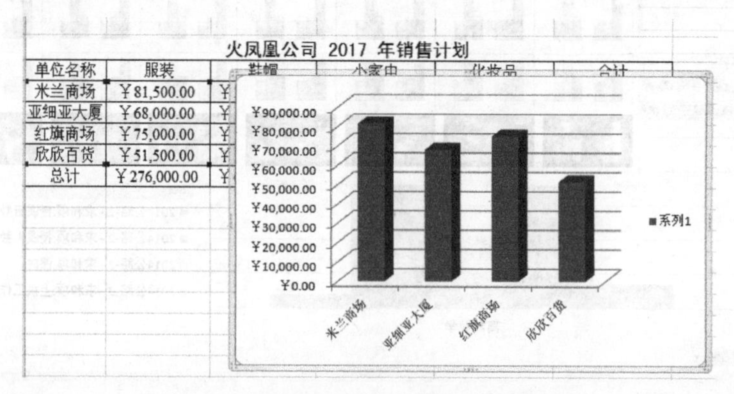

图 4-74　部分数据的三维簇状柱形图表

（1）选择 A4:B7 单元格。

（2）在“插入”选项卡中单击“图表”组中的“柱形图”按钮，从弹出的菜单中选择“三维簇状柱形图”。

2. 编辑图表

编辑图表是指更改图表类型及对图表中的各个对象进行编辑。

（1）选择图表对象。

对图表对象进行编辑时，必须先选择它们。选择图表可分为选择整个图表和选择图表中的对象，选择整个图表只需单击图表中的空白处即可。若要选择图表中的对象，则要单击目标对象。若要取消对图表或图表中对象的选择，只需单击图表或图表对象外任意位置即可。

（2）更改图表类型。

更改图表类型可通过两种方法来实现：

① 先选择图表，在“插入”选项卡上的“图表”组中选择其他图表类型，然后单击“确定”按钮。

② 先选择图表，在“图表工具”→“设计”选项卡中单击“类型”组中的“更改图表类型”按钮，打开如图 4-75 所示的“更改图表类型”对话框，从中选择所需的图表类型，然后单击“确定”按钮。

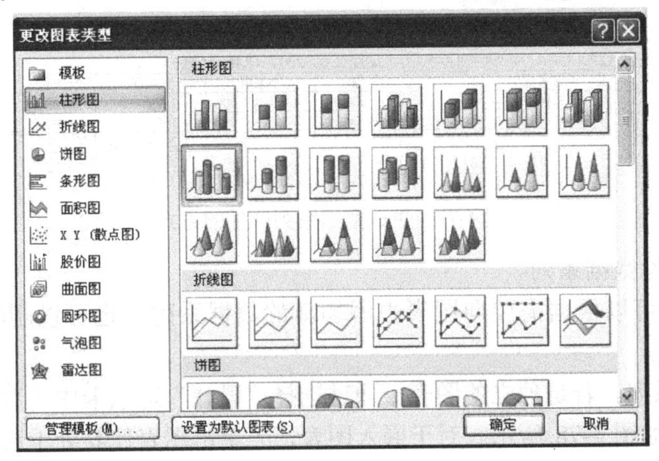

图 4-75 “更改图表类型”对话框

【例 4-11】 将上例中创建的三维簇状柱形图表更改为簇状条形图，如图 4-76 所示。

图 4-76 簇状条形图显示效果

① 选择图表，Excel 2010 在功能区中自动切换到“图表工具”的“设计”选项卡。

② 单击“类型”组中“更改图表类型”按钮，打开“更改图表类型”对话框。

③ 在左侧的列表框中选择“条形图”选项，使其子类型图标显示在右边的列表框中。

④ 在右边的列表框中单击“簇状条形图”图标。

⑤ 单击“确定”按钮。

（3）更改数据系列产生的方式。

图表中的数据系列既可以以行产生，也可以以列产生，有时还可根据需要对图表系列的产生方式进行更改。

具体方法是：选择图表，在“设计”选项卡中单击“数据”组中的“切换行/列”按钮，即可完成系列产生方式的更改，如图 4-77 所示。

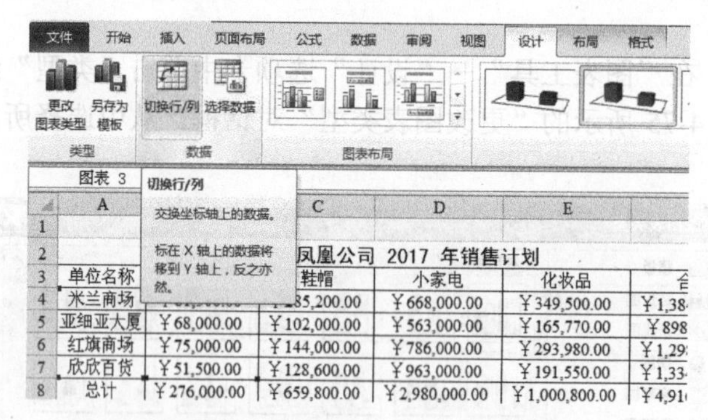

图 4-77　更改数据系列产生的方式

（4）添加或删除数据系列。

图表建立后，可以根据需要向图表中添加新的数据系列，也可以删除不需要的数据系列。

① 添加数据系列。若是独立的图表，通过选择“设计”选项卡中“数据组”中的“选择数据源”来完成，如图 4-78 所示。对于嵌入图表，先单击图表使其处于选择状态，并将鼠标指针移到表格选择区域右下角的方形控制柄上，当指针变为双向箭头状时，按下鼠标左键拖动指针，直至包含要添加的数据系列后释放鼠标键。

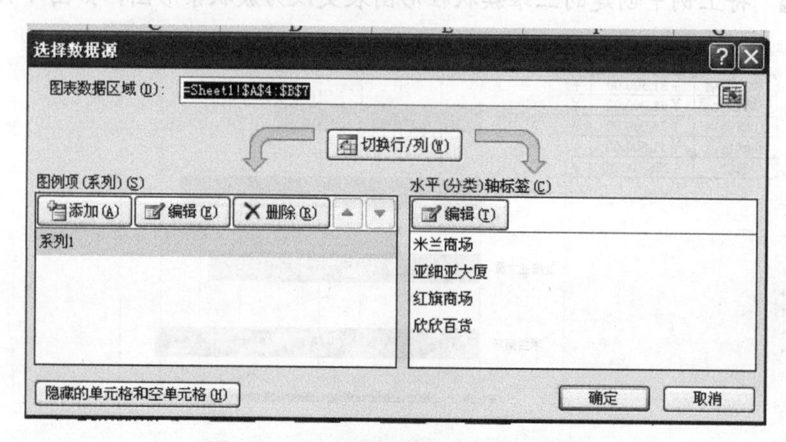

图 4-78　用“选择数据源”添加数据

② 若要删除图表中的数据系列，可按以下两种方法进行操作：

a．只删除图表中的数据系列不删除工作表中的数据。单击图表使其处于选择状态，将鼠标指针移到表格选择区域右下角的方形控制柄上，当指针变为双向箭头状时，按下鼠标左键拖动指针，取消包含要在图表中删除的数据系列所对应的数据区域。

b．删除图表中某个数据系列并同时删除工作表中相应的数据，可直接选择工作表中要删除的数据区域将其删除，其对应的图表数据系列也将同时被删除。

【例 4-13】 在例 4-12 的基础上添加一个数据序列，如图 4-79 所示。

① 单击图表，使其处于选择状态。

② 将鼠标指针放在表格中“服装”列右下角的蓝色方形控制柄上，当指针形状变为双向箭头状时，向右拖动使选择区中包含“鞋帽”数据列，图表即自动添加相应的数据序列。

火凤凰公司 2017 年销售计划

单位名称	服装	鞋帽	小家电	化妆品	合计
米兰商场	￥81,500.00	￥285,200.00	￥668,000.00	￥349,500.00	￥1,384,200.00
亚细亚大厦	￥68,000.00	￥102,000.00	￥563,000.00	￥165,770.00	￥898,770.00
红旗商场	￥75,000.00	￥144,000.00	￥786,000.00	￥293,980.00	￥1,298,980.00
欣欣百货	￥51,500.00	￥128,600.00	￥963,000.00	￥191,550.00	￥1,334,650.00
总计	￥276,000.00	￥659,800.00	￥2,980,000.00	￥1,000,800.00	￥4,916,600.00

图 4-79　添加“鞋帽”数据列

（5）向图表中添加文本。

对于创建好的图表，用户还可以向图表中添加一些说明性文字，以使图表含有更多的信息。添加文字的主要方法是使用文本框。

选择图表，切换到“插入”选项卡，单击“文本”组中的“文本框”按钮，从弹出的菜单中根据需要选择“横排文本框”或“竖排文本框”，然后在图表中要添加文字的位置拖动鼠标指针绘出文本框并输入文字。

【例 4-14】 在例 4-13 的基础上添加两个文本框，一个用于标明数据系列，一个用于标明分类组，如图 4-80 所示。

① 单击图标，使其处于选择状态。

② 选择“插入”选项卡，单击“文本”组中的“文本框”按钮，选择横排文本框，将鼠标指针放在表格中“数字”上面，在文本框中输入“销售额”，同样的方法再添加一个横排的文本框，放在图表中合适位置，向文本框中添加汉字“单位名称”。

（6）移动图表。

移动图表可以将图表作为一个对象移入另一个工作表中，也可以作为一个新的工作表插入，具体方法是：先选择图表，单击“设计”→“位置”→“移动图表”，将弹出“移动图表”对话框，如图 4-81 所示。选择要移动的位置后单击“确定”按钮即可。

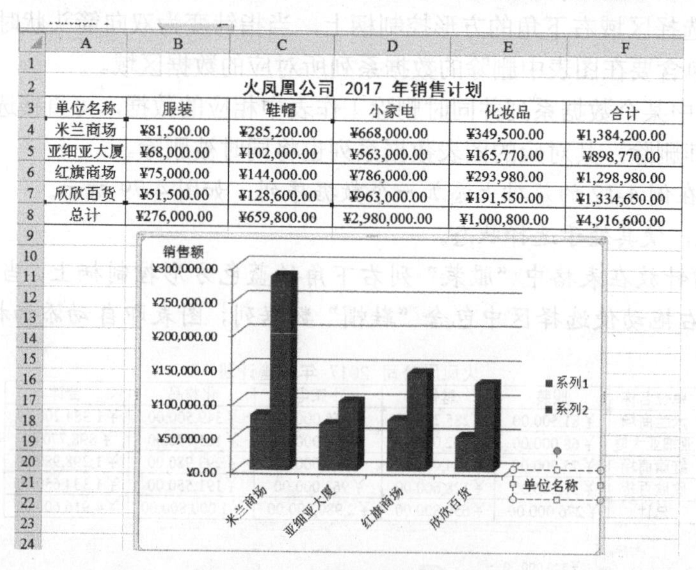

单位名称	服装	鞋帽	小家电	化妆品	合计
米兰商场	¥81,500.00	¥285,200.00	¥668,000.00	¥349,500.00	¥1,384,200.00
亚细亚大厦	¥68,000.00	¥102,000.00	¥563,000.00	¥165,770.00	¥898,770.00
红旗商场	¥75,000.00	¥144,000.00	¥786,000.00	¥293,980.00	¥1,298,980.00
欣欣百货	¥51,500.00	¥128,600.00	¥963,000.00	¥191,550.00	¥1,334,650.00
总计	¥276,000.00	¥659,800.00	¥2,980,000.00	¥1,000,800.00	¥4,916,600.00

图 4-80　在图形中添加文本框

3. 格式化图表

图表建立后，可以对图表的各个对象进行格式化。最常用的方法是，先选择图表中要格式化的对象，单击右键弹出快捷菜单，如图 4-82 所示。通过该菜单项进行图表的格式化设置。

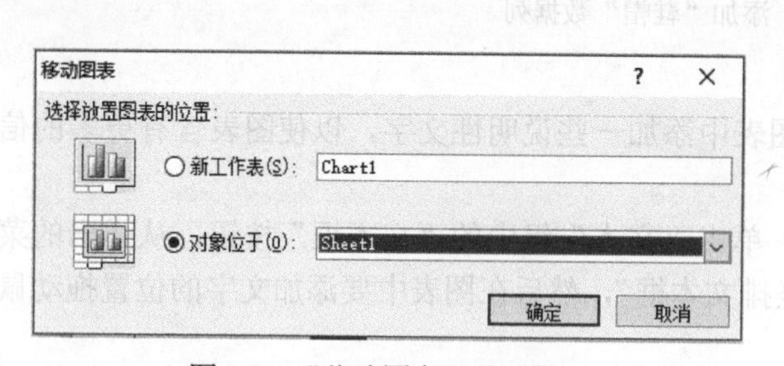

图 4-81 “移动图表”对话框

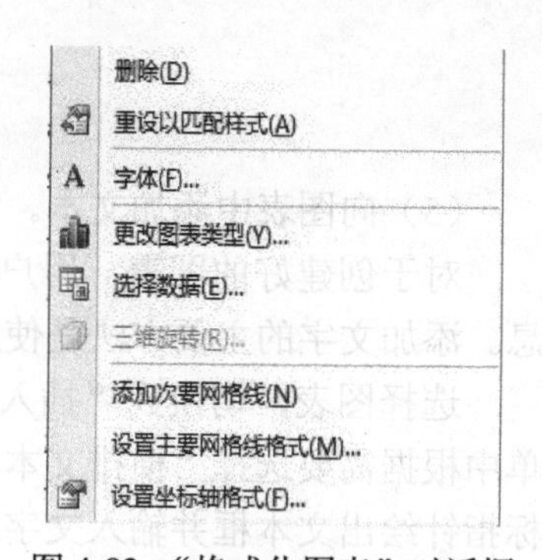

图 4-82 “格式化图表”对话框

任务实施

1. 数据计算

（1）打开 “产品销售表.xlsx”工作簿，选中“原始数据”工作表。

（2）选中 H3 单元格，输入公式“=F3*G3”，按 Enter 键确认，计算该产品的总销售额。

（3）选中 H3 单元格，拖动其右下角的填充句柄填充至 H29，计算出其余产品的总销售额，如图 4-83 所示。

第四季度产品销售数据统计							
序号	型号	销售点	销售月份	销售员	单价	销售台数	总销售额
1	海尔 XQSB60-0588	成都	10月	黄雅玲	¥5,734	12	¥68,808
2	松下 XQB60-Q630U	成都	10月	黄雅玲	¥1,898	10	¥18,980
3	LG WD-A12207D	成都	10月	方成建	¥11,800	5	¥59,000
4	海尔XQS60-728	成都	10月	方成建	¥2,910	12	¥34,920
5	松下 XQB60-Q630U	成都	11月	苏洁	¥1,898	7	¥13,286
6	LG WD-A12207D	成都	11月	苏洁	¥11,800	6	¥70,800
7	海尔XQS60-728	成都	11月	刘民	¥2,910	10	¥29,100
8	松下 XQB60-Q630U	成都	12月	何宇	¥1,898	6	¥11,388
9	LG WD-A12207D	成都	12月	王利伟	¥11,800	15	¥177,000
10	海尔XQS60-728	成都	12月	苏洁	¥2,910	12	¥34,920
11	海尔 XQSB60-0588	济南	10月	方成建	¥5,734	15	¥86,010
12	松下 XQB60-Q630U	济南	10月	王利伟	¥1,898	20	¥37,960
13	LG WD-A12207D	济南	10月	方成建	¥11,800	10	¥118,000
14	海尔 XQSB60-0588	济南	11月	方成建	¥5,734	5	¥28,670
15	松下 XQB60-Q630U	济南	11月	何宇	¥1,898	8	¥15,184
16	LG WD-A12207D	济南	11月	黄雅玲	¥11,800	7	¥82,600
17	海尔XQS60-728	济南	11月	林菱	¥2,910	9	¥26,190
18	海尔 XQSB60-0588	济南	12月	林菱	¥5,734	14	¥80,276
19	LG WD-A12207D	济南	12月	刘民	¥11,800	12	¥141,600
20	海尔 XQSB60-0588	天津	10月	何宇	¥5,734	8	¥45,872
21	LG WD-A12207D	天津	10月	王利伟	¥11,800	12	¥141,600
22	海尔 XQSB60-0588	天津	11月	刘民	¥5,734	15	¥86,010
23	LG WD-A12207D	天津	11月	苏洁	¥11,800	9	¥106,200
24	海尔XQS60-728	天津	11月	苏洁	¥2,910	8	¥23,280
25	海尔 XQSB60-0588	天津	12月	黄雅玲	¥5,734	7	¥40,138
26	LG WD-A12207D	天津	12月	黄雅玲	¥11,800	6	¥70,800
27	海尔XQS60-728	天津	12月	刘民	¥2,910	7	¥20,370

图 4-83　产品销售统计表

2. 用数据透视表分析

（1）创建数据透视表。

具体操作步骤如下：

① 选中“销售额统计.xlsx”工作表。

② 选中该工作表中的任一非空单元格，选择“插入”选项卡，单击“表格”组中的“数据透视表”下拉按钮，在弹出的下拉列表中选择“数据透视表”选项。

③ 在弹出的“创建数据透视表”对话框中，选中“选择一个表或区域”单选按钮，然后单击“表/区域”文本框右侧的折叠按钮，选择数据区域 A3∶G23，再次单击折叠按钮，返回对话框，在“选择放置数据透视表的位置”选项区域中选中“新工作表”单选按钮，单击“确定”按钮。此时系统将创建新的工作表，并显示数据透视表框架，在窗口右侧出现“数据透视表字段列表”窗格，如图 4-84 所示。

④ 双击数据透视表自动创建的工作表标签，将工作表重命名为“销售数据透视分析表”。

（2）查看数据透视表。

数据透视表是一个非常友好的数据分析和透视工具，透视表中的数据是“活”的，可以利用数据透视表查看数据透视表中的数据。

① 查询每个销售人员销售的各类产品总销售额。打开空白数据透视表，查询每个销售人员销售的各类产品的总销售额的具体操作步骤如下：

a. 设置报表筛选字段布局。将“数据透视表字段列表”窗格中的“销售点”字段拖动到“报表筛选”栏里。

图 4-84 建立数据透视表

b．设置行字段布局。将“数据透视表字段列表”窗格中的“销售员”字段拖动到“行标签”栏里。

c．设置列字段布局。将“数据透视表字段列表”窗格中的“型号”字段拖动到“列标签”栏里。

d．设置数据项字段布局。将“数据透视表字段列表”窗格中的字段“总销售额”拖动到“数值”栏里，如图 4-85 所示。

② 查看数据透视表中总销售额的来源。具体的操作方法为：单击图 4-85 所示的数据透视表的 B5 单元格，在工作表中显示了总销售额“177000”的详细记录，其他总销售额数据的详细记录查看方法是一样的。

③ 查看数据透视表中员工按月的产品销售额。

具体的操作步骤如下：

a．在图 4-85 所示的数据透视表中双击 B4 单元格，弹出“显示明细数据”对话框，如图 4-86 所示。该对话框用于选择要显示其明细数据的字段，其实质就是在数据透视表中对选定的字段项的数据按选定的字段进行分类。

b．选择“销售月份”字段，单击“确定”按钮，查看到的结果如图 4-87 所示。

c．设置字段。在数据透视表中，当行字段（或列字段）达到两个以上时，Excel 会自动在行字段（或列字段）上添加求和的分类汇总。如果要取消分类汇总的结果，具体步骤如下：

- 选中图 4-85 中 A4 单元格的“销售员”，右击该单元格，在弹出的快捷菜单中选择“字段设置”命令，弹出图 4-88 所示的“字段设置”对话框。

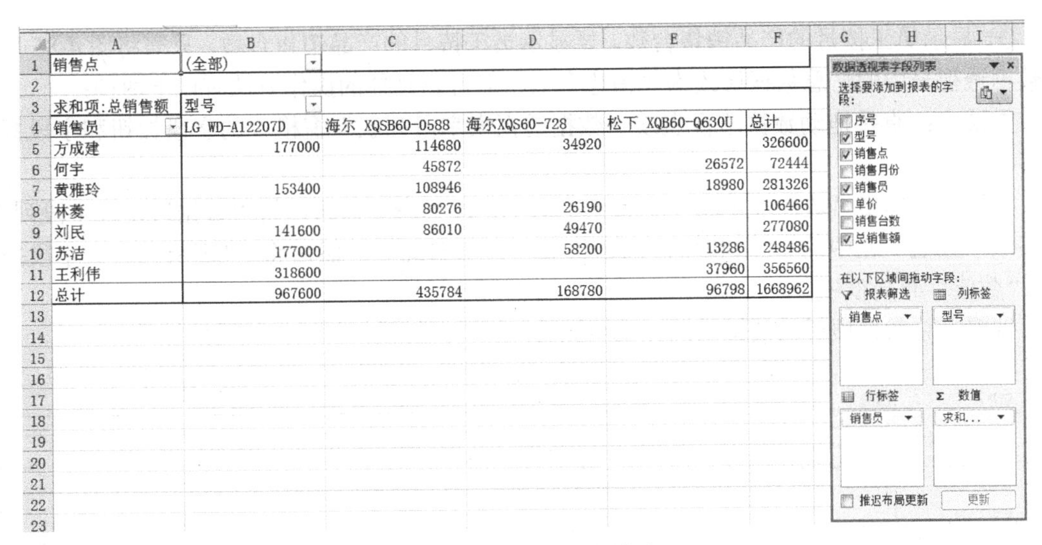

销售点	(全部)				
求和项:总销售额	型号				
销售员	LG WD-A12207D	海尔 XQSB60-0588	海尔XQS60-728	松下 XQB60-Q630U	总计
方成建	177000	114680	34920		326600
何宇		45872		26572	72444
黄雅玲	153400	108946		18980	281326
林菱		80276	26190		106466
刘民	141600	86010	49470		277080
苏洁	177000		58200	13286	248486
王利伟	318600			37960	356560
总计	967600	435784	168780	96798	1668962

图 4-85　数据透视表效果

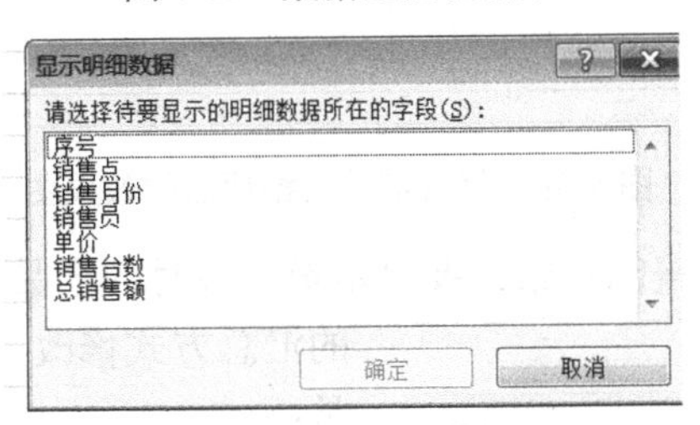

图 4-86　“显示明细数据”对话框

销售点	(全部)							
求和项:总销售额	型号	销售月份						
	⊟LG WD-A12207D			LG WD-A12207D 汇总	⊞海尔 XQSB60-0588	⊞海尔XQS60-728	⊞松下 XQB60-Q630U	总计
销售员	10月	11月	12月					
方成建	177000			177000	114680	34920		326600
何宇					45872		26572	72444
黄雅玲		82600	70800	153400	108946		18980	281326
林菱					80276	26190		106466
刘民			141600	141600	86010	49470		277080
苏洁		177000		177000		58200	13286	248486
王利伟	141600		177000	318600			37960	356560
总计	318600	259600	389400	967600	435784	168780	96798	1668962

图 4-87　显示某型号的产品每月“销售总额”明细数据的透视表

- 在“分类汇总”选项组中选择“无”单选按钮，然后单击“确定”按钮。
- 选中图 4-87 表中 C3 单元格的“销售月份”，使用同样的方法取消求和的分类汇总。

（3）修改数据透视表。

创建完数据透视表后，还可以调整它的版式，可以根据需要重新选择各行字段、割裂字段和汇总数据项，也可以像普通数据表中那样进行格式排版、增加或删除记录等各项操作。

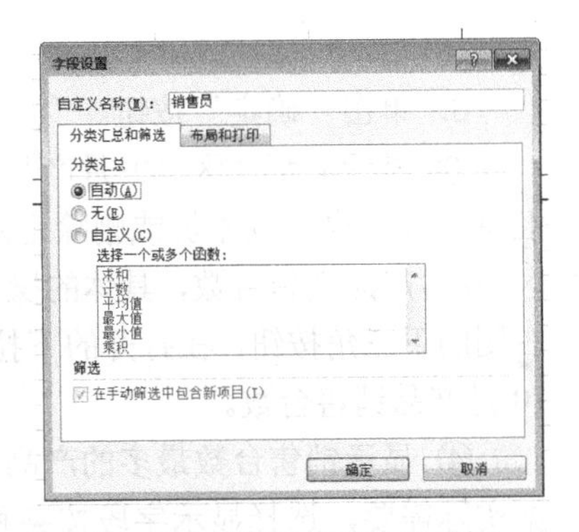

图 4-88　“字段设置”对话框

① 显示员工按月的产品销售台数。要显示员工按月的产品销售台数，只需将图 4-85 所示的数据透视表中的汇总数据修改为“销售台数”即可。具体的操作方法有以下两种：

方法一：直接拖动数据透视表或“数据透视表字段列表”窗格中的字段按钮和字段标题即可。

方法二：单击“数据透视表”工具栏中的“字段列表”按钮，将“数据透视表字段列表”窗格中“数值”栏中的 “求和项：总销售额”拖出布局框，然后将 “销售台数”字段拖动到 “数值”布局框中。

调整汇总数据项后的效果如图 4-89 所示。

	A	B	C	D	E	F	G	H	I
1	销售点	(全部)							
2									
3	求和项:销售台数								
4		⊟LG WD-A12207D			LG WD-A12207D 汇总	⊞海尔 XQSB60-0588	⊞海尔XQS60-728	⊞松下 XQB60-Q630U	总计
5		10月	11月	12月					
6	方成建	15			15	20	12		47
7	何宇					8		14	22
8	黄雅玲		7	6	13	19		10	42
9	林菱					14	9		23
10	刘民			12	12	15	17		44
11	苏洁		15		15		20	7	42
12	王利伟	12		15	27			20	47
13	总计	27	22	33	82	76	58	51	267

图 4-89 修改汇总数据项后的效果图

② 显示员工每月平均销售的台数。要显示员工按月的产品销售台数，只需将数据透视表的汇总方式修改为平均值即可。具体的操作方法是：

a. 在图 4-85 所示的数据透视表的数据区域单击任意单元格。

b. 在“数据透视表”工具栏中单击“选项”选项卡中“活动字段”组的“字段设置”按钮，可弹出的“值字段设置”对话框或直接在单元格中右击，在弹出的快捷菜单中选择“值字段设置”命令，弹出“值字段设置”对话框，如图 4-90 所示。

c. 在“值汇总方式”列表框中选择“平均值”选项。

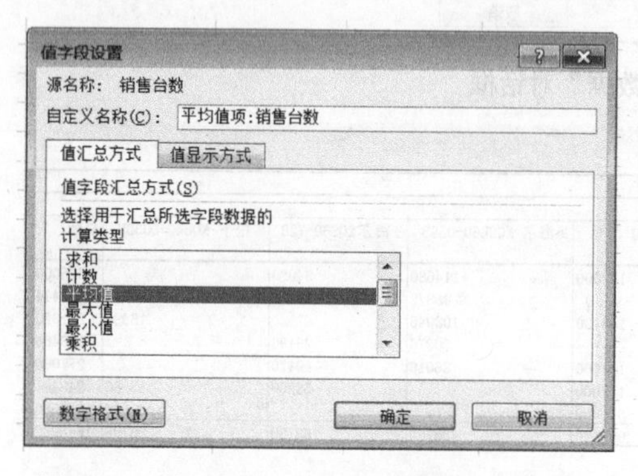

图 4-90 数据透视表“值字段设置”对话框

d. 单击“确定”按钮。

③ 显示成都地区 10 月产品的销售台数。在数据透视表中，可以查看数据清单中部分的汇总结果，也可以添加或删除记录，而且添加和删除数据不会影响到源数据。要显示成都地区 10 月产品销售台数，具体的操作方法为：单击图 4-89 所示的数据透视表中“销售点”字段右侧的下三角按钮，在打开的下拉列表框中选择“成都”，如图 4-91 所示，即可显示成都地区 10 月产品销售台数。

④ 显示销售台数最多的产品型号。数据透视表中不一定要显示字段中的全部项，可以根据实际需要，选择显示字段按某种指标排列的前几项或后几项。要显示销售台数最多的产品

型号，具体的操作步骤如下：

	A	B	C	D	E	F	G	H	I
1	销售点	(全部)							
2									
3	求和								
4					LG WD-A12207D 汇总	⊞海尔 XQSB60-0588	⊞海尔XQS60-728	⊞松下 XQB60-Q630U	总计
5			11月	12月					
6	方				15	20	12		47
7	何					8		14	22
8	黄		7	6	13	19		10	42
9	林					14	9		23
10	刘			12	12	15	17		44
11	苏		15		15		20	7	42
12	王			15	27			20	47
13	总计	27	22	33	82	76	58	51	267

搜索
(全部)
成都
济南
天津
选择多项
确定 取消

图 4-91 选择数据透视表中要显示的选项

a．打开图 4-87 所示的数据透视表，双击“型号”字段，在弹出的“数据透视表字段”对话框中单击“高级”按钮。

b．弹出“数据透视表字段高级选项”对话框，选择“自动显示前 10 项”选项组中的“打开”单选按钮，并在“显示”下拉列表框中选择“最大”选项，在其右侧的文本框中输入数字 1。

c．在“使用字段”下拉列表框中选择“求和项：销售台数”选项。

d．单击“确定”按钮，返回“数据透视表字段”对话框，再单击“确定”按钮即可。这里除了“海尔 XQSB60-0588”显示，其余型号的产品均被隐藏了。如果要取消隐藏，可以在“数据透视表字段高级选项”对话框的“自动显示前 10 项”选项组中选择“关闭”单选按钮。

（4）数据透视表的更新与排序。

① 数据透视表的更新。由于工作失误，在 10 月份的销售数据中“序号”为 9 的记录，其中的“销售台数”应该是 15 而不是 7，此时“销售数据透视分析表”的源数据发生了改变，因此需要对其进行更新，具体操作步骤如下：

a．打开“销售统计表.xlsx”，在“序号”中输入 9，修改“销售台数”为 15，

b．打开“销售数据透视分析表”工作表，选中数据透视表区域的任意单元格，然后单击“数据透视表”工具栏中的“刷新数据”按钮，即可对数据透视表中的数据进行刷新，刚才修改的记录就会进入数据透视的分析表中。

② 数据透视表的排序。对数据透视表进行排序，可先对“销售员”字段按字母降序排列，然后再按“销售台数”对“型号”字段进行升序排列。具体的操作步骤如下：

a．单击数据透视表中“销售员”字段按钮，即 A5 单元格。

b．选择“数据透视表工具”选项卡中的“选项”→“排序”命令，弹出“排序”对话框，如图 4-92 所示。

c．选择“降序排序”单选按钮，然后单击“确定”按钮，效果如图 4-93 所示。

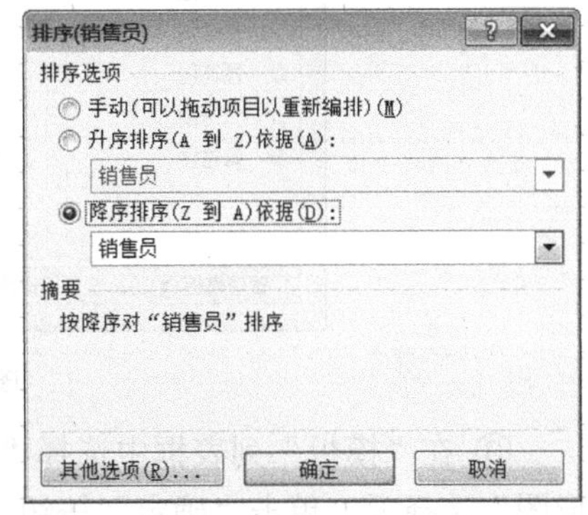

图 4-92 “排序”对话框

	A	B	C	D	E	F
1	销售点	(全部)				
2						
3	求和项:销售台数	型号	销售月份			
4		⊞LG WD-A12207D	⊞海尔 XQSB60-0588	⊞海尔XQS60-728	⊞松下 XQB60-Q630U	总计
5	销售员					
6	方成建	15	20	12		47
7	何宇		8		14	22
8	黄雅玲	13	19		10	42
9	林菱		14	9		23
10	刘民	12	15	17		44
11	苏洁	15		20	7	42
12	王利伟	27			20	47
13	总计	82	76	58	51	267

图 4-93　对“销售员”降序排序结果

3．用图表分析

图表就是将单元格中的数据以各种统计图表的形式显示，使数据更加直观、易懂。当工作表中的数据源发生变化时，图表对应的数据也会自动更新。

Excel 2010 中的图表分为两种，一种是嵌入式图表，它和创建图表的数据源放置在同一张工作表中，打印时也会同时打印；另一种是独立图表，它是一张独立的图表工作表，和数据源处于不同的工作表中，打印时将与数据表分开打印。

（1）创建数据图表。

制作每个销售员的销售业绩图，具体步骤如下：

① 打开“销售额数据透视分析表”工作表，修改数据字段和统计汇总项为显示每个销售员的销售业绩。

② 选择“插入”→“图表”命令，弹出如图 4-94 所示的“插入图表”对话框。

图 4-94　“插入图表”对话框

③ 在“模板”列表框中选择“柱形图”选项，在子图表类型列表框中选择“三维簇状柱形图”选择项，单击“确定”按钮。

④ 选择“图表工具”→“设计”→“选择数据”，弹出“选择数据源”对话框，如图 4-95 所示，其中“图表数据区域”，本例中选择“销售员”和“总销售额”两列。

⑤ 单击“确定”按钮，得到销售数据效果图如图 4-96 所示。

⑥ 在“布局”选项中打开 “图例”下拉按钮，选择“在右侧显示图例”。

⑦ 打开“坐标轴标题”下拉按钮，设置“主要横坐标轴标题”和“主要纵坐标轴标题”名称。

⑧ 单击“图表标题”下拉按钮，选择“图表上方”，输入“销售员业绩图”，将工作表的标签修改为“销售员销售业绩图”。

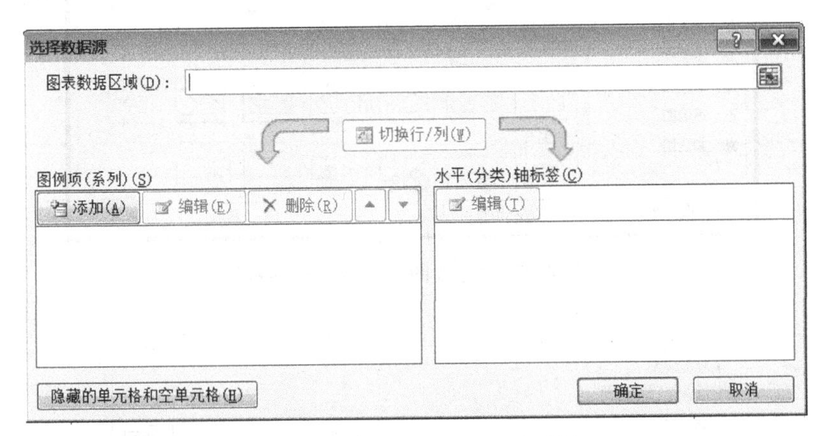

图 4-95 “选择数据源”对话框

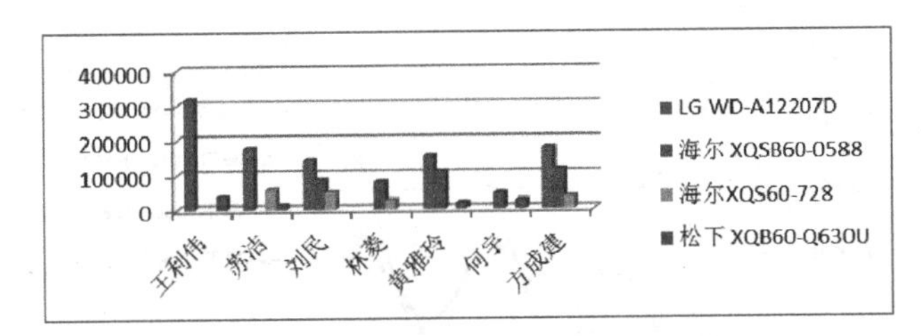

图 4-96 销售数据效果图

（2）编辑图表。

① 修改“销售员销售业绩图”的图表类型。Excel 2010 提供了丰富的数据类型，对于已经创建好的图表，可根据需要改变图表类型。在本例中，要求更改“图表类型”为“折线图”类型中的“数据点折线”。具体操作步骤如下：

a．选中图表，选择“插入”选项卡“图表”命令下拉按钮，弹出“更改图表类型”对话框。

b．在“模板”列表框中选择“折线图”选项，如图 4-97 所示，在子图表类型中选择“带数据标记折线图”选项。

c．单击“确定”按钮，效果如图 4-98 所示。

② 比较 10 月、11 月和 12 月销售员的销售业绩。具体的操作步骤如下：

a．打开“销售员业绩图”的源数据工作表“销售数据统计分析表”。

b．打开“数据透视表字段列表”窗格，将“销售月份”字段拖动到“列字段”位置。

c．选中“销售员销售业绩图”工作表，此时图表的内容已经自动发生改变。

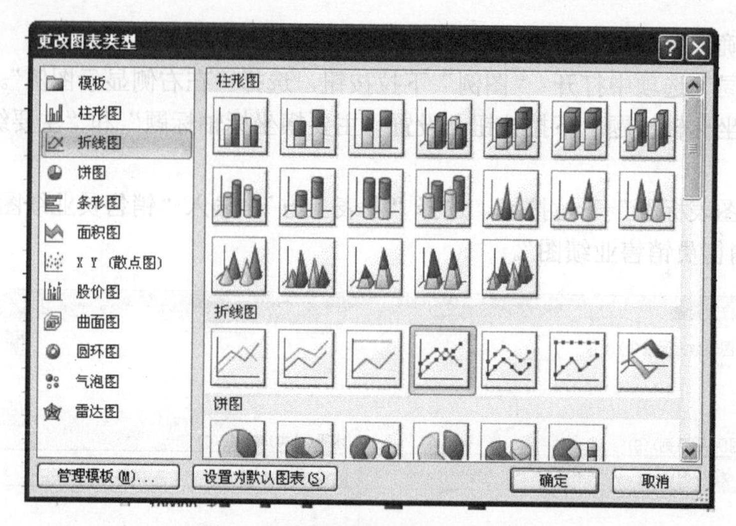

图 4-97 “更改图表类型”对话框

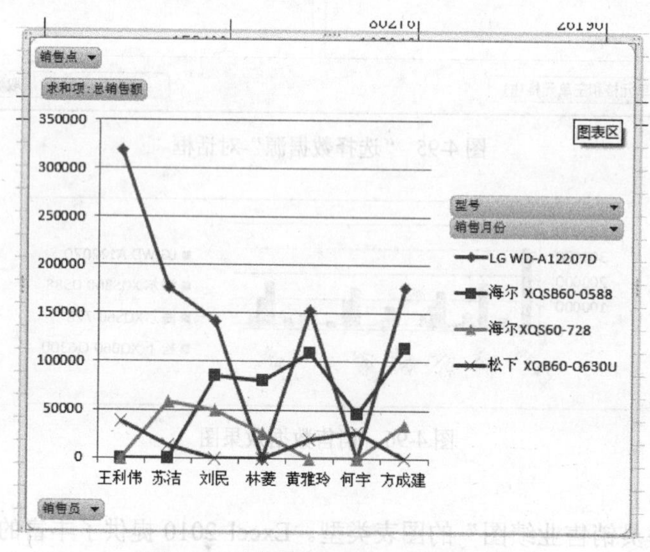

图 4-98 “数据点折线”销售业绩图

（3）图表的格式化。图表的格式化方法有以下 3 种：

方法一：选择要编辑的图表区，在“数据透视图工具”中的“格式”选项卡中打开“形状填充”下拉按钮，选择“渐变”→“其他渐变”，在弹出的“设置图表区格式”对话框中的“填充”选项中选择“渐变”→“熊熊火焰”命令。

方法二：在图表中直接双击要进行编辑的对象，在弹出的“设置图表区格式”对话框中的“填充”选项中选择“渐变”→“熊熊火焰”命令。

方法三：在要进行格式化的对象上单击鼠标右键，在弹出的快捷菜单中选择“设置图表区域格式”命令。在弹出的“设置图表区格式”对话框中的“填充”选项中选择“渐变”→“熊熊火焰”命令。

本例中，对图表进行格式化，具体的操作步骤如下：

① 修改图表标题。将图表标题“销售员业绩图”的标题字体修改为“隶书”“28 磅”“蓝色”。

② 设置图表区背景，双击图表区，在弹出的“设置图表区格式”对话框中的“填充”选项中选择“渐变”→“熊熊火焰”命令。单击“确定”按钮。

③ 设置绘图区背景，设置方法与步骤②相同。

④ 设置分类轴和数字轴字体颜色。将分类轴和数字轴的字体设置为“白色”“加粗”“12 磅”。最终效果如图 4-99 所示。

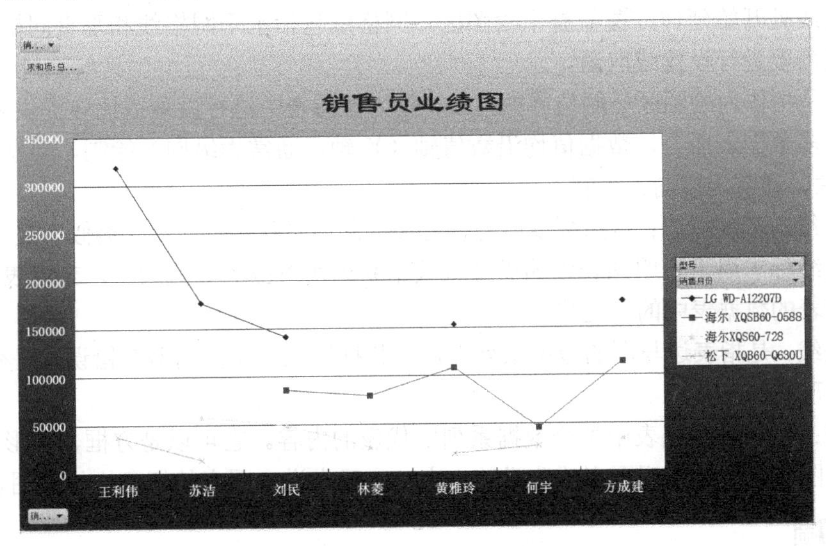

图 4-99 销售员业绩折线图

知识扩展

1. 数据透视表常用术语

- 坐标轴：数据透视表的维数，如行、列、页。
- 数据源：一个数据清单或数据库（即每列数据都有列标题的工作表），从数据源表中可以导出数据透视表。
- 字段：数据表中的列标题，常位于数据表的第一行，用于描述每列数据的内容，在数据透视表中可以通过拖动字段标题来修改或设置数据透视表。
- 项：源数据表中字段的成员，即某列中单元格的内容。
- 概要函数：数据透视表中用于计算值的函数，默认的概要函数是用于数字值的 SUM 函数、AVERAGE 函数，以及用于统计文本个数的 COUNT 函数。
- 透视：通过重新定位一个或多个字段来重新排列数据透视表。

2. 图表的结构

要正确使用图表，首先要认识图表，了解图表的有关术语和图表的各个组成部分。图表的各个组成部分如下：

- 数据点：又称数据标记，它是图表中（如条形、面积、圆点和扇形区）的符号。在 Excel

2010 中，图表和源数据表是不可分割的，没有源数据就没有图表。图表其实就是工作表中数据的图形化表达，一个数据点本质上就是原工作表中一个单元格的数据值的图形化表示。

➢ 数据系列：工作表中的一行或一列数据就构成了图表中的一个数据系列，每个数据系列都具有特定的颜色和图案，并在图表的图例中进行描述。

➢ 网格线：是指可以添至图表线条，有助于查看和评估数据的线。网格线从方向轴上的刻度线处开始延伸，覆盖整个绘图区。网格线包括水平网格线和垂直网格线两种，可根据需要进行设置或取消。

➢ 轴：是指作为绘图区一侧边界的直线，是为在图表中进行度量或比较提供参考的框架。对于多数图表而言，数据值均沿数值轴（*Y* 轴，通常为纵向）绘制，类别均沿分类轴（*X* 轴，通常为横向）绘制。

➢ 刻度线与刻度标志：是指刻度线与轴交叉的起度量作用的短线，类似于尺子上的刻度。刻度线标志用于表明图表中的类别或数据系列所对应的数值大小，刻度表示来源于创建图表的数据表中的单元格。

➢ 误差线：是指表达与图的数据系列中每个数据标记都相关的潜在错误（或不确定程度）的图形线。

➢ 图例：用于说明图表中每个数据系列所代表的内容。它可以是方框、菱形、三角形或其他图块，用于表明图表或分类的内容，一般来说，图表的标题均位于图表的顶部。

知识回顾

本项目将 Excel 2010 的知识要点分解开来，由简单到复杂共设置了 5 个典型工作任务。

（1）认识 Excel 2010。介绍了 Excel 2010 启动和退出的方法、Excel 2010 的工作窗口和视图模式。

（2）制作学生基本信息表。介绍了数据的输入、单元格的格式设置、工作表行和列的设置、边框和底纹设置，以及打印和输出文件等操作。

（3）制作学生成绩表。介绍了创建和使用公式，应用常用函数解决问题。

（4）制作公司员工工资表。在掌握公式和函数应用的基础上，能利用排序、筛选、分类汇总对数据进行处理和分析。

（5）制作商品销售数据分析表。介绍了运用数据透视图和数据透视表来观察数据，并能利用数据创建图表。

拓展训练

一、单选题

1．Excel 2010 中，选定多个不连续的行所用的键是（　　）。

A．Shift　　　　B．Ctrl
C．Alt　　　　D．Shift+Ctrl

2．Excel 2010 中，排序对话框中的“升序”和“降序”指的是（　　）。

A．数据的大小　　　　B．排列次序
C．单元格的数目　　　　D．以上都不对

3．Excel 2010 中，若在工作表中插入一列，则一般插在当前列的（　　）。
A．左侧　　　　B．上方
C．右侧　　　　D．下方

4．Excel 2010 中，使用“重命名”命令后，下面说法正确的是（　　）。
A．只改变工作表的名称
B．只改变工作表的内容
C．既改变工作表名称又改变工作表内容
D．既不改变工作表名称又不改变工作表内容

5．Excel 2010 中，一个完整的函数包括（　　）。
A．“=”和函数名　　　　B．函数名和变量
C．“=”和变量　　　　D．“=”、函数名和变量

6．Excel 2010 中，在单元格中输入文字时，默认的对齐方式是（　　）。
A．左对齐　　　　B．右对齐
C．居中对齐　　　　D．两端对齐

7．Excel 2010 中，下面哪一个选项不属于“单元格格式”对话框中“数字”选项卡中的内容（　　）。
A．字体　　　　B．货币
C．日期　　　　D．自定义

8．Excel 2010 中，分类汇总的默认汇总方式是（　　）。
A．求和　　　　B．求平均
C．求最大值　　　　D．求最小值

9．Excel 2010 中，取消工作表的自动筛选后，（　　）。
A．工作表的数据消失　　　　B．工作表恢复原样
C．只剩下符合筛选条件的记录　　　　D．不能取消自动筛选

10．Excel 2010 中，向单元格输入 3/5，Excel 会认为是（　　）。
A．分数 3/5　　　　B．日期 3 月 5 日
C．小数 3.5　　　　D．错误数据

11．如果 Excel 某单元格显示为“#DIV/0!”，这表示（　　）。
A．除数为零　　　　B．格式错误
C．行高不够　　　　D．列宽不够

12．如果删除的单元格是其他单元格的公式所引用的，那么这些公式将会显示（　　）。
A．####　　　　B．#REF！
C．#VALUE！　　　　D．#NUM

13．如果想插入一条水平分页符，活动单元格应（　　）。
A．放在任何区域均可　　　　B．放在第一行 A1 单元格除外
C．放在第一列 A1 单元格除外　　　　D．无法插入

14．如要在 Excel 2010 中输入分数 1/3，下列方法正确的是（　　）。

A．直接输入 1/3

B．先输入单引号，再输入 1/3

C．先输入 0，然后空格，再输入 1/3

D．先输入双引号，再输入 1/3

15．下面有关 Excel 2010 工作表、工作簿的说法中，正确的是（　　）。

A．一个工作簿可包含多个工作表，默认工作表名为 sheet1/sheet2/sheet3

B．一个工作簿可包含多个工作表，默认工作表名为 book1/book2/book3

C．一个工作表可包含多个工作簿，默认工作表名为 sheet1/sheet2/sheet3

D．一个工作表可包含多个工作簿，默认工作表名为 book1/book2/book3

16．以下不属于 Excel 2010 中的算术运算符的是（　　）。

A．/　　B．%

C．^　　D．<>

17．以下填充方式不属于 Excel 2010 的填充方式的是（　　）。

A．等差填充　　B．等比填充

C．排序填充　　D．日期填充

18．已知 Excel 2010 某工作表中的 D1 单元格等于 1，D2 单元格等于 2，D3 单元格等于 3，D4 单元格等于 4，D5 单元格等于 5，D6 单元格等于 6，则 SUM(D1:D3,D6)的结果是（　）。

A．10　　B．6

C．12　　D．21

19．有关 Excel 2010 文档的打印，以下说法错误的是（　　）。

A．可以打印工作表　　B．可以打印图表

C．可以打印图形　　D．不可以进行任何打印

二、多选题

1．Excel 2010 所拥有的视图方式有（　　）。

A．普通视图　　B．分页预览视图

C．大纲视图　　D．页面视图

2．Excel 2010 中关于筛选后隐藏起来的记录的叙述，下面说法正确的是（　　）。

A．不打印　　B．不显示

C．永远丢失　　D．可以恢复

3．要在学生成绩表中筛选出语文成绩在 85 分以上的同学，可通过（　）完成。

A．自动筛选　　B．自定义筛选

C．高级筛选　　D．条件格式

4．以下关于管理 Excel 2010 表格正确的表述是（　　）。

A．可以给工作表插入行　　B．可以给工作表插入列

C．可以插入行，但不可以插入列　　D．可以插入列，但不可以插入行

5．以下属于 Excel 2010 中单元格数据类型有（　）。

A．文本　　B．数值

C．逻辑值　　D．出错值

6．有关 Excel 2010 排序正确的是（　　）。

A．可按日期排序　　B．可按行排序

C．最多可设置 64 个排序条件　　D．可按笔画数排序

7．在 Excel 2010 中，“Delete”和“全部清除”命令的区别在于（　　）。

A．Delete 删除单元格的内容，格式和批注

B．Delete 仅能删除单元格的内容

C．全部清除命令可删除单元格的内容，格式或批注

D．全部清除命令仅能删除单元格的内容

8．在 Excel 2010 中，单元格地址引用的方式有（　　）。

A．相对引用　　B．绝对引用

C．混合引用　　D．三维引用

9．在 Excel 2010 中，工作表“销售额”中的 B2:H308 中包含所有的销售数据，在工作表“汇总”中需要计算销售总额，可采用哪些方法（　　）。

A．在工作表“汇总”中，输入“=销售额！(B2:H308)”

B．在工作表“汇总”中，输入“=SUM 销售额！(B2:H308)”

C．在工作表“销售额”中，选中 B2:H308 区域，并在名称框输入“sales”，在工作表“汇总”中输入“=sales”

D．在工作表“销售额”中，选中 B2:H308 区域，并在名称框输入“sales”，在工作表“汇总”中输入“=SUM(sales)”

10．在 Excel 2010 费用明细表中，列标题为“日期”“部门”“姓名”“报销金额”等，欲按部门统计报销金额，可有哪些方法（　　）。

A．高级筛选　　B．分类汇总

C．用 SUMIF 函数计算　　D．用数据透视表计算汇总

11．在 Excel 2010 中，有关插入、删除工作表的阐述，正确的是（　　）。

A．单击“插入”菜单中的“工作表”命令，可插入一张新的工作表

B．单击“编辑”菜单中的“清除”/“全部”命令，可删除一张工作表

C．单击“编辑”菜单中的“删除”命令，可删除一张工作表

D．单击“编辑”菜单中的“删除工作表”命令，可删除一张工作表

12．在 Excel 2010 单元格中将数字作为文本输入，下列方法正确的是（　　）。

A．先输入单引号，再输入数字

B．直接输入数字

C．先设置单元格格式为“文本”，再输入数字

D．先输入“=”，再输入双引号和数字

13．在 Excel 2010 中，可以通过临时更改打印质量来缩短打印工作表所需的时间，下面哪些方法可以加快打印作业（　　）。

A．以草稿方式打印　　B．以黑白方式打印

C．不打印网格线　　　　　　　　　　D．降低分辨率

14．在 Excel 2010 中，下列修改三维图表仰角和转角的操作方法中，正确的有（　　）。

A．用鼠标直接拖动图表的某个角点旋转图表

B．右键单击绘图区，从弹出的快捷菜单中选择“设置三维视图格式”命令打开“设置三维视图格式”对话框，在对话框中进行修改

C．双击系列标识，弹出“三维视图格式”对话框，然后进行修改

D．以上操作全部正确

15．在 Excel 2010 中，下面可用来设置和修改图表的操作有（　　）。

A．改变分类轴中的文字内容　　　　　B．改变系列图标的类型及颜色

C．改变背景墙的颜色　　　　　　　　D．改变系列类型

16．在 Excel 2010 中，序列包括以下哪几种（　　）。

A．等差序列　　　　　　　　　　　　B．等比序列

C．日期序列　　　　　　　　　　　　D．自动填充序列

17．在 Excel 2010 中，关于移动和复制工作表的操作，下面正确的是（　　）。

A．工作表能移动到其他工作簿中

B．工作表不能复制到其他工作簿中

C．工作表不能移动到其他工作簿中

D．工作表能复制到其他工作簿中

18．下列属于 Excel 2010 图表类型的有（　　）。

A．饼图　　　　　　　　　　　　　　B．XY 散点图

C．曲面图　　　　　　　　　　　　　D．圆环图

三、判断题

1．在 Excel 2010 中，自动分页符是无法删除的，但可以改变位置。（　　）

2．创建数据透视表时，默认情况下是创建在新工作表中。（　　）

3．在进行分类汇总时一定要先排序。（　　）

4．分类汇总进行删除后，可将数据撤销到原始状态。（　　）

5．Excel 2010 允许用户根据自己的习惯自定义排序。（　　）

6．Excel 2010 中不可以对数据进行排序。（　　）

7．如果用户希望对 Excel 2010 表中数据进行修改，用户可以在 Word 中修改。（　　）

8．移动 Excel 表中数据也可以像在 Word 中一样，将鼠标指针放在选定的内容上拖动即可。（　　）

9．在 Excel 2010 工作表中，若要隐藏列，则必须选定该列相邻右侧一列，单击“开始”→“格式”→“列”→“隐藏”即可。（　　）

10．在 Excel 2010 中，按“Ctrl+Enter”组合键能在所选的多个单元格中输入相同的数据。（　　）

项目 5　演示文稿制作

项目描述

Microsoft PowerPoint 2010 是一款专门用来制作演示文稿的应用软件，是 Microsoft Office 2010 系列软件的重要组成部分，也是 Microsoft Office 2010 套件的核心应用程序之一，简单实用的特性使它成为人们开发多媒体演示文稿时使用最多的工具之一。教师可以用它来制作关于教学内容的多媒体课件以辅助课堂教学；学生可以用它进行毕业论文答辩；还有更多的人用它制作不同用途的演示文稿以帮助他们进行商品推荐、演讲等。因此，掌握演示文稿的制作方法，能够制作出高品质的演示文稿，已成为每个人必须具备的日常技能之一。

项目分析

PowerPoint 2010 是当前非常流行的幻灯片制作工具。用 PowerPoint 2010 可制作出生动活泼、富有感染力的幻灯片，用于报告、总结和演讲等场合。借助图片、声音和图像的强化效果，PowerPoint 2010 可使用户简洁明确地表达自己的观点。PowerPoint 2010 具有操作简单、使用方便的特点，用它可制作出专业的演示文稿。

使用 PowerPoint 2010 可以制作出集文字、图形、图像、声音以及视频等多媒体元素为一体的演示文稿，让信息以更轻松、更高效的方式表达出来。中文版 PowerPoint 2010 在继承以前版本的强大功能的基础上，以全新的界面和便捷的操作模式引导用户制作图文并茂、声形兼备的多媒体演示文稿。

任务分解

- ✧ 任务 5.1　认识 PowerPoint 2010
- ✧ 任务 5.2　制作公司简介
- ✧ 任务 5.3　制作毕业论文演示文稿
- ✧ 任务 5.4　制作公司市场推广计划书

任务 5.1　认识 PowerPoint 2010

任务介绍

王鹏发现在公司里使用 PowerPoint 2010 制作各类演示文稿极为普遍，因此他也想在这方面多加学习。于是，他向精通办公软件的李明请教，李明告诉他制作演示文稿并不难，首先要掌握 PowerPoint 2010 的基本使用方法，然后通过大量制作实例便能熟练掌握。

相关知识

一、PowerPoint 2010 的启动和退出

1．PowerPoint 2010 的启动

用户安装完 Microsoft Office 2010（典型安装）之后，PowerPoint 2010 将成功安装到系统中，这时启动 PowerPoint 2010 就可以使用它来创建演示文稿。常用的启动方法有常规启动、通过创建新文档启动和通过现有演示文稿启动。

（1）常规启动。常规启动是在 Windows 操作系统中最常用的启动方式，即通过“开始”菜单启动。以 Windows 7 系统为例，单击“开始”按钮，选择“所有程序”→“Microsoft Office”→“Microsoft PowerPoint 2010”命令，即可启动 PowerPoint 2010，如图 5-1 所示。

（2）通过创建新文档启动。成功安装 Microsoft Office 2010 之后，在桌面或者资源管理器窗口中文件夹的空白区域单击鼠标右键，弹出如图 5-2 所示的快捷菜单，此时选择“新建”→“Microsoft Office PowerPoint 演示文稿”命令，即可在桌面或者当前文件夹中创建一个名为“新建 Microsoft Office PowerPoint 演示文稿”的文件。此时可以重命名该文件，然后双击该文件图标，即可打开新建的 PowerPoint 2010 文件。

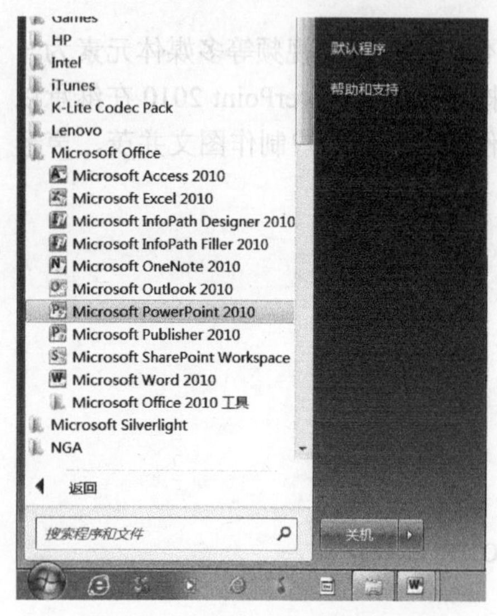

图 5-1　启动 PowerPoint 2010

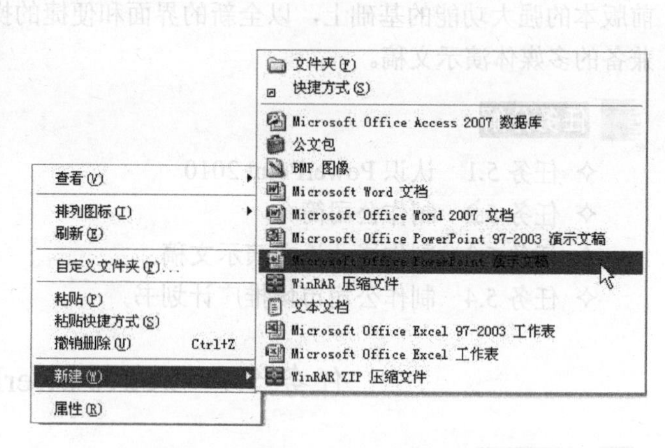

图 5-2　新建 PowerPoint 2010 演示文稿

（3）通过现有演示文稿启动。用户在创建并保存 PowerPoint 演示文稿后，可以通过已有的演示文稿启动 PowerPoint。通过已有演示文稿启动可以分为两种方式：直接双击演示文稿图标和在“文档”中启动。

2．PowerPoint 2010 的退出

退出 PowerPoint 2010 演示文稿有以下几种方式：

（1）单击窗口右上角的关闭按钮退出。

（2）单击“文件”菜单→“退出”命令，即可退出演示文稿。

（3）按 Alt+F4 组合键退出。

（4）双击主界面左上角的P按钮退出。

（5）右击任务栏上的 PPT 任务图标，在弹出的快捷菜单中选择“关闭窗口”命令，退出演示文稿。

二、PowerPoint 2010 的界面组成

PowerPoint 2010 与旧版本相比，界面有了较大的改变，它使用选项卡替代原有的菜单，使用各种组替代原有的菜单子命令和工具栏。

1. 界面简介

启动 PowerPoint 2010 应用程序后，用户将看到全新的工作界面，如图 5-3 所示。PowerPoint 2010 的界面不仅美观实用，而且各个工具按钮的摆放更便于用户操作。

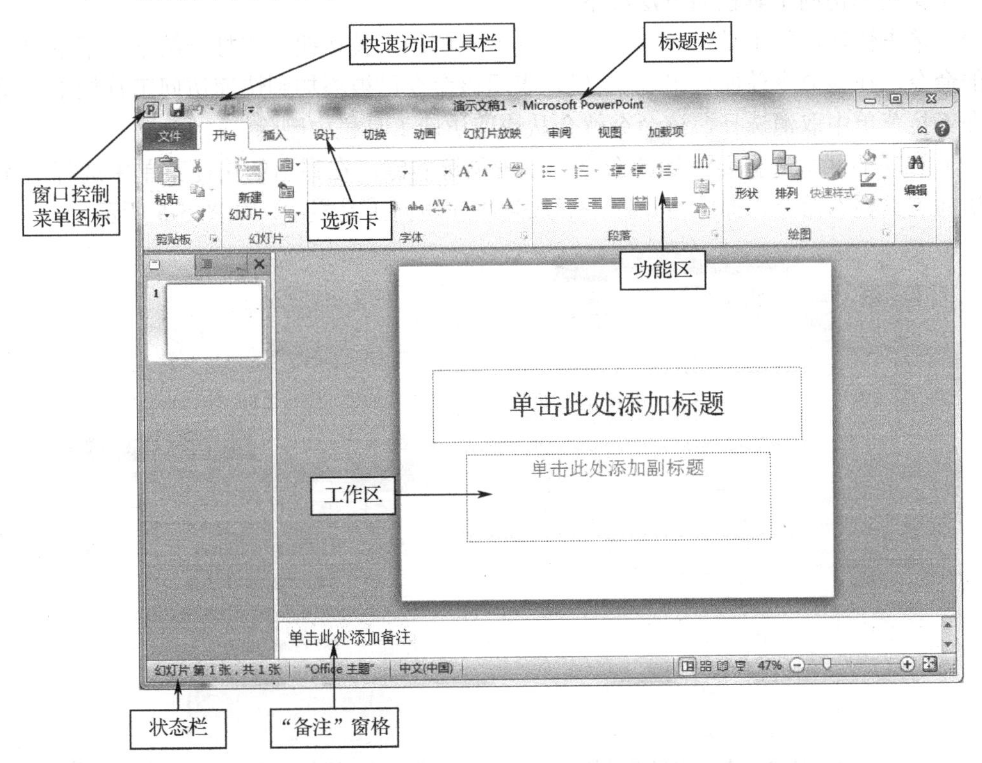

图 5-3 PowerPoint 2010 的界面组成

PowerPoint 2010 中最明显的变化是窗口的顶部。横跨屏幕的不是菜单和工具栏，而是一个带状区域。该带状区域称为功能区，它包含许多按组排列的可视化命令。

功能区由多个选项卡组成。最常用的命令集中占据功能区的第一层选项卡，称为“开始”选项卡。这些命令显示为按钮、文本框和菜单。它们支持常见的任务，包括复制和粘贴、添

加幻灯片、更改幻灯片版式、设置文本格式和定位文本，以及查找和替换文本。

功能区上还有其他选项卡，包括“插入”“设计”“切换”“动画”“幻灯片放映”“审阅”“视图”“加载项”等。每个选项卡专门针对创建演示文稿时需要执行的一种工作类型。各选项卡中的按钮按逻辑组排列，每个组中最常见的按钮是最大的按钮。用户需要的、较新的命令也非常直观。

有很多命令和选项难以显示为一组。组中仅显示最常用的命令。在组中看不到所需选项时，单击组右下角的斜箭头（称为“对话框启动器”），将打开一个对话框，其中包含多个可选择的选项。

2. 自定义快速访问工具栏

PowerPoint 2010 支持自定义快速访问工具栏及设置工作环境，从而使用户能够按照自己的习惯设置工作界面。

快速访问工具栏位于标题栏的左侧，如图 5-4 所示。该工具栏能够帮助用户快速进行常用命令操作。它包含常规操作命令，如“保存”“撤销”“重复”“恢复”等。

自定义快速访问工具栏的方法如下：

（1）单击快速访问工具栏（ ）右侧的下拉按钮，在打开的下拉菜单中选择要添加的命令，在该命令前面会出现“√”，表示该命令已被添加到快速访问工具栏中。反之，只要在下拉菜单中取消选择，该命令就会从快速访问工具栏中删除。

（2）在功能区中选择要添加的命令，单击鼠标右键，在弹出的快捷菜单中选择“添加到快速访问工具栏”命令，即可将该命令添加到快速访问工具栏中，如图 5-5 所示。

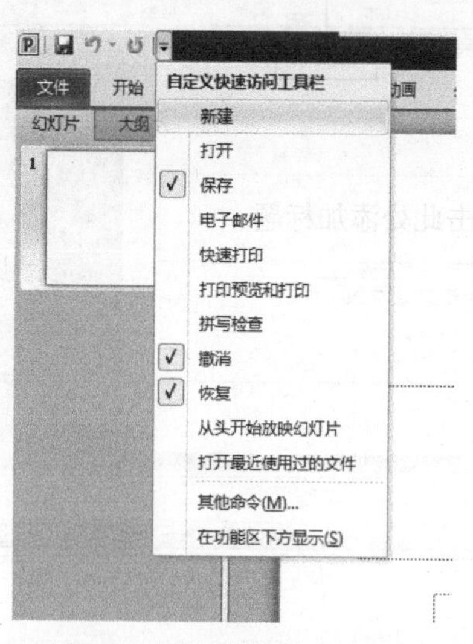

图 5-4　自定义快速访问工具栏

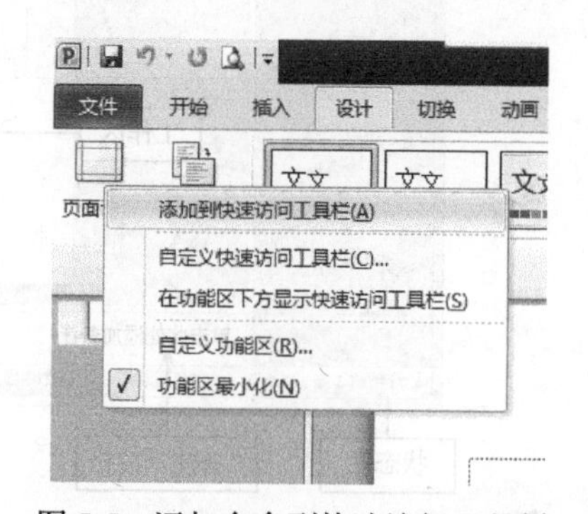

图 5-5　添加命令到快速访问工具栏

3. 演示文稿视图简介

PowerPoint 2010 提供了“普通视图”“幻灯片浏览”“备注页”“阅读视图”4 种演示文稿视图，使用户在不同的工作需求下都能得到一个舒适的工作环境。“视图”选项卡如图 5-6 所示。

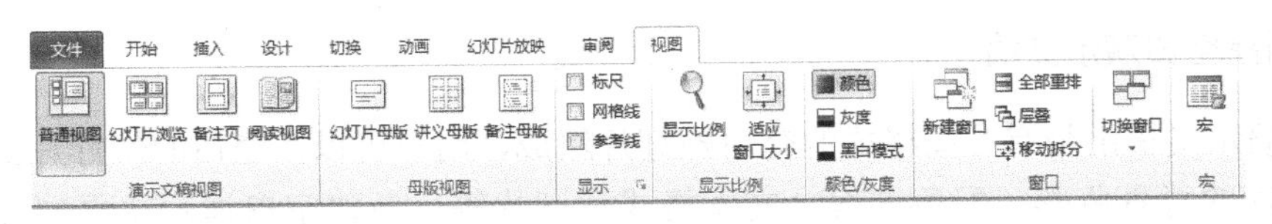

图 5-6 “视图”选项卡

（1）普通视图。默认情况下，PowerPoint 2010 以普通视图显示。普通视图又可以分为两种形式，主要区别在于 PowerPoint 工作界面最左边的预览窗口，它分为幻灯片和大纲两种形式，用户可以通过单击该预览窗口上方的切换按钮进行切换。其中，在幻灯片视图中，左侧的幻灯片预览窗口从上到下依次显示每一张幻灯片的缩略图，用户从中可以查看幻灯片的整体外观。在预览窗口单击某张幻灯片缩略图时，该幻灯片将显示在幻灯片编辑窗口中，这时就可以向当前幻灯片中添加或修改文字、图形、图像、声音等信息。用户可以在预览窗口中上下拖动幻灯片，改变其在整个演示文稿中的位置。大纲视图主要用来显示 PowerPoint 演示文稿的文本部分，它为组织材料、编写大纲提供了一个良好的工作环境。

（2）幻灯片浏览视图。使用幻灯片浏览视图，可以在屏幕上同时看到演示文稿中的所有幻灯片，这些幻灯片以缩略图方式显示在同一窗口中。在幻灯片浏览视图中可以看到改变幻灯片的背景设计、配色方案或更换模板后演示文稿发生的整体变化，也可以检查各个幻灯片是否前后协调、图标的位置是否合适等问题。同时，在该视图中可以添加、删除和移动幻灯片，以及设置幻灯片之间的动画切换。

（3）备注页视图。在备注页视图下，用户可以方便地整页查看和添加/修改备注信息。

（4）阅读视图。在阅读视图下，用户可以预览幻灯片的最终效果。阅读视图右下角有简单控件，可以非全屏方式放映幻灯片。

每种视图都包含有该视图下特定的工作区、功能区和其他工具。在不同的视图中，用户都可以对演示文稿进行编辑和加工，同时这些改动都将反映到其他视图中。

用户可以在功能区中选择“视图”选项卡，然后在“演示文稿视图”组中选择相应的按钮即可切换视图模式。

在 PowerPoint 2010 中，如需要经常切换视图，也可以通过视图切换快捷按钮轻松进行更改。

（1）视图切换快捷按钮在窗口的右下角。

（2）可通过拖动缩放滑块来放大或缩小幻灯片视图，或者单击减号（-）和加号（+）按钮。

（3）单击按钮可使幻灯片在缩放后重新适合窗口，如图 5-7 所示。

图 5-7 “视图”切换快捷按钮

三、演示文稿的创建

制作演示文稿的第一步就是新建演示文稿，PowerPoint 2010 中提供了一系列创建演示文稿的方法，包括创建空白演示文稿、根据样本模板新建和根据现有内容新建等。

1. 新建空白演示文稿

空白演示文稿由带有布局格式的空白幻灯片组成，用户可以在空白的幻灯片上设计出具有鲜明个性的背景色彩、配色方案、文本格式和图片等。新建空白演示文稿的方法有以下几种：

（1）启动 PowerPoint 自动创建空白演示文稿。默认情况下打开 PowerPoint 2010 窗口就会出现一个空白幻灯片，用户只需输入内容即可。

（2）使用“文件”选项卡创建空白演示文稿。具体操作步骤如下：

① 单击“文件”选项卡。

② 在打开的菜单中单击“新建”命令。

③ 在“可用的模板和主题”窗口中选择“空白演示文稿”选项，然后单击“创建”按钮即可新建一个空白演示文稿，如图 5-8 和图 5-9 所示。

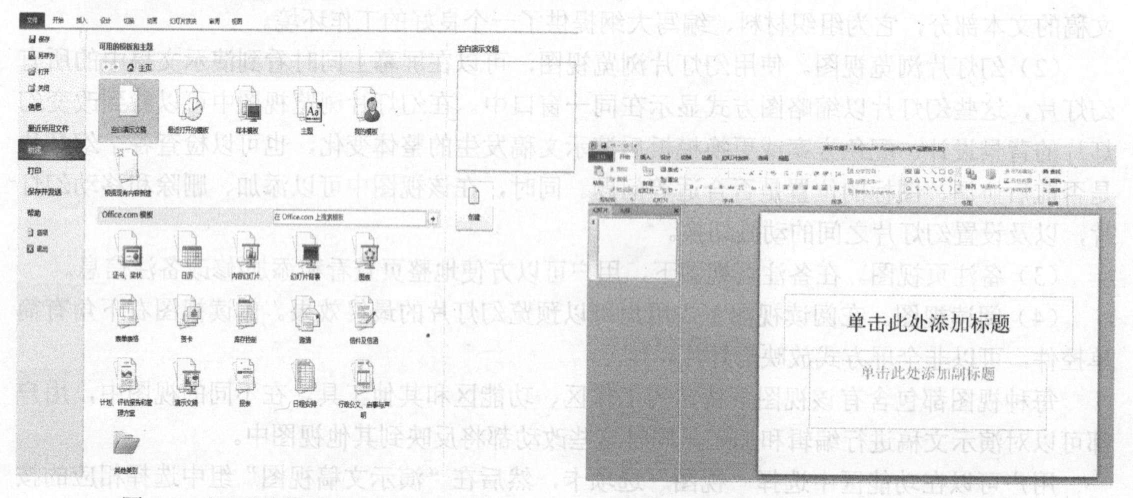

图 5-8 “可用的模板和主题”对话框　　图 5-9 新建一个空白演示文稿

提示：空白演示文稿中的两行提示内容不会被打印出来，也不会在放映时显示出来。

2. 根据样本模板新建演示文稿

样本模板已预先定义好演示文稿的样式、风格，包括幻灯片的背景、装饰图案、文字布局及颜色大小等。PowerPoint 2010 提供了多种样本模板供用户选择，用户可在具备设计概念、字体和颜色方案的 PowerPoint 2010 模板的基础上创建演示文稿。除了使用 PowerPoint 2010 提供的模板外，还可以使用自己创建的模板。

利用样本模板新建演示文稿的具体操作步骤如下：

（1）单击“文件”选项卡。

（2）在打开的菜单中单击“新建”命令。

（3）单击“可用的模板和主题”区域中的“样本模板”选项。

（4）在打开的“样本模板”区域中单击要应用的样本模板，然后单击“创建”按钮，即可根据选择的模板新建一个演示文稿，如图 5-10 所示。

图 5-10　根据样本模板新建演示文稿

提示：

（1）幻灯片样本模板不提供内容，只提供外观风格。

（2）默认情况下，新建幻灯片应用的版式是“标题幻灯片”。如果对此不满意，可以打开“开始”选项卡，在“幻灯片”组中选择“版式”命令，在弹出的下拉菜单中选择其他版式。

3. 根据现有内容新建演示文稿

除了以上方法外，还可以根据现有内容新建演示文稿。根据已有的演示文稿新建的演示文稿自动应用其中的背景、文本及段落格式，其具体操作步骤如下：

（1）单击“文件”选项卡。

（2）在打开的菜单中单击“新建”命令。

（3）单击“可用的模板和主题”区域中的“根据现有内容新建”选项，打开“根据现有演示文稿新建”对话框，如图 5-11 所示。

（4）在“查找范围”下拉列表中选择存储路径，在列表框中选择一个已有的演示文稿，此时“打开”按钮将变为“新建”按钮，单击“新建”按钮，即可得到根据现有内容新建的演示文稿，如图 5-12 所示。

图 5-11　“根据现有演示文稿新建”对话框

图 5-12　根据现有内容创建的演示文稿

四、插入文本

1. 添加文本

文本对演示文稿中主题、问题的说明及阐述作用是其他对象不可替代的。在幻灯片中添加文本的方法有很多种，常用的方法有使用占位符、使用文本框和从外部导入文本。

（1）在占位符中添加文本。占位符是包含文字和图形等对象的容器，其本身是构成幻灯片内容的基本对象，具有自己的属性，如图 5-13 所示。用户可以对其中的文字进行操作，也可以对占位符本身进行调整、移动、复制、粘贴及删除等操作。

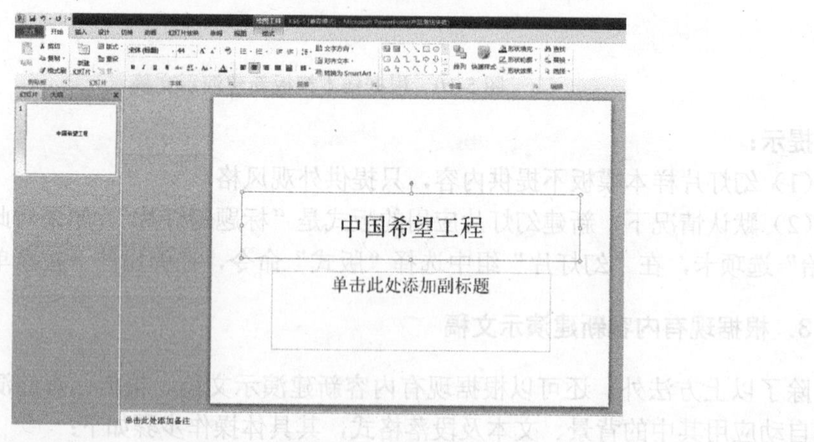

图 5-13　在占位符中添加文本

（2）使用文本框添加文本。文本框是一种可移动、可调整大小的文字容器，它与文本占位符非常相似。使用文本框可以在幻灯片中放置多个文字块，使文字按照不同的方向排列；也可以突破幻灯片版式的制约，实现在幻灯片中任意位置添加文字信息的目的。

（3）从外部导入文本。用户除了使用复制的方法从其他文档中将文本粘贴到幻灯片中，还可以在“插入”选项卡中选择“对象”命令，在打开的“插入对象”对话框中选择“由文件创建”单选钮，单击“浏览”按钮选择一个文本文件，直接将文本文档导入到幻灯片中，如图 5-14 所示。

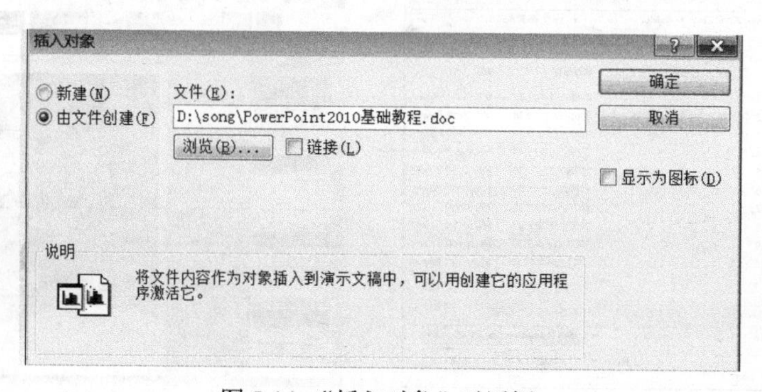

图 5-14　“插入对象”对话框

2. 文本的编辑

为了使演示文稿更加美观、清晰，通常需要对幻灯片中的文本进行编辑。对于幻灯片中文本的编辑，PowerPoint 2010 和 Word 2010 相似，包括对字体、段落的设置等，可通过“开始”选项卡中的各组工具来实现相应操作。

（1）设置字体和字号。为幻灯片中的文字设置合适的字体和字号，可以使幻灯片的内容清晰明了。和编辑文本一样，在设置文本属性之前，首先要选择相应的文本，如图 5-15 所示。

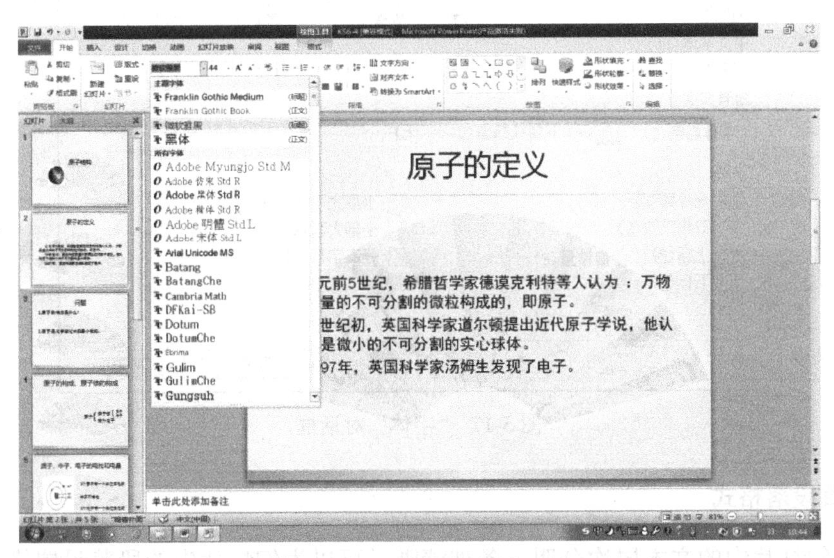

图 5-15　设置字体和字号

（2）设置字体颜色。用户的输出设备（如显示器、投影仪、打印机等）都允许使用彩色信息，这样在设计演示文稿时就可以进一步设置文字的字体颜色，如图 5-16 所示。

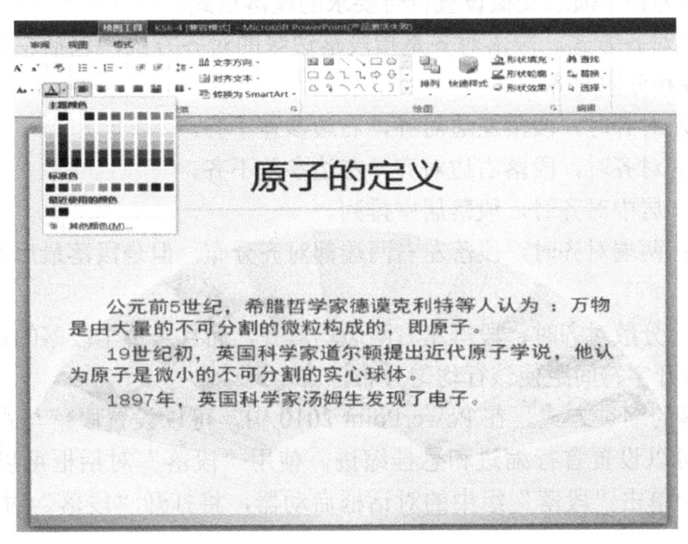

图 5-16　设置字体颜色

（3）设置特殊文本格式。在 PowerPoint 2010 中，用户除了可以设置最基本的文字格式外，还可以在“开始”选项卡的“字体”组中选择相应按钮来设置文字的其他特殊效果，如为文字添加删除线等。单击“字体”组中的对话框启动器，打开如图 5-17 所示的“字体”对话框，在该对话框中可以设置特殊的文本格式。

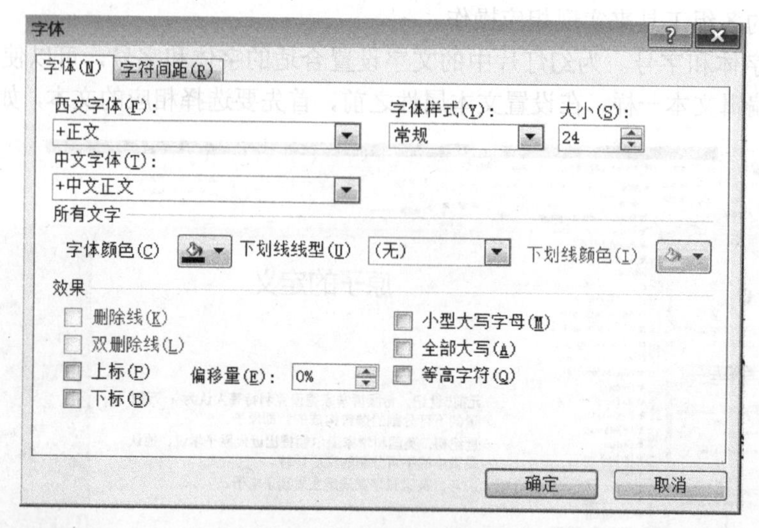

图 5-17 “字体”对话框

3. 设置段落格式

为了使幻灯片中的文本层次分明，条理清晰，可以为幻灯片中的段落设置格式和级别，如使用不同的项目符号和编号来标识段落层次等。

段落格式包括段落对齐、段落缩进及段落间距设置等。掌握了在幻灯片中编排段落格式的方法后，就可以为整个演示文稿设置符合要求的段落格式。

（1）设置段落对齐方式。段落对齐是指段落边缘的对齐方式，包括左对齐、右对齐、居中对齐、两端对齐和分散对齐。

① 左对齐：左对齐时，段落左边对齐，右边参差不齐。

② 右对齐：右对齐时，段落右边对齐，左边参差不齐。

③ 居中对齐：居中对齐时，段落居中排列。

④ 两端对齐：两端对齐时，段落左右两端都对齐分布，但是段落最后不满一行的文字右边是不对齐的。

⑤ 分散对齐：分散对齐时，段落左右两边均对齐，而且当每个段落的最后一行文字不满一行时，将自动拉开字符间距使该行均匀分布。

（2）设置段落的缩进方式。在 PowerPoint 2010 中，可以设置段落与占位符或文本框左边框的距离，也可以设置首行缩进和悬挂缩进。使用“段落”对话框可以准确地设置缩进尺寸，在功能区中单击“段落”组中的对话框启动器，将打开“段落”对话框，如图 5-18 所示。

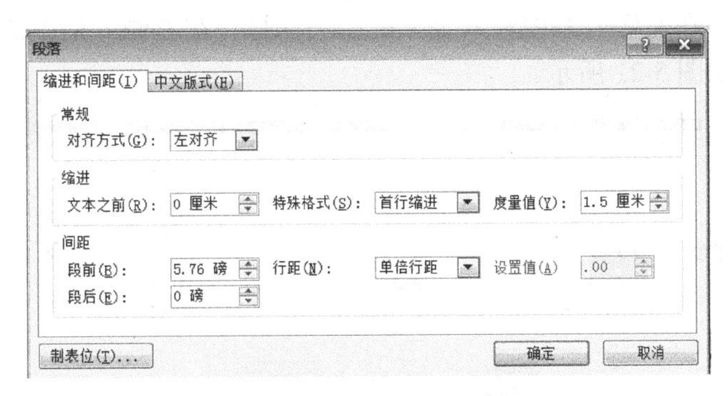

图 5-18 “段落”对话框

（3）设置行间距和段间距。在 PowerPoint 2010 中，用户可以设置行距及段落换行的方式。设置行距可以改变 PowerPoint 默认的行距，使演示文稿中的内容条理更为清晰；设置换行格式，可以使文本以用户规定的格式分行。

任务实施

创建一个自我介绍演示文稿（自我介绍.pptx）

1. 题目要求

（1）根据模板建立演示文稿，从已安装的模板中选择一个或在线搜索一个模板。

（2）演示文稿共 6 张幻灯片。

① 第 1 张为“标题幻灯片”版式，标题为“自我介绍”，文字分散对齐，字体为“黑体”、88 磅、加粗；副标题为本人的学校、专业、姓名，文字居中对齐，字体为“楷体”、48 磅、加粗。

② 第 2 张为“两栏内容”版式，标题为“基本情况”，文本处是个人信息，例如性别、特长、爱好、兴趣等。任选一副自己喜欢的图片或照片插入幻灯片。

③ 第 3 张为“标题与内容”版式，标题为“我的家乡”。

④ 第 4 张为“仅标题”版式，标题为“我的兴趣爱好”。

⑤ 第 5 张为“仅标题”版式，标题为“我的成就”。

⑥ 第 6 张为“空白”版式，结束页。

2. 操作步骤

（1）双击桌面上的 PowerPoint 2010 图标打开 PowerPoint 2010，单击“文件”→“新建”命令，选择“可用的模板和主题”区域中的“个人”里的“池塘设计模板”，单击“下载”按钮，如图 5-19 所示。

（2）在“单击此处添加标题”处输入“自我介绍”，在“单击此处添加副标题”处输入“王鹏”（自己的名字），并按字体要求进行相应的设置，设置后的效果如图 5-20 所示。

（3）单击“开始”→“幻灯片”→“新建幻灯片”选项右下角的下三角符号，向当前演示文稿中添加一张“两栏内容”版式的幻灯片，在“单击此处添加标题”处输入“基本情况”

并进行相应的设置，在左侧一栏中输入个人的相关信息，在右侧一栏中插入剪贴画或个人照片。设置后的效果如图 5-21 所示。

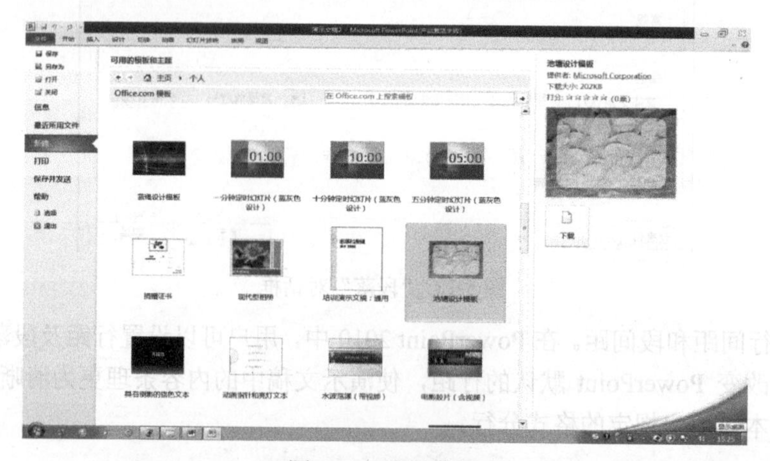

图 5-19　选择模板

图 5-20　第 1 张幻灯片效果图

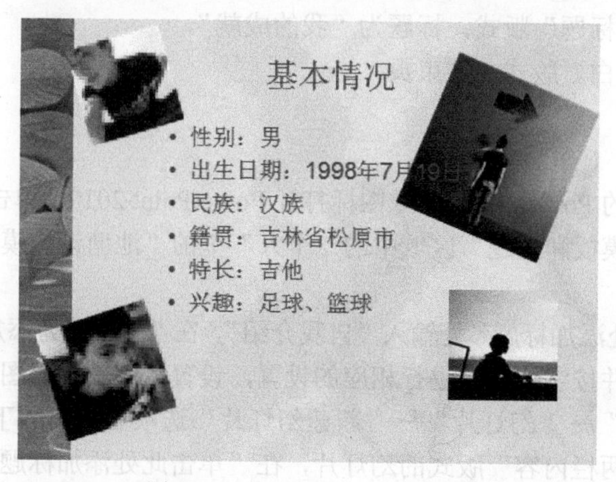

图 5-21　第 2 张幻灯片效果图

（4）用同样的方法向当前演示文稿中添加一张“标题和内容”版式的幻灯片，在“单击此处添加标题”文本框中输入“我的家乡”，在内容栏输入相关内容，并插入家乡的照片。设置后的效果如图 5-22 所示。

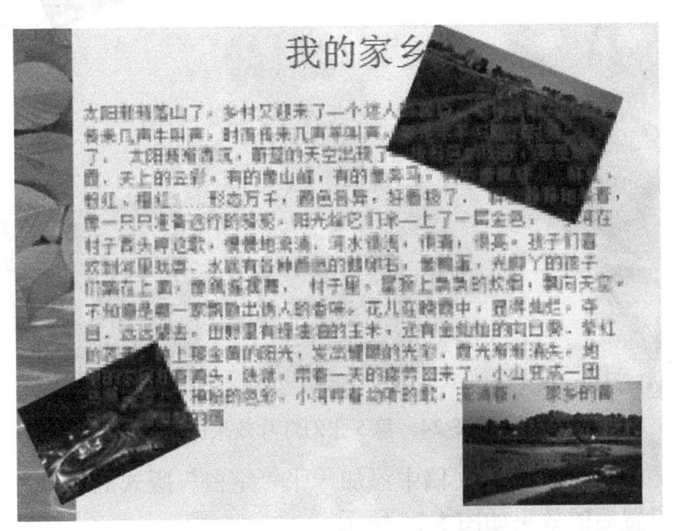

图 5-22 第 3 张幻灯片效果图

（5）用同样的方法向当前演示文稿中添加一张“仅标题”版式的幻灯片，在“单击此处添加标题”处输入“我的兴趣爱好”，并进行相应的设置，在空白处插入文本内容和图片。设置后的效果如图 5-23 所示。

图 5-23 第 4 张幻灯片效果图

（6）用同样的方法向当前演示文稿中添加一张“仅标题”版式的幻灯片，在“单击此处添加标题”处输入“我的成就”，并进行相应的设置，在空白处插入文本内容和图片。设置后的效果如图 5-24 所示。

图 5-24　第 5 张幻灯片效果图

（7）用同样的方法向当前演示文稿中添加一张“空白”版式的幻灯片，输入“谢谢”并进行相应的设置。设置后的效果如图 5-25 所示。

图 5-25　第 6 张幻灯片效果图

拓展训练

制作“风景旅游”幻灯片

1．素材

中国台湾旅游景点：台北 101 大楼、台北故宫博物院、日月潭风景区、爱河风景区、阿里山森林铁路、玉山风景区、花东纵谷风景区、龙洞湾。

自行在网上搜集景点相关素材。

2. 操作要求

（1）将幻灯片背景全部应用“含羞草”模板。

（2）将第 1 张幻灯片中的版式设置为“标题幻灯片”。在第 1 张幻灯片中添加标题“风景旅游”，字体设置为“楷体”，字号设置为“72 磅”，字体颜色为“粉红色”。

（3）在第 1 张幻灯片中添加副标题“——中国台湾必游的八大景点”，并将字体设置为“隶书”“36 磅”“蓝色”。

（4）其他幻灯片的版式设置为“标题和内容”。

（5）在第 6 张幻灯片中插入图片，效果如图 5-26 所示。

图 5-26 “风景旅游”幻灯片效果图

任务 5.2　制作公司简介

任务介绍

公司马上要参加行业年会了，在会上需要对公司进行介绍，经理将制作公司简介 PPT 的任务交给了王鹏。王鹏觉得这是一个宣传公司的好机会，于是查阅了很多资料，规划了 PPT 的大体框架，就开始着手制作了。

相关知识

PowerPoint 2010 为用户提供了多种简便的方法向幻灯片添加内容，如插入图片、艺术字、输入文本等，这样会使演示文稿的主题更加突出，吸引观众。

在设计演示文稿时应尽量注意遵循“主题突出、层次分明；文字精练、简单明了；形象直观、生动活泼”等原则，以便突出重点，给观众留下深刻印象。为此，在演示文稿中添加内容之前，一定要对演示文稿内容进行精心筛选和提炼，切忌把 Word 文档中的内容大段地复制、粘贴到 PPT 中。

一、使用项目符号

在演示文稿中，为了使某些内容更为醒目，经常要用到项目符号。项目符号用于强调一些特别重要的观点或条目，从而使主题更加美观、突出。

1. 常用项目符号

将光标定位到需要添加项目符号的段落中，单击“开始”→“段落”→“项目符号”按钮右侧的下拉箭头→“项目符号和编号”命令，打开“项目符号和编号”对话框，如图 5-27 所示。在该对话框中选择需要使用的项目符号即可。

2. 图片项目符号

在“项目符号和编号”对话框中，可供选择的项目符号类型共有 7 种，此外 PowerPoint 2010 还可以将图片设置为项目符号，这样丰富了项目符号的形式。单击“图片”按钮，打开“图片项目符号”对话框，如图 5-28 所示。

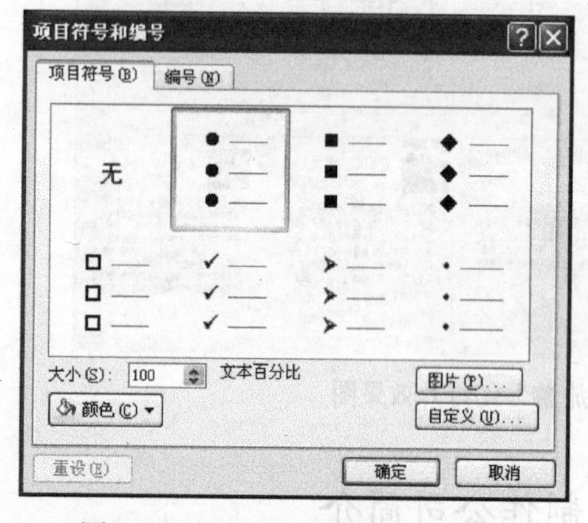

图 5-27 “项目符号和编号”对话框

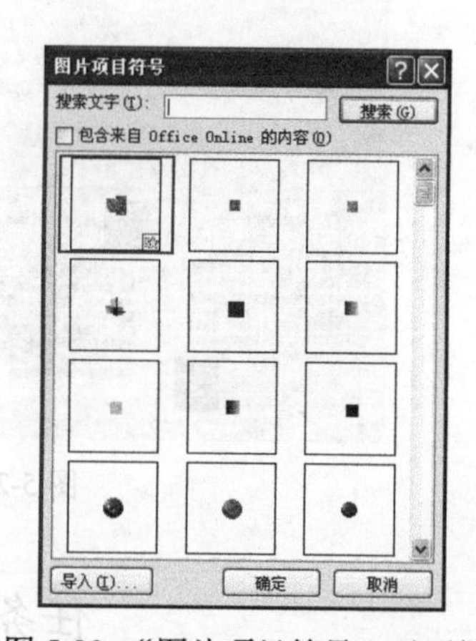

图 5-28 “图片项目符号”对话框

3. 自定义项目符号

在 PowerPoint 2010 中，除了系统提供的项目符号和图片项目符号外，还可以将系统符号库中的各种字符设置为项目符号。在“项目符号和编号”对话框中单击“自定义”按钮，打开“符号”对话框，如图 5-29 和图 5-30 所示。

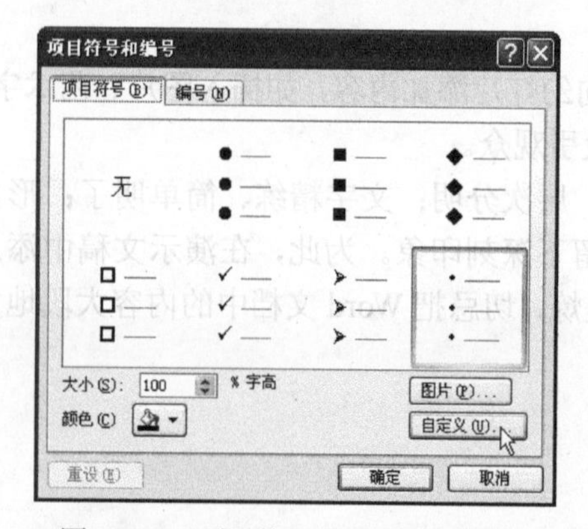

图 5-29 “项目符号和编号”对话框

图 5-30 “符号”对话框

4. 使用项目编号

在 PowerPoint 2010 中，可以为不同级别的段落设置项目编号，使主题层次更加分明、更有条理。在默认状态下，项目编号是由阿拉伯数字构成的。此外，PowerPoint 2010 还允许用户使用自定义项目编号样式。

要为段落设置项目编号，可将光标定位在段落中，然后打开“项目符号和编号”对话框的“编号”选项卡，如图 5-31 所示，可以根据需要选择相应的编号样式。

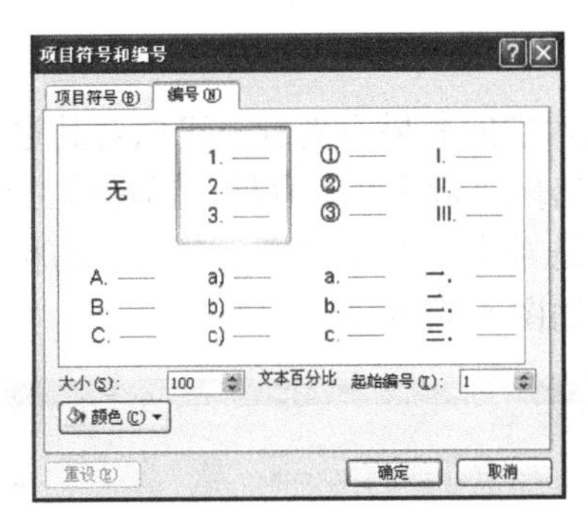

图 5-31 “项目符号和编号”对话框的“编号”选项卡

二、插入艺术字

艺术字是一种特殊的图形文字，常被用来表现幻灯片的标题文字。用户既可以像对普通文字一样设置其字号、加粗、倾斜等效果，也可以像图形对象那样设置它的边框、填充等属性，还可以对其进行大小调整、旋转或添加阴影、三维效果等操作。

1. 插入艺术字

插入艺术字的具体操作步骤如下：

（1）打开要插入艺术字的幻灯片。

（2）单击“插入”选项卡，在“文本”组中选择“艺术字”命令，弹出下拉列表，如图 5-32 所示。

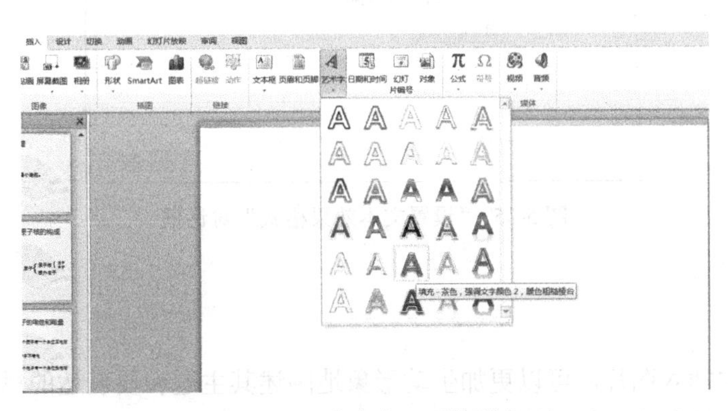

图 5-32 “艺术字”下拉列表

（3）在该列表中选择所需的艺术字样式即可，在幻灯片中会出现“请在此放置您的文字”占位符，此时直接输入相应的文本即可，如图 5-33 所示。

请在此放置您的文字

图 5-33 “艺术字”文本框

2. 编辑艺术字

插入艺术字后，如果对艺术字的效果不满意，可以对其进行编辑和修改。选中幻灯片中的艺术字时，在上方功能区中出现“格式”工具栏，通过该工具栏可以设置文字的多种效果。

单击“绘图工具—格式”选项卡“艺术字样式”组中的相关按钮可对艺术字的填充色、轮廓色以及效果等进行更改，如图 5-34 所示。

图 5-34 “绘图工具—格式”选项卡

用户还可以选中艺术字，在“绘图工具—格式”选项卡的“艺术字样式”组中单击对话框启动器，在打开的“设置文本效果格式”对话框中进行编辑，如图 5-35 所示。

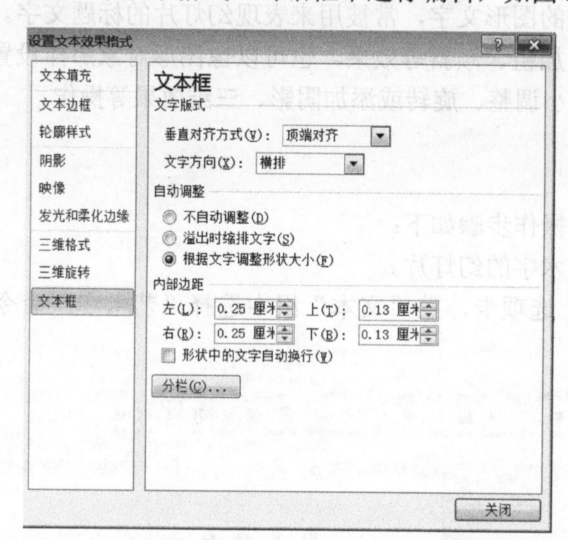

图 5-35 “设置文本效果格式”对话框

三、插入图片

在演示文稿中插入图片，可以更加生动形象地阐述其主题和要表达的思想。插入图片时，应充分考虑幻灯片的主题，使图片和主题和谐一致。

1．插入剪贴画

图 5-36　“剪贴画”窗口

PowerPoint 2010 附带的剪贴画库内容非常丰富，所有的图片都经过专业设计，它们能够表达不同的主题，适合制作各种不同风格的演示文稿。

要插入剪贴画，可以在“插入”选项卡的“图像”组中单击“剪贴画”按钮，打开“剪贴画”窗口，如图 5-36 所示。

2．插入来自文件的图片

用户除了可以插入 PowerPoint 2010 附带的剪贴画之外，还可以插入磁盘中的图片。这些图片可以是 BMP 位图，也可以是由其他应用程序创建的图片，如从 Internet 下载的或通过扫描仪、数码相机输入的图片等。

插入图片的具体操作步骤如下：

（1）打开要插入图片的幻灯片。

（2）打开“插入”选项卡，单击“图像”组中的“图片”按钮，弹出“插入图片”对话框，如图 5-37 所示。

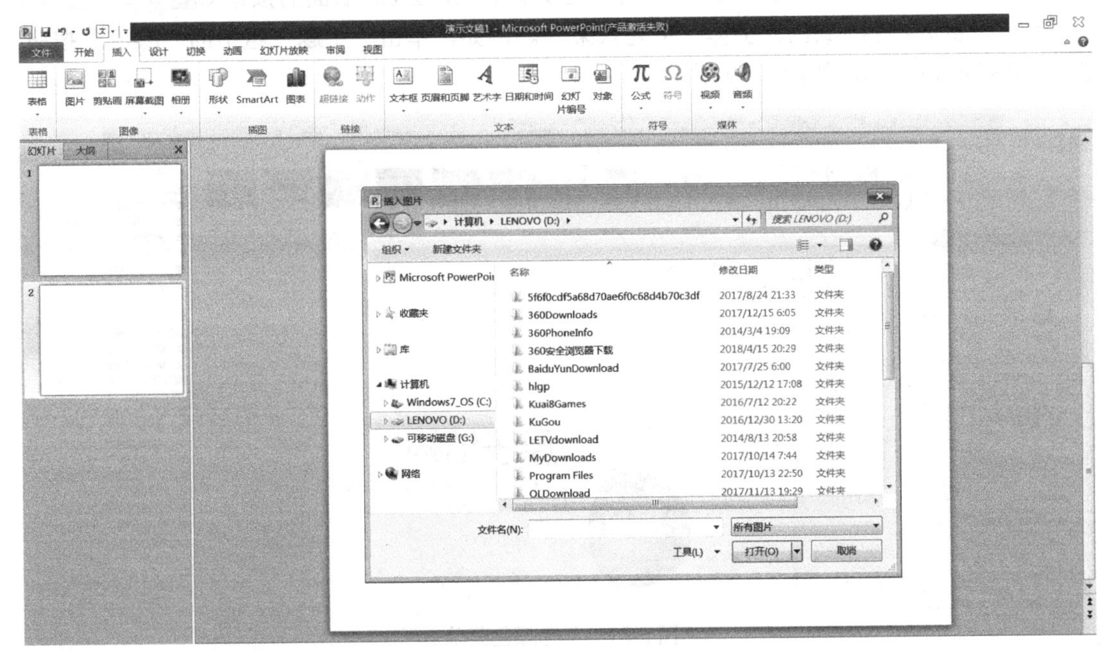

图 5-37　“插入图片”对话框

（3）在“查找范围”下拉列表框中选择图片所在的文件夹并打开，在对话框中就显示出所有的图片。

（4）选择所需的图片，“打开”按钮变为“插入”按钮，单击“插入”按钮，选中的图片即被插入到当前幻灯片中。

提示：插入图片后，当选中一张图片时，在上方功能区里会出现一个“图片工具—格式”选项卡，通过该选项卡可对图片进行编辑，像设置文字一样给图片设置多种效果，如图 5-38 所示。

图 5-38 “图片工具—格式”选项卡

四、设置主题颜色和背景样式

PowerPoint 2010 为每种设计模板提供了几十种内置的主题颜色，用户可以根据需要选择不同的主题颜色来设计演示文稿。这些颜色是预先设置好的协调色，自动应用于幻灯片的背景、文本线条、阴影、标题文本、填充、强调和超链接。PowerPoint 2010 的背景样式功能可以控制母版中的背景图片是否显示，以及控制幻灯片背景颜色的显示样式。

1. 改变幻灯片的主题颜色

在 PowerPoint 2010 中可以通过“设计”选项卡中“主题”组后面的按钮（颜色 · 字体 · 效果 ·）修改主题的颜色、字体、主题效果等。例如，单击“主题”组中的“颜色”按钮，将打开主题颜色菜单，如图 5-39 所示。

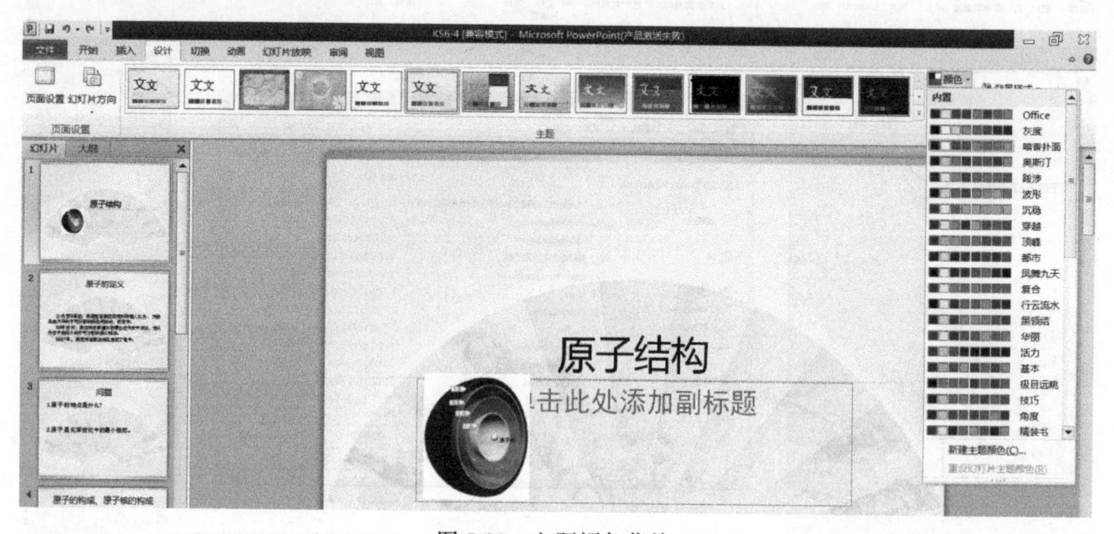

图 5-39 主题颜色菜单

2. 改变幻灯片的背景样式

背景是应用于整个幻灯片（或幻灯片母版）的颜色、纹理、图案或图片，其他一切内容都位于背景之上，按照标准的定义，它应用于幻灯片的整个表面。

在设计演示文稿时，用户除了在应用模板或改变主题颜色时更改幻灯片的背景外，还可以根据需要任意更改幻灯片的背景颜色和背景设计，如删除幻灯片中的设计元素，添加底纹、图案、纹理或图片等。背景样式库如图 5-40 所示。

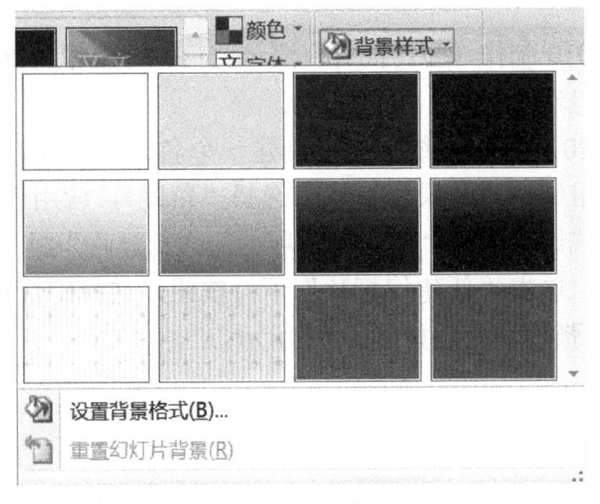

图 5-40 背景样式库

任务实施

1．“公司简介”的制作流程

制作“公司简介”演示文稿的主要操作步骤如下：

（1）搜集资料。公司资料包括公司名称、公司历史、公司产品、公司规模和企业文化等。

（2）新建演示文稿。选择一个模板新建演示文稿。

（3）初步设计演示文稿结构。

（4）制作幻灯片。通过插入、删除幻灯片，插入文本和图片，以及设置文本样式等操作制作幻灯片。

（5）放映幻灯片。预览“公司简介”演示文稿的效果。

2．创建“公司简介”演示文稿

（1）收集资料。

火凤凰美容用品（杭州）有限责任公司是一家跨国专业美容机构，1993 年成立于中国台湾，经过二十余年的发展，现已成为中国台湾地区驰名的美容品牌。火凤凰已拥有专业服务通路，“火凤凰 SPA 美容生活馆”达 200 余家，也是台湾地区第一家上市的美容美体机构。

火凤凰在中国台湾地区拥有上百家服务点，公司业务拓展到马来西亚、新加坡等国家，主要经营项目为美容美体服务，在中国台湾地区曾获最佳消费者金奖及优良店家 GSP 认证。

火凤凰坚持品质及服务质量，在中国台湾地区成立了生物科技研发团队及无尘生技厂，始终坚持向顾客提供高质量的产品。

2014 年在杭州设立分公司，自行购建厂办合一用地，占地面积 25 亩，并拥有 GMP 等级的生产厂房；目前开设直营店近十家，主要分布在杭州地区，并持续扩张；延续总公司的经营理念，积极深耕发展内地市场，以使女性更健康、更美丽为服务宗旨。

火凤凰拥有强势发展的信心，不断朝着巩固根本、永续经营、开创新局、布局全球的目标精进。2015 年东南亚总部于马来西亚成立，办公大楼气派恢宏，这足以证明火凤凰的强大实力。

（2）创建演示文稿。

要使用 PowerPoint 2010 制作“公司简介”演示文稿，可以根据 PowerPoint 2010 主题样式新建演示文稿，具体操作步骤如下：

① 启动 PowerPoint 2010 后，系统会自动创建一个名为“演示文稿 1”的 PPT 文件。单击“设计”选项卡“主题”组中的“效果”按钮并选择“角度”，应用该样式。

② 设计演示文稿版式结构。在“开始”选项卡的“幻灯片”组中选择“版式”下拉按钮，首页选择“标题幻灯片”；单击“新建幻灯片”下拉按钮，选择幻灯片的版式。用同样的方法在第 2 张幻灯片后增加 4 张幻灯片，如图 5-41 所示。

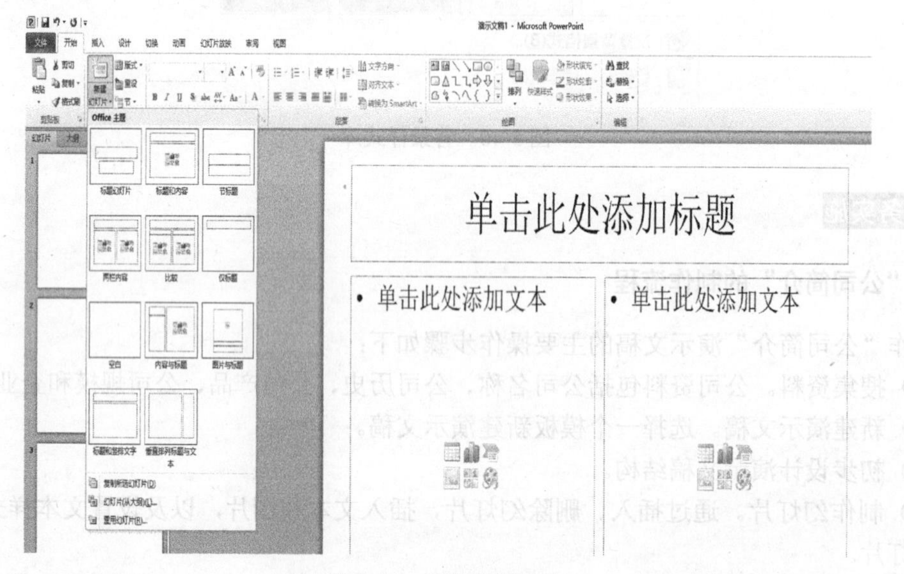

图 5-41　插入新幻灯片

新建演示文稿后，还可以根据演示文稿的内容设计符合需要的演示文稿结构，对幻灯片进行添加或删除操作。

（3）制作幻灯片。

调整好演示文稿的结构后，接下来就可以逐一制作每张幻灯片的内容了，其中包括输入文字、设置文字段落格式、插入图片和更改幻灯片版式等操作。具体操作步骤如下：

① 制作标题页。选中第 1 页幻灯片，单击“单击此处添加标题”占位符，在输入点输入“公司简介”；单击“单击此处添加副标题”占位符，在输入点输入“火凤凰美容用品有限责任公司”。字体和字号按模板默认设置即可。

② 制作内容页。选中第 2 张幻灯片，单击“单击此处添加标题”占位符，在输入点输入“公司背景”（宋体，44 号）。单击“单击此处添加文本”占位符，在输入点输入样文中所示的文字，设置字体格式为宋体、32 号，配色方案为模板默认方式。

③ 插入图片。在该幻灯片中添加图片，选择“插入”选项卡，单击“图片”，在弹出的“插入图片”对话框中选择要插入的图片，单击“插入”按钮，幻灯片中就会出现该图片。调

整该图片的大小和位置。用同样的方法插入其他素材图片，最终效果如图 5-42 所示。

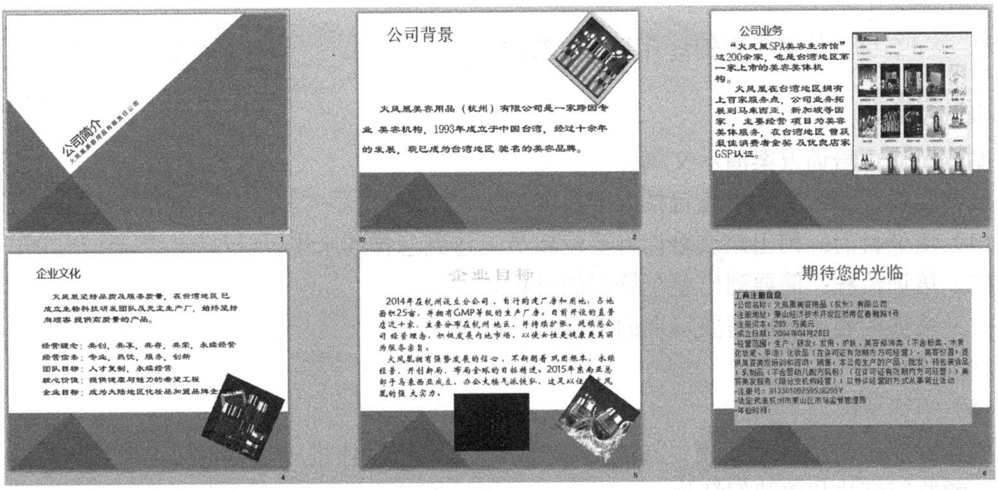

图 5-42 “公司简介”效果图

④ 更换版式。制作第 3 张幻灯片时需要更换幻灯片的版式、输入文字和插入图片等。选择“开始”→“幻灯片”→“版式”命令，在弹出的“Office 主题”窗格中选择“两栏内容”版式，在幻灯片的标题栏中输入“公司业务”。在幻灯片左侧占位符中单击“插入图片”按钮，弹出“插入图片”对话框，然后选择要插入的图片；在幻灯片编辑窗口的右侧输入样文所示文字。效果如图 5-42 所示。

⑤ 插入形状。选中第 4 张幻灯片，在幻灯片的标题栏中输入“企业文化”，然后单击文本框的占位符，输入第 1 行文字，按 Enter 键换行，系统将自动增加一个同级项目符号，然后输入第 2 行文字，以此类推，完成文字的输入。

⑥ 插入艺术字和视频。选中第 5 张幻灯片，在幻灯片的标题栏中输入“企业目标”，选中文本框，单击“插入”→“艺术字”命令，在弹出的“艺术字库”对话框中选择第 2 行第 5 列艺术字样式，在“请在此放置您的文字”文本框里输入要设置的艺术字文字，在“绘图工具—格式”选项卡中设置艺术字的文本格式。接下来在该幻灯片中插入一段影片，选择“插入”→“视频”→“文件中的视频”命令，在弹出的对话框中选择“图片素材”文件夹下的“视频.wmv”文件，并设置为在单击时播放影片，将影片图标调整到合适位置，效果如图 5-42 所示。

⑦ 制作结束页。选中第 6 张幻灯片，将其更改为空白版式，在第 6 张幻灯片中插入两个“水平”文本框，输入文字“期待您的光临”（黑体，44 号，按标题文本配色方案），在第 2 个文本框中输入联系电话、公司地址等（楷体，白色）。插入素材图片，叠放层次置于底层，并调整大小和位置，效果如图 5-42 所示。

（4）放映幻灯片。

幻灯片放映视图占据全部计算机屏幕，如同实际演示，可以看到图像、视频动画和切换特效在实际演示过程中的效果。要查看幻灯片放映视图，可使用下述方法之一：

① 选择“幻灯片放映”选项卡，单击“从头开始”按钮。

② 单击视图切换按钮组中的“幻灯片放映”按钮，从用户当前正在查看的幻灯片开始放映。

③ 按F5键，从第1张幻灯片开始放映。

拓展训练

制作新员工培训方案演示文稿。

收集资料，演示文稿中应包括以下内容：

（1）培训目的：列出此次培训将要使新员工达到怎样的水平。

（2）培训流程：简要列出整个培训的过程。

（3）培训内容：列出需要培训的项目。

（4）考核方式。

（5）培训资料。

制作要点：新建演示文稿、添加幻灯片、设置文本字体格式、设置文本段落格式、插入图片、预览幻灯片和放映幻灯片。

任务5.3　制作毕业论文演示文稿

任务介绍

王鹏通过几个月的努力奋战，终于完成了毕业论文设计。接下来就要进行论文答辩了，经过老师的引导，他得知用PowerPoint创建的演示文稿具有生动活泼、形象逼真的动画效果，能像幻灯片一样放映，具有很强的感染力。为此，王鹏决定使用PowerPoint制作答辩演讲稿，以期获得良好效果。

相关知识

一、插入SmartArt图形

使用SmartArt图形可以非常直观地说明层级关系、附属关系、并列关系、循环关系等常见关系，制作出来的图形漂亮、精美，具有很强的立体感和画面感。

1. 选择插入SmartArt图形

在功能区中选择“插入”选项卡，在“插图”组中单击“SmartArt”按钮，即可打开“选择SmartArt图形”对话框，如图5-43所示。

2. 编辑SmartArt图形

用户可以根据需要对插入的SmartArt图形进行编辑，如添加、删除形状，设置形状的填充色、效果等。选中插入的SmartArt图形，功能区将显示“设计”和“格式”选项卡，通过选项卡中各个功能按钮的使用，可以设计出各种美观大方的SmartArt图形。SmartArt图表示例如图5-44所示。

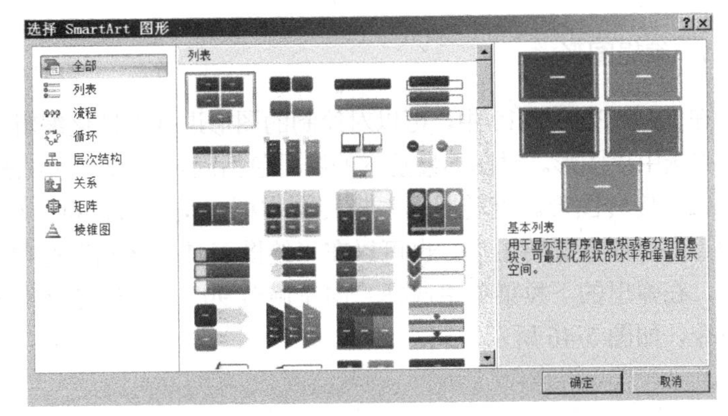

图 5-43 打开“选择 SmartArt 图形”对话框

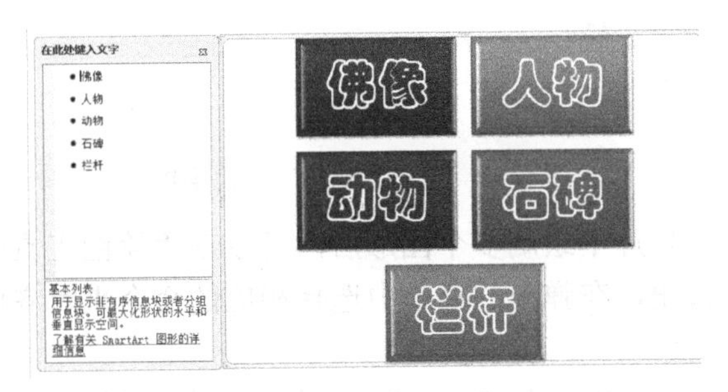

图 5-44 SmartArt 图表示例

二、绘制图形

PowerPoint 2010 提供了功能强大的绘图工具，可以绘制各种线条、连接符、几何图形、星形以及箭头等复杂的图形。在功能区中选择“插入”选项卡，在“插图”组中单击“形状”按钮，在弹出的下拉列表中选择需要的形状绘制图形即可，如图 5-45 所示。

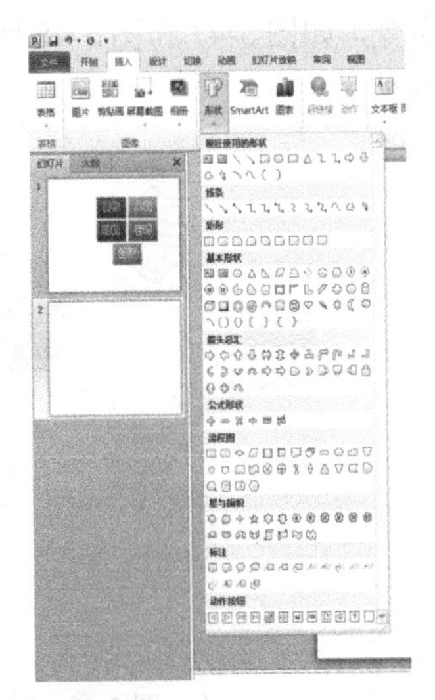

图 5-45 “形状”列表

1．编辑图形

在 PowerPoint 2010 中，可以对绘制的图形进行个性化编辑。和其他操作一样，进行设置前应首先选中该图形。对图形最基本的编辑包括旋转图形、对齐图形、层叠图形和组合图形等。

（1）旋转图形。旋转图形与旋转文本框、文本占位符一样，只要拖动其上方的绿色旋转控制点即可任意旋转图形。也可以在“绘图工具—格式”选项卡的“排列”组中单击“旋转”按钮，在弹出的下拉菜单中选择“向左旋转 90°”“向右旋转 90°”“垂直翻转”“水平翻转”等命令，如图 5-46 所示。

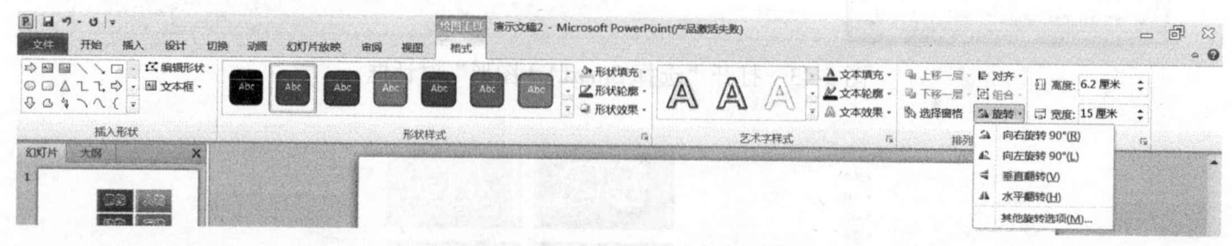

图 5-46　展开“旋转”下拉菜单

（2）对齐图形。在幻灯片中绘制多个图形后，可以在“绘图工具—格式”选项卡的“排列”组中单击“对齐”按钮，在弹出的菜单中选择相应的命令来对齐图形，其具体对齐方式与文本对齐类似。

（3）层叠图形。对于绘制的图形，PowerPoint 将按照绘制的顺序将它们放置于不同的对象层中，如果对象之间有重叠，则后绘制的图形将覆盖在先绘制的图形之上，即上层对象遮盖下层对象。当需要显示下层对象时，可以通过调整它们的叠放次序来实现。

要调整图形的层叠顺序，可以在“绘图工具—格式”选项卡的“排列”组中单击“上移一层”按钮或“下移一层”按钮右侧的下拉箭头，在弹出的菜单中选择相应命令即可。

（4）组合图形。绘制多个图形后，如果希望这些图形保持相对位置不变，可以使用“组合”按钮下的命令将其进行组合。也可以同时选中多个图形，单击鼠标右键，在弹出的快捷菜单中选择“组合”→“组合”命令，如图 5-47 和图 5-48 所示。当图形被组合后，可以像一个完整图形一样被选中、复制或移动。

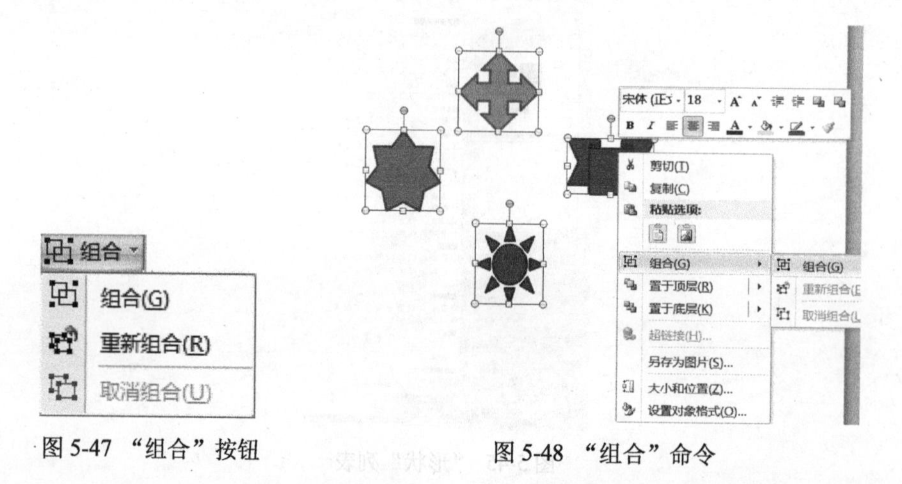

图 5-47　“组合”按钮　　　图 5-48　“组合”命令

2．设置图形格式

PowerPoint 2010 具有功能齐全的图形设置功能，可以利用线型、箭头样式、填充颜色、阴影效果和三维效果等进行修饰。利用系统提供的图形设置工具，可以使配有图形的幻灯片更容易理解。

（1）设置线型。选中绘制的图形，单击“绘图工具—格式”选项卡“形状样式”组中的“形状轮廓”按钮，在弹出的下拉菜单中选择“粗细”和“虚线”命令，然后在其子命令中选择需要的线型样式即可，如图 5-49 所示。

（2）设置线条颜色。在幻灯片中绘制的线条都有默认的颜色，用户可以根据演示文稿的整体风格改变线条颜色。单击“形状轮廓”按钮，在弹出的菜单中选择相应的颜色即可，如图 5-50 所示。

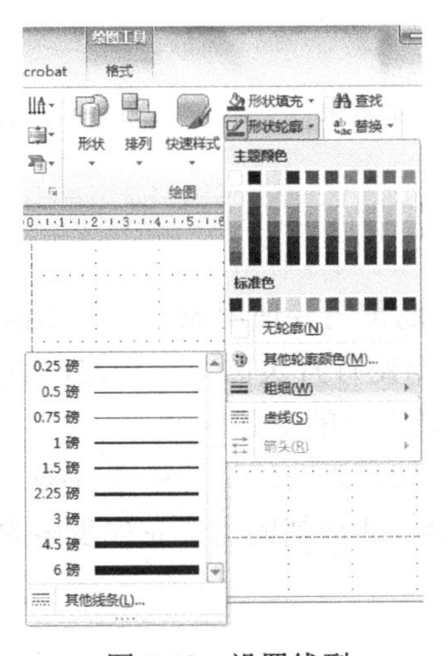

图 5-49 设置线型

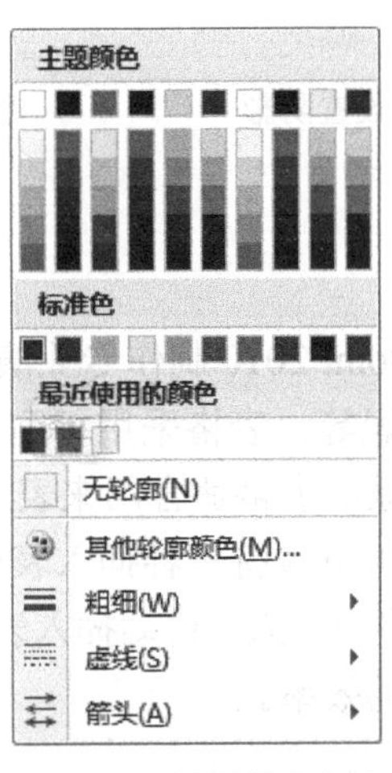

图 5-50 设置线条颜色

（3）设置填充颜色。为图形添加填充颜色是指在一个封闭的对象中加入填充效果，这种效果可以是单色、过渡色、纹理甚至是图片。用户可以通过单击“形状填充”按钮，在弹出的菜单中选择满意的颜色，也可以通过单击“其他填充颜色”命令设置其他颜色。还可根据需要，选择“渐变”或“纹理”命令，为一个对象填充一种过渡色或纹理样式。

（4）设置阴影及三维效果。在 PowerPoint 2010 中可以为绘制的图形添加阴影或三维效果。设置图形对象阴影效果的方式是首先选中对象，单击“形状效果”按钮，在打开的面板中选择“阴影”命令，在菜单中选择需要的阴影样式即可，如图 5-51 所示。

设置图形对象三维效果的方法是首先选中对象，单击“形状效果”按钮，在弹出的下拉菜单中选择“三维旋转”命令，然后在如图 5-52 所示的三维旋转样式列表中选择需要的样式即可。

（5）在图形中输入文字。大多数自选图形允许用户在其内部添加文字。常用的方法有两种：选中图形，直接在其中输入文字；在图形上单击鼠标右键，在弹出的快捷菜单中选择“编辑文字”命令，如图 5-53 所示，然后在光标处输入文字。单击输入的文字，可以再次进入文字编辑状态进行修改。

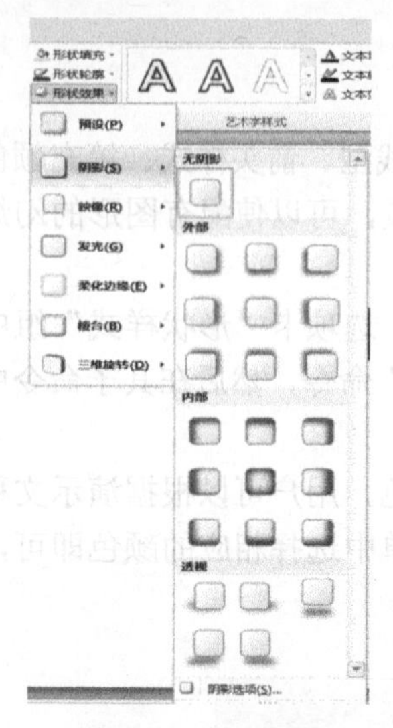

图 5-51 设置阴影

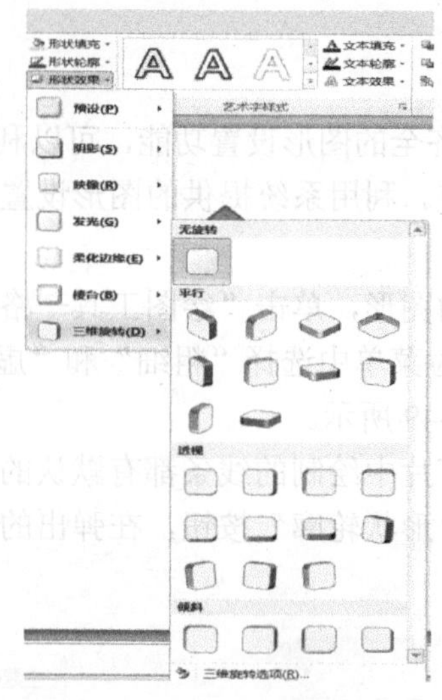

图 5-52 设置三维效果

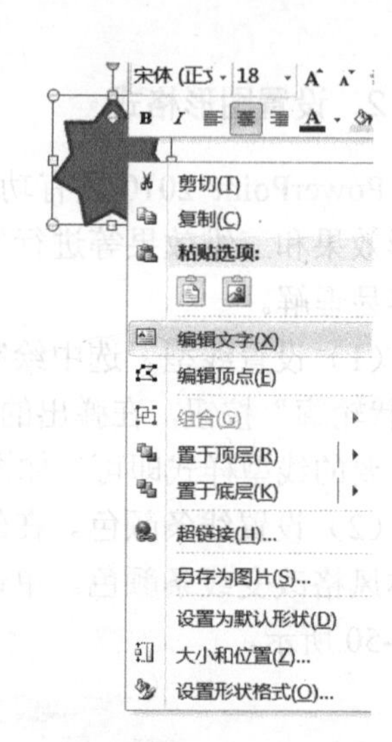

图 5-53 设置形状文字

三、插入表格

使用 PowerPoint 2010 制作专业演示文稿时，通常需要使用表格，例如销售统计表、个人简历表、财务报表等。表格采用行列化的形式，与幻灯片页面文字相比，更能体现内容的对应性及内在的联系。表格适合用来表达比较性、逻辑性的主题内容。

PowerPoint 2010 支持多种插入表格的方式，例如可以在幻灯片中直接插入，也可以从 Word 和 Excel 应用程序中调入。自动插入表格功能能够方便地辅助用户完成表格的输入，提高在幻灯片中添加表格的效率。

1. 添加表格

（1）在“插入”选项卡中单击“表格”按钮，如图 5-54 所示。

（2）移动指针选择所需的行数和列数；或单击“插入表格”命令，打开“插入表格”对话框，然后在“列数”和“行数”框中输入数字，如图 5-55 所示。

图 5-54 “插入表格”命令

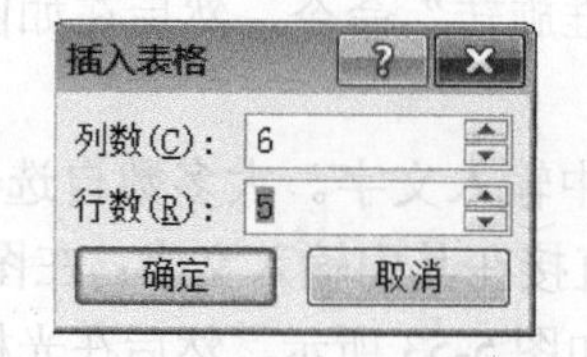

图 5-55 “插入表格”对话框

2. 绘制表格

当插入的表格并不完全规则时，也可以直接在幻灯片中绘制表格。

（1）单击“插入”选项卡“表格”组中的“表格”按钮，然后单击“绘制表格”命令。

此时，指针会变为铅笔状，选择需要自定义表格的位置，沿水平、垂直或沿对角线方向拖动增加线条，如图5-56所示。

图5-56　绘制表格

（2）要擦除单元格、行或列中的线条，在“表格工具”→“设计”→“绘图边框”组中，单击“擦除”按钮，或按住 Shift 键，指针会变为橡皮擦，然后单击要擦除的线条即可。

3. 插入 Excel 中的表格

在“插入”选项卡的“表格”组中，单击“表格”按钮，然后单击“Excel 电子表格”命令，如图5-57所示。

提示：要向某表格的单元格中添加文字，应先单击该单元格，然后输入文字。输入文字后，单击该表格外的任意位置。

4. 设置表格样式和版式

插入到幻灯片中的表格不仅可以像文本框和占位符一样被选中、移动、调整大小及删除，还可以为其添加底纹、设置边框样式、应用阴影效果等。除此之外，用户还可以对单元格进行编辑，如拆分、合并、添加行、添加列、设置行高和列宽等。

选择一张表格时，在上方功能区里会出现“表格工具”选项卡，通过该选项卡可以设置表格的多种效果，如图5-58所示。

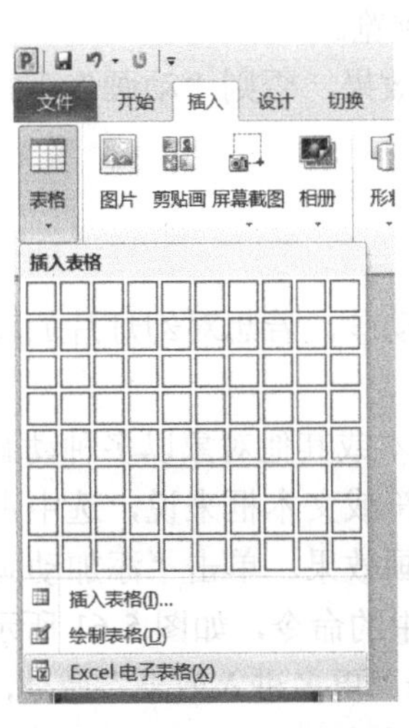

图5-57　“表格”下拉列表

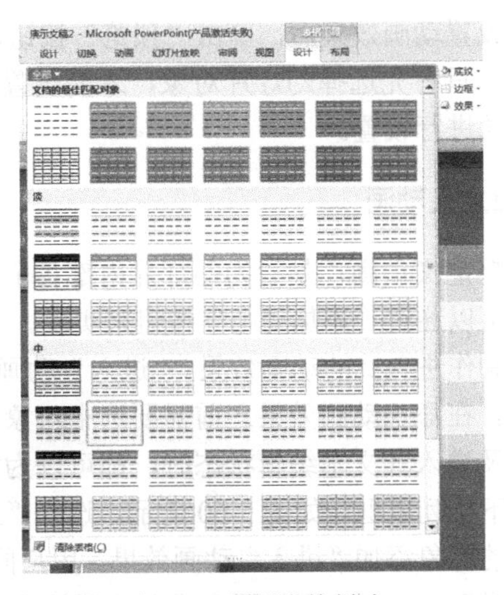

图5-58　设置表格样式

四、设置动画效果

在 PowerPoint 2010 中，用户可以为演示文稿中的文本或多媒体对象添加特殊的视觉效果或声音效果，例如使文字逐字飞入演示文稿，或在显示图片时自动播放声音等。PowerPoint 2010 提供了丰富的动画效果，用户可以使用 PowerPoint 2010 自带的预设动画，也可以创建自定义动画。

1．设置预设动画

具体操作步骤如下：

（1）选择要设置预设动画的幻灯片对象。

（2）在“动画”选项卡的“动画”组中单击“动画”下拉列表框，选择需要的动画效果，如图 5-59 所示。

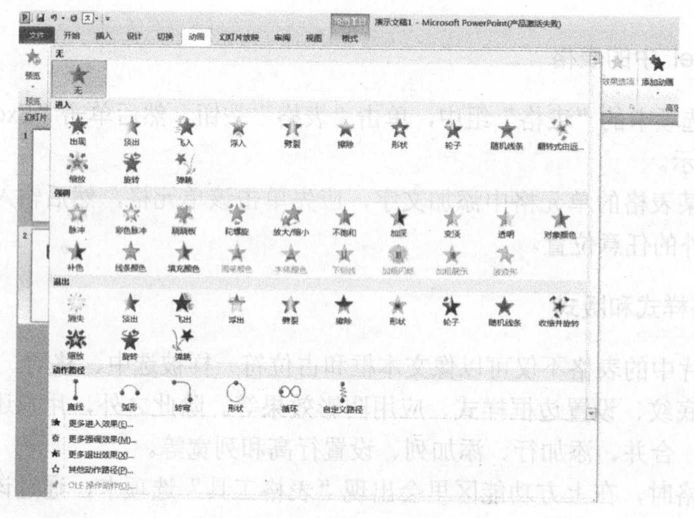

图 5-59 “动画”下拉列表框

（3）设置动画效果后，单击“预览”按钮，对其进行预览。

提示：只有先选择幻灯片对象，才能设置对象的动画效果，否则“动画”下拉列表框呈灰色，无法进行设置。

2．自定义动画

所谓自定义动画，是指为幻灯片内部各个对象设置的动画。若想对幻灯片的动画进行更多设置，可以通过“添加动画”按钮来实现。

（1）制作进入式的动画效果。“进入”动画可以设置文本或其他对象以多种动画效果进入放映屏幕。在添加动画效果之前需要选中对象。对于占位符或文本框来说，选中占位符、文本框，以及进入其文本编辑状态时，都可以为它们添加动画效果。单击“添加动画”下拉按钮，打开下拉列表框，如图 5-60 所示，选择“进入”菜单中的命令，如图 5-61 所示，即可为幻灯片中的对象添加“进入”动画效果。用户同样可以选择“更多进入效果”命令，打开“添加进入效果”对话框，添加更多进入动画效果，如图 5-61 所示。

图 5-60 “添加动画”命令按钮

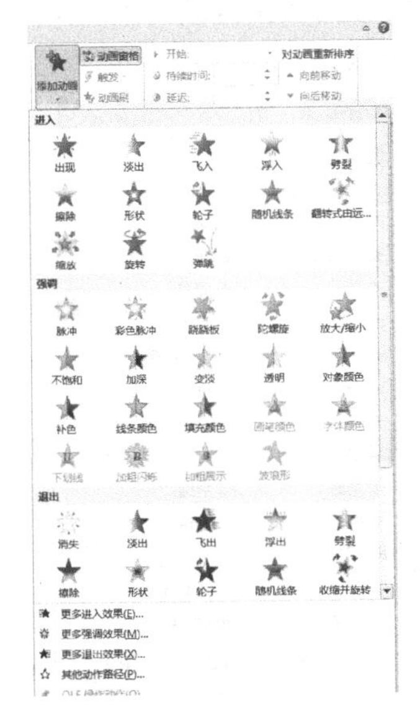

图 5-61 “添加动画”下拉列表框

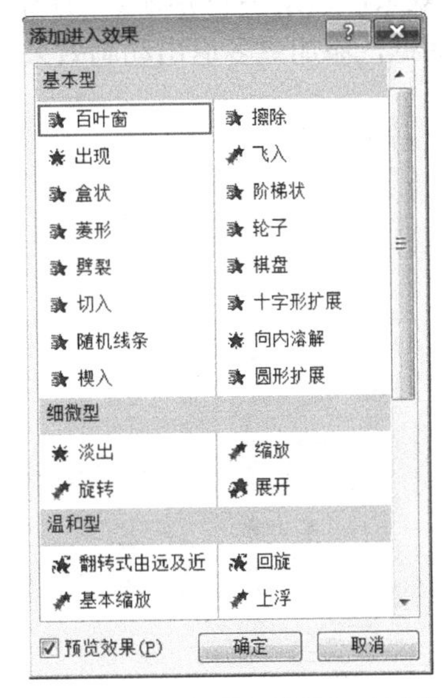

图 5-62 “添加进入效果”对话框

（2）制作强调式的动画效果。强调动画是为了突出幻灯片中的某部分内容而设置的特殊动画效果。添加强调动画的过程和添加进入效果大体相同，选择对象后，单击“添加动画”下拉按钮，选择“强调”菜单中的命令，如图 5-63 所示，即可为幻灯片中的对象添加“强调”动画效果。用户同样可以选择“更多强调效果”命令，打开“添加强调效果”对话框，添加更多强调动画效果，如图 5-64 所示。

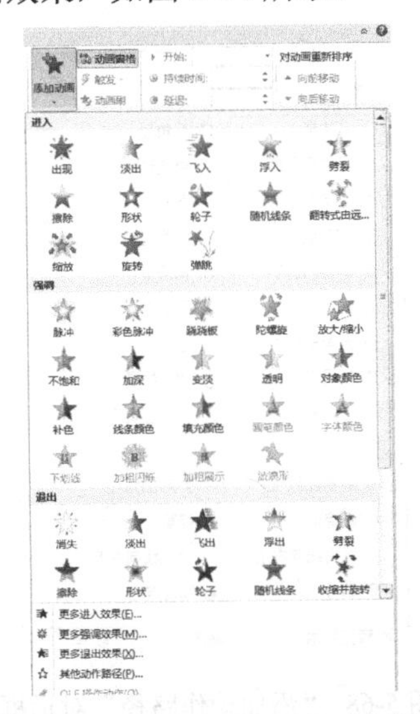

图 5-63 “添加动画”下拉列表框

图 5-64 “添加强调效果”对话框

（3）制作退出式的动画效果。除了可以给幻灯片中的对象添加进入、强调动画效果外，还可以添加退出动画。退出动画可以设置幻灯片中的对象退出屏幕的效果。添加退出动画的过程和添加进入、强调动画效果的方式大体相同。

单击“添加动画”下拉按钮，选择“退出”菜单中的命令，即可为幻灯片中的对象添加“退出”动画效果，如图 5-65 所示。用户同样可以选择“更多退出效果”命令，打开“添加退出效果”对话框，添加更多退出动画效果，如图 5-66 所示。

图 5-65 “添加动画”下拉列表框

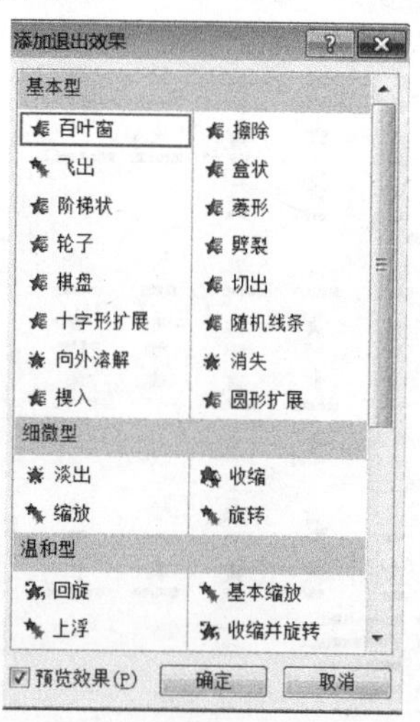

图 5-66 “添加退出效果”对话框

（4）利用动作路径制作的动画效果。动作路径动画又称“路径动画”，可以指定文本等对象沿预定的路径运动。PowerPoint 2010 中的动作路径动画不仅提供了大量预设路径效果，还可以由用户自定义路径动画。单击“添加动画”下拉按钮，如图 5-67 所示，选择“其他动作路径”命令会弹出“添加动作路径”对话框，如图 5-68 所示，选择其中的形状即可设置出该形状的路径。

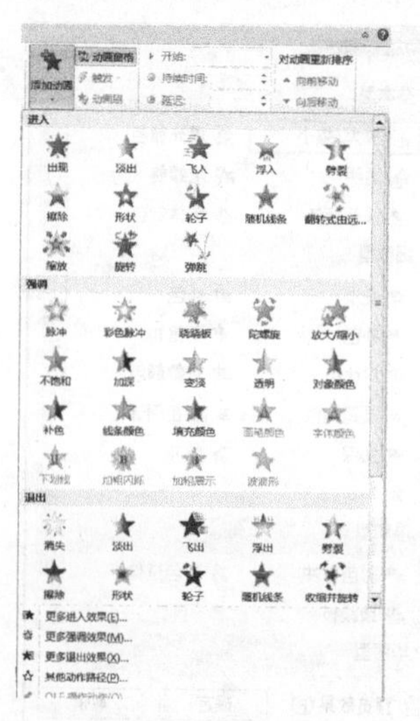

图 5-67 “添加动画”下拉列表框

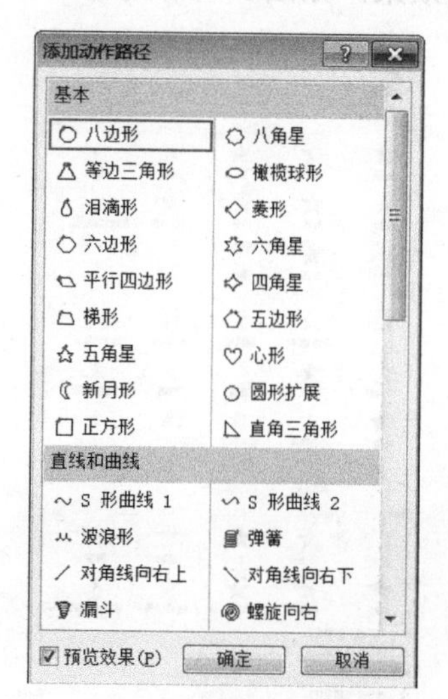

图 5-68 “添加动作路径”对话框

3. 设置动画选项

为对象添加动画效果后，该对象就应用了默认的动画格式。这些动画格式主要包括动画开始运行的方式、变化方向、运行速度、延时方案、重复次数等。为对象重新设置动画选项可以在“添加动画”任务窗格中完成。

（1）更改动画格式。如图 5-69 所示，在“动画窗格”任务窗格中，单击动画效果列表中的动画效果，在该效果周围将出现一个边框，用来表示该动画效果被选中。此时，“动画”组中的“效果选项”按钮变为可用，单击“效果选项”按钮，重新选择动画效果；单击“删除”按钮，将当前动画效果删除。

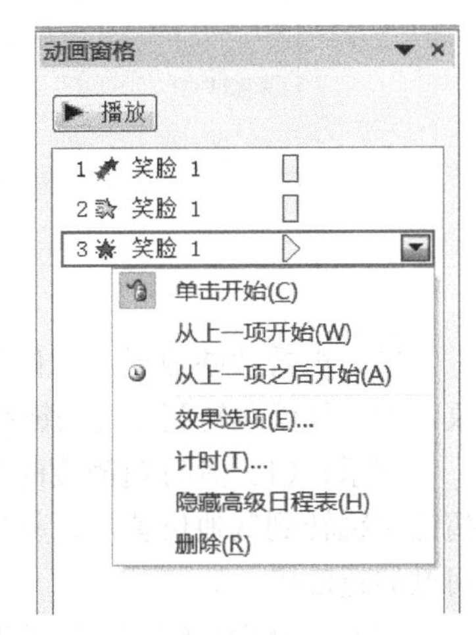

图 5-69 “自定义动画”任务窗格

（2）调整动画播放序列。在给幻灯片中的多个对象添加动画效果时，添加效果的顺序就是幻灯片放映时的播放次序。当幻灯片中的对象较多时，难免在添加效果时使动画次序产生错误，这时可以在动画效果添加完成后，再对其进行重新调整。

在“动画窗格”任务窗格的列表中单击需要调整播放次序的动画效果，然后单击窗格底部的上移按钮或下移按钮来调整该动画的播放次序。其中，单击上移按钮可以将该动画的播放次序提前，单击下移按钮将该动画的播放次序后移一位。

五、创建交互式演示文稿

在 PowerPoint 2010 中，用户可以为幻灯片中的文本、图形、图片等对象添加超链接或者动作。放映幻灯片时，单击添加了动作的按钮或者添加了超链接的文本，将自动跳转到指定的幻灯片页面或者执行指定的程序。演示文稿不再是从头到尾播放的线性模式，而是具有了一定的交互性，能够按照预先设定的方式，在适当的时候放映需要的内容，或做出相应的反应。

1. 添加超链接

超链接是指向特定位置或文件的一种连接方式，可以利用它指定幻灯片的跳转位置。超链接只有在幻灯片放映时才有效。在 PowerPoint 2010 中，超链接可以跳转到当前演示文稿中的特定幻灯片、其他演示文稿中特定的幻灯片、自定义放映、电子邮件地址、文件或网页上。

（1）在幻灯片中选定需要添加超链接的对象。

（2）单击“插入”选项卡“链接”组中的“超链接”命令，打开“插入超链接”对话框，如图 5-70 所示。

（3）在对话框左侧的“链接到”区域中选择链接位置，如选择“本文档中的位置”。

（4）当选定链接到“本文档中的位置”之后，对话框中间对应地就会出现“请选择文档中的位置”列表框，此处选择要链接到文档中的具体位置。选定后，右侧“幻灯片预览”框中就会出现当前选择幻灯片的缩略图，单击“确定”按钮即可。

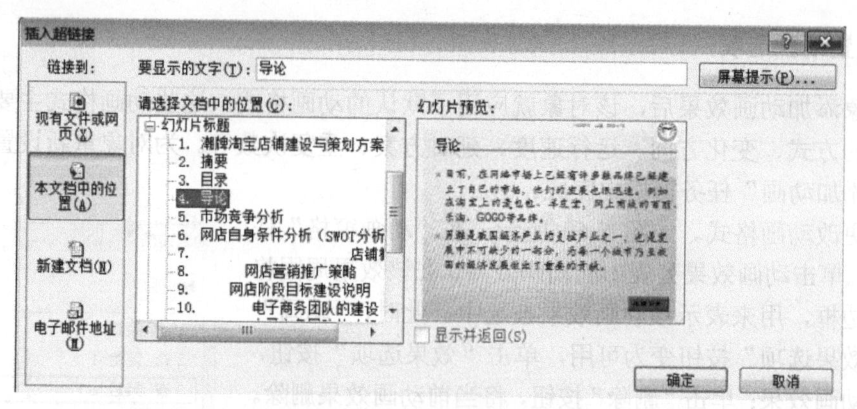

图 5-70 “插入超链接”对话框

（5）观看放映效果。当鼠标在添加超链接的对象上经过时，光标变成小手形状，单击对象，幻灯片就跳转到设定的链接位置。

提示：（1）具有超链接的文本下会出现一条下划线，且文本的颜色也会发生改变。单击超链接跳转到其他位置后，颜色显示依据配色方案再次发生改变，因此可以通过颜色分辨访问过的超链接。

（2）超链接在幻灯片放映时才会被激活，若要在编辑状态下测试跳转情况，需单击鼠标右键，在弹出的快捷菜单中选择“打开超链接”命令。

2. 添加动作按钮

动作按钮是 PowerPoint 2010 中预先设置好的一组带有特定动作的图形按钮，这些按钮被预先设置为指向前一张、后一张、第一张、最后一张幻灯片，播放声音及播放电影等链接，应用这些预置好的按钮，可以实现在放映幻灯片时跳转的目的。

添加动作按钮的具体操作步骤如下：

（1）选定需要添加动作按钮的幻灯片。

（2）单击“插入”选项卡“插图”组中的“形状”命令，在弹出的下拉列表中选择“动作按钮”组中的任一按钮，如图 5-71 所示。

图 5-71 “动作按钮”类型列表

（3）在幻灯片上拖动鼠标绘制按钮，弹出如图 5-72 所示的“动作设置”对话框。

（4）在“动作设置”对话框中的“超链接到”下拉列表中选择单击该按钮时所执行的命令。

（5）单击“确定”按钮，完成动作设置。

提示：用上述方法可以设置多种动作按钮，在幻灯片放映时，单击该按钮即自动执行选择的超链接。

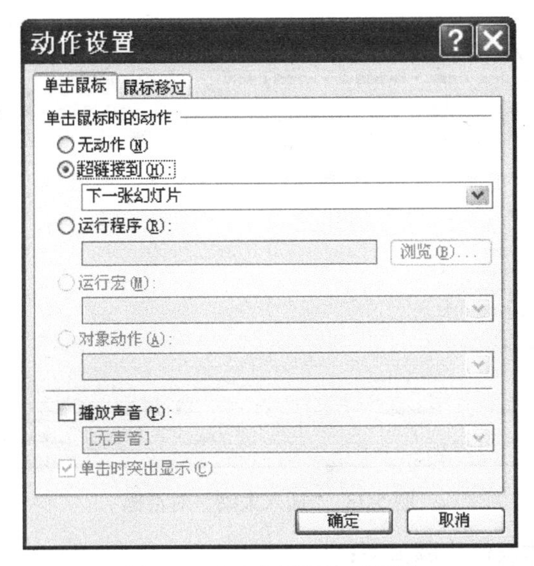

图 5-72 “动作设置”对话框

3. 隐藏幻灯片

如果通过添加超链接或动作按钮将演示文稿的结构设置得较为复杂，但希望在正常的放映中不显示这些幻灯片，只有单击指向它们的链接时才会显示，想要得到这样的效果，可以使用幻灯片的隐藏功能。

在普通视图模式下，右击幻灯片预览窗口中的幻灯片缩略图，在弹出的快捷菜单中选择“隐藏幻灯片”命令，或者单击功能区“幻灯片放映”选项卡“设置”组中的“隐藏幻灯片”按钮，即可隐藏幻灯片。被隐藏的幻灯片编号上将显示一个带有斜线的灰色小方框，这张幻灯片在正常放映时将不会被显示出来，只有当用户单击了指向它的超链接或动作按钮后才会显示。

任务实施

（1）启动 PowerPoint 2010，选择第一张幻灯片，在幻灯片的任意空白处单击鼠标右键，在弹出的快捷菜单中选择“版式”命令，在打开的“Office 主题”中选择“标题幻灯片”版式。选中标题占位符，输入论文标题“潮牌淘宝店铺建设与策划方案”；选中副标题占位符，输入学生姓名、专业、班级、指导教师等信息。

（2）单击“开始”→“新建幻灯片”下拉按钮，单击“幻灯片（从大纲）”命令，打开“插入大纲”对话框，如图 5-73 所示，选择所需的 Word 文档“毕业论文.docx”，此时“打开”按钮变为“插入”按钮，单击“插入”按钮，Word 大纲就被导入到 PowerPoint 中。

（3）对幻灯片进行编辑操作。直接由 Word 大纲创建的 PowerPoint 演示文稿并不能一步到位，其效果也不能令人满意，需要进一步整理和加工。删除所有的空白幻灯片，操作步骤如下：

在普通视图的“幻灯片”选项卡中，按住 Ctrl 键，逐个单击要选择的幻灯片缩略图，按 Delete 键；或单击鼠标右键，在弹出的快捷键菜单中选择“删除幻灯片”，可同时删除多个空白幻灯片。

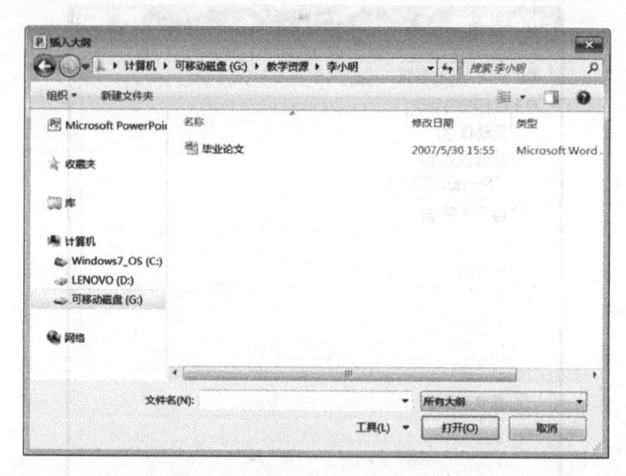

图 5-73 “插入大纲”对话框

（4）添加文本。具体操作步骤如下：

① 对论文中的内容进行精心筛选和提炼。

② 在标题为“导论”“结束语”和“致谢”的幻灯片中输入提炼后的文本。

③ 在标题为“目录”的幻灯片中添加相应的各章标题。

（5）应用设计模板。“设计模板”是由 PowerPoint 提供的由专家制作完成并存储在系统中的文件，它包含了预定的幻灯片背景、图案、色彩搭配、字体样式、文本编排等，是统一修饰演示文稿外观最快捷、最有力的一种方法。

① 选中第 1 张幻灯片，打开“设计”选项卡，在“主题”组中“视觉设计模板”上单击鼠标右键，在弹出的快捷菜单中选择“应用于选定幻灯片”命令。

② 选中第 2 张幻灯片，在“主题”组中的“主题 2”模板上单击鼠标右键，在弹出的快捷菜单中选择“应用于选定幻灯片”命令。

③ 依次选择其余幻灯片，按照设计第 1 张和第 2 张幻灯片的方式设计其他幻灯片。

（6）应用配色方案。如果对应用设计模板的色彩搭配不满意，利用配色方案可以方便快捷地解决这个问题。

① 选择要设置的幻灯片。

② 打开“设计”选项卡，在“主题”组中单击“颜色”下拉按钮，在弹出的下拉菜单中选择“都市”命令。

（7）添加表格。表格是一种简明、扼要的表达方式，在 PowerPoint 2010 中也可以方便地制作含有表格的幻灯片。

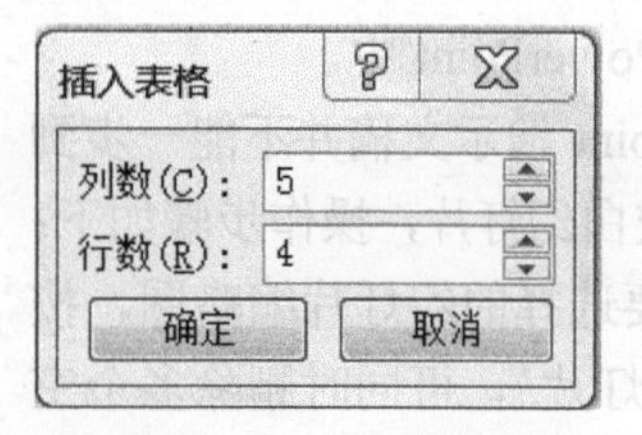

图 5-74 “插入表格”对话框

制作含有表格的幻灯片的操作步骤如下：

① 在“插入”选项卡中单击“表格”按钮，在打开的下拉菜单中单击“插入表格”命令，在弹出的“插入表格”对话框中输入要插入表格的行数和列数，如图 5-74 所示。

② 在标题占位符中输入文本标题。

③ 按样文输入数据。

④ 适当地调整行高和列宽。

⑤ 将表头字体设置为“华文新魏”，将第一列表头设置为“楷体”。

⑥ 选中整个表格，单击“表格工具”→“设计”→“边框”下拉按钮，按要求设置表格边框。以同样的方法设置第二个表格格式。

（8）添加组织结构。组织结构图由一系列图框和连线组成，它可以形象地表示一个单位、部门的内部结构、管理层次以及组织形式等。只要有层次结构的对象都可以用组织结构图来描述。

制作含有组织结构图的幻灯片，操作步骤如下：

在“插入”选项卡中单击“SmartArt”按钮，在弹出的“选择 SmartArt 图形”对话框中选择“循环”类型中的“基本射线图”，如图 5-75 所示。这样，带有“组织结构图”占位符的新幻灯片便插入到了演示文稿中，在占位符中输入样文中的文本。

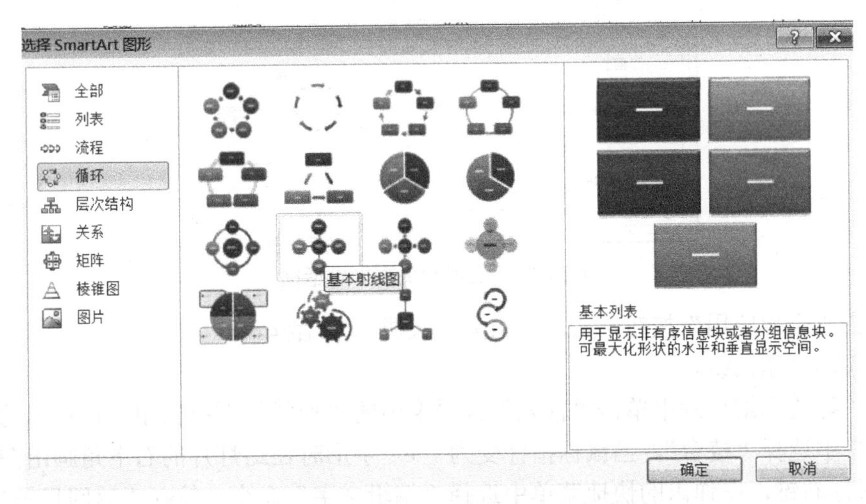

图 5-75 “选择 SmartArt 图形”对话框

（9）创建交互式演示文稿。

① 在标题为“目录”的幻灯片中，选择一条目录文本，单击“插入”选项卡中的“超链接”按钮，打开“插入超链接”对话框，如图 5-76 所示。

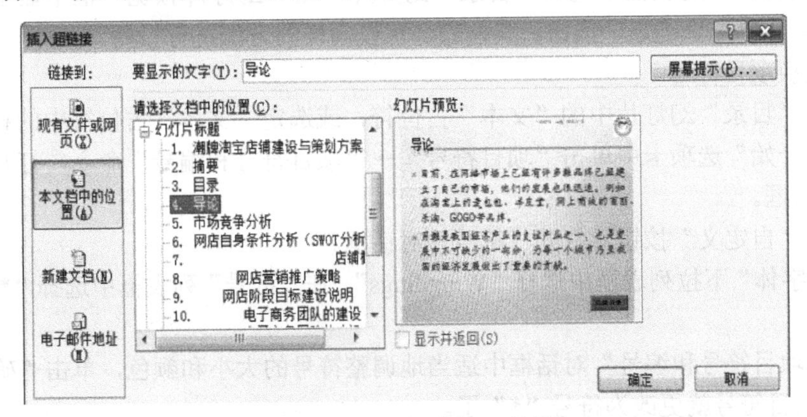

图 5-76 “插入超链接”对话框

② 在对话框左侧的"链接到"区域中选择"本文档中的位置"；在"请选择文档中的位置"列表框中选择相对应的幻灯片，在"幻灯片预览"框中显示当前选择的幻灯片缩略图，单击"确定"按钮。

（10）设置幻灯片的页眉和页脚。

① 打开"毕业论文答辩"演示文稿。

② 单击"插入"选项卡中的"页眉和页脚"命令，打开"页眉和页脚"对话框，设置结果如图 5-77 所示。

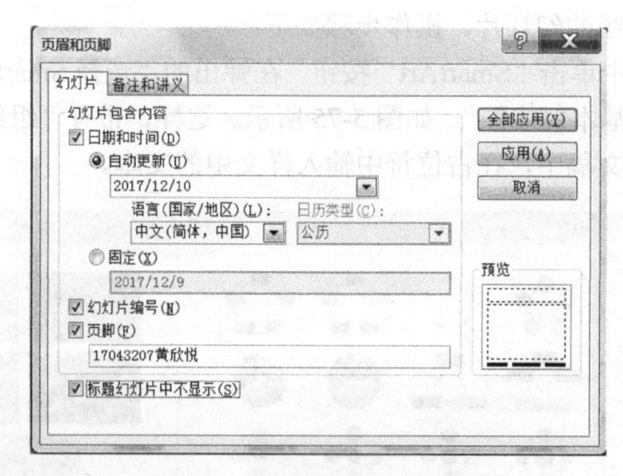

图 5-77 "页眉和页脚"对话框

③ 单击"全部应用"按钮，关闭"页眉和页脚"对话框。

（11）添加动作按钮。

① 在"导论"幻灯片中单击"插入"选项卡中的"形状"下拉按钮，在弹出的形状样式"基本形状"中选择"棱台"，当鼠标指针变为"+"字形时在幻灯片的右下角画出图形，在图形上单击鼠标右键，在弹出的快捷菜单中选择"编辑文字"命令，输入"返回目录"，再次选中该图形并单击鼠标右键，在弹出的快捷菜单中选择"超链接"命令，打开"插入超链接"对话框。

② 在"插入超链接"对话框左侧的"链接到"区域中选择"本文档中的位置"；在"请选择文档中的位置"列表框中选择"目录"幻灯片，在"幻灯片预览"框中显示当前选择的幻灯片缩略图，单击"确定"按钮。其他幻灯片以同样的方法进行设置。

（12）更换项目符号。

① 选定"目录"幻灯片中的"文本"占位符，或选定"文本"占位符中的相应文本。

② 在"开始"选项卡中单击"项目符号"→"项目符号和编号"命令，打开"项目符号和编号"对话框。

③ 单击"自定义"按钮，打开"符号"对话框。

④ 在"字体"下拉列表框中选择"Wingdings"，在"符号"列表框中选择"*"，单击"确定"按钮。

⑤ 在"项目符号和编号"对话框中适当地调整符号的大小和颜色，单击"确定"按钮，幻灯片上的项目符号就更改为符号"*"了。

⑥ 保存演示文稿。"毕业论文答辩"演示文稿效果图如图 5-78 所示。

图 5-78 "毕业论文答辩"演示文稿效果图

知识扩展

设置幻灯片放映效果

前面只介绍了制作演示文稿的静态效果，包括幻灯片的基本操作、插入各种版式的幻灯片、编辑幻灯片中的各种对象、对演示文稿进行美化设置等内容。但是要想真正体现 PowerPoint 2010 的特点和优势，演示文稿的动态效果设置就显得十分重要。

利用动画方案可以快速创建动画效果。动画方案是 PowerPoint 2010 为幻灯片提供的预设视觉效果。每个方案通常包含幻灯片标题效果和应用于幻灯片的项目符号或段落的效果，有些方案还给出了幻灯片切换效果。利用动画方案可以简化动画设计。

（1）打开"毕业论文答辩"演示文稿。

（2）同时选中标题为"第 1 章"的 2 张幻灯片。

（3）选择"幻灯片放映"→"设置幻灯片放映"命令，打开"设置放映方式"对话框。

（4）在"设置放映方式"对话框中，可设置放映类型、放映选项、换片方式等。

（5）在"切换"选项卡中打开"切换到此幻灯片"组中效果下拉按钮，选择一种特殊效果，在上一张幻灯片切换到当前幻灯片时应用该效果。读者可用相同的办法为标题为"第 2 章"的 2 张幻灯片快速创建幻灯片切换动画效果，其切换效果方案选择"华丽型"下的"溶解"。

由此可知，动画方案中所提供的选项，都在前面版本的基础上进行了扩展和补充，使不同功能随手可得，只需单击鼠标就能设置具有专业设计水准的动画，极大地方便了读者对幻灯片进行动画设计。

拓展训练

制作"中国希望工程"演示文稿。

（1）将所有幻灯片全部应用“市镇”主题。

（2）将第 1 张幻灯片中的标题文字设置为：幼圆、66 磅、加粗、倾斜、黄色字体。

（3）在第 1 张幻灯片的标题下方添加副标题“——社会公益事业”，并设置字体为隶书。

（4）在第 3 张幻灯片中插入素材图片。

（5）在第 3 张幻灯片中插入“后退或前一项”动作按钮，并链接到上一张幻灯片；插入“前进或下一项”动作按钮，并链接到下一张幻灯片。

（6）设置全部幻灯片切换效果为“棋盘”，声音为“硬币”，持续时间为 2 秒，换片方式为“单击鼠标时”。

（7）设置第 3 张幻灯片中两张图片为“进入”选项下的“翻转式由远及近”动画效果，持续时间为 1 秒，单击鼠标时启动动画。

（8）设置第 1 张幻灯片中标题文本为“进入”选项下的“飞入”动画效果，方向为“自右侧”，持续时间为 2 秒，设置为按字词发送，单击鼠标时启动动画。

任务 5.4　制作公司市场推广计划书

任务介绍

公司为了提高用户对新产品的认知与理解，要求王鹏在新产品上市前制作一份市场推广计划演示文稿。

相关知识

一、插入图表

与文字数据相比，形象直观的图表更容易让人理解，它以简单易懂的方式反映了各种数据关系。PowerPoint 2010 的图表工具能提供各种不同的图表来满足用户的需要，使得制作图表的过程更加简便。

1. 在幻灯片中插入图表

在幻灯片中插入图表的方法与插入图片、影片、声音等对象的方法类似，单击“插入”选项卡“插图”组中的“图表”命令，打开“插入图表”对话框，如图 5-79 所示，该对话框提供了 11 种图表类型，每种类型可以分别用来表示不同的数据关系。

图表与文字数据相比更加形象直观，插入在幻灯片中的图表使幻灯片的显示效果更加清晰。PowerPoint 2010 制作含有图表的幻灯片的操作步骤如下：

（1）在“开始”选项卡中单击“新建幻灯片”命令，在打开的下拉菜单中选择“标题和内容”版式。

（2）在标题占位符中输入标题文本。

（3）在“插入”选项卡中单击“图表”命令，打开“插入图表”对话框，选择相应的图表类型，下面的操作就类似于 Excel 了。

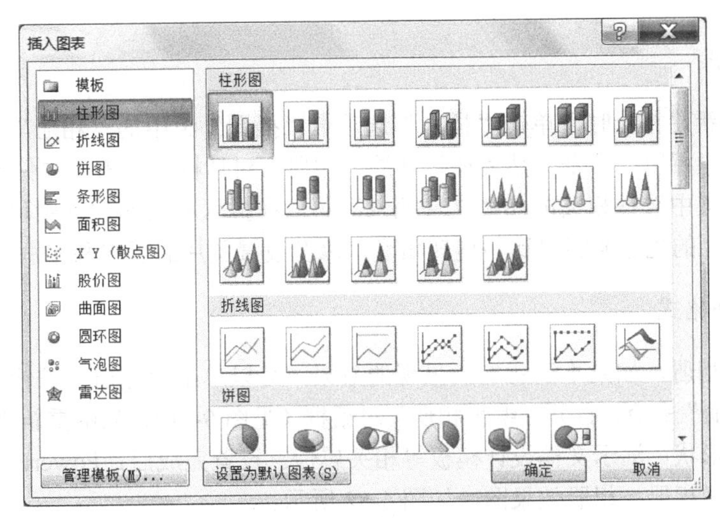

图 5-79　“插入图表”对话框

（4）利用在 Excel 中介绍的方法，首先将数据表中的数据全部删除，从 Word 文档“毕业论文”中将对应的表格复制到数据表中，此时图表随着数据表同步变化。在“图表工具”栏“设计”选项卡中单击“选择数据”命令，选取数据区域，在“布局”选项卡中设置“图例”位置。

（5）在“布局”选项卡中单击“图表标题”命令设置标题位置，单击“坐标轴标题”命令设置分类轴坐标格式，以便使类别名称显示出来，设置纵坐标轴坐标格式。

2. 编辑与修饰图表

在 PowerPoint 2010 中创建的图表，不仅可以进行移动、调整大小，还可以设置图表的颜色、图表中某个元素的属性等。

二、插入多媒体文件

在演示文稿中，可以插入声音文件、动画文件及电影剪辑片段等多媒体文件，从而丰富演示文稿的表达效果。

具体操作步骤如下：

（1）选中要插入影片和声音的幻灯片。

（2）选择“插入”选项卡“媒体”组中的“视频”或“音频”命令，如图 5-80 所示，按提示进行操作，从媒体库中获得所需文件。

（3）单击“插入”按钮。此时，便完成了影片或声音的添加，并在演示文稿编辑区出现相应文件的图标。

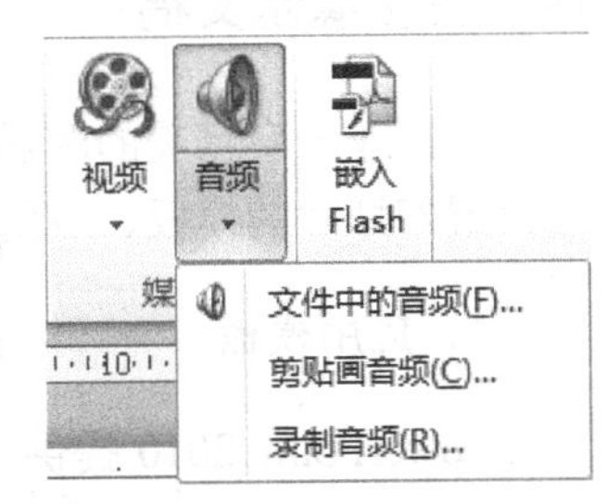

图 5-80　插入“音频”下拉列表

三、插入相册

随着数码相机的普及，使用计算机制作电子相册的用户越来越多，当没有制作电子相册的专门软件时，使用 PowerPoint 也能轻松制作出漂亮的电子相册。在商务应用中，电子相册同样适用于介绍公司的产品目录，或者分享图像数据及研究成果。

1. 新建相册

在幻灯片中新建相册时，单击“插入”选项卡“插图”组中的“相册”按钮，在弹出的菜单中选择“新建相册”命令，然后在打开的“相册”对话框中单击“文件/磁盘”按钮，从本地磁盘的文件夹中选择相关的图片文件插入即可。在插入相册的过程中可以更改图片的先后顺序，调整图片的色彩明暗对比与旋转角度，以及设置图片的版式和相框形状等。

2. 设置相册格式

对于建立的相册，如果不满意它所呈现的效果，可以单击“相册”按钮，在弹出的菜单中选择“编辑相册”命令，打开“编辑相册”对话框（见图 5-81），从中重新修改相册的顺序、图片版式、相框形状、演示文稿设计模板等相关属性。设置完成后，PowerPoint 2010 会自动帮助用户重新整理相册。相册效果图，如图 5-82 所示。

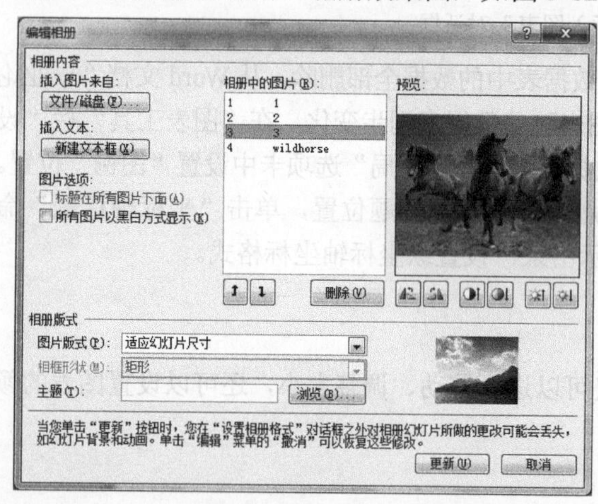

图 5-81 “编辑相册”对话框

图 5-82 相册效果图

四、美化演示文稿

要制作一套精美的演示文稿，就必须对幻灯片进行美化。在 PowerPoint 2010 中用户可通过设置幻灯片的模板、应用配色方案、母版设置、背景等来美化演示文稿的外观。

1. 应用模板

PowerPoint 2010 提供了两种模板：设计模板和内容模板。设计模板包含预定义的格式和配色方案，可以应用到任意演示文稿中，创建自定义的演示文稿外观。内容模板包含设计模板中的所有元素和演示文稿的建议大纲。如果以“根据现有内容新建”创建演示文稿，就要应用内容模板。

（1）选择已有模板。

在演示文稿中选择一张幻灯片，然后单击“设计”选项卡（见图 5-83）中的“主题”组右侧的下拉按钮，在弹出的下拉菜单中的“内置”栏中选择一种主题样式，主题提供演示文稿设计的外观。首先为演示文稿选择一个主题，这样就可以看到所有内容的效果。如这里选择“跋涉”选项，如图 5-84 所示。

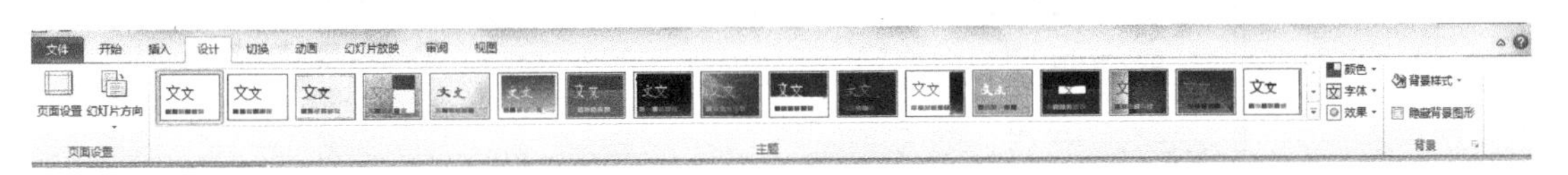

图 5-83 “设计”选项卡

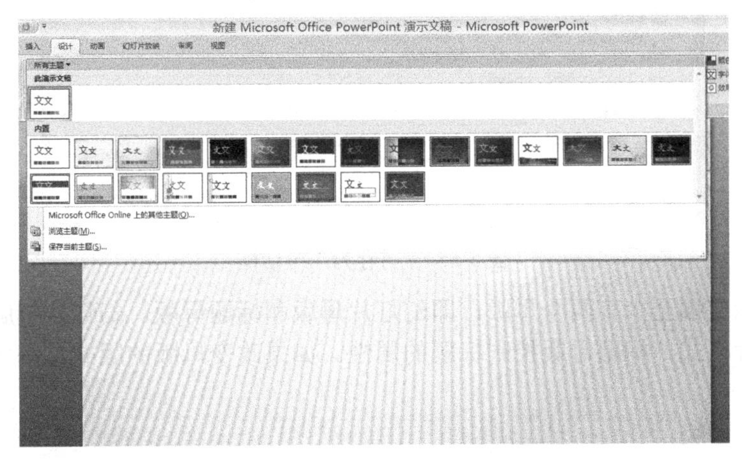

图 5-84 应用设计模板

提示：可以将创建的任何演示文稿保存为新的设计模板，以后就可以在“设计”选项卡“主题”组中使用该模板了。

（2）创建自定义模板。

在 PowerPoint 2010 中除了已存在的模板外，用户还可根据自己的需要自定义模板。

创建自定义模板的具体操作步骤如下：

① 打开已有的演示文稿。

② 删除演示文稿中所有的文本和图形对象，保留模板的样式，直到符合设计模板的要求。

③ 选择“文件”→“另存为”命令，弹出“另存为”对话框。

④ 在“保存类型”下拉列表框中选择“PowerPoint 模板（*.potx）”选项。在“文件名”文本框中输入保存的名称，单击“保存”按钮，即可完成操作，如图 5-85 所示。

提示：创建内容模板与创建设计模板的步骤基本相同，但要注意以下两点，一是创建内容模板除了要有一定的样式外，还要有一些文本、图形或图表；二是“保存类型”为“演示文稿”。

2. 母版设置

母版又称为“主控”，用于建立演示文稿中所有幻灯片都具有的公共属性，是所有幻灯片的底版。它可以定义整个演示文稿的格式，控制演示文稿的整体外观。PowerPoint 2010 主要有 3 种母版，即幻灯片母版、讲义母版和备注母版。

当需要设置幻灯片风格时，可以在幻灯片母版视图中进行设置；当需要将演示文稿以讲义形式打印输出时，可以在讲义母版中进行设置；当需要在演示文稿中插入备注内容时，则可以在备注母版中进行设置。

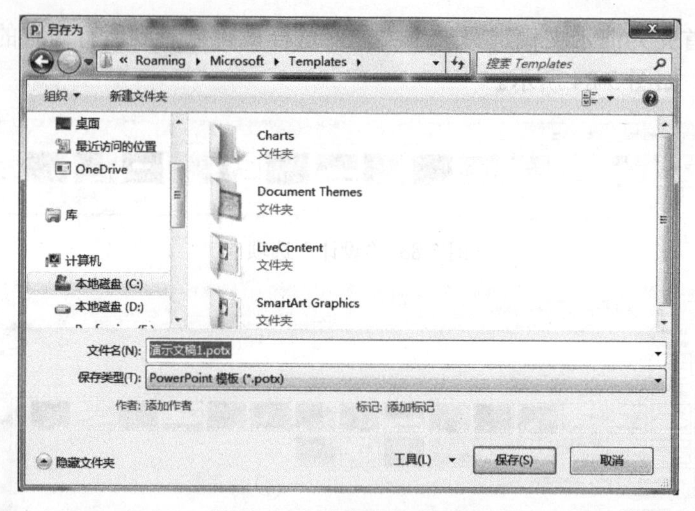

图 5-85 “另存为”对话框

每一张演示文稿至少有两个母版，即幻灯片母版和标题母版。幻灯片母版可控制标题外的大部分幻灯片格式，标题母版控制标题的属性。如果改变母版的版式，每张幻灯片版式都会随之改变。

（1）幻灯片母版。

幻灯片母版是存储模板信息的设计模板的一个元素。幻灯片母版中的信息包括字形、占位符大小和位置、背景设计和配色方案等。用户通过更改这些信息，就可以更改整个演示文稿中幻灯片的外观。

幻灯片母版决定着幻灯片的外观，用于设置幻灯片的标题、正文文字等样式，包括字体、字号、字体颜色、阴影等效果；也可以设置幻灯片的背景、页眉页脚等。也就是说，幻灯片母版可以为所有幻灯片设置默认的版式。

单击“视图”选项卡“母版视图”组中的“幻灯片母版”按钮，打开幻灯片母版视图，如图 5-86 所示。

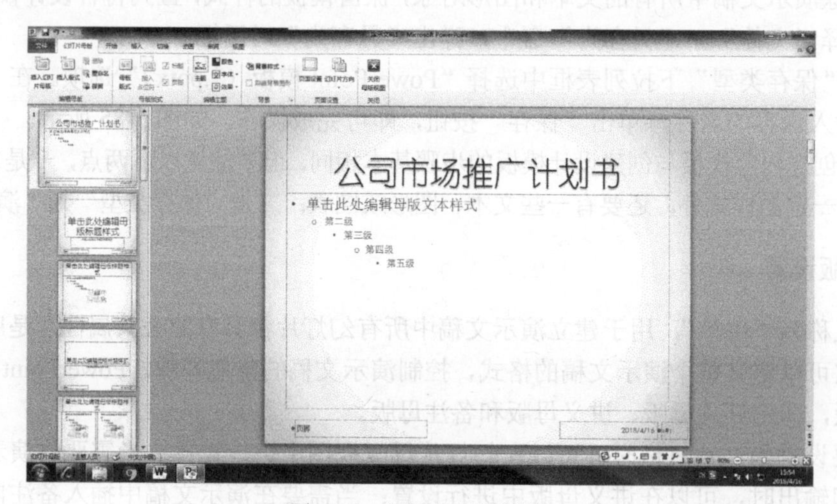

图 5-86 幻灯片母版视图

（2）讲义母版。

讲义母版是为制作讲义而准备的，通常需要打印输出，因此讲义母版的设置大多和打印页面有关。它允许设置一页讲义中包含几张幻灯片，设置页眉、页脚、页码等基本信息。在讲义母版中插入新的对象或者更改版式时，新的页面效果不会反映在其他母版视图中。

单击“视图”选项卡“母版视图”组中的“讲义母版”按钮，打开幻灯片讲义母版视图，如图5-87所示。

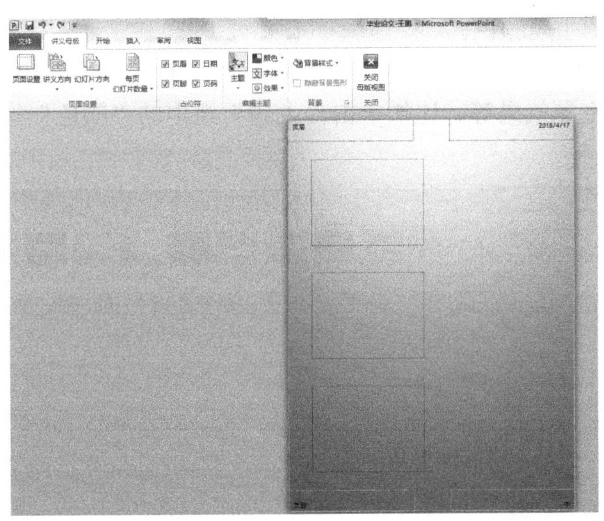

图5-87 讲义母版视图

（3）备注母版。

备注母版主要用来设置幻灯片的备注格式，一般也是用来打印输出的，所以备注母版的设置大多也和打印页面有关。单击“视图”选项卡“母版视图”组中的“备注母版”按钮，打开备注母版视图，如图5-88所示。

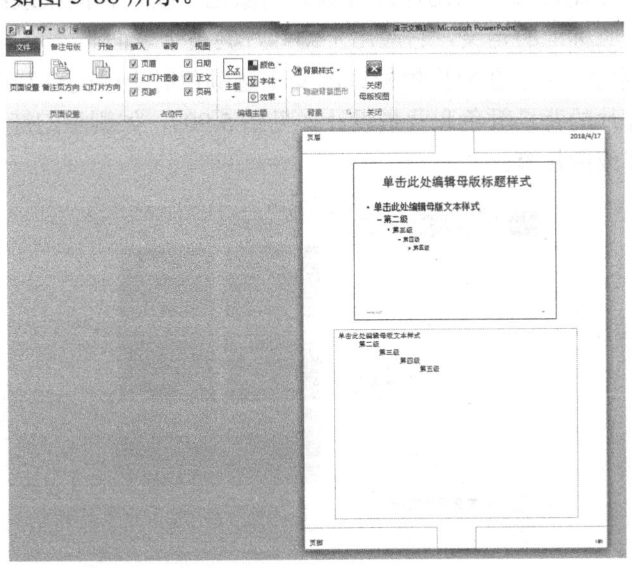

图5-88 备注母版视图

3. 设置主题颜色和背景样式

PowerPoint 2010 为每种设计模板提供了几十种内置的主题颜色方案，用户可以根据需要选择不同的颜色来设计演示文稿。这些颜色是预先设置好的协调色，自动应用于幻灯片的背景、文本线条、阴影、标题文本、填充、强调和超链接。PowerPoint 2010 的背景样式功能可以控制母版中的背景图片是否显示，以及控制幻灯片背景颜色的显示样式。

（1）改变幻灯片的主题颜色。

在 PowerPoint 2010 中，可以通过“主题”后面的按钮 颜色 · 字体 · 效果 · 修改主题的颜色搭配、字体、主题效果等。比如单击“主题”组中的“颜色”按钮，打开主题颜色菜单，如图 5-89 所示。

图 5-89　主题颜色菜单

（2）改变幻灯片的背景样式。

背景是应用于整个幻灯片（或幻灯片母版）的颜色、纹理、图案或图片，其他一切内容都位于背景之上，按照标准的定义，它应用于幻灯片的整个表面。

在设计演示文稿时，除了在应用模板或改变主题颜色时更改幻灯片的背景外，还可以根据需要任意更改幻灯片的背景颜色和背景设计（见图 5-90），如删除幻灯片中的设计元素，添加底纹、图案、纹理或图片等。

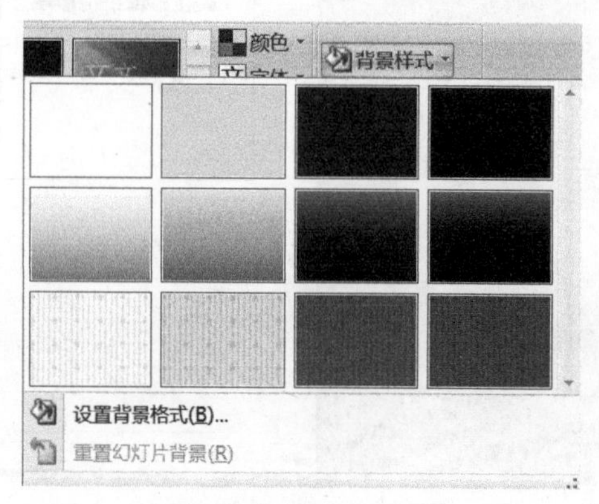

图 5-90　背景样式库

五、设置幻灯片的切换效果

幻灯片切换效果是指一张幻灯片如何从屏幕上消失，以及另一张幻灯片如何显示在屏幕上。幻灯片切换方式可以是简单地以一张幻灯片代替另一张幻灯片，也可以是幻灯片以特殊的效果出现在屏幕上。可以为一组幻灯片设置同一种切换方式，也可以为每张幻灯片设置不同的切换方式。使用幻灯片切换后，幻灯片会变得更加生动、活泼，同时可以为其设置PowerPoint 2010自带的多种声音来衬托切换效果，也可以调整切换速度。

设置幻灯片切换效果的具体操作步骤如下：

（1）选择要添加切换效果的幻灯片。在“普通视图”或“幻灯片浏览”视图中，选定要进行切换效果设置的幻灯片，可以是一张，也可以是多张。

（2）单击“切换”选项卡“切换到此幻灯片”组中的三角按钮，弹出下拉列表，如图5-91所示。

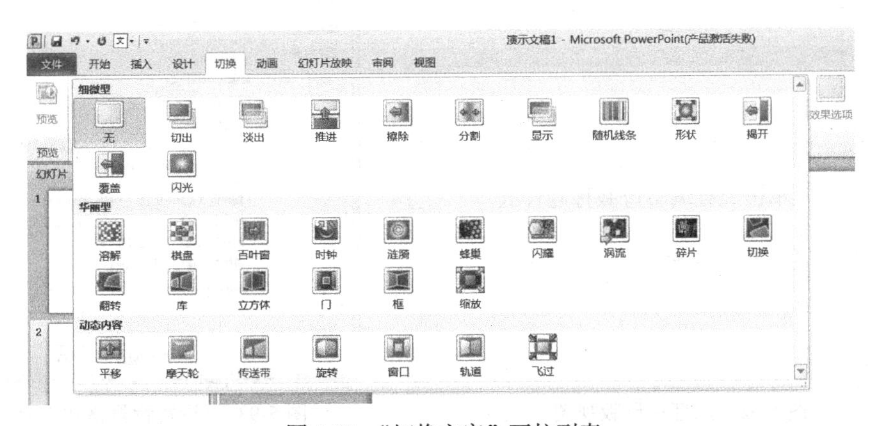

图5-91　“切换方案”下拉列表

（3）在该列表中选择需要的方案。

（4）在“计时”组中单击“声音”下拉菜单，在弹出的列表中选择自己想要的声音效果。

（5）在“计时”组中设置“持续时间”，可以设置幻灯片的切换速度。

任务实施

1．制作“市场推广计划”演示文稿的主要操作步骤

（1）搜集资料。主要搜集新产品知识、产品应用、产品图片、参数和市场推广计划等内容。

（2）新建演示文稿。在模板的基础上制作幻灯片母版，设计颜色、背景和图片等。

（3）制作幻灯片内容。逐步设计演示文稿，并通过输入文本、插入图片和设置图表样式等操作，分别制作每张幻灯片。

（4）放映幻灯片。预览“市场推广计划”演示文稿的演示效果。

2. 创建“市场推广计划”演示文稿

（1）制作幻灯片母版。

① 启动 PowerPoint 2010，新建一个演示文稿，单击“视图”选项卡“母版视图”组中的“幻灯片母版”命令，进入幻灯片母版视图，如图 5-92 所示。

② 设置幻灯片母版背景。在母版幻灯片空白处单击鼠标右键，在弹出的快捷菜单中选择“设置背景格式”命令，弹出“设置背景格式”对话框，如图 5-93 所示，在“填充”选项组中选择“图片或纹理填充”选项，单击“插入自”区域中的“文件”按钮，弹出“插入图片”对话框，然后选择计算机中的图片，单击“插入”按钮，返回“设置背景格式”对话框，单击“全部应用”按钮，然后关闭对话框。

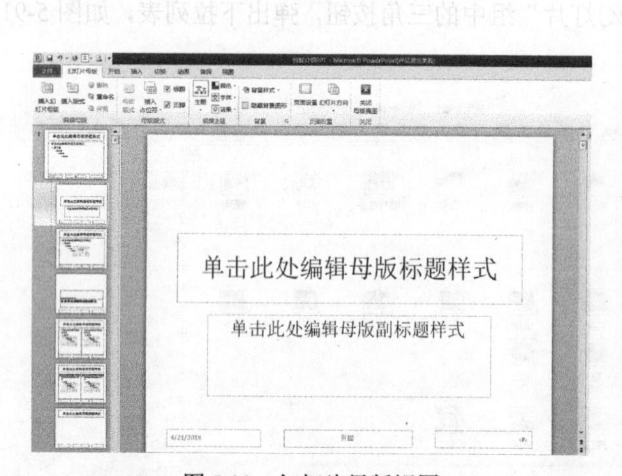

图 5-92　幻灯片母版视图

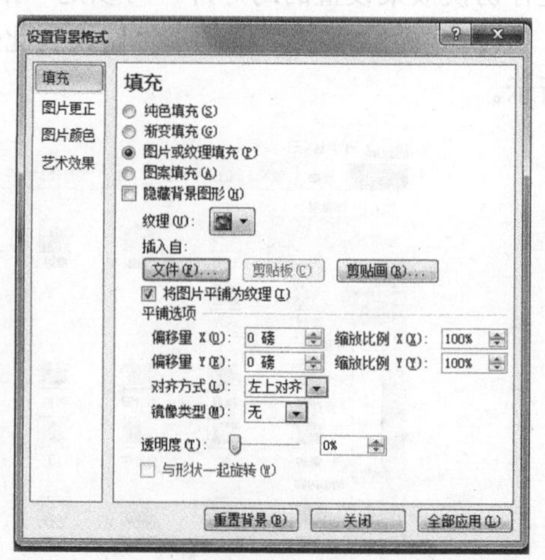

图 5-93　“设置背景格式”对话框

③ 设置幻灯片的整体配色方案。单击“设计”选项卡“主题”组中的“颜色”下拉按钮，选择“暗香扑面”。

④ 设置幻灯片母版的字体和图形。单击母版标题处，修改字体为“华文行楷”“48 号”“黑色”，删除日期和幻灯片编号，在页脚处输入公司名“加多宝有限责任公司”(仿宋、18 号、加粗、橙色)。

（2）制作内容幻灯片。

制作好幻灯片母版后，接下来就可以逐一制作每张幻灯片的内容了，其中包括输入文字、设置文字段落格式、插入图片和更改幻灯片版式等操作，可以使用在网上下载的模板样式。具体操作步骤如下：

① 制作标题页。选中第 1 张幻灯片，单击“单击此处添加标题”占位符，在输入点输入标题（华文行楷、48 号）；单击“单击此处添加副标题”占位符，在输入点输入副标题“公司市场推广计划书”(仿宋体、32 号、加粗)。

② 制作第 2 页。插入新幻灯片，设置幻灯片版式为“空白”；利用模板样式在占位符中输入“发展历程、环境分析、市场细分与定位、4P 策略、潜在问题及建议”等文字（微软雅黑、32 号、加粗）。

③ 制作第 3 页。插入新幻灯片，设置幻灯片版式为“空白”，利用模板样式在占位符中输入文字“发展历程”。

④ 制作第 4 页。插入新幻灯片，设置幻灯片版式为“两栏内容”，单击“单击此处添加标题”占位符，在输入点输入“国内饮料市场的发展现状”（微软雅黑、28 号）；在左侧单击“单击此处添加文本”占位符，将资料中的文本复制、粘贴进来；在右侧插入图片。其他幻灯片按样文制作。

⑤ 制作第 10 页。插入新幻灯片，设置幻灯片版式为“仅标题”，单击“插入”选项卡中的“图表”按钮，在弹出的“插入图表”对话框中选择“柱形图”中的“簇状柱形图”，单击“确定”按钮。然后出现一个 Excel 工作表，如图 5-94 所示，在“类别”列中分别替换成“A、B、C、D”，在“系列 1”中分别输入“80%、70%、50%、0%”。

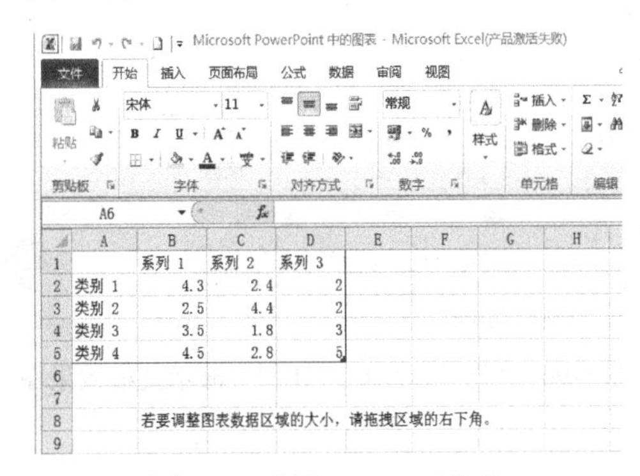

图 5-94 插入 Excel 工作表

（3）制作结束页。

插入新幻灯片，将其更改为“空白”版式，插入图形文件，并调整大小至整个幻灯片。

（4）放映幻灯片。

按 F5 键放映幻灯片，可以观看幻灯片的实际演示效果。

在第一次放映幻灯片之后，可能需要检查放映类型设置和放映选项。单击“幻灯片放映”选项卡“设置”组中的“设置幻灯片放映”命令，弹出“设置放映方式”对话框，如图 5-95 所示，在该对话框中，可以设置一些选项，如放映幻灯片的页码范围、绘图笔的颜色和放映选项的设置等。“循环放映”指放映完最后一张幻灯片后，从演示文稿的第一张幻灯片重新开始放映。

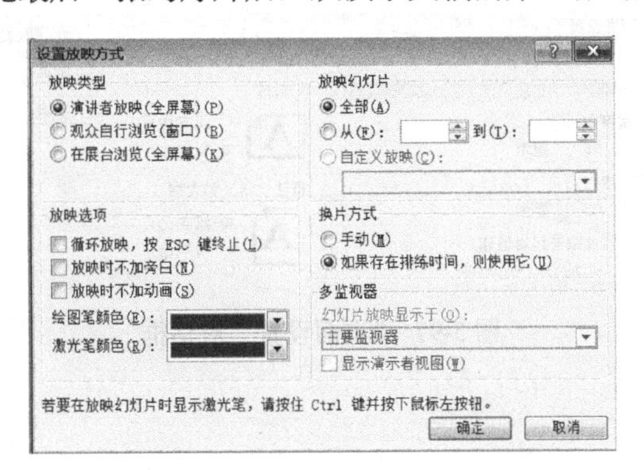

图 5-95 “设置放映方式”对话框

（5）退出幻灯片放映状态。

① 放映完最后一张幻灯片后，屏幕显示为黑色，此时单击即可退出放映状态。

② 在放映过程中，按 Esc 键可以退出放映状态。

③ 在放映视图中单击鼠标右键，在弹出的快捷菜单中选择“结束放映”命令，即可退出放映状态。

“公司市场推广计划”演示文稿效果图如图 5-96 所示。

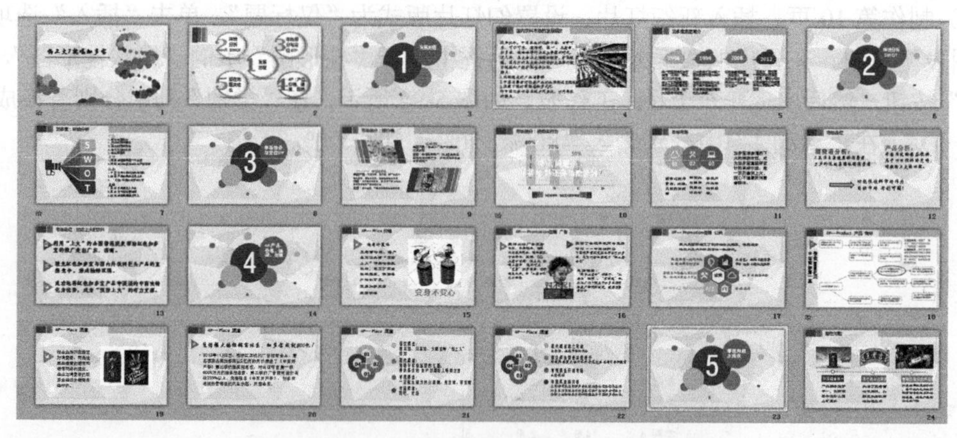

图 5-96 “公司市场推广计划”演示文稿效果图

知识扩展

打印和输出演示文稿

PowerPoint 2010 提供了多种保存、输出演示文稿的方法，用户可以将制作的演示文稿以多种形式进行输出，以满足不同环境下的需要。

1. 演示文稿的页面设置

在打印演示文稿前，可以根据自己的需要对打印页面进行设置，使打印的形式和效果更符合实际需要。单击“设计”选项卡“页面设置”组中的“页面设置”按钮，在打开的“页面设置”对话框（如图 5-97 所示）中对幻灯片的大小、编号和方向进行设置。

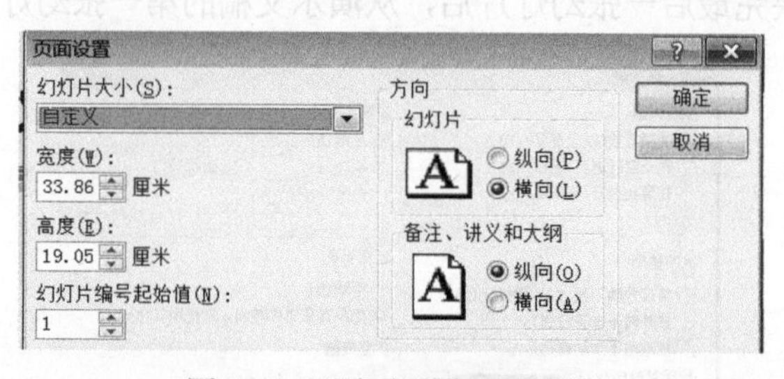

图 5-97 “页面设置”对话框

2. 打印演示文稿

在 PowerPoint 2010 中可以将制作好的演示文稿通过打印机打印出来。在打印时，根据不同的目的将演示文稿打印为不同的形式，常用的打印稿形式有幻灯片、讲义、备注和大纲视图。

（1）打印预览。用户在页面设置中设置好打印参数后，在实际打印之前，可以利用“打印预览”功能预览打印效果。预览的效果与实际打印出来的效果非常相近，可以使用户避免不必要的损失。预览效果如图 5-98 所示。

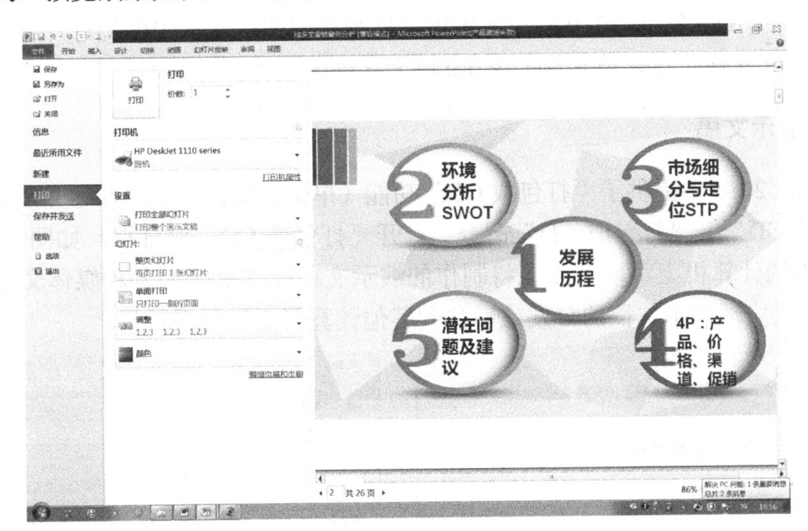

图 5-98 预览效果

（2）开始打印。对当前的打印设置及预览效果满意后，可以连接打印机开始打印演示文稿。单击“文件”选项卡，选择“打印”命令，打开“打印”对话框，如图 5-99 所示。

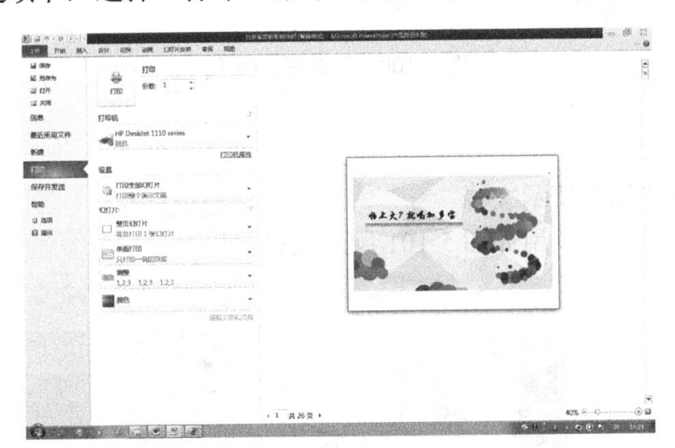

图 5-99 “打印”对话框

3．输出演示文稿

用户可以将演示文稿输出为其他形式，以满足用户多用途的需要。在 PowerPoint 2010 中，可以将演示文稿输出为网页、图形文件、幻灯片放映以及 RTF 大纲文件等。

（1）输出为网页。使用 PowerPoint 2010 可以方便地将演示文稿输出为网页文件，再将网页文件直接发布到局域网或 Internet 上供用户浏览。

（2）输出为图形文件。PowerPoint 2010 支持将演示文稿中的幻灯片输出为 gif、jpg、png、tiff、 bmp、wmf 及 emf 等格式的图形文件。这有利于用户在更大范围内交换或共享演示文稿中的内容。

（3）输出为幻灯片放映及大纲文件。在 PowerPoint 2010 中经常用到的输出格式还有幻灯片放映和大纲。幻灯片放映是将演示文稿保存为总是以幻灯片放映的形式打开的演示文稿，每次打开该类型文件，PowerPoint 2010 会自动切换到幻灯片放映状态，而不会出现 PowerPoint 2010 编辑窗口。PowerPoint 2010 输出的大纲文件是按照演示文稿中的幻灯片标题及段落级别生成的标准 RTF 文件，可以被其他如 Word 等文字处理软件打开或编辑。

4．打包演示文稿

PowerPoint 2010 中提供了“打包成 CD”功能（单击“文件”→“保存并发送”→“将演示文稿打包成 CD”→“打包成 CD”命令，打开“打包成 CD”对话框，如图 5-100 所示），在有刻录光驱的计算机上可以方便地将制作的演示文稿及其链接的各种媒体文件一次性打包到 CD 上，轻松实现演示文稿的分发或转移到其他计算机上进行演示。

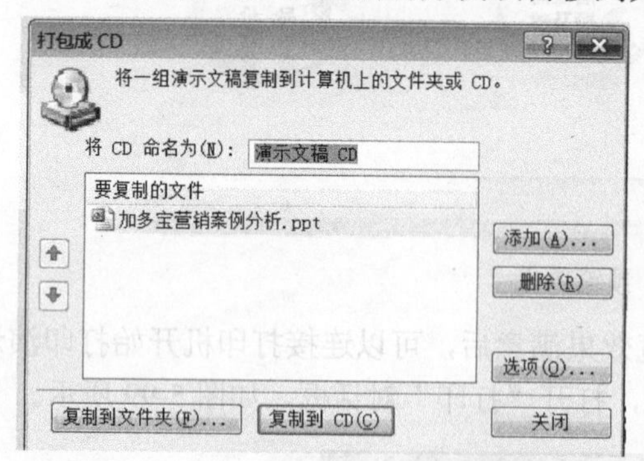

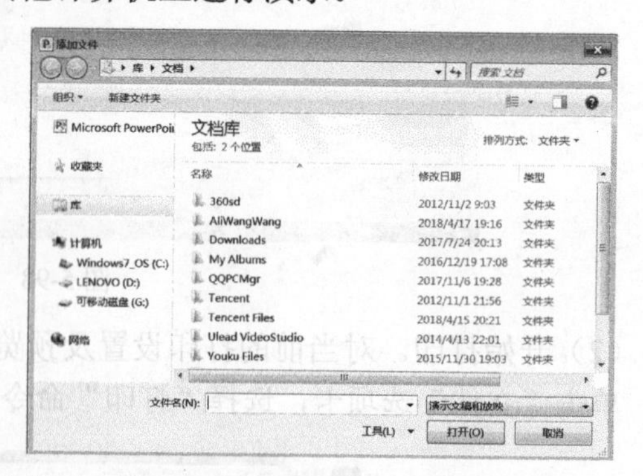

图 5-100　打包演示文稿

拓展训练

制作“家居装修知识”演示文稿。

（1）将幻灯片背景全部应用如图 5-101 所示素材图片。

图 5-101　幻灯片背景图

（2）将第 1 张幻灯片中标题设置成艺术字：样式设置为第 3 行第 4 列，字体设置为隶书、加粗，字号设置为 66 磅。

（3）设置第 1 张幻灯片中副标题的文本为幼圆、加粗、40 磅、黄色字体。

（4）给第2张幻灯片中的正文文本设置项目符号（蓝色■）。

（5）在第2张幻灯片中插入动作按钮，“后退或前一项”动作按钮链接到第1张幻灯片，“前进或下一项”动作按钮链接到下一张幻灯片，并设置动作按钮的填充色为玫红色、线条颜色为蓝色。

（6）设置全部幻灯片切换效果为“随机线条”、声音为“微风”、持续时间为0.75秒、换片方式为“单击鼠标时”。

（7）设置第1张幻灯片中的艺术字为“强调”选项下的“陀螺旋”动画效果，数量“旋转两周”，设置为风铃的声音、播放动画后隐藏。

（8）为第2张幻灯片中项目符号格式的文本插入超链接，分别连接到第3、4、5、6、7张幻灯片。

知识回顾

本项目主要通过认识PowerPoint 2010、制作公司简介、制作毕业论文演示文稿、制作公司市场推广计划书等4个任务，使学生了解并熟悉了PowerPoint 2010的基本功能，掌握了利用PowerPoint 2010制作、编辑演示文稿的技巧和方法，使学生体会到PowerPoint 2010的特点和优势，不仅能制作静态的幻灯片，还能在幻灯片中制作动态的效果，在幻灯片之间设置切换效果，设置演示文稿的放映方式等。

应用训练

一、单选题

1．在PowerPoint 2010中，需要利用模板创建演示文稿，不能通过________途径完成。

A．“样本模板”　　B．“Office.com 模板”
C．“我的模板”　　D．“主题”

2．PowerPoint 2010模板的扩展名是________。

A．.potx　　B．.pptx　　C．.prtx　　D．.pftx

3．在PowerPoint 2010中，使用“________”选项卡中的“幻灯片母版”命令，可以进入幻灯片母版视图。

A．编辑　　B．工具　　C．视图　　D．格式

4．在PowerPoint 2010中，幻灯片母板包含________个占位符，用来确定幻灯片母板的版式。

A．4　　B．5　　C．8　　D．7

5．在PowerPoint 2010中，可以通过“设置背景格式”对话框，设置背景的填充、图片更正、________和艺术效果。

A．图片版式　　B．图片样式　　C．图片位置　　D．图片颜色

6．在PowerPoint 2010中，可以使用“______”选项卡上的命令来为切换幻灯片时添加声音。

A．动画　　B．切换　　C．设计　　D．插入

7．在PowerPoint 2010中，可以通过“设置放映方式”对话框来设置________等。

A．放映方式　　B．放映时间　　C．换片方式　　D．切换方式

8．在 PowerPoint 2010 中，文件无法保存为________格式。

A．.pptx　　B．.pdf　　C．.xps　　D．.dotx

9．在 PowerPoint 2010 中，要给幻灯片应用逻辑节，要通过“开始”选项卡________组来实现。

A．段落　　B．编辑　　C．绘画　　D．幻灯片

10．以下不能实现插入幻灯片的操作是________。

A．执行“文件/新建”命令

B．单击“开始”选项卡“幻灯片”组的“新建幻灯片”按钮

C．按 Ctrl+M 组合键

D．单击右键，从快捷菜单中选择“新建幻灯片”命令

11．在 PowerPoint 2010 幻灯片中，通过________可以在对象之间复制动画效果。

A．格式刷

B．动画刷

C．在“动画”选项卡的“动画”组中进行设置

D．在“开始”选项卡“剪贴板”组的“粘贴”选项中进行设置

二、多选题

1．在 PowerPoint 2010 中，为幻灯片中的对象自定义动画效果，可以选择添加动画的________效果。

A．进入　　B．强调　　C．退出　　D．声音

三、判断题

1．在 PowerPoint 2010 中，通过选择“开始”选项卡下的命令，可以使用节功能。（　　）

2．在 PowerPoint 2010 中，单击“插入”选项卡“文本”组中的“幻灯片编号”“页眉和页脚”和“日期和时间”命令，将打开“页眉和页脚”对话框。（　　）

3．在 PowerPoint 2010 中，母版视图分为幻灯片母版、讲义母版和备注母版三类。（　　）

4．在 PowerPoint 2010 中，要让不需要的幻灯片在放映时隐藏，可以通过“幻灯片放映”选项卡“设置”组中的“隐藏幻灯片”命令来设置。（　　）

项目6 计算机网络技术

项目描述

信息化时代离不开网络办公，很多企事业单位已实现无纸化办公。王鹏刚刚大学毕业，单位给他配置了一台新计算机，王鹏要将这台计算机进行网络设置，能够与同事的计算机进行网络连接，以便共享文件；还需要连接办公室的打印机，方便进行资料打印。

项目分析

要了解、掌握计算机网络技术基础，既要掌握计算机网络的相关知识，也要掌握计算机网络的应用，即 Windows 局域网应用和 Internet 应用。

任务分解

✧ 任务 6.1　计算机网络基础
✧ 任务 6.2　Internet 基础
✧ 任务 6.3　Internet 应用

任务 6.1　计算机网络基础

任务介绍

一台新的计算机要连接到局域网中，不仅要对计算机网络硬件部分进行连接，还要对网络进行设置，如 IP 设置等，这样才能真正地把这台计算机连接到互联网中。

完成该任务，需要了解计算机网络的基本概念、组成及应用，IP 地址的设置，网络连接的物理设备连接等。

相关知识

一、计算机网络的定义

计算机网络是现代通信技术与计算机技术相结合的产物。由于人们对网络的研究和应用侧重点不同，对计算机网络的含义和理解也有所不同，以资源共享为目的的计算机网络定义为：将相互独立的计算机系统以通信线路相连接，按照全网统一的网络协议进行数据通信，从而实现网络资源共享的计算机系统集合。

（1）相互独立的计算机系统：网络中各计算机系统具有独立的数据处理功能，它们既可以连入网络工作，也可以脱离网络独立工作。连网工作时，各台计算机之间没有明确的主从关系，即网内的一台计算机不能强制性地控制另一台计算机。从分布的地理位置来看，它们既可以相距很近，也可以相隔千里。

（2）通信线路：可以用多种传输介质实现计算机的互连，如双胶线、同轴电缆、光纤、微波等。

（3）网络协议：即网络中各计算机在通信过程中必须共同遵守的规则。

（4）数据：可以是文本、图形、声音、图像等多媒体信息。

（5）资源：可以是网络内计算机的硬件、软件和信息。

二、计算机网络的发展

计算机网络的形成和发展大致分为以下 4 个阶段。

（1）第一代计算机网络——具有通信功能的单机系统。第一代计算机网络产生于 20 世纪 50 年代，人们将多台终端（键盘和显示器）通过通信线路连接到一台中央计算机上，构成“主机—终端”系统，如图 6-1 所示。这一阶段的计算机网络是以面向终端为特征的，其中具有代表性的是美国 20 世纪 50 年代建立的半自动地面防空系统（SAGE），以及 20 世纪 60 年代美国航空公司建成的全国性飞机订票系统。

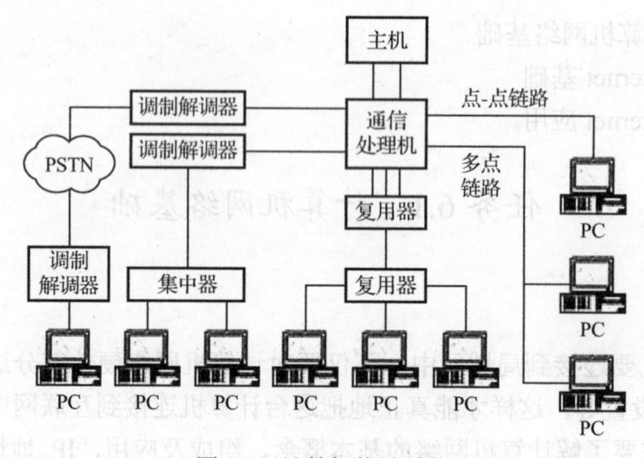

图 6-1　计算机终端系统

根据现代资源共享观点对计算机网络的定义，这种“主机—终端”系统还算不上是真正的计算机网络，因为终端没有独立处理数据的能力。但这一阶段进行的计算机技术与通信技术相结合的研究，成为计算机网络发展的基础。

（2）第二代计算机网络——具有通信功能的多机系统。第二代计算机网络强调的是通信。网络主要用于传输和交换信息，而资源共享程度不高，并且没有成熟的网络操作系统软件管理网上的资源。由于已产生了通信子网和用户资源子网的概念，第二代计算机网络也称为两级结构的计算机网络，如图 6-2 所示。美国的 ARPAnet 就是第二代计算机网络的典型代表，ARPAnet 为 Internet 的产生和发展奠定了基础。

（3）第三代计算机网络——真正意义的计算机网络。第三代计算机网络的主要特征是全网中所有的计算机遵守同一种协议，强调以实现资源共享（硬件、软件和数据）为目的。Internet 充分体现了这些特征，全网中所有的计算机遵守同一种 TCP/IP 协议。

从 20 世纪 70 年代中期开始，网络体系结构与网络协议的国际标准化已成为迫切需要解

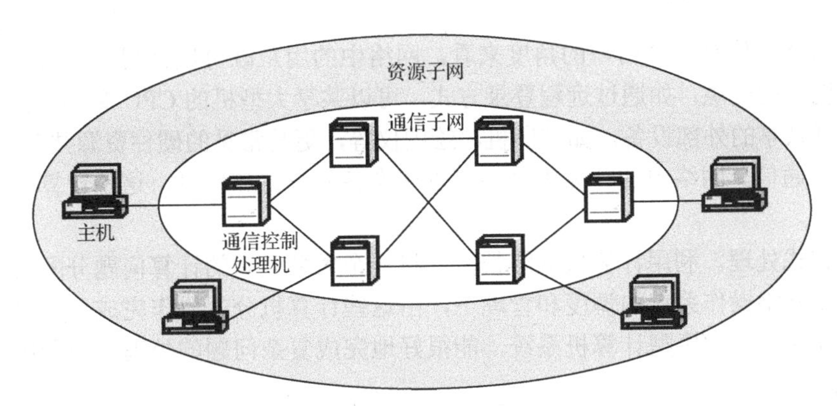

图 6-2 资源子网和通信子网

决的问题。当时，许多计算机生产商纷纷开发出自己的计算机网络系统，并形成各自不同的网络体系结构。例如，IBM 公司的系统网络体系结构 SNA，DEC 公司的数字网络体系结构 DNA。这些网络体系结构有很大的差异，只能连接本公司的设备，无法实现不同网络之间的互连。1977 年，国际标准化组织（ISO）制定了著名的计算机网络体系结构国际标准——“开放系统互连参考模型”（Open System Interconnection/Reference Model，OSI/RM）。OSI/RM 共分 7 层，TCP/IP 只是其中的两层协议。OSI/RM 尽管没有成为市场上的国际标准，但它对网络技术的发展产生了极其重要的影响。

（4）第四代计算机网络——宽带综合业务数字网。第四代计算机网络的特点是综合化和高速化。从 20 世纪 90 年代开始，Internet 实现了全球范围的电子邮件、文件传输、图像通信等数据服务的普及，但电话和电视仍各自使用独立的网络系统进行信息传输。人们希望利用同一网络来传输语音、数据和视频图像，因此提出了宽带综合业务数字网（Broadband Integrated Services Digital Network，B-ISDN）的概念。“宽带”是指网络具有极高的数据传输速率，可以承载大数据量的传输；“综合”是指信息媒体，包括语音、数据和图像可以在网络中综合采集、存储、处理和传输。

计算机网络的发展趋势将是 IP 技术的充分运用，实现“三网合一”。目前广泛使用的网络有电话通信网络、有线电视网络和计算机网络。这三类网络中，新的业务不断出现，各种业务之间相互融合，最终三种网络将向单一的 IP 网络发展。在 IP 网络中，利用 IP 技术进行数据、音频、图像和视频的传输，能提供目前电话网、电视网和计算机网络的综合服务；能支持多媒体信息通信，提供多种形式的视频服务；具有高度安全的管理机制，以保证信息安全传输；具有开放统一的应用环境，智能化系统的自适应性和高可靠性；网络的使用、管理和维护更加方便。同时，随着移动通信技术的发展，计算机和其他通信设备在没有与固定的物理设备相连的情况下接入网络成为可能，按照三大电信网络运营商之一的中国移动此前披露的数据，2020 年将实现 5G 网络的平均速度可达到 10Gbps，将会是 4G 网络的 100 倍以上。而在 5G 速度环境下，眨眨眼睛就会下载一部高清电影大片，使人们使用 Internet 变得更加方便、快捷。

三、计算机网络的功能

（1）资源共享。计算机网络最主要的功能是实现资源共享，这里说的资源包括网内计算机的硬件、软件和信息。从用户的角度来看，网络中的用户既可以使用本地资源，又可以使用远程计算机上的资源，如通过远程登录方式，可以共享大型机的 CPU 和存储器资源。至于在网络中设置共享的外部设备，如打印机、绘图仪等，更是常见的硬件资源共享。

（2）数据通信。网络中的计算机之间可以交换各种数据和信息，这是计算机网络提供的最基本的功能。

（3）分布式处理。利用计算机网络技术，将一个大型复杂的计算问题分配给网络中的多台计算机，在网络操作系统的调度和管理下，由这些计算机分工协作完成。此时的网络就像是一个具有高性能的大中型计算机系统，能很好地完成复杂问题的处理，但费用比大中型计算机低得多。

（4）提高了计算机的可靠性和可用性。在网络中，当一台计算机出现故障无法继续工作时，可以调用另一台计算机来接替完成任务。很显然，比起单机系统来，整个系统的可靠性在提高。当一台计算机的工作任务过重时，可以将部分任务转交给其他计算机来处理，实现整个网络中各计算机的负载均衡，从而提高了每台计算机的可用性。

四、计算机网络的分类

计算机网络的种类很多，根据各种不同的联系原则，可以得到各种不同类型的计算机网络。

1. 按网络的覆盖范围与规模分类

按网络的覆盖范围与规模，计算机网络可分为三类：局域网（Local Area Network，LAN）、城域网（Metropolitan Area Network，MAN）、广域网（Wide Area Network，WAN）。

（1）局域网。局域网覆盖有限的地域范围，一般在几千米的范围之内，将这个范围内的各种计算机网络设备互连在一起的通信网络，如公司、机关、学校、工厂等，将本单位的计算机、终端以及其他信息处理设备连接起来，实现办公自动化、信息汇集与发布等功能。

（2）城域网。城域网所覆盖的地域范围介于局域网和广域网之间，一般从几千米到几百千米，是一种大型的 LAN。城域网是随着各单位大量局域网的建立而出现的。同一个城市内各个局域网之间需要交换的信息量越来越大，为了解决它们之间信息高速传输的问题，提出了城域网的概念，并为此制定了城域网的标准。

（3）广域网。广域网是由相距较远的局域网或城域网互连而成的，它可以覆盖一个地区、国家，甚至横跨几个洲形成国际性的广域网络。Internet 就是一个横跨全球、可公共商用的广域网。

2. 按网络的拓扑结构分类

按网络的拓扑结构，计算机网络可以分为星形网、环形网、总线型网等。

（1）星形网。星形网中所有主机和其他设备均通过一个中央连接单元或是集线器（Hub）连接在一起，如图 6-3 所示。如果集线器遭到破坏，整个网络将不能正常运行。如果某台计算机损坏，则不会影响整个网络的运转。星形结构具有较高的可靠性，目前应用比较广泛。它的优势在于扩充简单方便，网络内可以混用多种传输媒体，分支线路故障不会影响全网的安全稳定运行，多台主机可以同时发送信息等。

（2）环形网。环形网中全部的计算机连接成一个逻辑环，数据沿着环传输，通过每一台计算机，如图 6-4 所示。环形网的优点在于网络数据传输不会出现冲突和堵塞情况，但物理链路资源浪费较多，而且环路构架脆弱，环路中任何一台主机故障即可造成整个环路崩溃。

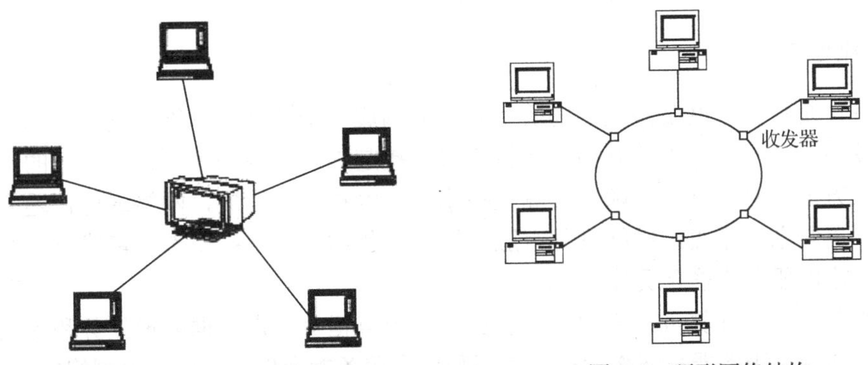

图 6-3　星形网络结构　　　　图 6-4　环形网络结构

（3）总线型网。总线型结构是将所有的计算机和打印机等网络资源都连接到一条主干线（即总线）上，如图 6-5 所示。这种结构的所有主机都通过总线来发送或接收数据，当一台主机向总线上“广播”发送数据时，其他主机以“收听”的方式接收数据，这是一种“共享传输介质”的通过总线交换数据的方式。总线型网络具有结构简单、扩展容易和投资少等优点，但是传输速度比较慢，而且一旦总线损坏，整个网络都将瘫痪。

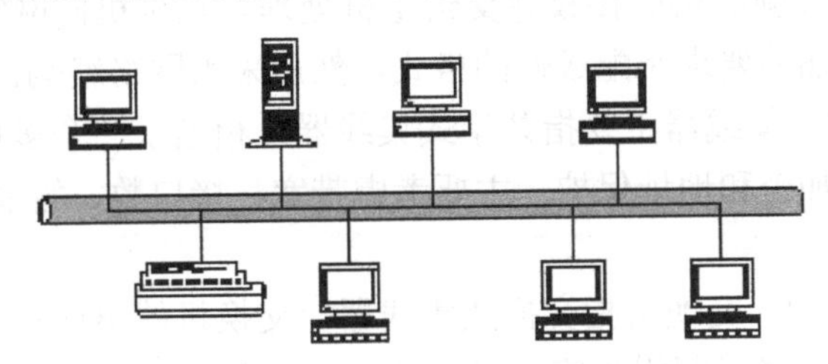

图 6-5　总线型网络结构

3．按通信传输的介质分类

按通信传输的介质，计算机网络可以分为双绞线网、同轴电缆网、光纤网、无线电网、卫星网等。

4．按数据传输速率分类

按数据传输速率，计算机网络可以分为低速网、中速网、高速网；有时也直接用数据传输速率的值来划分，如 10Mbps 网络、100Mbps 网络、1000Mbps（1Gbps）网络、10000Mbps（10Gbps）网络。

5．按网络的信道带宽分类

按网络的信道带宽，计算机网络可以分为基带网和宽带网。

五、计算机网络的组成

计算机网络系统是由网络硬件和网络软件组成的。在网络系统中，硬件的选择对网络起着决定性作用，而网络软件则是挖掘网络潜力的工具。

1. 网络硬件

网络硬件是计算机网络系统的物质基础。要构成一个计算机网络系统，首先要将计算机及其附属硬件设备与网络中的其他计算机系统连接起来，实现物理连接。不同的计算机网络系统在硬件方面是有差别的。随着计算机技术和网络技术的发展，网络硬件日趋多样化，且功能更强、更复杂。常见的网络硬件有服务器、工作站、网络接口卡、集线器、交换机、调制解调器、路由器及传输介质等。

（1）服务器。在计算机网络中，分散在不同地点担负一定数据处理任务和提供资源的计算机称为服务器。服务器是网络运行、管理和提供服务的中枢，它影响着网络的整体性能。

（2）工作站。在计算机局域网中，网络工作站是通过网卡连接到网络的一台个人计算机，它仍保持原有计算机的功能，作为独立的个人计算机为用户服务，同时它又可以按照授予的一定权限访问服务器。工作站之间可以进行通信，可以共享网络的其他资源。

（3）网络接口卡。网络接口卡也称为网卡或网络适配器，是计算机与传输介质进行数据交互的中间部件，主要进行编码转换。在接收传输介质上传送信息时，网卡把传来的信息按照网络上信号编码要求和帧的格式接收并交给主机处理。在主机向网络发送信息时，网卡把发送的信息按照网络传输的要求装配成帧的格式，然后采用网络编码信号向网络发送出去。

（4）集线器（Hub）。集线器主要指共享式集线器，相当于一个多口的中继器，一条共享的总线，能实现简单的加密和地址保护，主要考虑带宽、接口数、智能化（可网管）、扩展性（可能级联和堆叠）。

（5）交换机（Switch）。交换机指交换式集线器。交换机的出现是为了提高原有网络的性能同时又保护原有投资，降低网络响应速度，提高网络负载能力。交换机技术在不断更新发展，功能不断加强，可以实现网络分段、虚拟局域网（VLAN）划分、多媒体应用、图像处理、CAD/CAM、Client/Server、Browser/Server等方式的应用。

（6）调制解调器（MODEM）。调制解调器是调制器和解调器的简称，是实现计算机通信的外部设备。调制解调器是一种进行数字信号与模拟信号转换的设备。计算机处理的是数字信号，而电话线传输的是模拟信号，在计算机和电话线之间需要一个连接设备，将计算机输出的数字信号变换为适合电话线传输的模拟信号，在接收端再将接收到的模拟信号变换为数字信号由计算机处理。因此，调制解调器需成对使用。

（7）路由器（Router）。广域网的通信过程与邮局中信件传递的过程类似，都是根据地址来寻找到达目的地的路径，这个过程在广域网中称为“路由”。路由器负责不同广域网中各局域网之间的地址查找（建立路由）、信息包翻译和交换，实现计算机网络设备与电信设备的连接和信息传递。因此，路由器必须具有广域网和局域网两种网络通信接口。

（8）传输介质。传输介质是传输信号的载体，在计算机网络中通常使用的传输介质有双绞线、同轴电缆、光纤、微波及卫星通信等。它们可以支持不同的网络类型，具有不同的传输速率和传输距离。

2. 网络软件

在网络系统中，网络中的每个用户都可享用系统中的各种资源。为了协调系统资源，系统需要通过软件对网络资源进行全面管理，进行合理的调度和分配，并采取一系列的保密安全措施，防止用户不合理地对数据和信息进行访问，防止数据和信息的破坏与丢失。网络软件是实现网络功能不可缺少的软环境。网络软件通常包括网络协议软件（如 TCP/IP 协议）、网络通信软件（如 IE 浏览器）和网络操作系统。

目前，客户-服务器非对等结构模型中流行的网络操作系统主要有：Microsoft 公司的 Windows Server 操作系统、UNIX 操作系统、Linux 操作系统。

在实际网络环境中，服务器上常采用 Windows Server、UNIX、Linux 等操作系统，客户机（工作站）上常采用 Windows 7 等操作系统。按照服务器上安装的网络操作系统的不同，也可以对局域网进行分类，如使用 Windows NT Server 的局域网被称为"NT 网"，使用 NetWare 的局域网系统被称为"Novell 网"。

六、计算机网络协议

在计算机网络中为了实现各种服务的功能，就必然要在计算机系统之间进行各种各样的通信和对话。通信时，为了使通信双方能正确理解、接收和执行，就必须遵守相同的规定，如同两个人交谈时必须采用能让对方听得懂的语言，且语速既不能太快也不能太慢。两个对象要想成功地通信，它们必须"说同样的语言"，并按既定控制法则来保证相互的配合。具体地说，在通信内容、怎样通信以及何时通信等方面，两个对象要遵从相互可以接受的一组约定和规则。这些约定和规则的集合称为协议。因此，协议是指通信双方必须遵守的控制信息交换的规则集合，作用是控制并指导通信双方的对话过程，发现对话过程中出现的差错并确定处理策略。

20 世纪 70 年代，国际标准化组织 ISO 就计算机网络提出了开放系统互连参考模型 OSI/RM，它是连接异种计算机的标准框架。OSI/RM 为连接分布式的"开放"系统提供了基础。OSI/RM 采用了分层的结构化技术，共有七层：物理层、数据链路层、网络层、传输层、会话层、表示层和应用层。

Internet 之所以能够将不同的网络相互连接，主要是因为它使用了 TCP/IP 协议。TCP/IP 是 OSI 中的两个重要协议，即传输控制协议（Transmission Control Protocol，TCP）和网际协议（Internet Protocol，IP）。在 Internet 上，基本上所有的人都是将这两个协议合在一起使用的。

七、局域网技术

1. 局域网的特点

由于数据传输距离远近的不同，广域网、局域网和城域网从基本通信机制上有很大的差异，各自具有不同的特点。局域网主要有以下特点：

（1）局域网覆盖一个有限的地理范围，如一个办公室、一幢大楼或几幢大楼之间的地域范围，适用于机关、学校、公司、工厂等单位，一般属于一个单位所有。

（2）局域网易于建立、维护和扩展。

（3）局域网中的数据通信设备是广义的，包括计算机、终端、电话机等通信设备。

（4）局域网的数据传输速率高、误码率低。目前，局域网的数据传输速率为10～1000Mbps。

2．局域网的类型

根据软硬件支持方式不同，局域网目前主要有对等网络和客户-服务器网络两种基本类型。

（1）对等网络。对等网络是没有专门服务器的网络，每一台连接在此网络上的计算机既是服务器又是客户机，每台计算机都可由用户自行决定如何与网络内的其他用户分享资源（文件、文件夹和打印机等），如图6-6所示。

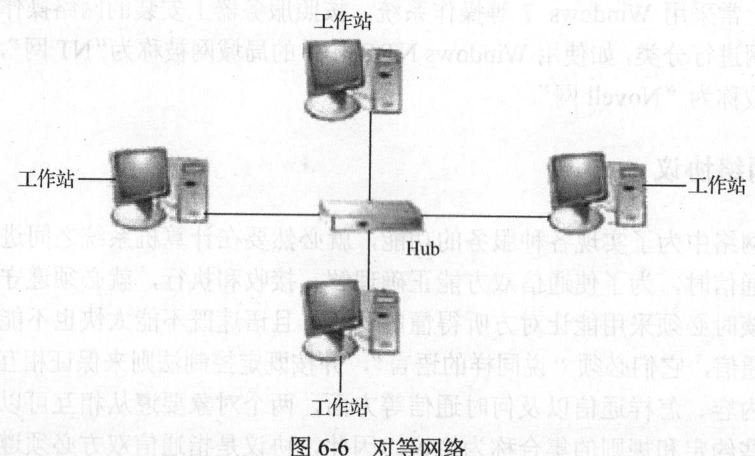

图6-6　对等网络

在对等网络中，由于所有计算机地位相等，因此无论哪一台计算机出现死机现象或者被关闭，都不会影响网络的正常运行。

（2）基于服务器的网络。基于服务器的网络中至少有一台计算机主机用于服务器功能，其余计算机不用分享任何信息，全部数据都存储于中央服务器上，如图6-7所示。服务器可以扮演几个角色：文件和打印服务器、应用服务器、电子邮件服务器、传真服务器和通信服务器等。

在基于服务器的网络中，服务器承担共享资源的管理和调度任务，通常是由局域网中速度最快或硬盘容量最大的计算机来担当，它是局域网的中心。一旦服务器出现死机现象或者被关闭，整个局域网将瘫痪。

3．传输介质

传输介质是连接网络中各节点的物理通路。在局域网中，常用的网络传输介质有双绞线、同轴电缆、光纤电缆与微波等。

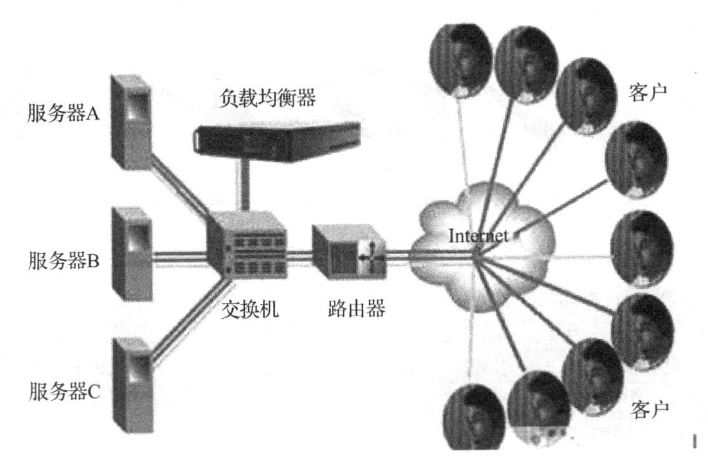

图 6-7 基于服务器的网络

（1）双绞线：由两根、四根或八根绝缘导线组成，两根为一对作为一条通信链路。为减少各线对之间的电磁干扰，各线对以均匀对称的方式，螺旋状扭绞在一起。

（2）同轴电缆：由内导体、外屏蔽层、绝缘层及外部保护层组成。同轴电缆可连接的地理范围较双绞线更广，可达几千米至几十千米，抗干扰能力较强，使用与维护方便，但价格较双绞线高。

（3）光纤电缆：简称光缆，一条光缆中包含多条光纤。每条光纤是由玻璃或塑料拉成极细的能传导光波的细丝，外面再包裹多层保护材料构成的。光纤通过内部的全反射来传输一束经过编码的光信号。光缆因其数据传输速率高、抗干扰性强、误码率低及安全保密性好等特点，被认为是一种最有前途的传输介质。

（4）微波：使用特定频率的电磁波作为传输介质，可以避免有线介质（双绞线、同轴电缆、光缆）的束缚，组成无线局域网。随着便携式计算机的增多，无线局域网应用越来越普及。

任务实施

（1）了解实验室计算机联网情况。练习安装网卡（网络适配器，如图 6-8 所示），打开主机箱可以看见，网卡的接口上通过 RJ-45 水晶头连接双绞线，在网卡接口附近有指示灯，灯亮时表明线路已连接，若灯闪烁，则表示有数据交换。

图 6-8 网卡

（2）了解线路。一般用双绞线连接计算机与交换机（或集线器），双绞线的两头均使用 RJ-45 水晶头，压接水晶头需用专用压线钳，且双绞线的多根金属线在水晶头的排列顺序是有一定要求的（分别为 EIA/TIA 568A 和 568B）。制作好的网线（两端有水晶头的）是否畅通与正确，可用专用测线仪测试。网络辅材及工具如图 6-9 所示。

（3）了解交换机。交换机的接口一般接 RJ-45 水晶头，高档交换机有光纤接口的可直接连接光纤。交换机的接口可接计算机、其他交换机及上级路由器。

（4）了解网络拓扑结构。交换机的接口有 8 口、16 口、24 口、36 口、48 口等，如图 6-10 所示，一般 24 口交换机应用最为广泛。多台计算机通过双绞线接在同一台交换机上，就构成

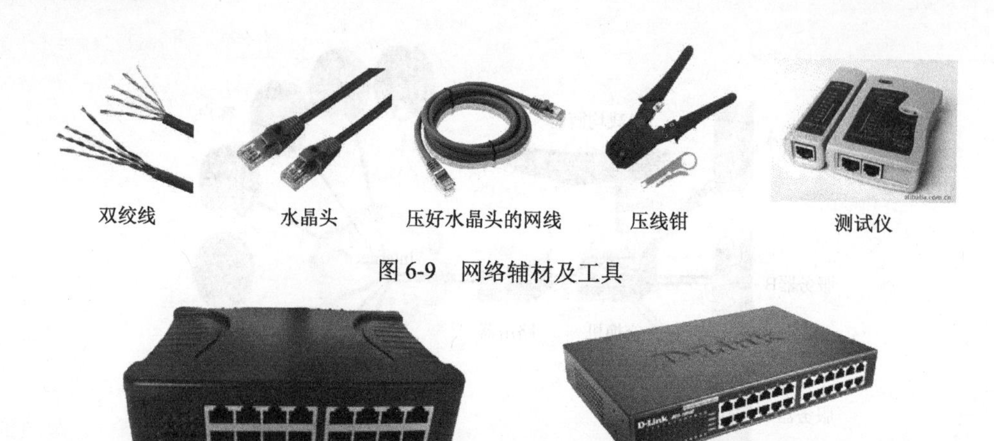

图 6-9　网络辅材及工具

图 6-10　交换机

了星形网。如果用 24 口交换机，而机房机器远不只 24 台，则要用多台交换机，多台交换机之间再进行级联，并且通过某一台交换机接上级路由器连接 Internet，这样就构成了树状网络结构。

技能训练

（1）网线制作。采用交叉网线和平行网线两种方法制作网线，并对制作的网线进行测试。

（2）将寝室内的几台计算机利用交换机连接起来。

任务 6.2 Internet 基础

任务介绍

王鹏将已装好操作系统的计算机连接到网络上，然后他准备将这台计算机接入 Internet。王鹏应如何完成这台计算机的网络设置呢？IP 地址应怎么设置呢？另外，他要学会发送和接收电子邮件。

完成该任务，需要了解 IP 地址的设置、IE 浏览器的使用方法及如何利用电子邮箱撰写和发送邮件。

相关知识

一、Internet 的发展

Internet 即国际互联网，简称互联网，我国规定它的标准音译为“因特网”，是一种全球性的、开放性的计算机互联网络。Internet 起源于美国国防部高级研究计划署（ARPA）资助研究的 ARPAnet 网络。1969 年 11 月，ARPAnet 通过租用电话线路将分布在美国不同地区的 4 所大学的主机连成一个网络。通过这个网络，进行了分组交换设备、网络通信协议、网络通信与系统操作软件等方面的研究。自从1983年1月TCP/IP协议成为正式的ARPAnet网络协议标准后，大量的网络、主机和用户都接入了ARPAnet，使得ARPAnet迅速发展。到1984年，美国国家科学基金会又组建了大型的NSFnet网络。其他一些国家、地区和科研机构也在建设自己的广域网络，这些网络构成了因特网在各地的基础。20世纪90年代以来，这些网络逐渐连接起来，逐渐构成了今天世界范围内的互联网。

Internet是一个富有旺盛生命力的全球性社团，目前已有数十亿用户，应用范围从商业、教育等领域一直到个人，影响极其广泛。在整个世界范围的大家庭中，人们通过Internet进行各种前沿科学的研究，讨论问题及传播信息，人们之间消除了时间、空间的距离，也感觉不到计算机的差异。

二、Internet的特点及功能

Internet不仅仅是网络系统，更重要的是一个信息资源系统。这个庞大的信息资源系统的使用对象不仅仅是工程师和科研人员，各行各业的人也在不断地加入Internet，通过它便捷的通信功能和外界交换信息。

Internet上有众多的服务，如E-mail（电子邮件）、FTP（文件传输）、Telnet（远程登录）、WWW（World Wide Web，简称Web，也叫环球信息网、万维网）、BBS（电子公告牌）等。特别是WWW的应用，在Internet上实现了全球性的交互、动态、多平台、分布式图形信息系统，使人们通过互联网看到的不仅仅是文字，还有图片、声音、动画、电影等。在人们的工作、生活和社会活动中，Internet起着越来越重要的作用。网络已成为人类社会存在与发展不可或缺的一部分，成为一种文化，并且蓬勃发展起来。人们喜欢Internet，正是因为它具有以下特点：

（1）可以进行非常便捷的通信。Internet最诱人的功能之一是其强大的通信功能，这也是Internet被很多人称作信息高速公路的原因。使用Internet可以和你认识的或希望结识的人进行一对一或者一对多的实时或非实时的信息交换。

（2）可以获取应有尽有的信息。在Internet上，用户可以取得免费（或几乎是免费）的资料。Internet上有很多这样的节点，它们有很多可利用的资源，能向用户提供所需要的软件和资料，而且用户可以将这些资料保存到个人计算机上。

在众多可供下载的节点中，有几个主机节点是专门为用户设置的，这些主要的节点通常都比较繁忙，为此它们在全球许多其他节点上都有副本，称为镜像节点。因此可以从离用户更近的节点上获取自己想要的文件和信息，这样能够极大地减少Internet上的拥挤状况。

三、IP地址

Internet采用TCP/IP协议。所有接入Internet的计算机必须拥有一个网内唯一的地址，以便相互识别，就像每台电话机必须有一个唯一的电话号码一样。Internet上的计算机拥有的这个唯一地址称为IP地址。

1．IP地址结构

IP地址由两部分构成：网络地址和主机地址，如图6-11所示。

网络地址	主机地址

图 6-11　IP 地址结构

网络地址标识一个逻辑网络，主机地址标识该网络中的一台主机。

IP 地址由网络信息中心 NIC 统一分配。NIC 负责分配最高级 IP 地址，并给下一级网络中心授权在其自治系统中再次分配 IP 地址。在国内，用户可向电信公司、ISP 或单位局域网管理部门申请 IP 地址，这个 IP 地址在因特网中是唯一的。如果是使用 TCP/IP 协议组建局域网，可自行分配 IP 地址，该地址在局域网内是唯一的，但对外通信时需经过代理服务器。

需要指出的是，IP 地址不仅标识主机，还标识主机和网络的连接。TCP/IP 协议中，同一物理网络中的主机接口具有相同的网络号，因此当主机移动到另一个网络时，它的 IP 地址需要改变。

2. IP 地址分类

IP 地址长度为 4 个字节（1 个字节为 8 位二进制数），即 32 位二进制数，由 4 个用小数点隔开的十进制数字域组成（如 192.168.10.52），称为点分十进制表示法，每个十进制数字域的取值在 0～255 之间。根据网络地址和主机地址的不同划分，编址方案将 IP 地址划分为 A、B、C、D、E 五类，其中 A、B、C 三类为基本 IP 地址，D、E 类作为保留使用。A、B、C 类 IP 地址划分，如图 6-12 所示。

A类

0	网络地址（7bit）	主机地址（24bit）

B类

1	0	网络地址（14bit）	主机地址（16bit）

C类

1	1	0	网络地址（21bit）	主机地址（8bit）

图 6-12　A、B、C 类 IP 地址的划分

A 类地址：第 1 位用 0 来标识，网络地址占 7 位，最多允许容纳 2^7 个网络，第 1 数字域取值为 1～126，0 和 127 保留，用于特殊目的；主机地址占 24 位，即 3 个数字域，即每个网络可接入多达 224～16 777 216 台主机，适用于少数规模巨大的网络。

B 类地址：第 1、2 位用 10 来标识，网络地址占 14 位，最多允许容纳 2^{14} 个网络，第 1 数字域取值为 128～191；每个网络可接入 2^{16} 台主机，适用于国际性大公司。

C 类地址：第 1～3 位用 110 来标识，网络地址占 21 位，最多允许容纳 2^{21} 个网络，第 1 数字域取值为 192～223；每个网络可接入 2^8 台主机，适用于小公司和研究机构小规模网络。

对于一个 IP 地址，直接判断它属于哪类地址最简单的方法是，判断它的第一个十进制数字域所在范围。例如，202.115.65.189 是一个 C 类 IP 地址，其中，202.115.65.0 是网络地址，189 是主机地址。

A、B、C 三类地址的第 1 数字域及 IP 地址的起止范围如表 6-1 所示。

表 6-1 基本 IP 地址起止范围

类 别	第 1 数字域取值范围	IP 地址起止范围
A 类	0～127	1.0.0.0～126.255.255.255（0 和 127 保留作为特殊用途）
B 类	128～191	128.0.0.0～191.255.255.255
C 类	192～223	192.0.0.0～223.255.255.255

3．特殊 IP 地址

（1）网络地址：当一个 IP 地址的主机地址部分为 0 时，它表示一个网络地址。例如 202.115.65.0 表示一个 C 类网络。

（2）广播地址：当一个 IP 地址的主机地址部分全为 1 时，它表示一个广播地址。例如 142.55.255.255（255 即为二进制 11111111）表示一个 B 类网络 142.55 中的全部主机。

（3）回送地址：任何一个 IP 地址以 127 为第 1 个十进制数时，则称为回送地址，例如 127.0.0.1，回送地址可用于对本机网络协议进行测试。

4．子网和子网掩码

从 IP 地址的分类可以看出，地址中的主机地址部分最少有 8 位，这对于一个网络来说，最多可连接 254 台主机（全 0 和全 1 地址不用），这往往容易造成地址浪费。为了充分利用 IP 地址，TCP/IP 协议采用了子网技术。子网技术把主机地址空间划分为子网和主机两部分，使得网络被划分成更小的网络——子网。这样一来，IP 地址结构则由网络地址、子网地址和主机地址三部分组成，如图 6-13 所示。

网络地址	子网地址	主机地址

图 6-13 采用子网的 IP 地址结构

当一个单位申请到 IP 地址以后，由本单位网络管理人员来划分子网。子网地址在网络外部是不可见的，仅在网络内部使用。子网地址的位数是可变的，由各单位自行决定。为了确定哪几位表示子网，IP 协议引入了子网掩码的概念。通过子网掩码将 IP 地址分为网络地址部分、子网地址部分和主机地址部分。

子网掩码是一个与 IP 地址对应的 32 位数字，其中的若干位为 1，另外的位为 0。IP 地址中与子网掩码为 1 的位相对应的部分是网络地址和子网地址，与为 0 的位相对应的部分则是主机地址。子网掩码原则上 0 和 1 可以任意分布，但一般在设计子网掩码时，多是将子网地址开始的连续几位设为 1。

对于 A 类地址，对应的子网掩码默认值为 255.0.0.0，B 类地址对应的子网掩码默认值为 255.255.0.0，C 类地址对应的子网掩码默认值为 255.255.255.0。

四、域名

直接使用 IP 地址就可访问 Internet，但是 IP 地址很难记忆，也不能反映主机的相关信息，于是 Internet 中采用了层次结构的域名系统 DNS（Domain Name System）来协助管理 IP 地址。

1．域名的层次结构

Internet 域名具有层次型结构，整个 Internet 被划分成几个顶级域，每个顶级域规定了一个通用的顶级域名。顶级域名采用两种划分模式：组织模式和地理模式。组织模式分配如表 6-2 所示。地理模式的顶级域名采用两个字母缩写形式来表示一个国家或地区，例如，cn 代表中国，us 代表美国，jp 代表日本，ca 代表加拿大，uk 代表英国等。

表 6-2　Internet 顶级域名组织模式分配

顶级域名	com	edu	gov	int	mil	net	org
分配情况	商业组织	教育机构	政府部门	国际组织	军事部门	网络支持中心	各种非营利性组织

网络信息中心 NIC 将顶级域名的管理授权给指定的管理机构，由各管理机构再为其子域分配二级域名，并将二级域名管理授权给下一级管理机构，以此类推，构成一个域名的层次结构。由于管理机构是逐级授权的，因此各级域名最终都得到网络信息中心 NIC 的承认。Internet 中主机域名也采用一种层次结构，从右至左依次为顶级域名、二级域名、三级域名等，各级域名之间用点“.”隔开。每一级域名由英文字母、符号和数字构成，总长度不能超过 254 个字符。主机域名的一般格式如下：

四级域名.三级域名.二级域名.级域名

例如，北京大学的 Web 网站域名为 www.pku.edu.cn，其中 cn 代表中国，edu 代表教育机构，pku 代表北京大学，www 代表提供 Web 信息服务。

2．我国的域名结构

我国的顶级域名“.cn”由中国互联网络信息中心 CNNIC 负责管理。顶级域名“.cn”按照组织模式和地理模式被划分为多个二级域名。地理模式一般是行政区代码。表 6-3 列举了我国二级域名中对应于组织模式的分配情况。

表 6-3　我国二级域名组织模式分配

二级域名	com	ac	edu	gov	net	org
分配情况	商业组织	科研机构	教育机构	政府部门	网络支持中心	各种非营利性组织

中国互联网络信息中心 CNNIC 将二级域名的管理权授予下一级的管理部门进行管理。

3．域名解析和域名服务器

域名相对于主机的 IP 地址来说，方便了用户记忆，但在数据传输时，Internet 上的网络互联设备却只能识别 IP 地址，不能识别域名，因此，当用户输入域名时，系统必须能够根据主机域名找到与其相对应的 IP 地址，即将主机域名映射成 IP 地址，这个过程称为域名解析。为了实现域名解析，需要借助一组既独立又协作的域名服务器（DNS）。域名服务器是一个安装有域名解析处理软件的主机，在 Internet 中拥有自己的 IP 地址。Internet 中存在着大量的域名服务器，每台域名服务器中都设置了两个数据库，其中保存着它所负责区域内的主机域名和主机 IP 地址对照表。

五、Internet 的接入

用户要访问 Internet，首先要接入 Internet，这需要在硬件及软件方面做一些准备工作，如安装调制解调器、安装浏览器、选择适当的入网方式及网络服务商等。

1. Internet 服务提供商 ISP

Internet 服务提供商（Internet Service Provider，ISP）能为用户提供 Internet 接入服务，它是用户接入 Internet 的入口。另一方面，ISP 还能为用户提供多种信息服务，如电子邮件服务、信息发布代理服务、网络故障排除及技术咨询服务等。从用户角度来看，只要在 ISP 成功申请到账号，便可成为合法的用户而使用 Internet 资源。用户的计算机必须通过某种通信线路连接到 ISP，再借助 ISP 接入 Internet，家庭用户一般使用电话线路，而公司、单位、网吧等多使用光纤线路连接 ISP。国内常见的 ISP 商家有电信、联通等。

2. Internet 接入技术

用户在接入 Internet 之前，需要根据自己的需求和经济条件选择适当的接方入式。

（1）电话拨号接入。电话拨号入网是通过电话网络接入 Internet。这种方式下用户计算机通过调制解调器和电话网相连。这是 20 世纪 90 年代互联网兴起时家庭上网的常用方法。调制解调器负责将主机输出的数字信号转换成模拟信号，以适应电话线路传输；同时，也负责将从电话线路上接收的模拟信号转换成主机可以处理的数字信号。常用调制解调器的速率是 28.8kbps、33.6kbps 和 56kbps。用户通过拨号和 ISP 主机建立连接后，就可以用浏览器（如 IE）访问 Internet 上的资源了。

（2）xDSL 接入。DSL 是 Digital Subscriber Line（数字用户线路）的缩写。xDSL 技术是基于铜缆的数字用户线路接入技术。字母 x 表示 DSL 的前缀可以是多种不同的字母。xDSL 利用电话网或 CATV 用户环路，经 xDSL 技术调制的数字信号叠加在原有话音或视频线路上传送，由电信局和用户端的分离器进行合成和分解。非对称数字用户线（ADSL）是 21 世纪初期广泛使用的一种接入方式。ADSL 可在无中继的用户环路网上，通过使用标准铜芯电话线——一对双绞线，采用频分多路复用技术实现单向高速、交互式中速的数字传输以及普通的电话业务。其下行（从 ISP 到用户计算机）速率可达 8Mbps，上行（从用户计算机到 ISP）速率可达 640Kbps～1Mbps，传输距离可达 3～5km。

ADSL 接入充分利用现有大量的市话用户电缆资源，可同时提供传统业务和各种宽带数字业务，两类业务互不干扰。用户接入方便，仅需安装一台 ADSL 调制解调器即可。

（3）局域网接入。目前许多公司、学校和机关均已建立了自己的局域网，可以通过一个或多个边界路由器，将局域网连入 Internet 的 ISP。用户只需将自己的计算机通过网卡正确接入局域网，然后对计算机进行适当的配置，包括正确配置 TCP/IP 协议中的相关地址等参数，就可以访问 Internet 上的资源了。

（4）DDN 专线接入。公用数字数据网 DDN 专线可支持各种不同速率，满足数据、声音和图像等多种业务需要。DDN 专线连接方式通信效率高，误码率低，但价格也相对昂贵，比较适合大业务量的用户使用。这种连接方式用户需要向电信部门申请一条 DDN 数字专线，并安装支持 TCP/IP 协议的路由器和数字调制解调器。

（5）无线接入。无线接入技术是指接入网的某一部分或全部使用无线传输媒介，提供固定和移动接入服务技术。它具有不需要布线、可移动等优点，是目前很有潜力的 Internet 接入方法。

3. Internet 的常用服务

Internet 提供的服务多样化，新的服务层出不穷。目前最基本的服务有 WWW 服务、电子邮件服务、远程登录服务、文件传输服务、电子公告牌、网络新闻、检索和信息服务等。

（1）WWW 服务。WWW 是 World Wide web 的简称，也称万维网，又叫环球信息网。WWW 是目前广为流行、最受欢迎、最方便的信息服务。它具有友好的用户查询界面，使用超文本（Hypertext）方式组织、查找和表示信息，摆脱了以往查询工具只能按特定路径一步步查询的限制，使得信息查询符合人们的思维方式，能随意地选择信息链接。WWW 目前还具有连接 FTP、BBS 等服务的能力。总之，WWW 的应用和发展已经远远超出网络技术的范畴，影响着新闻、广告、娱乐、电子商务和信息服务等诸多领域。WWW 的出现是 Internet 应用的一个革命性里程碑。

（2）电子邮件服务（E-mail）。电子邮件服务以其快捷便利、价格低廉的特征成为目前 Internet 上使用最广泛的一种服务。用户使用这种服务传输各种文本、声音、图像、视频等信息。电子邮件服务器是 Internet 邮件服务系统的核心，用户将邮件提交给邮件服务器，由该邮件服务器根据邮件中的目的地址，将其传送到对方的邮件服务器，然后由对方的邮件服务器转发到收件人的电子邮箱中。

用户首次使用电子邮件服务发送和接收邮件时，必须在该服务器中申请一个合法的账号，包括用号名和密码。

（3）文件传输服务（FTP）。文件传输服务允许 Internet 上的用户将文件和程序传送到另一台计算机上，或者从另一台计算机上拷贝文件和程序。目前常使用 FTP 文件传输服务从远程主机上下载各种文件及软件。特别是 FTP 匿名服务，用户无须注册就能从远程主机下载文件，为用户共享资源提供了极大的方便。

（4）远程登录服务（Telnet）。用户计算机需要和远程计算机协同完成一项任务时，需要使用 Internet 的远程登录服务。Telnet 采用客户机/服务器模式，用户远程登录成功后，用户计算机暂时成为远程计算机的一个仿真终端，可以直接执行远程计算机上拥有权限的任何应用程序。

（5）电子公告牌（BBS）。电子公告牌（Bulletin Board System，BBS）是一种电子信息服务系统。通过提供公共电子白板，用户可以在上面发表意见，并利用 BBS 进行网上聊天、网上讨论、组织沙龙、为别人提供信息等。

（6）商业应用（Business Application）。这是一种不受时间与空间限制的交流方式，是一个促进销售、扩大市场、推广技术、提供服务非常有效的方法。厂商可以将产品的介绍在网上发布，附带详细的图文资料，实效性强，费用经济。

（7）网络电话（Web Phone）。用市话费用拨打国际长途，这已是 Internet 上流行的活动之一。Internet Phone 是利用 Internet 上网打电话的软件，支持声音和视频，不仅可以打国际长途，并且可以打可视电话，费用比一般国际长途电话节省 95%以上。如果加上摄像头、麦克风、扬声器等工具，你还可以看到对方的活动。

（8）虚拟现实（VR）。虚拟现实是一种可以创建和体验虚拟世界的计算机系统。它由计算机生成的通过视觉、听觉、触觉等作用于使用者，使之产生身临其境的交互式视景仿真。它综合了计算机图形学、图像处理与模式识别、智能接口技术、人工智能、传感技术、语音处理与音响技术、网络技术等多门科学。

（9）视频会议。随着网络技术的迅速发展，可以借助一些软件在 Internet 上实现电视会议。它跟以前意义上的电视会议相比，具有传播范围更广、传输速度更快、价格更低廉的特点。Internet 上视频会议大都采用点对点方式。有的软件也提供了一对多的传输方式，即多台站点可以同时看到一台站点的输出。总之，对于以缩短距离、建立联系为目的的视频会议来说，Internet 视频会议是一个廉价的解决方案。

任务实施

（1）打开“本地连接属性”对话框，方法如下：

① 以 Windows 7 为例，单击“开始”→“控制面板”→“网络和 Internet 连接”，打开如图 6-14 所示的“网络和 Internet 连接”窗口。

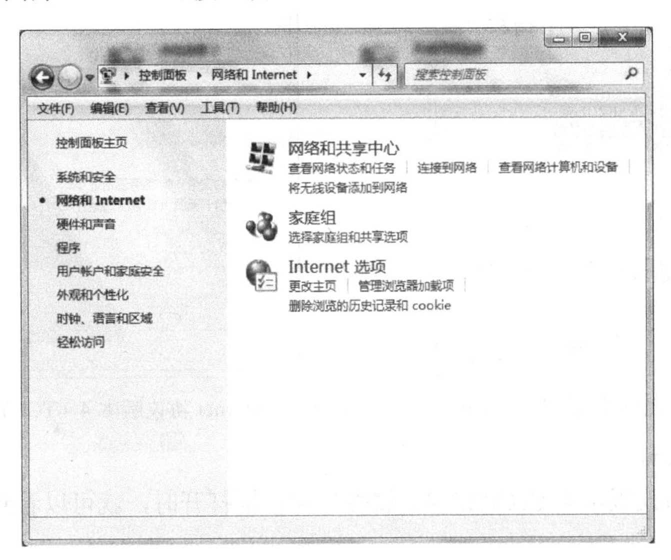

图 6-14 “网络和 Internet 连接”窗口

② 单击“查看网络状态和任务”，进入“网络和共享中心”窗口，如图 6-15 所示，单击“本地连接”，在打开的“本地连接状态”对话框中单击“属性”按钮。

③ 打开“本地连接属性”对话框，如图 6-16 所示。

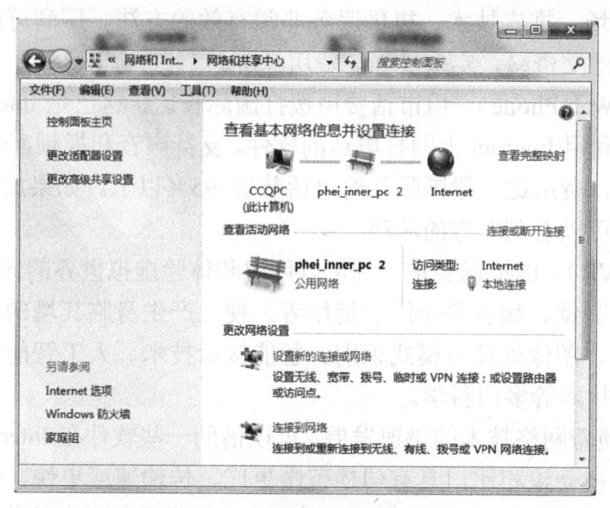

图 6-15 “网络连接”窗口

（2）打开“Internet 协议版本 4（TCP/IPv4）属性”对话框，方法如下：

在“本地连接属性”对话框中，单击“网络”→“Internet 协议版本 4（TCP/IPv4）”，单击“属性”按钮，打开“Internet 协议版本 4（TCP/IPv4）属性”对话框，如图 6-17 所示。

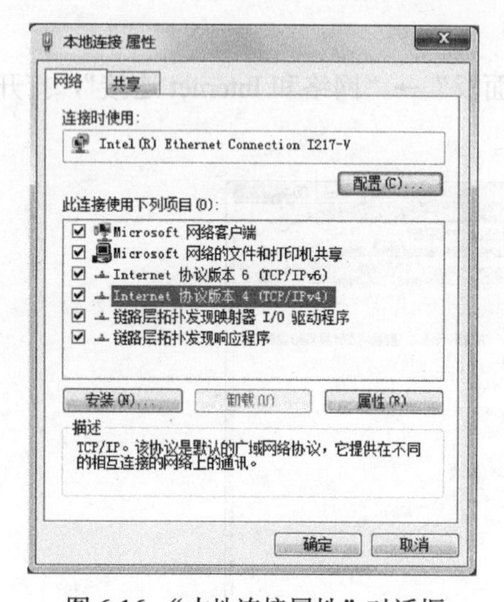

图 6-16 “本地连接属性”对话框

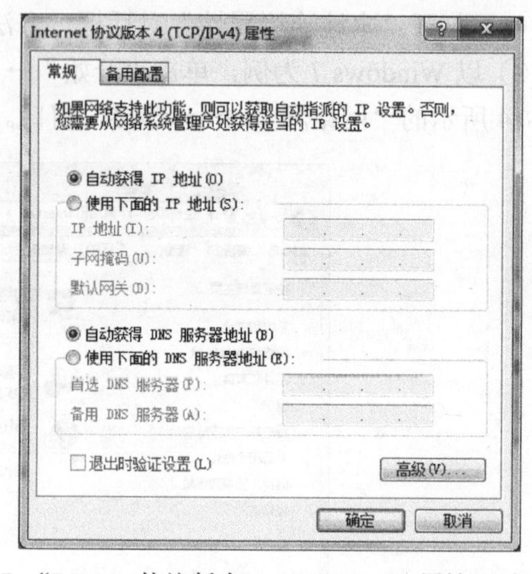

图 6-17 “Internet 协议版本 4（TCP/IPv4）属性”对话框

（3）查看 IP 地址。

当“Internet 协议版本 4（TCP/IPv4）属性”对话框打开时，就可以看到当前的 IP 地址，或对其进行设置。

技能训练

（1）申请一个网易电子邮箱，写一个电子邮件并将该电子邮件发送给老师。

（2）查看已上网计算机的 IP 地址，并记下来。

任务 6.3 Internet 应用

任务介绍

张同学连接好计算机网络之后，王鹏要利用这台计算机查找一些商品信息，同时要在网上进行购物。

完成该任务，需要了解 IE 浏览器的使用方法，了解网上查找信息和网上购物的相关内容。

相关知识

一、Internet 中的常用术语

1．浏览器

WWW 服务采用客户机/服务器的工作模式，客户端需使用应用软件——浏览器，才能解读并显示网页内容。使用时，浏览器向 WWW 服务器发出请求，服务器根据请求将特定页面传送至客户端，由于页面是 HTML 文件，需经浏览器解释才能使用户看到图文并茂的页面。目前常用的浏览器有 Microsoft 公司的 IE（Internet Explorer）和 Google 公司的 Chrome，还有火狐浏览器、360 浏览器以及腾讯浏览器等。

2．主页和页面

Internet 上的信息以 Web 页面来组织，若干主题相关的页面集合构成 Web 网站。主页（Home Page）就是这些页面集合中的一个特殊页面，它是网站的第一个页面。通常，WWW 服务器设置主页为默认值，所以主页是一个网站的入口，就好似一本书的封面。一般通过主页进入本网站的其他页面，或引导用户访问其他 WWW 网址上的页面。页面上是一些连续的数据片段，包含普通文字、图形、图像、声音、动画等多媒体信息，还可以包含指向其他网页的超链接。正是因为有了超链接才能将遍布全球的信息联系起来，形成浩如烟海的信息网。

3．HTML

HTML 超文本标记语言是用于创建 Web 页面的一种计算机程序语言。它可以定义格化的文本、图形与超文本链接，使得声音、图像、视频等多媒体信息集成在一起。特别是其中的超文本和超媒体技术，用户在浏览 Web 页面时，可以随意跳转到其他的页面，极大地促进了 WWW 的迅速发展。

4．超文本和超媒体

超文本技术是将一个或多个“热字”集成于文本信息之中，“热字”后面链接新的文本信息，新文本信息中又可以包含“热字”。通过这种链接方式，许多文本信息被编织成一张网。无序性是这种链接的最大特征。用户在浏览文本信息时，可以随意选择其中的“热字”而跳

转到其他的文本信息上，浏览过程无固定的顺序。“热字”不仅能够链接文本，还可以链接声音、图形、动画等，因此也称为超媒体。

5．HTTP 协议

WWW 服务中客户机和服务器之间采用超文本传输协议 HTTP 进行通信。从网络协议层次结构上看，属于应用层协议。使用 HTTP 定义请求和响应报文，客户机发送“请求”到服务器，服务器则返回“响应”。

6．统一资源定位器 URL

统一资源定位器 URL（Uniform Resource Locator）体现了 Internet 上各种资源统一定位和管理的机制，极大地方便了用户访问各种 Internet 资源。URL 的作用就是指出用什么方法、去什么地方、访问哪个文件。不论身处何地、用哪种计算机，只要输入同一个 URL，就会链接到相同的网页。现在几乎所有 Internet 文件或服务都可以用 URL 表示。URL 的组成如下：

<协议类型>:// <域名或 IP 地址>/路径及文件名

其中，“协议类型”可能是 HTTP（超文本传输协议）、FTP（文件传输协议）、Telnet（远程登录协议）等，常用的 WWW 上的协议如表 6-4 所示。因此，利用浏览器不仅可以访问 WWW 服务，还可以访问 FTP 等服务。“域名或 IP 地址”指明要访问的服务器。“路径及文件名”指明要访问的页面名称。例如，http://www.sina.com.cn 表示链接到 www.sina.com.cn 这台 WWW 服务器上，省略路径及文件名，表示访问该网站默认主页。

表 6-4　WWW 上的协议及功能

协　议	功　能
HTTP	采用超文本传输协议 HTTP 访问 WWW 服务器
FILE	将远程服务器上的文件传送到本地显示
FTP	以 FTP 文件传输协议访问 FTP 服务器
MAILTO	向指定地址发送电子邮件
NEWS	阅读 USENET 新闻组
Telnet	远程登录访问某一站点

HTML 文件中加入 URL 则可形成一个超链接。

二、Internet Explorer 的使用

Internet Explorer 是 Microsoft 公司推出的 Web 浏览器，简称 IE 浏览器。Internet 上的信息资源极其丰富，要获取 Internet 上丰富的资源，用户必须利用 Web 浏览器才能看到图文并茂的页面。Web 浏览器是一种专用于解读网页的软件。

1．初识 IE

在 Windows XP 桌面上双击 Internet Explorer 图标，或者在任务栏的“快速启动栏”中单

击“启动 Internet Explorer 浏览器”按钮，就可以启动 IE，并自动打开默认主页的窗口，如图 6-18 所示。该窗口由标题栏、菜单栏、工具栏、地址栏、主窗口和状态栏等组成。

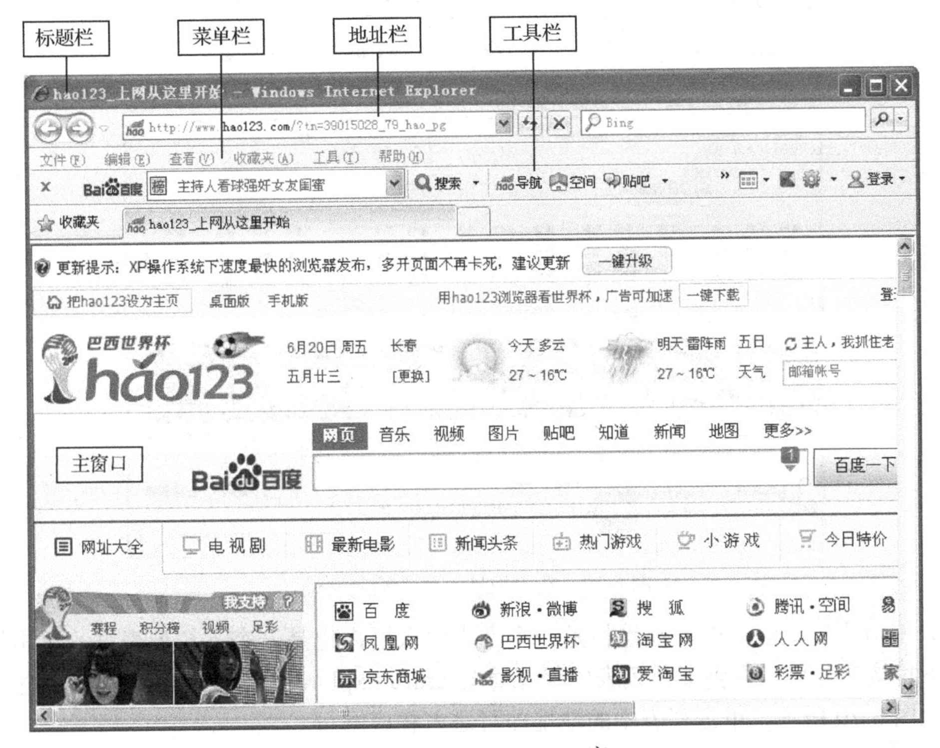

图 6-18　Internet Explorer 窗口

（1）标题栏：左侧显示当前浏览页面的标题，右侧有“最小化”“最大化/还原”“关闭”3 个按钮。

（2）菜单栏：包含 IE 的若干命令菜单，包括“文件”“编辑”“查看”“收藏夹”“工具”和“帮助”等。单击某个命令菜单，弹出相应的下拉菜单。

（3）工具栏：提供 IE 中使用频繁的功能按钮。利用这些按钮可以快速执行 IE 命令，如后退、前进、停止、刷新、主页、搜索、收藏和历史等。

（4）地址栏：用于输入 URL 地址，Internet 上的每一个信息页都有自己的 URL 地址。

（5）主窗口：用于浏览页面，右侧的滚动条可拖动页面，使其显示在主窗口中。

（6）状态栏：显示 IE 链接时的一些动态信息，如页面下载的进度状态等。

2. 在“地址”栏中直接输入 URL

在 IE 浏览器的地址栏中直接输入网址打开网站，也可以在“我的电脑”“资源管理器”或其他文件夹窗口的“地址”栏中输入网址，然后按回车键即可启动 Internet Explorer。例如，输入 http://www.sina.com.cn，按 Enter 键，即可进入新浪网的主页，如图 6-19 所示。

IE 地址栏使用技巧如下：

（1）地址输入自动完成功能。如果曾经在地址栏中输入某个网站地址，那么再次输入它的前一个或几个字符时，浏览器就会自动在地址栏的下面显示出一个下拉列表，其中显示曾输入过的前面部分相同的所有网站地址，选择想要访问的网站地址，单击即可。

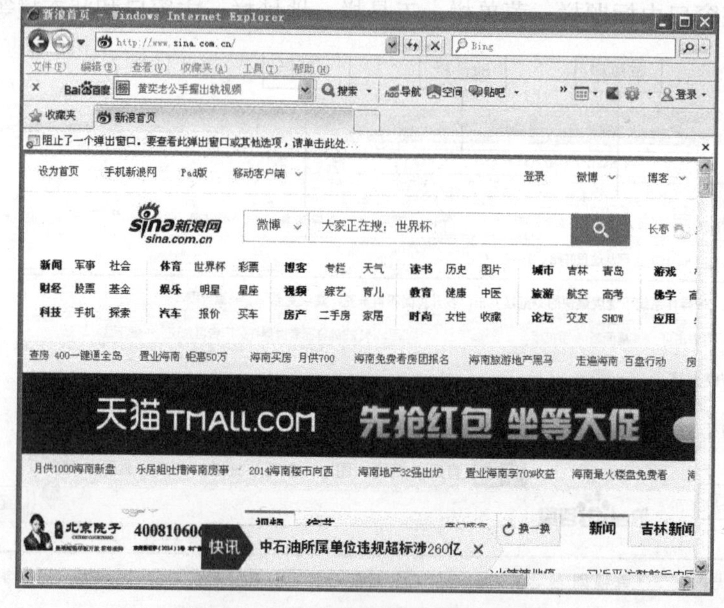

图 6-19　在“地址”栏中输入网址

（2）使用历史记录功能。地址栏是一个文本输入框，也是一个下拉列表框，单击地址栏右侧的下拉按钮，可以看到下拉列表中保存着 Internet Explorer 浏览器记录的曾输入过的网站地址，如图 6-20 所示。单击列表中的地址即可进入相应网页。

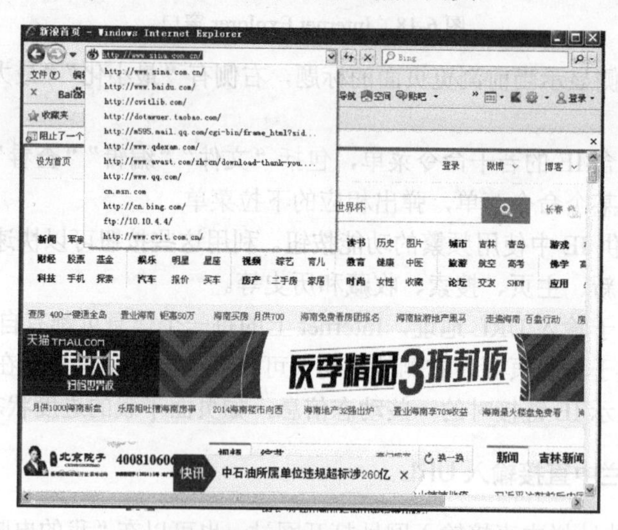

图 6-20　使用地址栏的历史记录功能

（3）使用导航按钮浏览。Internet Explorer 浏览器的工具栏中最左侧的 5 个按钮有导航的功能，称为导航按钮，在浏览网页的过程中会频繁使用这 5 个导航按钮。

① 后退按钮：刚打开浏览器时，这个按钮呈灰色不可用状态。当访问了不同网页或使用了网页上的超链接后，按钮呈黑色可用状态，记录了曾经访问过的网页。单击此按钮可以返

回到上一个网页；单击按钮右侧的三角，在弹出的下拉列表中可以选择在访问该网页之前曾访问过的网页。

② 前进按钮：同样，刚打开浏览器时，这个按钮呈灰色不可用状态。当使用了后退功能后，按钮呈黑色可用状态。单击此按钮，可返回到单击后退按钮前的网页。单击按钮右侧的三角，在弹出的下拉列表中，可以选择在访问该网页之后曾访问过的网页。

③ 停止按钮：在浏览的过程中，有时会因通信线路太忙或出现故障而导致一个网页过了很长时间还没有完全显示，这时可以单击此按钮来停止对当前网页的载入。当然，没有出现问题时，也可以单击此按钮停止载入网页。

④ 刷新按钮：单击该按钮可以实时显示网页的当前内容，如果想浏览停止载入的网页，单击此按钮可以重新载入这个网页。

⑤ 主页按钮：在 Internet Explorer 浏览器中，主页是指每次打开浏览器时所看到的起始页面，在浏览过程中，单击此按钮可返回该页面。

（4）利用网页中的超链接浏览。超链接就是存在于网页中的一段文字或图像，通过单击这一段文字或图像，可以跳转到别的网页中的另一位置、其他网页或网站。超链接广泛地应用在网页中，为用户提供了方便、快捷的访问手段。

光标停留在有超链接功能的文字或图像上时，会变为手的形状，单击就可进入链接目标。

（5）在新窗口中打开网页。有的网站在打开一个新窗口后，原来的窗口也随之消失，当用户想再次返回到原窗口时，虽然可以通过单击浏览器中的后退按钮来实现，但这样并不是很方便。此时可以用鼠标右击某个超链接，从弹出的快捷菜单中选择“在新窗口中打开”命令，这样就能够在不关闭当前窗口的同时打开多个网页，如图 6-21 所示。

如果当前窗口不想关闭，想再打开一个窗口且知道网页 URL，可以选择“文件”→“新建窗口”命令，新建一个同样的窗口，再修改地址栏 URL 即可，如图 6-22 所示。

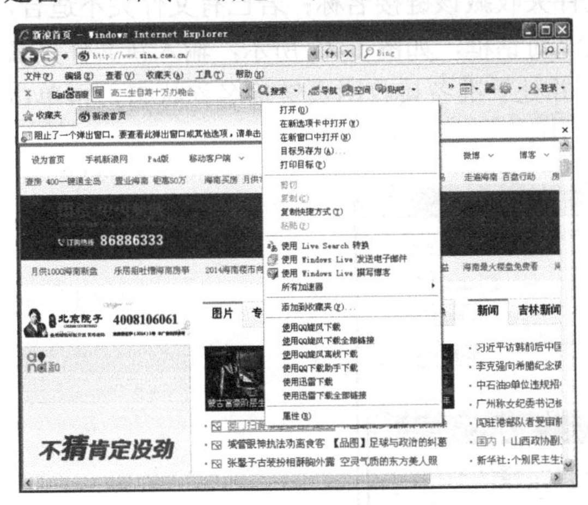

图 6-21　在新窗口中打开网页

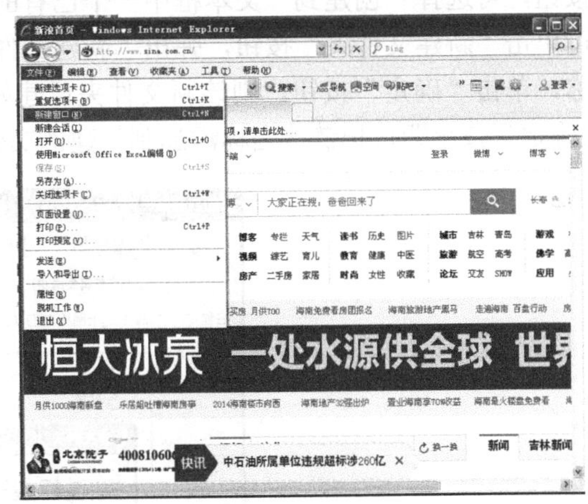

图 6-22　新建窗口

（6）使用收藏夹。浏览网页时，遇到喜欢的网页可以把它放到“收藏夹”里，以后再打开该网页时，单击“收藏夹”中的链接即可。添加网页到“收藏夹”的方法如下：

① 打开要收藏的网页，单击工具栏中的收藏夹按钮，在浏览区打开“收藏夹”栏，如图 6-23 所示。

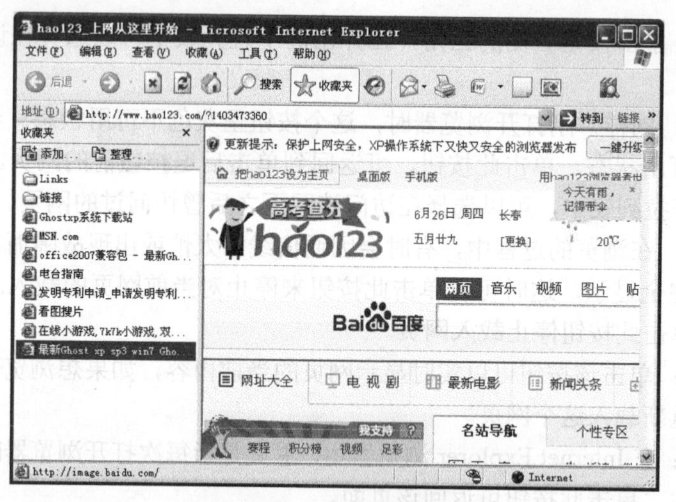

图 6-23 打开收藏夹栏

② 单击“收藏夹”栏中的“添加”按钮，弹出“添加到收藏夹”对话框，如图 6-24 所示。

图 6-24 “添加到收藏夹”对话框

单击“确定”按钮即可将该网页的链接名称添加到收藏夹栏的根目录里；单击“创建到”按钮，可选择“创建到”文本框中一个已有的文件夹收藏该链接名称；若已有文件夹不适合，可单击“新建文件夹”按钮，弹出“新建文件夹”对话框，如图 6-25 所示，输入新文件夹名称，单击“确定”按钮，则该新文件夹已建好，并处于准备接收网页链接名称状态，再单击“确定”按钮即可把链接名称添加到新建的文件夹中。

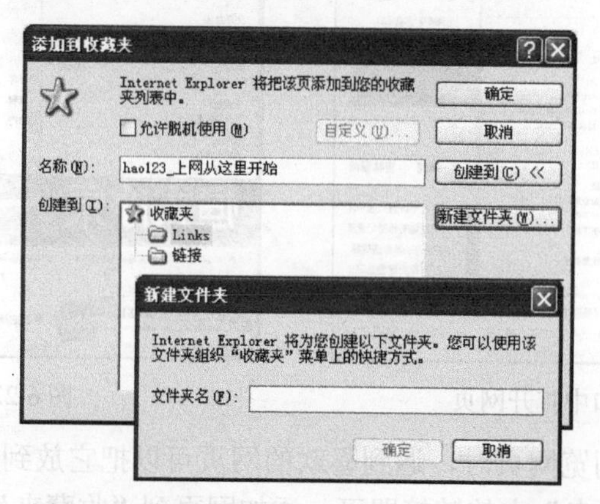

图 6-25 收藏夹中的“新建文件夹”对话框

③ 若已添加的网页链接名称在收藏夹的位置不合适，或收藏夹中内容太多，可以对收藏

夹进行整理。可以在收藏夹的根目录下建立一些名字有代表意义的文件夹，分别存放不同类别的网页链接名，便于管理，也便于查阅。将不想要的文件夹或网页链接名称删除掉，移动某个收藏的网页链接名称（从一个文件夹到另一个文件夹中）等。

整理收藏夹的方法是：单击“收藏夹”中的“整理”按钮，弹出“整理收藏夹”对话框。在这个对话框里，可以对“收藏夹”进行多项管理，如创建文件夹，网页链接名称的重命名和删除，网页链接名称的移动和脱机使用等。具体的使用方法很简单，此处不再赘述。

（7）设置 Internet Explorer。在启动 Internet Explorer 的同时，系统打开默认主页，默认设置下，打开的主页是“微软 （中国）首页”。为了使浏览 Internet 时更加快捷、方便，可以将访问频繁的站点设置为主页，方法如下：

打开 IE 窗口，选择菜单“工具”→“Internet 选项”命令，打开如图 6-26 所示的“Internet 选项”对话框，切换到“常规”选项卡。“主页”就是打开 IE 浏览器时所看到的第一个页面。在如图 6-26 所示的“主页”选项组中选择作为主页的网页。

单击“使用当前页”按钮，就可以将当前访问的网页设置为主页。

如果知道一个 Web 站点主页的详细地址，可以在“地址”文本框中直接输入要设置为默认主页的 URL 地址，如 http://www.baidu.com。

若要将主页还原为默认的“微软（中国）首页”，可以单击“使用默认值”按钮。

如果希望每次启动 Internet Explorer 时都不打开任何主页，可以单击“使用空白页”按钮。

设置完毕后，单击“确定”按钮完成主页的设置。以后每次启动 IE 时或在 IE 窗口中单击“主页”按钮，都会打开设置的主页页面。

在“Internet 选项”对话框“常规”选项卡中，还可以删除和设置临时文件，以及清除历史记录，清除上网记录信息，便于保护个人隐私。

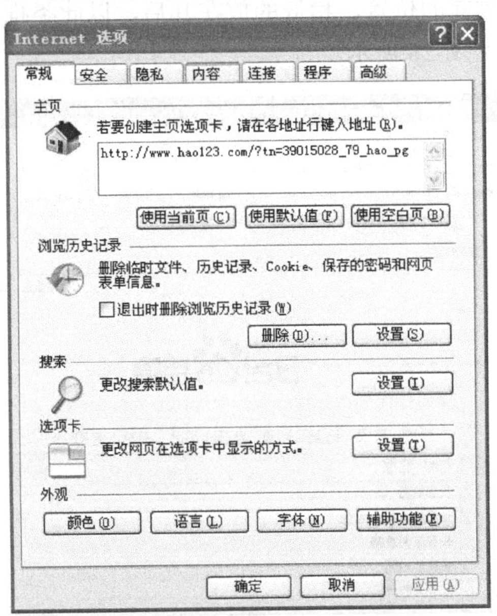

图 6-26　“Internet 选项”对话框

三、搜索和下载网络资源

1. 搜索网络资源

随着 Internet 的迅速发展，网上信息以爆炸式的速度不断扩展。为了能在数量庞大的网站中快速、有效地查找信息，Internet 提供了一种称为“搜索引擎”的 WWW 服务器。用户借助搜索引擎可以快速查找需要的信息。目前，Internet 上的搜索引擎很多，常用的搜索引擎如表 6-5 所示。

表 6-5 常用的搜索引擎

搜 索 引 擎	URL 地址
Google	http://www.Google.com
百度	http://www.baidu.com
搜狐	http:// www.sohu.com
新浪	http://www.sina.com.cn
网易	http://www.163.com

搜索引擎的使用方法可以分为按分类目录搜索、通过关键字搜索两类。下面以百度搜索引擎为例，介绍如何使用搜索引擎查询资料。

百度搜索引擎简单方便，用户只需在搜索框内输入一个或多个最能描述所需信息的内容，并单击搜索框右侧的“百度一下”按钮，就可以得到符合查询需求的网页地址列表。其中，相关性最高的网页显示在靠前的位置，稍低的放在其后，以此类推。例如，搜索“长春旅游”的相关信息，如图 6-27 和图 6-28 所示。

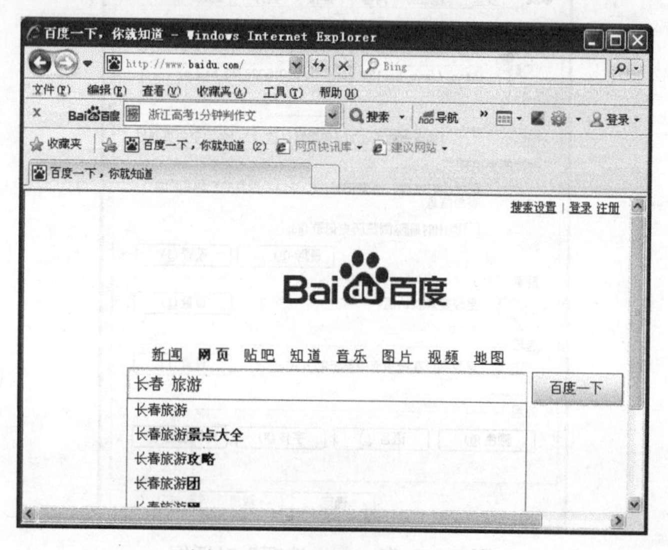

图 6-27 百度搜索引擎主页

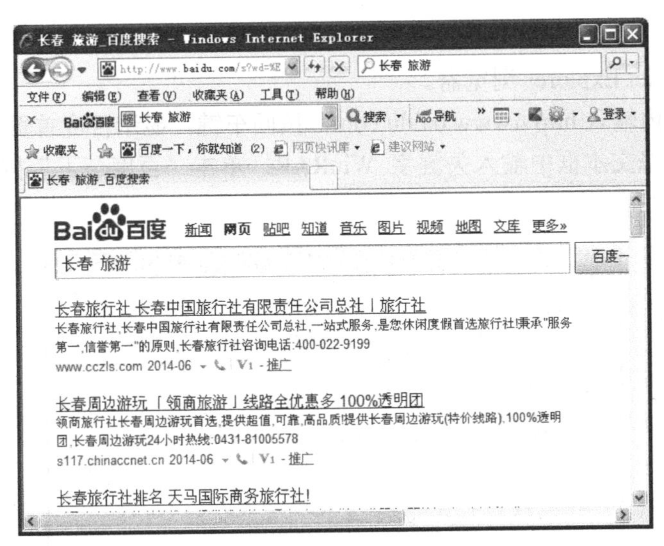

图 6-28　百度搜索结果

不同搜索引擎的使用方法并不完全相同，下面列出一些通用的搜索技巧。

（1）多个关键词之间用空格分开，搜索内容将包括每个关键词。

（2）没有空格分开的关键词相当于“或者”。

（3）可以在结果中再搜索。

（4）英文字母不区分大小写。

（5）网页查询时可以直接用网址进行查询。

（6）“-”号可以排除无关信息，帮用户搜索到更准确的内容。

（7）使用“”搜索可以得出精确的搜索结果。

（8）在英文关键词中，一些标点符号，如“-”“\”“+”“,”也可作为短语连接符。

在使用搜索引擎搜索相关信息时，选择正确的搜索关键字是找到所需信息的关键。通常先从明显的字词开始，输入多个词语搜索时，不同字词之间用空格隔开，可以获得更精确的搜索结果。

2. 下载网络资源

按照“先搜索，后下载”的原则，先使用搜索引擎或直接在网站中查找需要的信息，然后再利用以下方法将资源下载并保存到硬盘中。

（1）整个网页：选择“文件”→“另存为”命令，可以将网页的内容保存到硬盘中。

（2）网页中的文字：选中文字，按 Ctrl+C 组合键复制内容，切换到 Word 文档，按 Ctrl+V 组合键，将内容粘贴过来，保存 Word 文档中即可。

（3）网页中的文件：右击网页中的文件的链接，在弹出的快捷菜单中选择“目标另存为”命令，然后根据提示操作。

（4）网页中的图片：右击网页中的图片，在弹出的快捷菜单中选择“图片另存为”命令，可以将网页中的图片保存到硬盘中。

（5）网页中容量较大的软件（程序）：使用专门的下载工具下载，如迅雷等。

下面以使用百度搜索引擎从网上搜索、下载 WinRAR 软件为例，介绍下载网上资源的一般方法。

（1）打开 Internet Explorer 浏览器。

（2）在地址栏内输入 http://www.baidu.com，按回车键，显示百度首页。

（3）在搜索引擎文本框中输入关键字 WinRAR，单击“百度一下”按钮，屏幕上显示出搜索结果，如图 6-29 所示。

图 6-29　百度搜索 WinRAR 结果

（4）在搜索结果中，选择一个网页，如“天空软件站”，此时显示出软件 WinRAR 下载页面，如图 6-30 所示。

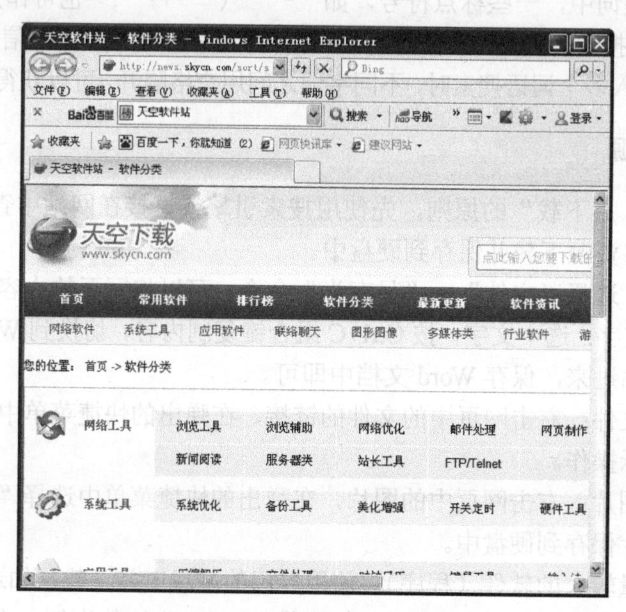

图 6-30　软件 WinRAR 下载页面

（5）将 WinRAR 文件保存至 D 盘上。方法是：单击文件链接，按照提示保存文件至 D 盘，如图 6-31 所示。

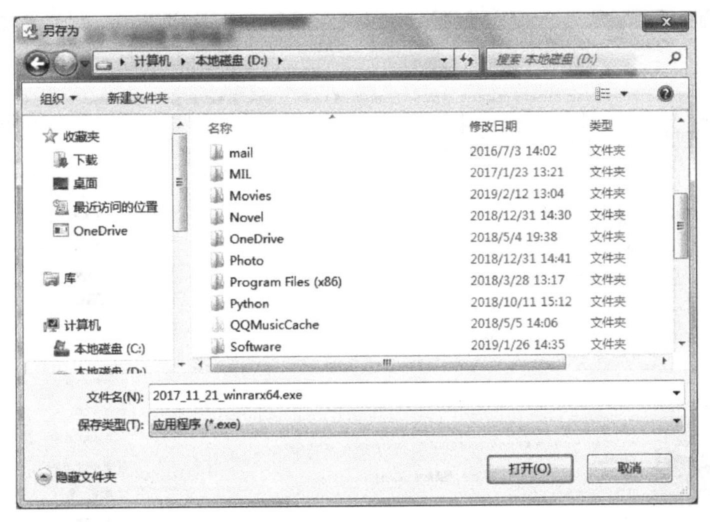

图 6-31　将下载软件保存至 D 盘

（6）保存网页中的文字：将网页中的软件介绍文字保存下来。方法是：选中所需要的文字，执行复制操作，再打开 Word，执行粘贴操作，最后保存 Word 文档即可。

任务实施

（1）启动 IE 浏览器，在地址栏中输入百度网址（http://www.baidu.com），并按回车键，打开百度网站。

（2）在搜索引擎文本框中输入歌名（或歌手名），如“北国之春”，再单击“百度一下”按钮，如图 6-32 所示。

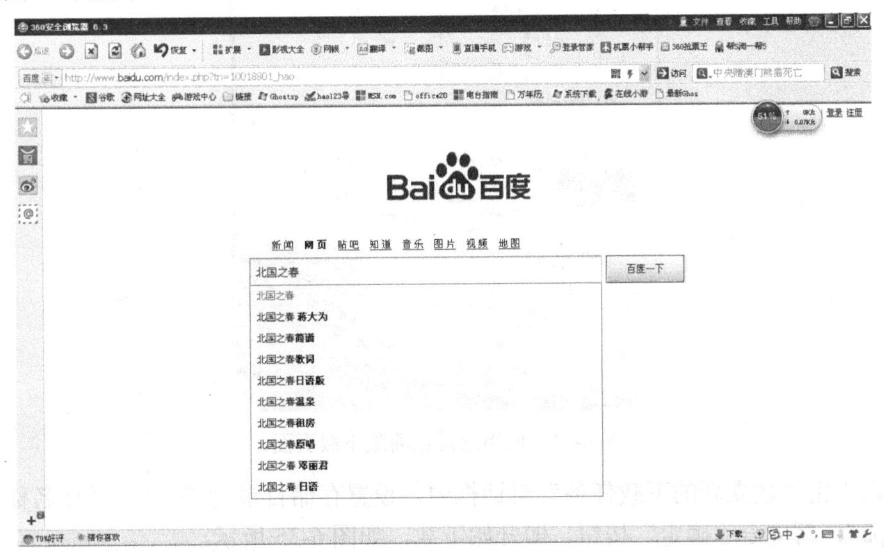

图 6-32　关键字查询

（3）当查找出结果并显示出来时（如图 6-33 所示），单击其中的一首歌曲名“北国之春”，进入下一个页面。

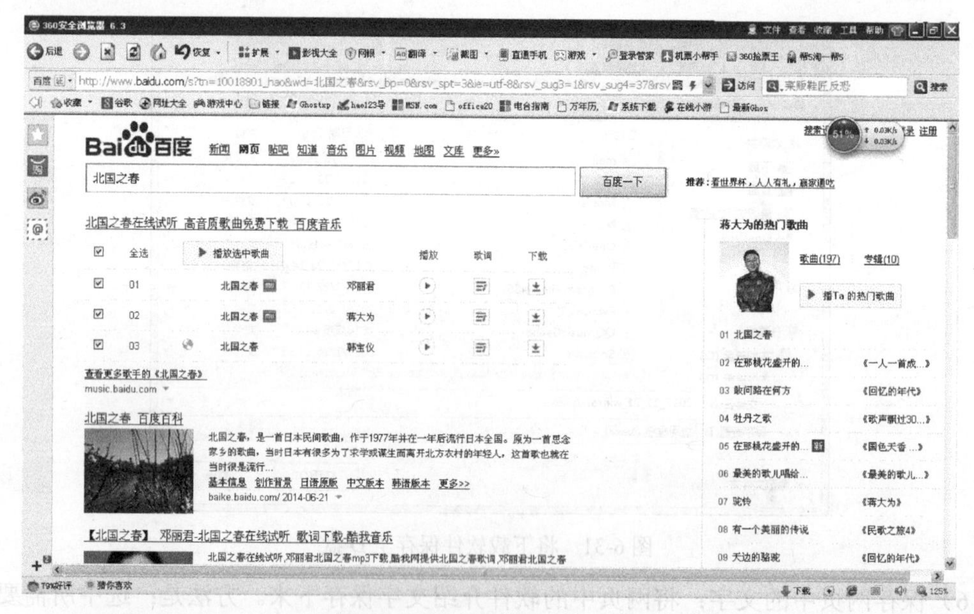

图 6-33　单击链接进入下一页

（4）右击超链接，在弹出的快捷菜单中选择“使用迅雷精简版下载”命令（前提是系统已安装迅雷下载工具软件），如图 6-34 所示。

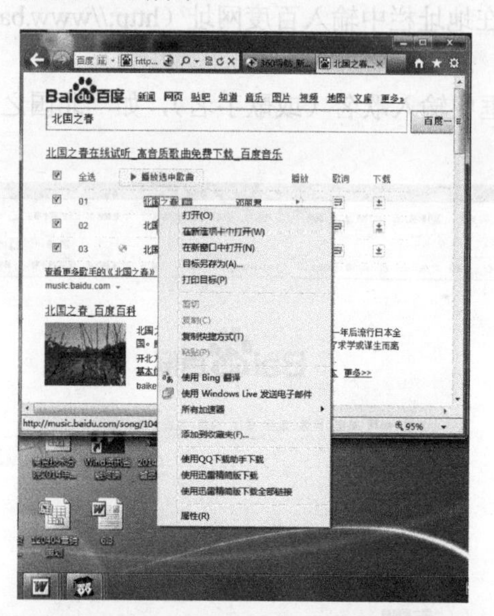

图 6-34　使用迅雷精简版下载页面

（5）在迅雷“建立新的下载任务”对话框中，设置存储目录为 D 盘，另存名称改为“北国之春.mp3”，再单击“确定”按钮，即开始下载，如图 6-35 所示。

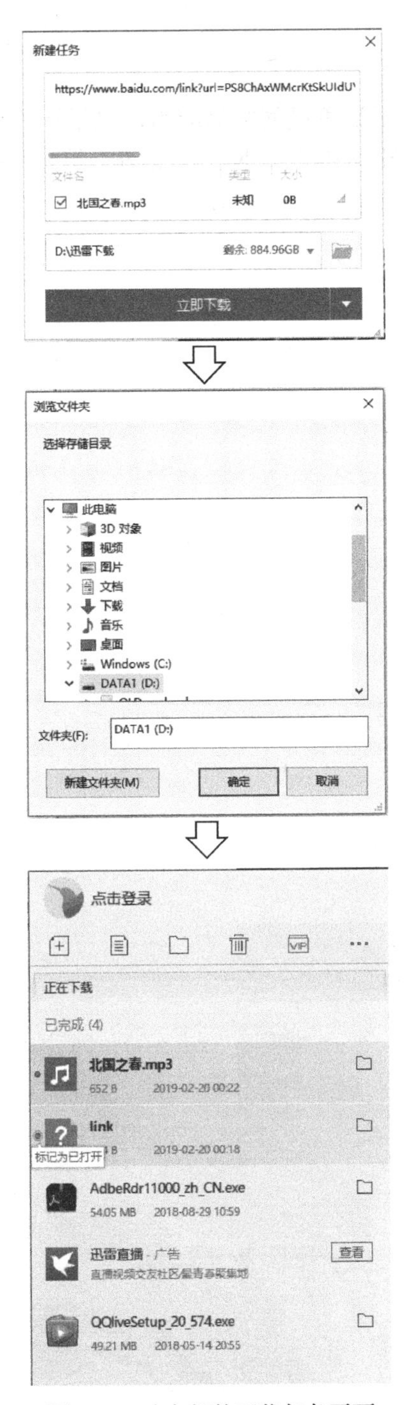

图 6-35　建立新的下载任务页面

技能训练

（1）将学校的门户网站网址添加到安全站点中。

（2）在淘宝网中查找鲜花的相关信息，自选一束鲜花并进行网上购物，写出购物流程。

知识回顾

本项目通过三个任务介绍了计算机网络的应用，包括计算机网络的概念、局域网的相关设置、Internet 相关知识、万维网的应用、网上信息查询等相关知识。通过本项目的学习，使读者能够具备较好的应用计算机网络获取信息的能力，可以结合实际工作充分利用网络资源，组建局域网。

反侵权盗版声明

举报电话：（010）88254396；（010）88258888
传　　真：（010）88254397
E-mail：　dbqq@phei.com.cn
通信地址：北京市海淀区万寿路 173 信箱
　　　　　电子工业出版社总编办公室
邮　　编：100036